工业自动化 技术丛书

B&R AUTOMATION STUDIO PROJECT DEVELOPMENT GUIDE

贝加莱Automation Studio 自动化项目开发指南

贝加莱（中国）技术团队◎编著

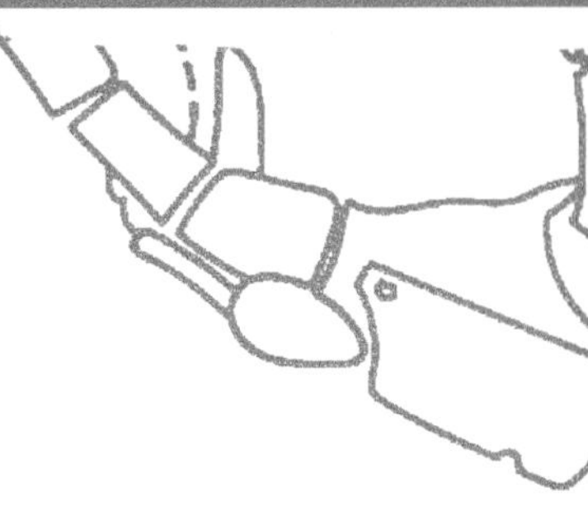

机械工业出版社
CHINA MACHINE PRESS

本书以奥地利贝加莱的 Automation Studio 集成开发平台为基础，介绍了自动化项目开发全流程中所涉及的各项任务，从贝加莱系统特点的全局介绍开始，详细阐述了相关的硬件特点及基于 Automation Studio 的软件开发。系统地介绍了如何创建自动化项目，并为用户提供了直观的操作说明，以及在 PLC 逻辑、运动控制、HMI 开发、与第三方设备互联方面的专业技能。还介绍了贝加莱的项目模板 GAT，如何快速为用户提供开发指南，并以贝加莱最新的 mapp 模块开发作为实例，说明了基于这些模块如何进行便捷开发应用。最后以仿真的形式介绍了如何构建程序测试验证。

本书立足于简单易用的编写理念，包含用户开发中所需的各种联络方式、资料路径、配套培训资料等的查询方式，目的在于让开发者更便捷地获得资源，提升开发效率。

本书适合对贝加莱的 Automation Studio 集成平台感兴趣及自动化从业人员阅读，也可作为相关院校和培训机构的参考教程。

图书在版编目（CIP）数据

贝加莱 Automation Studio 自动化项目开发指南 / 贝加莱（中国）技术团队编著. —北京：机械工业出版社，2022.5（2024.7 重印）
（工业自动化技术丛书）
ISBN 978-7-111-70558-1

Ⅰ. ①贝…　Ⅱ. ①贝…　Ⅲ. ①PLC 技术－应用－工业自动控制－应用软件－程序设计－指南　Ⅳ. ①TM571.61-39 ②TB114.2-39

中国版本图书馆 CIP 数据核字（2022）第 063208 号

机械工业出版社（北京市百万庄大街 22 号　邮政编码　100037）
策划编辑：李馨馨　　责任编辑：李馨馨　李晓波
责任校对：张艳霞　　责任印制：常天培
固安县铭成印刷有限公司印刷
2024 年 7 月第 1 版 • 第 3 次印刷
184mm×260mm • 19 印张 • 471 千字
标准书号：ISBN 978-7-111-70558-1
定价：108.00 元

电话服务
客服电话：010-88361066
010-88379833
010-68326294

网络服务
机　工　官　网：www.cmpbook.com
机　工　官　博：weibo.com/cmp1952
金　　书　　网：www.golden-book.com
机工教育服务网：www.cmpedu.com

序　言

做工业自动化工程师不易，因为要面对的问题从广度和深度上都在延伸，从而变得越来越复杂，要解决复杂问题，对知识面和解决问题的能力显然是一个挑战；做工业自动化工程师不易，因为面临的项目必须在约定的时间内完成，项目管理流程中的每一个时间点都需要严格遵守，既要保证项目的质量，又要成为一个“快手”，这对协调合作能力显然是一个考验。

PLC 原本的含义是可编程逻辑控制器。诞生 20 多年后，PLC 的名称虽在，但它的内涵和边界已经发生了根本的变化。从内涵上讲，PLC 的功能已经跳出了逻辑控制的范畴，它集逻辑、模拟量处理、分析运算、网络通信与智能管理等功能之大成，可以应对不同规模、各个行业的复杂问题。从边界上看，PLC 已经不是原来的 PLC，它已经变成了泛指工控机、人机界面、包含机器视觉的各类传感器和运动控制等子系统构成的工业自动化系统的一个概念，而且这个系统的子系统在不断扩大，包括直线电机长定子磁悬浮传输线以及集成式机器人等。当今的 PLC 模糊了与工控机、CNC 以及 DCS 的边界。

如上所述，既然 PLC 已经变成了由 PLC 作为子系统构成的集成系统，一个简单的编程工具是无法应对软件开发要求的。贝加莱的 Automation Studio 是一个 25 年前推出而逐步形成的软件平台。它的特点：一个是面向多个目标，如 PLC、人机界面、运控系统、机器视觉、直线电机长定子磁悬浮传输线等；另一个是具有多类功能，如编程、调试与诊断、通信管理、仿真与算法接口等。在这个平台上可以实现多种语言编程、AI 算法集成，以及用于智能设计和验证的多种仿真工具接口。

由于工业自动化技术的迅猛发展，贝加莱的自动化软硬件系统创新也应运而生。虽然贝加莱在智能学习和培训体系上有着众多的选项，然而一本由浅入深的编程宝典是业界广大贝加莱用户的呼声和愿望。这本宝典凝聚了贝加莱和资深工程师二十几年的项目开发经验，具备“学”与“查”的功能，为读者提供从入门到精通的核心步骤、工具和方法，以不同的角度面向新手、熟手，甚至是资深工程师。

与本书配套的资料还包括《TM 合订本第一卷——PLC 控制部分》《TM 合订本第二卷——人机界面部分》《TM 合订本第三卷——运动控制部分》《TM 合订本第四卷——安全及诊断部分》，贝加莱标准化功能块、相关例程、相关计算文档等。这些资料可以通过贝加莱企业网盘、贝加莱官方微信公众号、贝加莱中文官网等渠道免费下载。

在此感谢贝加莱的资深工程师团队，是他们利用业余时间，勤恳认真地打磨了这本书，衷心希望其成为业界工程师登山的拐杖。

一位卓越的工程师，他的软件方案一定是模块化、规范化的，是可以继承和复用的。

在艰苦的鏖战后，成功的项目才真正地以优异的指标展现自动化的价值，那时枯燥的键盘声和现场调试的汗水也都化作为云端的诗情：

自动化工程师之歌

你键盘输出的，
不是代码的堆积，
而是生长着的晶体，
凝结着不可重复的价值。

你机器运行的，
不是串联的逻辑，
而是智慧的活体，
负载着无与伦比的竞争力。

你是指挥家，
让管乐和弦乐珠帘合璧；
你是建筑师，
让作品永存历史；
你更是无畏的战士，
让脚下的泥泞和荆棘，
变成扩大的领地。
战旗飘过的地方，
希望，生生不息！

做工业自动化工程师虽然不易，但只要方法得当，就会化难为易、以简驭繁。衷心希望以此助力自动化卓越工程师的诞生。由于时间和资源有限，书中错漏之处在所难免。如果您对本书有任何的意见和建议，请不吝赐教。祝您阅读愉快，身体健康！

肖维荣　博士
大中华区总裁
贝加莱工业自动化（中国）有限公司

目　录

第 1 章　贝加莱软硬件整体概述

本章将对贝加莱的整体解决方案（包含软件及硬件）进行总览性介绍，重点突出贝加莱控制方案特点及优势。同时，将对在方案设计与产品使用过程中的普适性信息进行介绍，如软件注册安装、推荐硬件产品型号、资料查找来源等。

1.1 贝加莱控制系统特点综述

贝加莱控制系统包含了完整的机器与产线控制的全线产品。在 ARC 的全球 PLC 市场分析中，贝加莱控制系统的市场保有量排在第 6 位，全球安装数量已经超过 300 万套，具有稳定、可靠、高性价比的特点。本节将介绍贝加莱控制系统与传统 PLC 相比能为设备制造厂商和终端生产企业（例如啤酒饮料工厂、印刷厂、塑料制品工厂、风电场、光伏和锂电行业、电子制造产线、制药与包装产线等）的机器与系统带来更多商业价值的特征与优势。

表 1-1 显示了贝加莱 PLC 与传统 PLC 的一些比较。贝加莱 PLC 支持实时操作系统，控制器可以运行编译器、Web 服务和处理复杂的数据任务，拥有强大的处理能力和复杂算法设计能力。

表 1-1　贝加莱 PLC 与传统 PLC 的比较

	贝加莱 PLC	传统 PLC
操作系统	定性分时多任务操作系统，Windows/Linux	无操作系统
存储能力	256MB RAM，插入 CFast 卡可达 256GB	16bit 单片机 512KB，32bit 4GB 寻址空间
运动控制能力	直接运动控制算法	需要额外的运动控制模块
回路调节能力	支持多路回路调节	逻辑控制为主
语言支持能力	IEC 61131-3，C/C++/Basic	IEC 61131-3
总线支持	标配 POWERLINK，支持主流总线	各家总线不同
图形显示	支持	不支持
Web 技术	支持	不支持
FTP 服务器	支持	不支持
OPC UA over TSN	支持	目前大部分还不支持

图 1-1 所示为贝加莱 PLC 与传统 PLC 在任务处理机制方面的不同，而这个不同的根源在于贝加莱所采用的是定性分时多任务操作系统。传统 PLC 通常没有操作系统，仅有类似于 BIOS 的资源调度固件，而且基于单循环扫描机制，程序的长度会对任务周期有较大的影响。而贝加莱的 PLC（在 2005 年之前称为可编程计算机控制器 PCC，后改称为 PLC）通过多任务系统的调度支持，CPU 资源被最大化地利用，根据控制系统的不同任务（逻辑、运动控制、HMI、网络通信）分时复用 CPU 资源，实现了系统资源的最优化，而这一思想也同样体现在贝加莱的整体硬件架构和方案架构中。

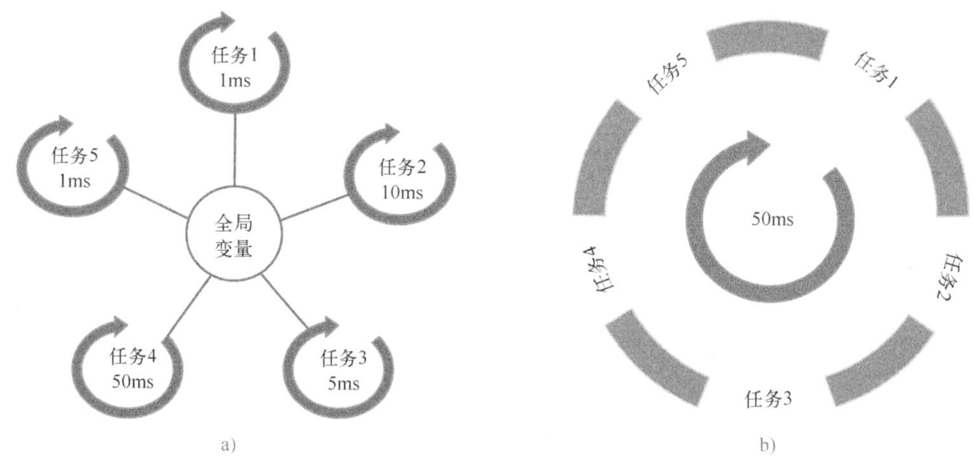

图 1-1 贝加莱 PLC 与传统 PLC 的不同

a) 分时多任务 b) 单循环扫描

由于贝加莱的 PLC 运行定性分时多任务操作系统（Automation Runtime），因此决定了贝加莱的控制系统可以在早期即支持编译系统。早在 20 世纪 90 年代，贝加莱控制系统即支持 BASIC 语言编程，在 1997 年 Automation Studio 发布时即可支持 C 语言。这对于复杂的算法编程来说非常必要，而这也是贝加莱显著的特征之一，即可以根据客户需要来编写自己的通信协议栈、控制算法和高级工艺库。这是贝加莱比较灵活开放的一个特征，对于客户的机器和系统开发而言，完全可以让客户实现自主知识产权的应用开发。

贝加莱是最早采用 Intel 复杂指令集（CISC）架构的 PLC 自动化厂商。传统的 CISC 架构的优势在于，具有更为强大的大块数据处理能力和网络信息处理能力。随着当下以 ARM 为代表的 RISC 架构也具有了大块数据处理和浮点运算能力，贝加莱新一代的控制器中也有基于 ARM 的设计。另外一个非常重要的属性在于——软件独立于硬件，也就是说即使采用不同的硬件平台，其软件仍然是统一的。

另外，贝加莱是一个以方案为导向的自动化企业，其产品覆盖各种工业场景。单就控制器来说，包括了标准的机架型 PLC、基于 PC 的 APC（Automation PC）、集显示和 PC 于一体的 Panel PC 系列，以及针对工程机械的 Mobile Automation（高防护等级的 PLC 或 PC）等。表 1-2 给出了贝加莱控制系统的不同型号及其扩展能力，以适应不同机器的应用需求。可以看到，各种 PLC 或 PC 可以达到 100μs 的任务周期，总线支持方面除了本身标配的 POWERLINK、标准以太网、RS232 等，同时可以通过总线控制器扩展 CANopen、

Profinet 和 Ethernet/IP 等通信协议。因此，贝加莱系统可以提供高实时性的任务处理能力，以及强大的总线扩展能力。

表 1-2　常用的控制器系列

系列	形式	最短任务周期	操作系统	总线支持
X20 标准型	机架型	100μs	RTOS	标配支持 POWERLINK、标准以太网、RS232 等通信协议（X20CP1687X 和 X20CP3687X 还支持 TSN） 同时可通过总线控制器扩展 Profinet、CANopen、Ethernet/IP 等通信协议
X20 紧凑型	机架型	1ms	RTOS	
X20 紧凑型-S	机架型	400μs	RTOS	
X20 冗余型	机架型	100μs	RTOS	
Power Panel	显控一体	400μs	RTOS	
Automation PC	工控机	100μs	Windows+RTOS	
Panel PC	显控一体	100μs	Windows+RTOS	
移动自动化	移动 PLC	100μs	Windows+RTOS	

贝加莱的运动控制技术属于业界翘楚，其产品家族由 ACOPOS 系列产品构成，包括了 ACOPOS 驱动器、ACOPOSmulti（多轴运动控制）、ACOPOS P3（最大可支持 3 轴连接的驱动单元）、ACOPOSmotor（支持 IP65 防护等级的背包式驱动系统）、ACOPOSinverter（书本式变频器）、ACOPOSmicro（小型伺服驱动器）、ACOPOStrak（柔性电驱输送系统），以及 ACOPOS 6D（平面磁悬浮技术）等。整个运动控制家族继承了贝加莱独到的控制算法与智能的设计思想，这些驱动与电机系统都有非常强的算法设计与执行能力，配合 POWERLINK 实时以太网，可以实现高精度的电子齿轮、电子凸轮同步，提供更为光滑的运动控制曲线，降低机械振动冲击，提高设备寿命。

贝加莱运动控制不仅涵盖伺服驱动，而且其将液压控制、气动、CNC 和机器人都纳入同一运动控制协同架构，使得整个机器可以实现全局的高速协作。

1.1.1　全局最优设计的系统

木桶理论认为，系统最大的能力取决于系统最短的那块板，对于控制系统来说，同样如此。某个环节的“快”，例如网络刷新周期、单条指令执行时间、更快的运动控制位置环能力、视觉系统中相机的快门速度等，只是整体“快”的必要而非充分条件。实际项目中，由分立的不同厂商搭配的产品系统，往往会出现由于某个环节能力不足而抑制了其他组件性能的问题。这必然会导致系统中出现性能或功能的受限，例如控制器具有不错的能力，但是执行单元却无法匹配相应的执行能力。再就是架构设计造成的无法最优，例如由于采用“集中式”网络架构，导致了无法实现像“交叉通信”的网络所具有的从站间高速同步，而无需主站去协调的功能。

图 1-2 所示为贝加莱完整的控制系统硬件平台，它涵盖了 PLC、工业 PC、分布式 I/O 系统、伺服驱动器（包含多轴系统、高防护等级的驱动与电机一体系统）、安全系统、柔性输送系统、机器视觉、电机、远程网关、HMI 等，这是机器所需的完整控制系统硬件架构，最为重要的是这些硬件之间都是完美匹配的。下面将通过几个例子来阐述这一点。

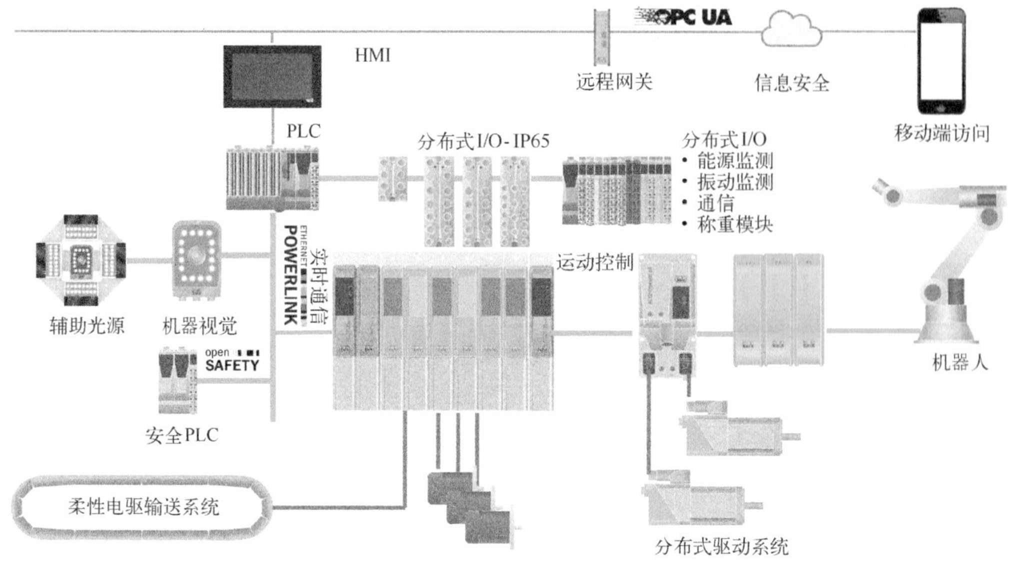

图 1-2 贝加莱完整的控制系统硬件平台

1. PLC 与运动控制模块在裁切中的应用

传统的 PLC 厂商做运动控制，通常是 PLC 处理逻辑、伺服驱动处理运动控制任务，而贝加莱的伺服驱动器是集成多编码器接入的架构设计，可以直接处理同步任务。

举一个常见的集成架构例子——电子凸轮裁切。在印刷或包装的后道中都会有这个单元，通常裁切轴会跟随一个外接编码器或主轴。对于贝加莱系统，外接编码器可以直接接入 ACOPOS P3 伺服驱动器，直接在驱动器内完成同步计算，如图 1-3 所示。贝加莱系统性能明显优于传统 PLC+运动控制架构。在传统架构中，外接编码器接入 PLC 的 I/O 模块，PLC 对其采集数据进行扫描计算，然后与运动控制进行同步。这个架构受制于需要等待 PLC 的任务扫描周期结束后，才能与驱动器进行同步，这样同步计算所需时间更长，而导致精度无法达到较高水准。

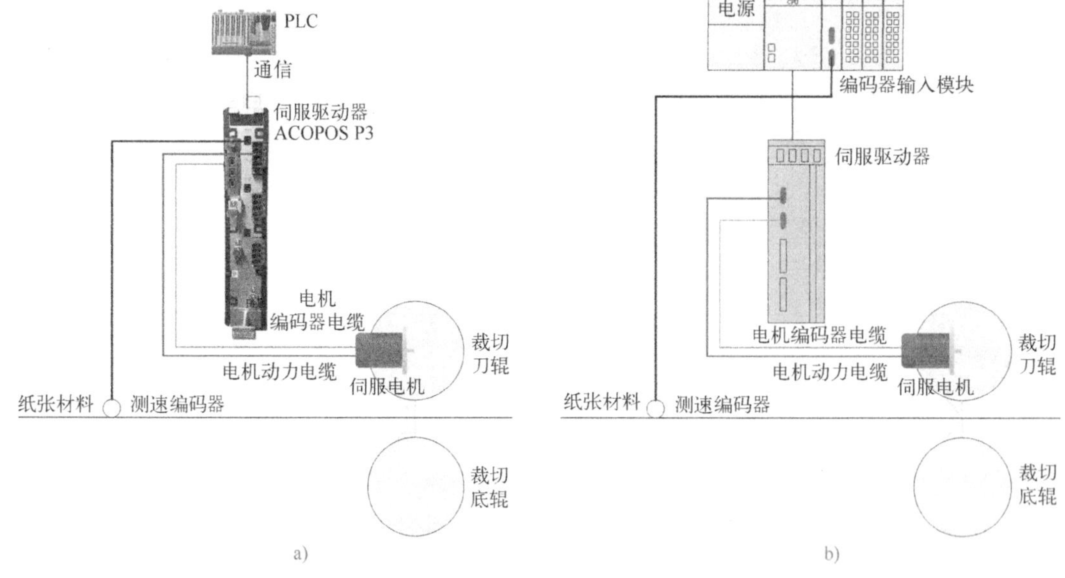

图 1-3 贝加莱 ACOPOS P3 伺服驱动器与传统 PLC+伺服驱动架构裁切差异

a) 贝加莱 ACOPOS P3 伺服驱动器 b) 传统 PLC 编码器输入+伺服驱动裁切方案

2．集成视觉与传统分立视觉的关系

传统上，视觉与控制系统往往来自不同厂商，而贝加莱采用了集成视觉的设计，它使得视觉、PLC 任务、机器人、运动控制轴等任务可以在同一架构中完成。那么，这样的好处是什么？在于以下两点。

首先体现在同步性上。对于传统的视觉而言，分立的镜头、相机处理器、光源照明与控制器之间无法实现严格的同步。因此，需要更长的照明窗口时间，会影响 LED 光源寿命，对于频繁进行的视觉检测来说，这个影响是比较大的，而且成像效果也会因此打折扣。而采用集成的视觉，相机的快门与灯光的频闪可以同步控制，在按快门瞬间打开灯光，可以提供瞬时高强度的照明。

其次是视觉的经济性。在传统的分立架构中，视觉处理任务、信号传输、控制器响应和运动控制任务之间总会有一个瓶颈。为了达到最快的响应，例如系统任务要达到 1ms，需要各环节都分摊一些。但是由于控制器任务比较慢，就必须压缩其他组件的时间来给它预留多一些时间，这导致了整套方案必须采用极高性能的相机来弥补其他环节所需消耗的整体时间，使得方案成本增加。

而对于集成架构中的视觉而言，如图 1-4 所示，它与控制器、运动控制轴之间都建立在 POWERLINK 的 200μs 或 100μs 的任务周期上，大家步调一致就不会产生某个环节必须极高性能来压缩整体时间的问题。而且本地智能相机可以与运动控制同步来设置光源的频闪，以获得更好的照明效果，并缩短照明窗口，延长 LED 光源寿命。

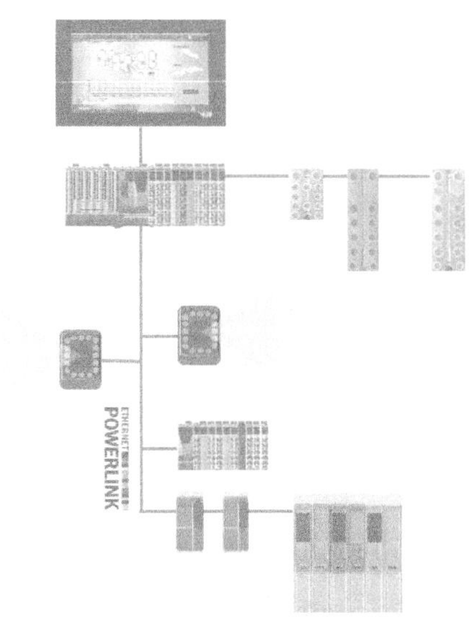

图 1-4　集成视觉与其他设备构成整体协同

3．网络架构中的响应能力

说到高性能快速系统响应，就不得不提工业实时以太网技术。它像人体的神经脉络一样，将系统的各个设备和组件有机地连接在一起，是整体系统设计中的重要环节。贝加莱首创的 POWERLINK 是一种非常高性能的工业实时以太网技术，它采用的是分布式网络架构，相比于集中式网络架构来说，在传输效率上具有明显的优势。

一些纯 PC 架构的控制系统多采用了实现更为方便的网络协议。但是，其集中式架构使得在主从间需要大量的往复通信，即使两个从站间想要进行通信也需要经由主站来协调。这是由其通信机制所决定的，其目的在于利用主站的强大处理能力。但是，这使得总线负载较高，为了达到快速响应，必须设计更为高速的传输，否则，将无法达到预期的控制精度。如果以结果为导向，10 倍传输速率也仅能获得 POWERLINK 的最终控制任务能力。

而 POWERLINK 可以通过交叉通信来实现分布式控制。在大量的运动控制任务中，常常需要实现电子齿轮或电子凸轮同步等任务。通过交叉通信，每个从站都可以以广播形式发送位置和速度信息到总线上，而获得信息的节点则直接读取（其他节点抛弃）并进行本地计

算，如计算本地控制电机的运动，以达到与其他轴之间的位置同步。

以上几点仅从架构设计说明贝加莱系统的特征，实际上包括如集成控制与显示一体的 Power Panel 系列 HMI 产品、基于 Hypervisor 的集成实时控制任务与 Windows 任务于一体的工业 PC 等诸多设计，都体现出了贝加莱系统架构的精妙。这些精妙的价值在于为客户的机器与系统提供了性价比更高的产品方案。

1.1.2 集成开发平台

集成开发平台 Automation Studio 是贝加莱的核心产品之一。这一平台在 1997 年已投入商业化应用。在过去的 20 余年里，它积累了大量的行业知识与经验，这是贝加莱对工业领域机器与系统开发的智慧凝聚。全球目前仅有少数的公司拥有自主研发的集成开发平台，这本身也是贝加莱实力的体现。

1. 为什么要有集成开发平台

对于机器的整体开发方案而言，没有集成开发平台，几乎难以想象其间的困难如何解决。如果方案硬件来自不同的 HMI 和 PLC 厂家，用户就需要采用不同的软件分别来编辑 HMI 和 PLC 任务。而对于另一个 CNC 任务则需要专用的 CNC 软件来匹配，运动控制又是一个软件。对于工程师来说，必须在这些软件间进行切换和学习不同的软件，而且，以下几个问题是必须考虑的。

1）为了学习风格各异的软件，导致花费高昂的学习成本。

2）在软件中存在硬件能力的不匹配，导致某一方硬件的特性优势无法发挥。

3）额外的接口软件带来的不稳定与频繁跟随应用的修改。

4）执行不同阶段的任务需要切换不同的应用程序。

2. Automation Studio 的优势

贝加莱的 Automation Studio 是目前全球自动化领域为数不多的自主开发的全集成开发平台。它聚焦于为机器与产线用户提供面向所有控制对象和全流程的软件开发，集成 RTOS、Runtime、工艺库、开放的接口连接于一体。所有的逻辑编程、运动控制计算编程、画面编程、安全技术编程、在线仿真调试、专家库调用、分析诊断，甚至贝加莱近些年的最新产品，如机器视觉、ACOPOStrak 等的编程调试工作，全都统一在 Automation Studio 平台上进行，如图 1-5 所示。

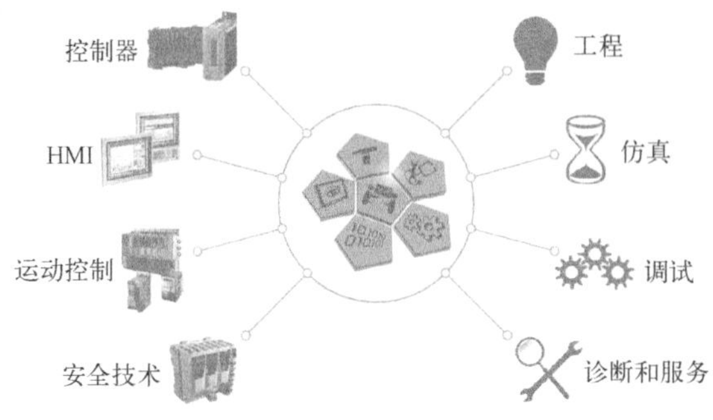

图 1-5 Automation Studio 全集成开发平台

1.1.3　开放的连接能力

开放与连接是贝加莱系统的显著特点。早在 20 世纪末，贝加莱的控制系统就已经可以支持各种主流现场总线，伺服驱动器支持 CAN 总线，贝加莱的 ACOPOS 系列驱动器从开始设计即采用分布式网络架构，而非传统的脉冲和模拟量控制方式。

随着技术的日益革新，机器对控制系统的开放连接能力的要求越来越高，例如与第三方传感器的连接、与上层管理系统如 MES/SCADA 的连接、从 IIoT 到云端的整个工业物联网架构等。面对这些新需求的挑战，贝加莱可以提供轻松应对的解决方案。

1. 丰富的现场总线接口

在贝加莱的系统中，控制器分别以标配、插入式总线模块、分布式总线控制器、I/O 模块等 4 种总线连接方式来支持各主流现场总线，如图 1-6 所示。标准配置网络接口有 RS232、USB、POWERLINK 实时以太网接口、标准以太网口等，而插入式的插槽可以支持 X20IF 模块多种主站/从站模式，如 CANopen、Profinet、Ethernet/IP 等。同时分布式总线控制器可以进行远程控制节点的数据采集与交互，而 IO-Link、RS485 和 CAN 则可以通过类似 I/O 模块一样的连接，由更高速的背板总线封装数据包来处理。

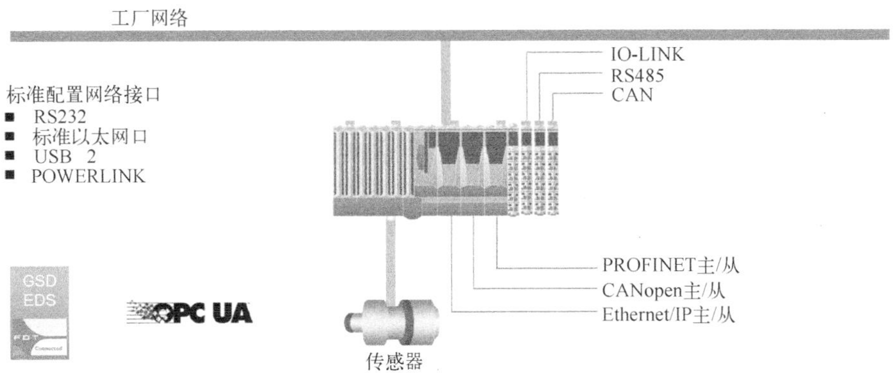

图 1-6　贝加莱开放的总线支持能力

由图 1-6 可以看到，贝加莱的 X20 控制器可以同时连接 10 余个通信接口，具有非常强大的通信能力。

2. OPC UA over TSN

为面向未来的工业物联网连接，贝加莱积极推进 OPC UA over TSN 的集成，在 2008 年开始着手 OPC UA 的功能开发，2017 年推出 TSN 接口的样机，到 2022 年将推进 OPC UA over TSN 的产业化。

OPC UA over TSN 是面向未来工业物联网所需的、打通 IT 与 OT 之间的信息障碍的关键，其中 OPC UA 主要解决信息建模和统一的数据规范问题，而 TSN 则解决周期性数据与非周期性数据同一网络的传输问题，如图 1-7 所示。

更多贝加莱与第三方协议和设备的互联，可以参考第 8 章的内容。

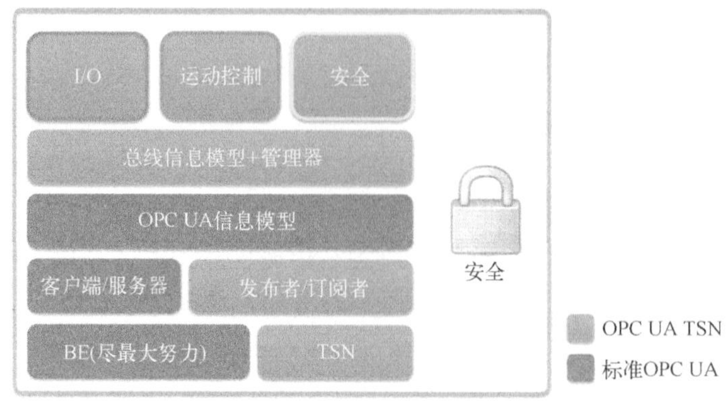

图 1-7　贝加莱对 OPC UA over TSN 的支持

1.1.4　标准化与模块化软件支持

对于系统开发而言，标准化与模块化是与开发效率息息相关的重要一环，标准化与模块化做得好，工程师的软件开发效率会极大提高，代码鲁棒性也会更优。具体来说，贝加莱的标准化与模块化编程，包括对 PLCopen 的支持，也包括了自身针对各种行业应用的 mapp 封装。

1．标准化规约——PLCopen

事实上，基于 PLCopen 的开发是被广泛应用的。目前国际知名的自动化厂商（如贝加莱、西门子、罗克韦尔等）均支持 PLCopen，PLCopen 可以完全支持和满足未来智能制造时代对软件开发的各方面要求。PLCopen 包含图 1-8 所示的 4 个子项。

1）PLCopen IEC 61131-3 包括了对逻辑控制的基础语言与功能块。

2）PLCopen MotionControl 包含了基础运动控制、协同运动控制（机器人与 CNC）和液压控制。

3）PLCopen OPC UA 实现了对 M2M（机器之间的互联）、B2M（业务管理系统与机器的互联）的标准，满足智能制造与工业 4.0 时代的机器互联需求。

4）PLCopen XML 是针对未来的设备描述，例如工艺配方、生产制造过程数据的管理等。

PLCopen 是一个公益性组织，其独立性确保了在利益平衡上的优势，也因此被众多厂商普遍支持。相对于传统上学习某家厂商产品的模式，PLCopen 更具潜力、更符合智能制造时代的产业需求。在未来，相关专业学生可以依据 PLCopen 的编程开发思想对不同企业的控制器进行学习，并实际开发应用。

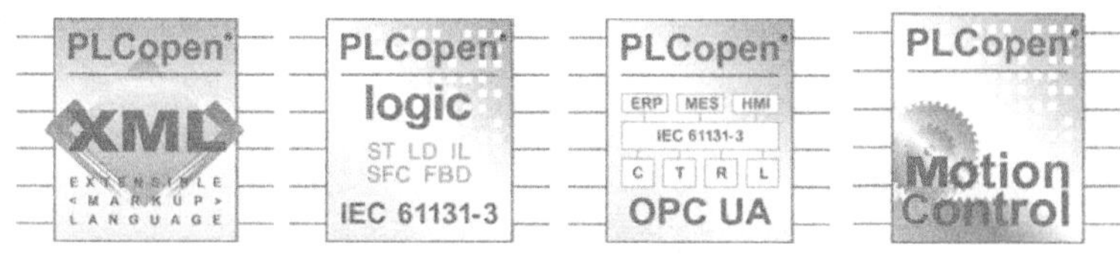

图 1-8　PLCopen 的各种模块组

以运动控制为例，PLCopen MotionControl 规范了运动控制不同状态间切换的标准。不论多复杂的机器，其运动控制过程均是由 PLCopen 所定义的回零、连续运动、同步运动、间歇运动、急停、停止、待机等状态跳转组成。这样，基于 PLCopen 的状态机思想来开发设备的运动控制过程，无论使用哪家公司的产品，其设计思想都是统一且规范的。因此，对于机器开发者而言，PLCopen 是一个通用的方法体系，不需要学习不同流派的编程思路，可以极大地提高编程者的开发效率和质量。

2．模块化软件设计——mapp 技术

贝加莱的 mapp 技术是基于软件复用思想而开发的组件，其设计思想是通过标准化与模块化来提高系统软件开发的效率和代码质量，并降低开发成本。

我们知道，Automation Studio 是一个基础平台，而 mapp 则是基于这一平台为行业用户提供的专业库和行业库。基于标准的 PLCopen 封装，mapp 实现了多层次的组件开发，这些组件可组合成一个机器的软件。其思想类似于 AppStore，即在平台上开发一个个的工业 App，以解决不同的应用问题，而一个机器的软件由这些 App 组合配置来完成，如图 1-9 所示。

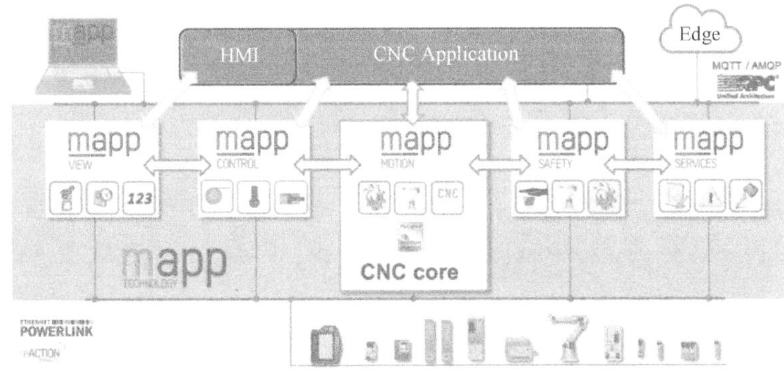

图 1-9　贝加莱基于组件技术的 mapp 开发

mapp 是贝加莱工业知识和智慧的凝聚，它包含了各种面向行业或功能的组件，例如：

1）mappMotion：机器人、CNC 和单/多轴同步控制等功能。

2）mappControl：闭环控制、张力控制、温度控制和液压控制等应用。

3）mappService：针对机器与产线服务的远程诊断、日志、报警、用户管理、安全访问等功能。

4）mappView：针对网页技术的新一代 HMI 画面开发工具。

5）mappVision：针对机器视觉的配置和应用工具。

Automation Studio 是强大的自主创新开发平台，mapp 是工业知识的凝聚，而开放的连接使得自动化系统与数字化设计、数字化运营、机器学习算法等有机结合，构成了完整的智能制造全架构。

在第 10 章中，将讲述如何在贝加莱项目模板的基础上，利用 mapp 技术进行软件开发的相关知识。

1.1.5 专家知识库

除了满足 PLCopen 规约的基础功能块和基于模块化开发理念的 mapp 功能块，贝加莱 Automation Studio 平台还集成了大量的由 Know-How（行业工艺）封装而成的软件模块。这些模块是贝加莱工程师在过去的数十年中所积累的机电控制领域的大量知识集成，可以开放地为机器开发工程师所调用。用好这个知识宝库，会使得机器性能优异卓越，机器开发事半功倍。

下面举几个例子来说明用户可以从 Automation Studio 中获得的专家知识库。

1. CNC 与机器人

在实际应用中，有时会遇到简单的 CNC 插补和机器人的集成，二者同步合作构成产线。在贝加莱的运动控制库中，可以直接对 CNC、机器人与定位同步控制实现统一的集成开发。在 2020 年贝加莱推出的 MCR（Machine Centric Robotics，以机器为中心的机器人）方案中，可以将机器人与机器在统一的软件架构中实现集成，仅需使用一套控制系统和一种总线即可实现二者的协同控制。这样可以有效降低系统成本，提高同步精度，如图 1-10 所示。

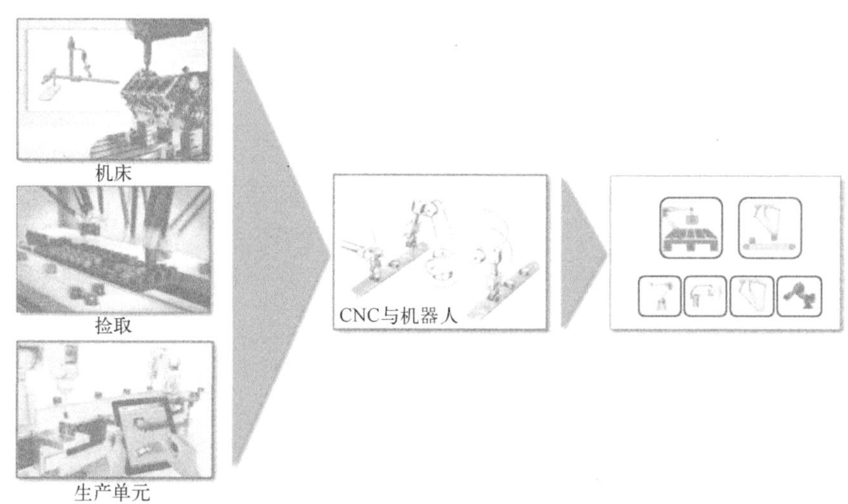

图 1-10 CNC 和机器人库

2. 张力收放卷控制

对于纺织机械的纱线缠绕、卷筒纸印刷、食品饮料包装、塑料薄膜生产、钢材开卷校平、卫生用纸与生活用纸生产等众多领域，都需要对柔性材料进行放卷和收卷控制，包括稳定的张力控制。而在贝加莱的专家库中，针对收放卷/张力控制有完整的库支持，可适应不同卷绕材料，用户根据需要将库配置到应用中，现场调试参数即可，实现快速开发与调试，如图 1-11 所示。

3. 液压库

在注塑机、挤出机、吹瓶机、工程机械、液压折弯机、剪板机械等众多领域，液压有着大量的应用，贝加莱针对这些应用开发了专用的库，供客户工程师调用，如图 1-12 所示。

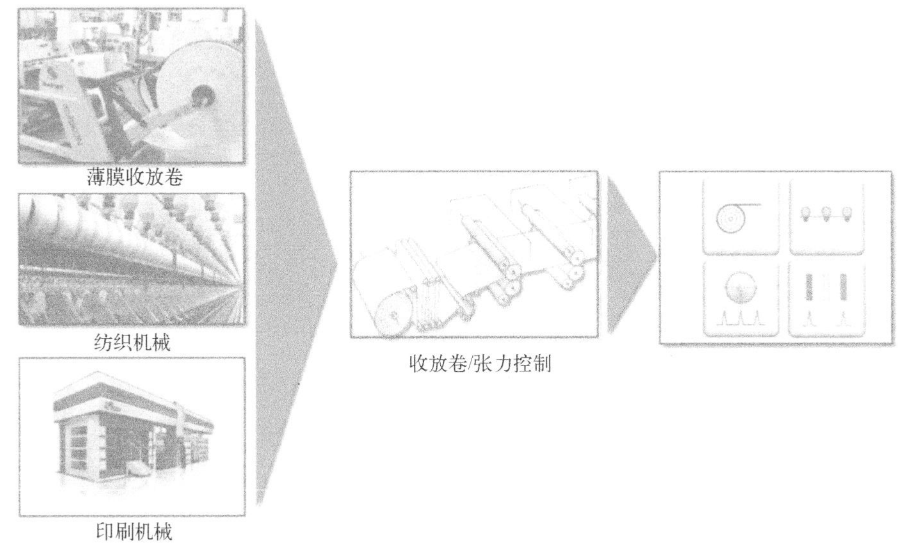

图 1-11　收放卷/张力控制库

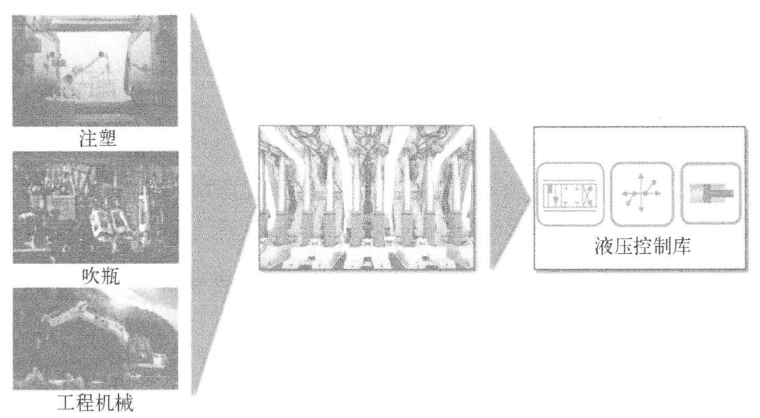

图 1-12　液压控制库

行业库是贝加莱提供给客户工程师的一种福利，既可以提升开发效率，又可以使机器拥有优异的性能。除了上面举例的 3 种常用库外，针对温度控制、滤波算法、防摇/防扭等领域，贝加莱都有大量库供用户使用。

1.1.6　软件塑造机器价值

伴随着信息及软件技术发展带来的更多资源，软件在智能制造与智慧工厂中的占比较以往更多，受重视程度也越来越高，归根结底是由于软件带来的诸多优势。

1. 软件有利于知识产权保护

机器的工艺核心是各 OEM 厂商秘不示人的独门绝技。为了更好地将其保护起来，防止知识产权被他人侵占，可以通过软件对工艺核心进行封装，如热处理工艺、温度控制工艺、套色算法、补偿算法等。各行各业的“技术诀窍”（Know-How）都是以软件形式体现的，以有形方式（如机械）出现的易于被仿制，而以软件形式封装运行的更易于被保护。

2．软件实现人性化设计

不同厂家的同类型机器，即使主体工艺基本相同，但是操作使用起来总能感觉到差异，其根本原因在人性化设计上。人性化设计可以让同一硬件平台体现出完全不同的客户体验，这种体验带来了用户对系统的极大评价差异。例如，易于设置配方、自动识别并自动计算路径的智能功能、易于维护和诊断的机器设计、对外部文件开放的文件处理能力（如对 Word、Excel）等，这些都是通过软件来实现的。这一个个看似不起眼的小功能，若都能细致地实现，恰恰体现了各家机器设计的功底，体现了一家公司对于产品品质的追求，并可由此收获用户对其产品的青睐。

3．软件在同样的硬件基础上发挥其极致功能，甚至降低硬件成本

在工业自动化竞争日益激烈的今天，自动化硬件产品间的差异化越来越难实现。而相反，软件却因其实现灵活、可植入数学物理模型、可封装工艺 Know-How 等特点，为 OEM 厂商打开了广阔的差异化竞争舞台。软件可以装载企业的核心工艺、独家的运动控制方案、高级自适应控制算法，以及人性化的交互界面设计。这些可以使得机器基于同样的硬件，而表现出更优异的运行性能和操作鲁棒性，甚至有些软件方案可以彻底颠覆传统硬件配置，用更少的硬件实现同样的乃至更优的性能。

以贝加莱的印刷集成套色系统为例，在图 1-13 所示的贝加莱集成套色印刷机控制系统方案中，贝加莱对传统的套色系统进行了软件集成，利用贝加莱可编程计算机控制器（PCC，现称为 PLC）直接将传动任务（相位调节）、色标检测、张力控制、套色控制等进行了集成，取代了传统昂贵的第三方套色软硬件系统。集成套色实现的关键技术是多变量系统耦合和解耦的问题，贝加莱工程师对其进行数学建模，经过大量的理论推理和现场试验，终于攻克了这一难题，将集成套色方案最终实现商业运营。通过在贝加莱 PLC 中编写算法来实现套色功能，无须独立的第三方套色系统，为用户节省了大量的成本。

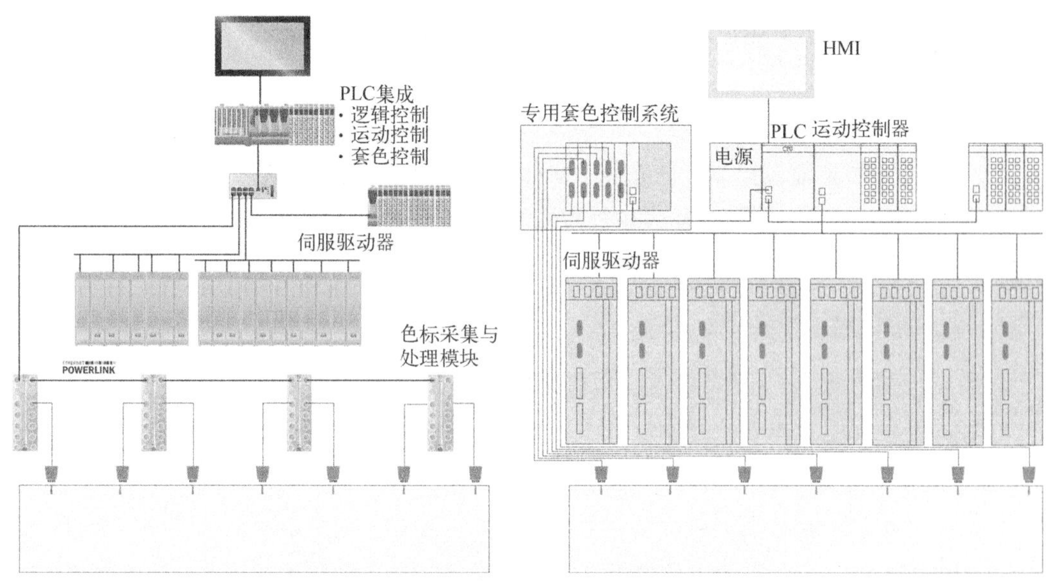

图 1-13　贝加莱集成套色与第三方套色方案对比

a) 贝加莱集成套色与传动控制　b) 第三方套色方案

贝加莱（中国）于 2018 年成立机器智能研究院，其重要使命之一就是研发适合贝加莱业务的自动化软件解决方案。在过去几年中，团队利用 AI 算法、自适应控制算法、优化算法、系统辨识算法等数学工具，为印刷行业、橡胶行业、包装行业、新能源行业、港口行业、柔性制造行业、物流行业等多个行业客户开发了高级控制算法方案，利用现有硬件的计算能力，在不增加任何硬件成本的基础上，显著提升了机器性能，帮助客户落地实现了以技术为本的差异化竞争战略。

1.1.7　新一代 HMI 设计工具

贝加莱不仅在自动化方案的算法设计、运动控制同步、开放通信方面拥有强大实力，在 HMI 开发方面也为开发者提供了先进的新一代 HMI 设计工具——mappView。

随着时代的发展，机器制造商已经由传统的重性能、轻画面转变为越来越重视人机交互界面的作用。首先，精美、简约且现代化的操作画面代表着一个公司对产品的卓越追求，可以大幅提高机器的营销竞争力；其次，优质的 HMI 设计也体现出机器制造商对工艺的理解，对最佳操作的经验积累，是企业间差异化竞争的手段之一；再次，好的 HMI 可以让机器的运营维护等变得简单，例如在画面中嵌入机器操作手册和调试视频等，同时也让数据获取和人员培训等多方面获得效率；最后，远程访问画面、智能终端接入、用户权限分级等功能，也将大大增强机器的可用性，便于管理人员对机器的使用状况进行监控。

尽管业界对 HMI 设计的重视程度越来越高，但为了实现这一目标，还存在很多实际困难。例如，从人才储备角度来说，广大工程师群体基本都是理工科出身，在过往的理工科课程教育经历中鲜有针对美学的教育与培训，比较缺乏对艺术的感觉，也不清楚该如何对画面进行美学加工；从技术实现角度来说，大多数的控制器和 HMI 都是基于嵌入式系统的，往往并不支持 Web 技术，或者纯粹的客户端采用 Windows 平台，可以支持 Web 技术，但只能纯粹作为 HMI 而无法与下位机程序间进行有效的沟通，并不能实现真正的关注点分离，因此，需要一定的技术手段支撑。

为了解决这些实际困难，需要借助强有力的工具，于是贝加莱在 2016 年推出了 mappView 技术。mappView 技术是基于 Html5、CSS3 和 JavaScript 等网页开发工具来进行人机交互界面设计的创新技术。借助网页开发技术的优势，mappView 可以极大地提升工业 HMI 的设计美感和交互体验。任何支持 Html、Javascript、CSS3 的客户端都可以访问 mappView 开发的 HMI，意味着用户可以通过任意的 iOS、Andriod 智能手机或平板计算机等来访问机器和产线上的数据，并且画面会根据屏幕大小自动适配，如图 1-14 所示。这如同用不同尺寸的手机打开同一 App 一样，画面会自动缩放，不会出现留白或遮挡等问题。

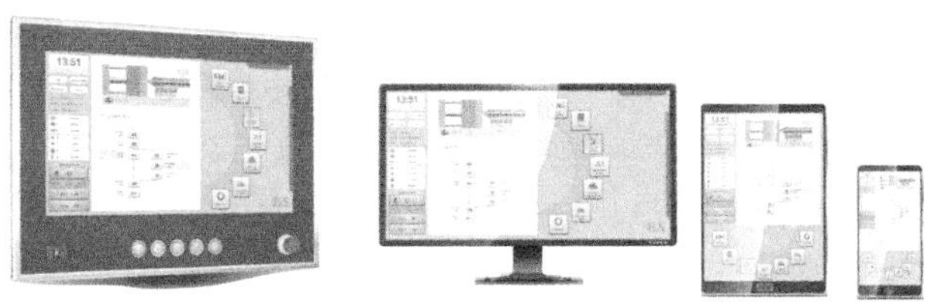

图 1-14　mappView 画面对不同尺寸屏幕可自动适配

mappView 技术采用 OPC UA 这一开放式通用协议，来实现上位机画面与下位机程序之间的数据通信。所有的 HMI 开发工作都在 Automation Studio 中完成，不需要任何第三方软件。

所有涉及网页开发的编程语言都被封装在 Widget（即控件）里。对于用户工程师而言，只需要以拖拽的方式将控件拖入相应位置即可，不需要具备任何 Web 开发经验。贝加莱提供了数百个 mappView 控件供选用，仅采用简单的配置即可快速实现美观的 HMI 设计，这就降低了对工程师在艺术设计方面的能力要求，无须美学功底也能完成精美的画面设计。

关于具体的 mappView 开发步骤，可参考贝加莱微信公众号知识讲堂中的教学视频，或 Automation Studio Help，在第 7.2 节也有相关介绍。

1.1.8 数字化仿真助力创新型设计

在目前的大环境下，无论是机械设计还是电气设计，设计难度越来越大，涉及的技术领域越来越广，已经不单单是机械或者电气的问题，而是机器视觉、建模仿真、通信、控制、安全、材料甚至数学等多学科融合在一起的事情，多学科的融合导致技术的复杂度越来越高。与此同时，在激烈的竞争环境下，市场要求产品更新换代的速度越来越快，对设计人员提出了更高的要求。如何在越来越短的时间内掌握越来越多的技术，如何把各种各样眼花缭乱的技术、产品、平台充分地利用起来，这些给设备制造企业提出了全新的挑战。

为了应对这样的挑战，需要借助数字化仿真的力量。常说"术业有专攻"，一个企业不可能擅长所有的领域，贝加莱对于不擅长的领域比如机械、热力学模型等是有专业的仿真软件的。虽然不能自己去开发一个机械设计软件，但是可以提供一个接口，让客户充分利用各种专业软件提供的专家工具，方便与贝加莱控制器进行联合调试，最后在一个统一的界面查看机器仿真的运行效果。

如图 1-15 所示，这样的设计流程可以让客户利用专业的软件进行特殊领域的仿真，实现多学科的有机融合。同时，因为在机器真实生产出来之前可以在计算机上先进行各种在环验证，在线发现机器运行的干涉问题或者程序问题，极大地缩短机器迭代的时间。而且设计成本可以大大降低，因为省去了机器生产出来再返工试错的过程。另外还有一个很重要的好处，就是这套基于数字化仿真的设计流程为新算法和新控制策略的验证提供了平台。现在竞争激烈的环境下，产品和技术的差异化是很重要的，原始设备制造商（OEM）也越来越重视自主技术的创新，差异化不仅体现在硬件上，算法和控制策略上的创新有时更为重要，因为它可以在不增加硬件成本，甚至节省硬件成本的基础上实现更好的性能。而这些算法创新如果直接在实物上去验证，失败的代价很大，所以有了贝加莱提供的仿真接口，这些算法可以在如 MATLAB 中去编写，然后在虚拟机器上进行概念验证，通过在环测试之后再拿到实物上去验证应用。

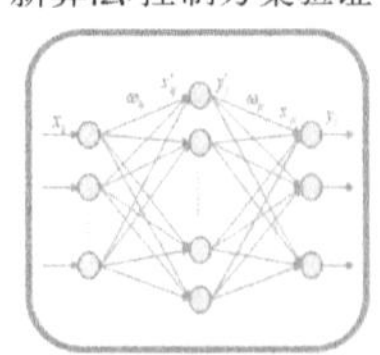

图 1-15　数字化仿真带来的好处

图 1-16 所示为贝加莱与建模仿真软件的层级与接口。贝加莱早在 2008 年就与 Mathworks 公司合作开发了针对 Automation Studio 的集成接口，通过"一键导入"的方式将

Simulink 仿真模型及自动生成的代码导入 Automation Studio 中，配置后下载到控制器上运行。在 2016 年，贝加莱又与 MapleSoft 公司合作设计了与机电仿真软件 MapleSim 进行联合仿真的接口，通过 FMU/FMI（功能模型单元/接口）实现了 MapleSim 与 Automation Studio 之间的交互。在过程仿真上，贝加莱又能够与 IndustrialPhysics 这个针对产线过程仿真的软件进行连接，可以对产线进行测试与验证。

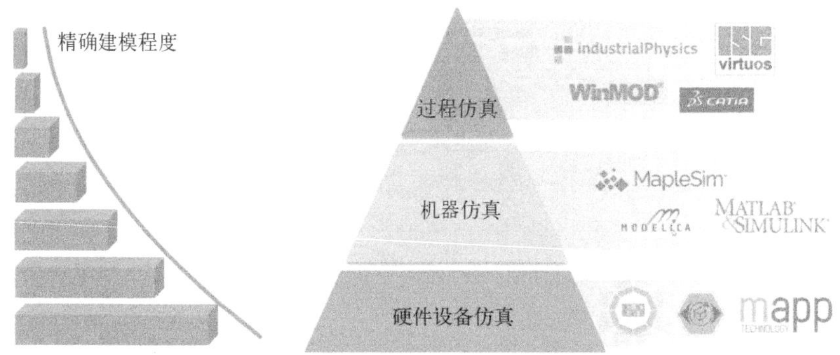

图 1-16　贝加莱与建模仿真软件的层级与接口

Matlab/Simulink、MapleSim 和 IndustrialPhysics 都是业界非常知名的第三方商用软件，用户可以在贝加莱公众号的知识课堂里找到相关网课资料，了解它们的具体使用案例。

1.2 贝加莱编程软件介绍

上一节提到 Automation Studio（以下简称 AS）作为贝加莱全线产品和方案的集成开发平台，是贝加莱控制系统的重要特点之一，本节将对 AS 相关的一些普适性问题（如安装和注册等）进行简要介绍。

1.2.1 平台介绍

一个软件能处理所有产品的应用开发与诊断是贝加莱 Automation Studio 平台一贯的理念。AS 平台不仅是一个开发软件，它更是一个集合编程、诊断、运动控制、HMI、安全于一体的完整平台。

AS 平台支持 IEC 标准的 6 种开发语言（如 LAD、IL、ST、FBD、CFC、SFC），除此外还支持 C/C++语言开发，以及 Automation BASIC 语言开发。贝加莱工程师常常使用的是 C 语言和 ST 语言。建议用户使用 ST，因为其语法检查更完善，如果出现内存问题比较方便查找。相对于 ST 来说，C 语言比较灵活，对编程人员有较高的要求。

AS 中强大的 HMI 开发组件支持所见即所得的方式开发人机界面。由于和 PLC 开发同在 AS 平台下，显示控件的变量连接变得极为方便。集成的 VNC 服务器可以方便实现远程界面访问，在客户现场的机器只要将 PLC 连接以太网，工程师就可以方便地在办公室远程实时访问当前机器界面信息，极大地提高了调试效率。界面有两种类型，一种是 VC4，开发比较简单，AS 提供很多控件，使用方式和市面上多数 HMI 开发相似；另一种是 mappView，是基于网页的开发方式，优点是可以开发出非常美观的界面，不过对开发技术要求比较高。

1.2.2 版本推荐

AS 当前最新版本是 4.10（截至 2021 年 6 月），大约每半年会出一个新的版本，可安装 AS 的 Windows 版本，具体见表 1-3，通常建议安装 Window 7 或 Window 10。

表 1-3 可安装 AS 的 Windows 版本列表

Version	Windows XP	Windows Vista		Windows 7		Windows 8	Windows 10
		32 bit	64 bit	32 bit	64 bit		
<2.7	✔	✘	✘	✘	✘	✘	✘
2.7	✔	✔	✘	✔	✘	✘	✘
3.0.71	✔	✔	✘	✔	✘	✘	✘
3.0.80	✔	✔	✔	✔	✔	✘	✘
3.0.81	✔	✔	✔	✔	✔	✘	✘
3.0.90	✔	✔	✔	✔	✔	✘	✘
4.0	✔	✔	✔	✔	✔	✔	✔
4.1	✔	✔	✔	✔	✔	✔	✔
4.2	✘	✔	✔	✔	✔	✔	✔
4.3	✘	✔	✔	✔	✔	✔	✔
4.4	✘	✔	✔	✔	✔	✔	✔
4.5	✘	✔	✔	✔	✔	✔	✔
4.6	✘	✔	✔	✔	✔	✔	✔
4.7	✘	✔	✔	✔	✔	✔	✔
4.8	✘	✔	✔	✔	✔	✔	✔
4.9	✘	✔	✔	✔	✔	✔	✔
4.10	✘	✔	✔	✔	✔	✔	✔

关于 Automation Studio 版本的选择有以下原则：对于现有项目的维护更新需选择原项目相同的版本；对于全新开发的项目，建议使用最新的版本。Automation Studio 完整安装包差不多 5～10GB，安装好后请下载最新补丁包进行更新。例如，AS4.2 安装包版本 4.2.8.54，可以通过下载升级包升级到 4.2.10.53，后续如果有更新版本请升级到最新。Automation Studio 虽然版本很多但是使用上区别并不是很大，其升级目的往往是为了兼容更新的硬件及软件，或者增加部分方便的功能。

1.2.3 如何下载

AS 的下载地址可以通过贝加莱官网（https://www.br-automation.com/zh/），按照图 1-17 所示方法找到。AS 所有版本全部免费下载，且不需要注册网站账号。

1.2.4 如何安装

下载好安装包后，根据提示操作进行安装即可。如果需详细的步骤说明，请参考《TM 合订本第一卷——PLC 控制部分》，TM 是 Training Module（培训模块）的缩写，贝加莱标准培训文档的合集，可以从中找到更多、更详细的信息，在 1.4 节中提供了该合集的下载地址。

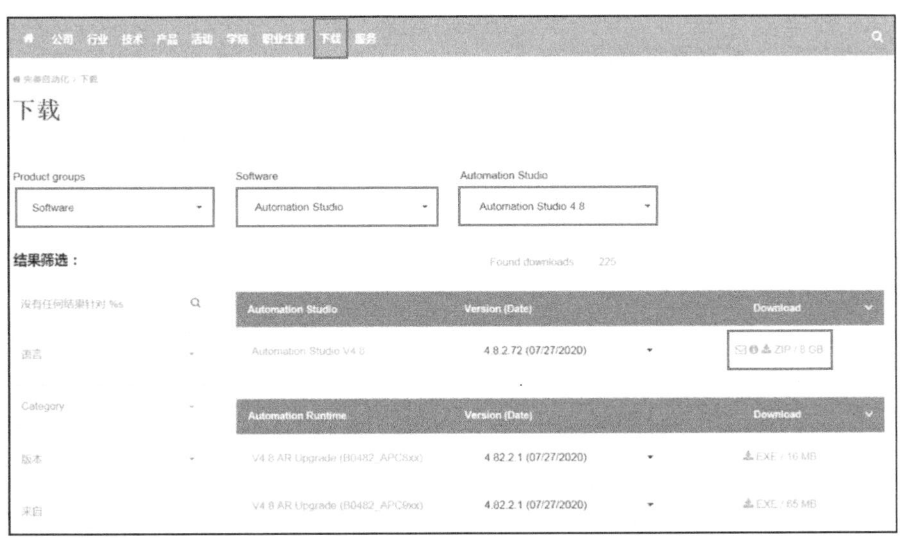

图 1-17　AS 下载地址

1.2.5　如何注册

AS 授权分短期和长期版本。

1）如果是贝加莱客户，可以联系销售人员注册长期版本。

2）如果是短期使用，可以在官网（https://www.br-automation.com/zh/）→“服务”→“软件注册”里注册 90 天的免费试用许可。

如果在注册过程中遇到任何问题，可以通过表 1-4 中的联系方式，打电话或发邮件联系贝加莱大中华区技术支持部门。

表 1-4　贝加莱大中华区销售与技术团队联系方式

贝加莱中国服务热线	4007-280-910
电子邮件	Support.cn@br-automation.com
上海	021-54644800
杭州	0571-86682565
宁波	0574-87687153
武汉	027-87269766
北京	010-64402577
沈阳	024-31877171
济南	0531-80913298
青岛	0532-80913298
广州	020-38878798
深圳	0755-28909020
汕头	075488999166
西安	029-88337033
成都	028-86728733
台北	00886-2-26963507

1.3 贝加莱常用硬件介绍

本节信息摘自 Automation Studio Help 4.7.2 / Hardware。贝加莱硬件会不定期地进行更新，包括新产品发布、老产品升级或停产。因此，选择硬件时，请咨询当地销售人员，确保选择当前主流型号。

1.3.1 硬件图谱

图 1-18 所示为贝加莱软硬件产品图谱（代表性产品），完整的产品图谱详见官网。

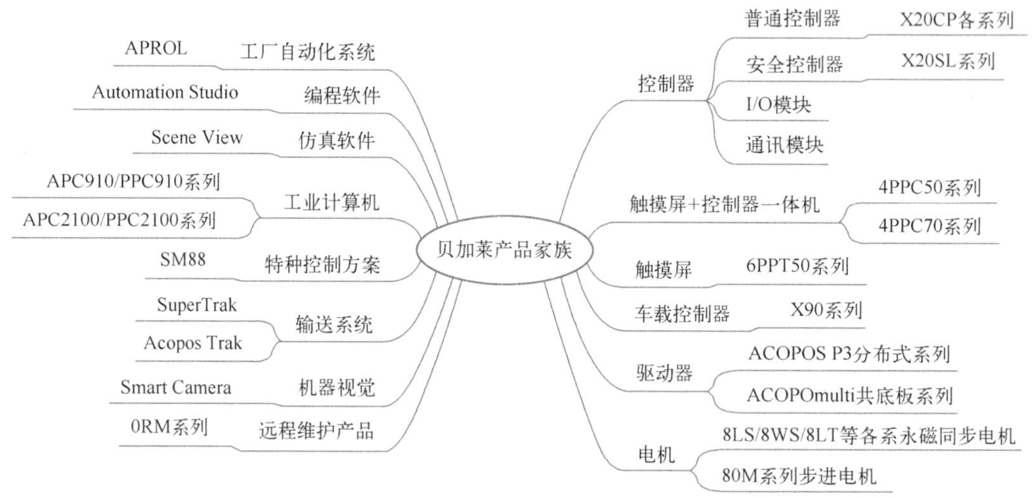

图 1-18 贝加莱软硬件产品图谱（代表性产品）

以控制器为例，贝加莱为客户提供不同性能水平的控制器，以满足不同应用场景对性能和价格的不同需求，如图 1-19 所示。对于触摸屏、驱动器、电机等产品，同样有多种型号提供给客户选择以满足多样化需求。

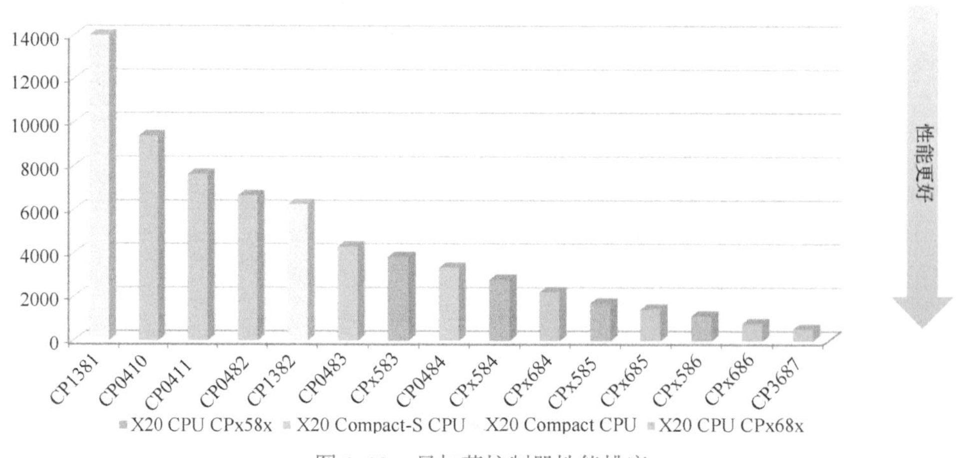

图 1-19 贝加莱控制器性能排序

1.3.2 推荐型号

本节将给出贝加莱大中华区客户当前最常用的产品型号。贝加莱产品种类很多，针对每一个种类，不同时期会推出不同型号，本书出版后，会在后续修订版更新本节内容以保证信息的时效性。

1. X20PLC 及 IO 系列

X20 系列是按模块组合结构来定义的，20 表示 IP20 防护等级。X20 后面的"CP"表示 CPU；紧接第 1 个数字表示插槽数；第 2 个数字表示 CPU 系列，和处理器类别有关，比如 ATOM 还是 ARM；第 3 个数字 8 代表缺省支持 POWERLINK 通信；第 4 个数字和性能有关。有些型号是一个套件，是基础模块的组合，比如 5V4000000000007-001。

对于 X20 I/O 模块，X20 后面两个字母表示 I/O 类型，例如 AI 代表模拟量输入。其他信息请参考表 1-5。

表 1-5　X20PLC 与 I/O 系列

产品类别	产品型号	说明
X20 CPU	X20CP0484	8 轴控制器，Compact-S, ARM 667MHz，256MB DDR3，集成 2GB 存储卡 接口：1xPLK，1xEth，1xRS232，2xUSB
	X20CP1382	4 轴控制器，X86 400MHz，256MB DDR3，集成 2G 存储卡 集成 I/O：14 路 DI，8 路 DO，2 路 AI，4 路 DI/DO. 接口：1xEth，1xPLK，1xRS232，1xCAN，2xUSB
	X20CP1483	X86 100MHz，64MB SRAM，CF 存储卡另配 接口：1x RS232，1x Eth，1x PLK (V1/V2)，2x USB
	X20CP1585	16 轴控制器，ATOM，1.0GHz，256MB SDRAM，CF 存储卡另配 接口：1xRS232，1xETH，1xPLK，2xUSB，1xIF Slot
	5V400000000007-001	32 轴控制器，APC2100，Intel Atom E3827 1.75GHz Dual core 4 GB SDRAM
程序存储卡	5CFCRD.2048-06	2GB 存储单元 贝加莱 SMART
	5CFCRD.0512-06	512MB 存储单元 贝加莱 SMART
	5CFAST.4096-00	4GB CFast Card（APC2100 存储介质）
数字量 输入/输出	X20DI8371	X20 8 路数字输入，DC 24V，漏式，1 Wire
	X20DI9372	X20 12 路数字输入，DC 24V，源式，1 Wire
	X20DIF371	X20 16 路数字输入，DC 24V，漏式，1 Wire
	X20DO8322	X20 8 路数字输出，DC 24V 0.5A，源式，1 Wire
	X20DO9322	X20 12 路数字输出，DC 24V，源式，1 Wire
	X20DOF322	X20 16 路数字输出，DC 24V 0.5A，源式，1Wire
模拟量 输入/输出	X20AI2622	X20 2 路模拟输入，DC +/-10V/0..20mA，12bit
	X20AI4622	X20 4 路模拟量输入，DC +/-10V/0..20mA，12bit
	X20AO2622	X20 2 路模拟输出，DC +/-10V/0..20mA，12bit
	X20AO4622	X20 4 路模拟量输出模块，DC +/-10V/0..20mA，12bit
通信模块	X20BT9100	X2X Link 总线中继器，集成 I/O 供电
	X20BR9300	X2X Link 总线控制器，集成 I/O 供电
	X20CS1030	X20 485 通信模块，CS 插入方式
	X20IF1030	X20 485 通信模块，IF 插入方式
电源模块	X20PS3300	X20 DC 24V 电源模块，用于 I/O 和总线供电（需采购端子排和底座）
	X20PS9600	X20 Compact-S DC 24V CPU 供电电源
附件	X20TB12	X20 12 芯标准端子排
	X20TB1F	X20 16 芯端子排，和数字输入口一起选择
	X20BM11	X20 底座模块，和端子配合使用
	X20BM01	X20 总线电源底座模块
	X20BB52	X20 Compact-S CPU 底版，RS232 接口
	X20AC0SR1	X20 PLC 侧面挡板

2．T50 系列触摸屏

贝加莱的 Power Panel 系列触摸屏分为 T 系列和 C 系列，其中 T 系列为仅显示，C 系列带有控制功能。表 1-6 为触摸屏 T50 系列的主要型号。当然，不局限于这些型号，这些是对于大部分机器与工厂比较常用的规格。

表 1-6　T50 系列触摸屏

产品类别	产品型号	说明
触摸屏	6PPT50.0702-16B	贝加莱 7in[⊖]触摸屏，2xETH，2xUSB
	6PPT50.101E-16B	贝加莱 10in 触摸屏，2xETH，2xUSB
	6PPT50.156B-16B	贝加莱 15in 触摸屏，2xETH，2xUSB

3．C 系列触摸屏+控制器一体机

贝加莱 C 系列是触摸屏和控制器一体化的产品，通过 POWERLINK 或 X2X 总线来扩展远程 I/O，见表 1-7。

表 1-7　C 系列触摸屏与控制器一体机

产品类别	产品型号	说明
C30 系列	4PPC30.043F-23B	贝加莱 4.3in 触摸屏+PLC，接口：1x Eth，2x USB 2.0，1x CAN bus，1x RS485
	4PPC30.0702-23B	贝加莱 7in 触摸屏+PLC，接口：1x Eth，2x USB 2.0，1x CAN bus，1x RS485
	4PPC30.101G-23B	贝加莱 10in 触摸屏+PLC，接口：1x Eth，2x USB 2.0，1x CAN bus，1x RS485
C50 系列	4PPC50.0702-10B	贝加莱 7in 触摸屏+PLC，CPU，接口：1xPOWERLINK，1xETH，2xUSB，1xX2X
	4PPC50.121E-10B	贝加莱 12.1in 触摸屏+PLC，CPU，接口：1xPOWERLINK，1xETH，2xUSB，1xX2X
	4PPC50.156B-10B	贝加莱 15.6in 触摸屏+PLC，CPU，接口：1xPOWERLINK，1xETH，2xUSB，1xX2X
C70 系列	4PPC70.0573-20B	贝加莱 5.7in 触摸屏+PLC，横屏，Intel Atom 333MHz，接口：1x POWERLINK，1x Eth，1x X2X Link，2x USB 2.0
	4PPC70.0702-20B	贝加莱 7in 触摸屏+PLC，横屏，Intel Atom 333MHz，接口：1x POWERLINK，1x Eth，1x X2X Link，2x USB 2.0
	4PPC70.101G-20B	贝加莱 10in 触摸屏+PLC，横屏，Intel Atom 333MHz，接口：1x POWERLINK，1x Eth，1x X2X Link，2x USB 2.0

4．通用工业电源

贝加莱供电电源输出均为 DC 24V。在产品型号中，PS 表示 Power Supply，后接第 1 个数字 1 表示单相，第 2～4 个数字组合为输出电流，单位是 0.1A，例如 200 代表 20A，表 1-8 列出一些通用工业电源模块。

表 1-8　贝加莱通用工业电源模块

产品类别	产品型号	说明
AC/DC 电源	0PS1020.0	24V 直流输出电源，额定 2A，单相 100～240V 交流输入，导轨式安装
	0PS1050.1	24V 直流输出电源，额定 5A，单相 100～240V 交流输入，导轨式安装
	0PS1100.1	24V 直流输出电源，额定 10A，单相 100～240V 交流输入，导轨式安装
	0PS1200.1	24V 直流输出电源，额定 20A，单相 100～240V 交流输入，导轨式安装

⊖ 1in=2.54cm。

5．伺服驱动器

表 1-9 列出贝加莱 P3 系列伺服驱动常用型号。P3 系列是贝加莱第三代伺服驱动，1 个驱动器最多可以同时连接 3 台电机独立控制。带有集成的 EnDat2.2 / SSI / HIPERFACE DSL / BiSS(C) / T-Format 多功能编码器接口。贝加莱其他系列伺服驱动有：ACOPOS、ACOPOSmulti（共 DC BUS 底板）、ACOPOSmicro、ACOPOSmotor（驱动和电机一体化），和 ACOPOSremote（恶劣环境使用，ID65 防护等级驱动）。

产品型号中，第一个数字 8 代表伺服；EI 是 P3 代号；后面 nXm，代表 n.mA 额定电流；M/H 位，M 代表 220V，H 代表 380VAC；W 代表壁挂式安装；S/D/T，S 为单电机，D 为双电机，T 为一拖三台电机。

表 1-9　贝加莱 P3 系列伺服驱动器

产品型号	产品规格	额定电压	轴的数量
8EI1X6MWS10.0500-1	1.6A	3x200～230V AC，1x110～230V AC	1 轴
8EI1X6HWS10.0500-1		3x200～480V AC	1 轴
8EI2X2MWS10.0500-1	2.2A	3x200～230V AC，1x110～230V AC	1 轴
8EI2X2MWD10.0500-1			2 轴
8EI2X2MWT10.0500-1			3 轴
8EI2X2HWS10.0500-1		3x200～480V AC	1 轴
8EI2X2HWD10.0500-1			2 轴
8EI2X2HWT10.0500-1			3 轴
8EI4X5MWS10.0500-1	4.5A	3x200～230V AC，1x110～230V AC	1 轴
8EI4X5MWD10.0500-1			2 轴
8EI4X5MWT10.0500-1			3 轴
8EI4X5HWS10.0500-1		3x200～480V AC	1 轴
8EI4X5HWD10.0500-1			2 轴
8EI4X5HWT10.0500-1			3 轴
8EI8X8MWS10.0500-1	8.8A	3x200～230V AC，1x110～230V AC	1 轴
8EI8X8MWD10.0500-1			2 轴
8EI8X8MWT10.0500-1			3 轴
8EI8X8HWS10.0500-1		3x200～480V AC	1 轴
8EI8X8HWD10.0500-1			2 轴
8EI8X8HWT10.0500-1			3 轴
8EI013HWS10.0500-1	13A	3x200～480V AC	1 轴
8EI017HWS10.0500-1	17A	3x200～480V AC	1 轴
8EI017HWD10.0100-1			2 轴
8EI022HWD10.0100-1	22A	3x200～480V AC	2 轴
8EI024HWS10.0100-1	24A	3x200～480V AC	1 轴
8EI034HWS10.0100-1	34A	3x200～480V AC	1 轴
8EI044HWS10.0100-1	44A	3x200～480V AC	1 轴

6．P3 驱动器操作显示板

贝加莱 ACOPOS P3 系列可配操作面板，该操作面板可以设置站点号和查看伺服轴的基本信息，并支持热拔插，见表 1-10。建议 1 个系统的多个 P3 系列驱动器共用 1 个操作显示板。更详细的信息请参考 AS Help。

表 1-10　P3 系列驱动器操作显示板

产品型号	说明
8EAD0000.000-1	显示单元，LCD，128 x 64，黑白，1x USB 3.0

7．编码器及 I/O 插卡

贝加莱伺服驱动采用模块化组合方式，AC 表示附件（Accessory 的缩写），8EAC 代表 P3 的附件，8AC 代表 ACOPOS 的附件，8BAC 代表 ACOPOSmulti 的附件，AC 后面的数字的含义在不同系列基本相同。表 1-11 为 ACOPOS P3 的附件，包括编码器插卡和 I/O 插卡（P3 的 I/O 插卡目前只有一种）。

表 1-11　驱动器编码器插卡与 I/O 插卡

产品型号	说明	编码器类型
8EAC0122.001-1	旋变编码器插卡 10kHz	旋变编码器
8EAC0122.003-1	3 x 旋变编码器插卡 10kHz	旋变编码器
8EAC0150.001-1	数字量多编码器插卡	EnDat 2.2，BiSS (Mode C)，SSI ，T-Format
8EAC0150.003-1	3x 数字量多编码器插卡	EnDat 2.2，BiSS (Mode C)，SSI ，T-Format
8EAC0151.001-1	增量式编码器插卡	DC 5V RS422，HTL 推挽，HTL 推式和 HTL 差分
8EAC0151.003-1	3x 增量式编码器插卡	DC 5V RS422，HTL 推挽，HTL 推式和 HTL 差分
8EAC0152.001-1	模拟量多编码器插卡	EnDat 2.1，SinCos，SinCos SSI
8EAC0152.003-1	3x 模拟量多编码器插卡	EnDat 2.1，SinCos，SinCos SSI
8EAC0130.000-1	10 DI/DO 插卡，DC 24V，每个通道可配置成输入或输出	-

1.3.3　常见拓扑

前面介绍了贝加莱的常用硬件，下面列举几个典型案例，解释如何使用贝加莱硬件搭建一个项目系统，展示贝加莱系统架构设计的灵活性。

1．案例 1：某柔版印刷机

图 1-20 所示为贝加莱全方案某机组式柔版印刷机配置，其中：

1）在控制台放置 1 个显控一体化 HMI，用于显示、操作和工艺控制，如 15in 的 PPC2200 触控一体化操作屏。

2）每个色组配 1 个远程 X20 I/O 站+1 个 ACOPOS 驱动器+1 个 X67 色标检测模块。

3）整机引入牵引和引出牵引各用 1 个 ACOPOS 驱动器。

4）显控一体化 HMI、伺服驱动器、远程 I/O 站之间采用 POWERLINK 总线通信。

5）系统中所有硬件、网络、代码均在统一的 Automation Studio 平台中组态、编程。

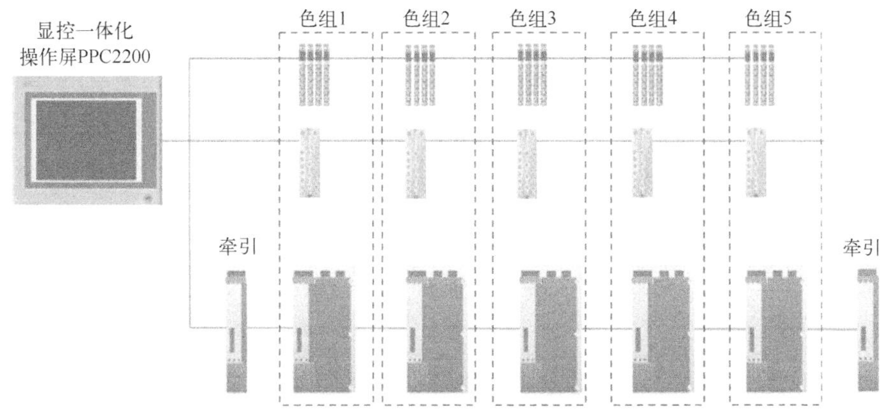

图 1-20　贝加莱全方案某机组式柔版印刷机配置

2．案例 2：某膜包机

膜包机是干包领域最常见的设备之一，一般会根据设备在用户厂里的平面布置进行调整。因此，每一台膜包机都可能有一些不同。图 1-21 所示为贝加莱全方案某膜包机配置，其中：

1）采用显控一体化 HMI。

2）ACOPOSmulti 共底板式驱动器，控制分瓶、送膜、切膜和主电机。

3）1 个 X20 远程 I/O 站。

4）HMI、伺服驱动器和 I/O 站之间通过 POWERLINK 总线通信。

5）系统中所有硬件、网络、代码均在统一的 Automation Studio 平台中组态、编程。

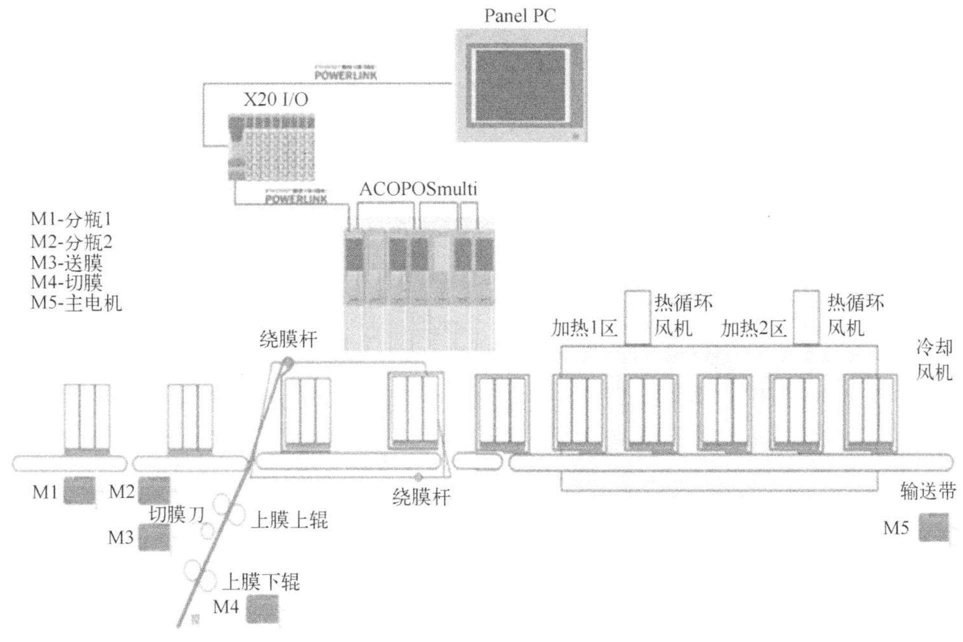

图 1-21　贝加莱全方案某膜包机配置

3．案例 3：某吹瓶机

贝加莱做过几乎所有种类吹瓶机：连续式、直线式、注拉吹一体机和全电动吹瓶机。

图 1-22 贝加莱全方案某液压连续式吹瓶机配置。连续式吹瓶机的壁厚控制是关键点，贝加莱系统集成精简 50 点、完美 100 点两种壁厚控制方案，效果可以媲美专业的壁厚器。系统配置采用：

1）10in 的 PPC2200，集按键、显示、触摸、控制于一体。

2）2 个 ACOPOS P3 双轴模块分别控制左、右两个机械手。

3）2 个远程 X20 I/O 站。

4）控制器和远程 I/O 通过 X2X 总线通信。

5）系统中所有硬件、网络、代码均在统一的 Automation Studio 平台中组态、编程。

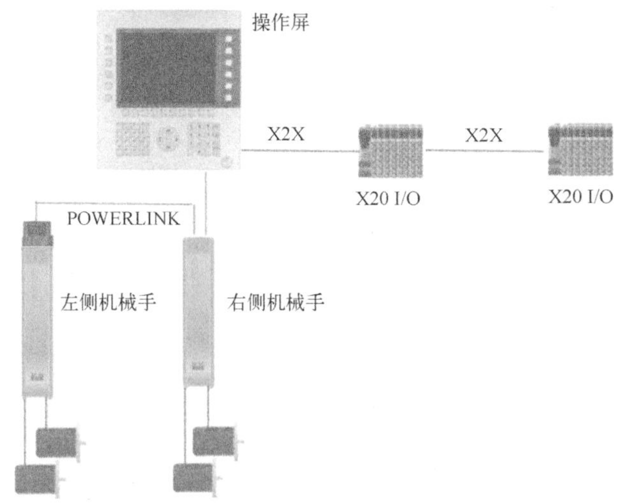

图 1-22　贝加莱全方案某液压连续式吹瓶机配置

4．案例 4：某硅片裁断机

图 1-23 所示为贝加莱全方案某硅片裁断机配置，其中：

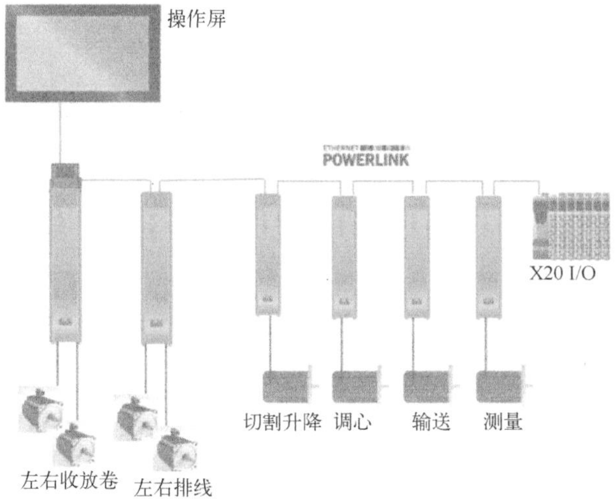

图 1-23　贝加莱全方案某硅片裁断机配置

1）采用 15in 的 PPC2100 触摸+控制一体屏。

2）2 个 ACOPOS P3 双轴模块解决复杂收放卷、排线问题。

3）另外 4 个 ACOPOS P3 驱动器实现升降、调心、输送、测量。

4）1 个远程 I/O 站。

5）系统中所有硬件、网络、代码均在统一的 Automation Studio 平台中组态、编程。

5. 案例 5：某电子产品装配站

图 1-24 所示为贝加莱全方案某电子产品装配站配置，其中：

1）采用 1 个 7in 的 T50 操作屏+1 个 X20 CP0484 小型 PLC+1 个 X20 SLX910 安全 PLC。

2）1 个 ACOPOSmicro 双轴步进驱动器（送料）+1 个 ACOPOS P3 伺服驱动器（相机定位）。

3）工业相机（零件位置检测）+拧紧枪（螺钉安装）+ABB 机器人（放置零件）+RFID（工件识别）。

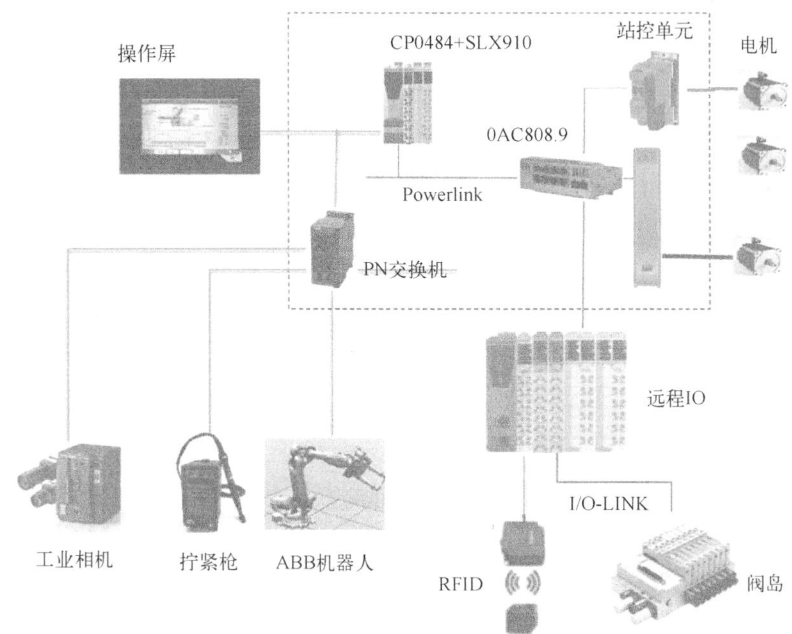

图 1-24　贝加莱全方案某电子产品装配站配置

1.4 查找资料

对于想使用贝加莱 Automation Studio 进行编程，或采用贝加莱产品进行方案设计的工程师，首选参考本书以及《TM 合订本第一至四卷》，这两份资料都可以在 1.4 节所述的“知识库 PC”中找到。除此之外，贝加莱官网、贝加莱微信公众号以及贝加莱官方网盘中还提供了大量的产品使用手册、教学视频、公开课，以及其他学习材料供使用者参考。本节将给出上述所有参考资料的门户入口。

1.4.1 官方网站

在贝加莱官网（https://www.br-automation.com/zh/）中选中“产品”图标，即可查阅贝

加莱所有硬件/软件产品列表。单击每一款产品的链接都可以找到相应的数据手册、使用手册、产品认证等详细信息。这些资料下载不需要注册，全部免费。

除官网之外，Automation Studio Help 也是非常重要的查找技术参数的常用工具之一。Automation Studio Help 可以独立于 AS 作为一个单独可执行文件安装并运行。

1.4.2 微信公众号

贝加莱微信公众号访问途径，在微信公众号中搜索“贝加莱工业自动化”。进入微信公众号后，参照图 1-25 可以分别访问“知识讲堂”和“知识库 PC”版块。“知识讲堂”版块提供了大量的公开课视频、行业专题介绍，分别适用于编程人员和现场操作人员的教学视频、电子书，以及面授培训课程的报名入口等内容。“知识库 PC”板块中，找到“资料下载”，其入口链接的是贝加莱企业网盘，存放有各类 PPT 课件、产品宣传折页、产品选型手册以及《TM 合订本第一至四卷》电子版等丰富的文档资料，供用户免费下载。

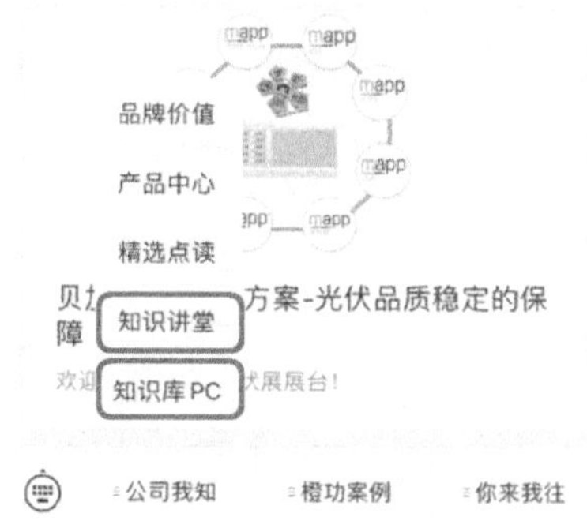

图 1-25 贝加莱工业自动化微信公众号

1.4.3 在线教程

贝加莱 Tutorial（即在线教程）是贝加莱面向内部及外部工程师的互动式线上学习课堂。它的教学形式介于线下面授与在线视频之间，结合了两者的优点。一方面在线教程的每一张画面都有老师的背景讲解声音，且每一张画面内容在切换至下一张之前，学员必须按照指令进行相应的操作（例如单击 AS 软件的某一菜单选项）。这种画面、声音、操作多维结合的特点具备了模拟线下面授的优点；另一方面在线教程可以随时开始、随时中断、无限次重复，具备了在线教学视频不受地理和时间约束、机动灵活的优点。

在线教程的访问可以通过贝加莱官网→“学院”→“贝加莱教程门户”进入，如图 1-26 所示。在“Automation Academy”页面中可以找到所有的在线教程列表。目前提供四大板块内容，分别是 Automation Studio、mapp 技术、建模和仿真，以及多功能输送系统，所有内容（包括文字与背景讲解语音）均已翻译为中文，方便中国客户使用。

有一点需要注意的是，贝加莱的在线教程需要登录后方可进行学习。贝加莱内部员工直接通过开机用户名和自定义密码进入，贝加莱客户与合作伙伴工程师如果还没有贝加莱官网账号，请通过表 1-4 中的电话或邮箱联系工作人员，或者直接联系销售代表获取。

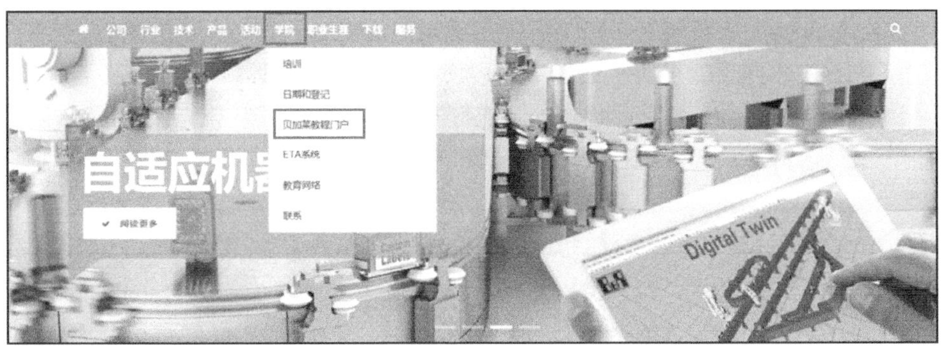

图 1-26　贝加莱在线教程（Tutorial）访问入口

1.5 快速创建一个项目

为了方便从未使用过 Automation Studio（AS）的用户快速上手，本节将简述在 Automatoin Studio 平台上进行项目开发的基本步骤。参照本节介绍的开发步骤可以快速创建一个项目，但要真正开发一个完整的实际项目，用户还需参考本书后续章节来了解编程规范、用好模板例程、储备好理论知识。

1.5.1 开发窗口

AS 软件的开发界面如图 1-27 所示，其中工作区是进行编程、画图等工作的区域，工具栏是选择硬件、编辑属性等工作的区域，资源管理器是管理项目资源的区域。它具体包括 3 个窗口，即 Logical View、Physical View 和 Configuraiton View，工程师在进行项目开发时会经常与这 3 个窗口打交道。因此，本节将重点介绍一下这 3 个窗口分别做什么事情。

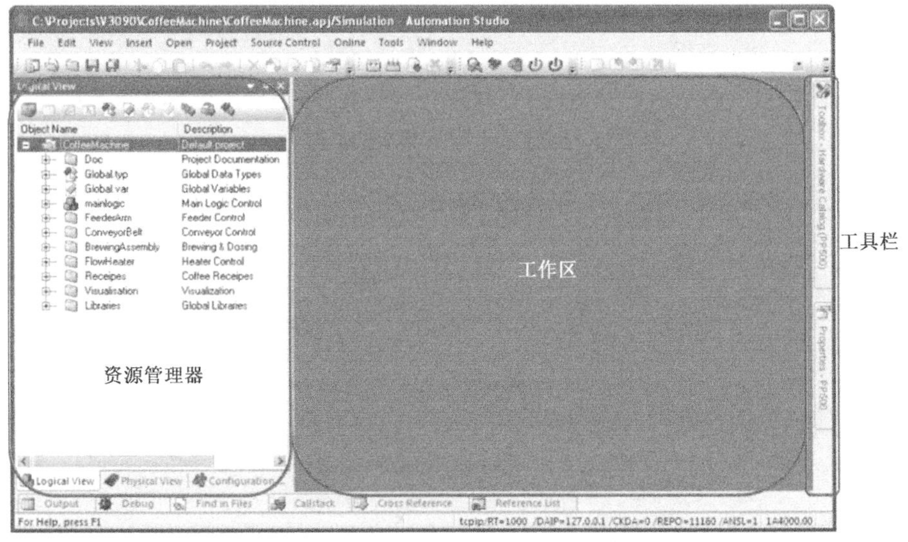

图 1-27　AS 开发窗口

1）Logical View：所有与程序相关的内容都可以在 Logical View 中查看，包括下位机程序、上位机画面、数据类型声明、变量声明、库、开发者文档等。

2）Physical View：所有与硬件相关的内容都在 Physical View 中操作，包括添加硬件模块、配置硬件模块、配置 CPU（例如划分成几个周期，每个周期多长时间等），以及 I/O Mapping 等。

3）Configuration View：在 Configuration View 中，既可以看到软件相关文件，也可以看到硬件相关文件。AS 允许一套程序适配多个硬件（如多个 CPU），用于仿真测试系统性能。因此，可以在 Configuration View 中设置多套配置，每个配置可能软件相同但硬件不同（如同一套程序分别可以运行在高性能和低性能 PLC 上），同一时间只能有一套配置被激活。除此之外，有一些设置入口需要从 Configuration View 中进入，如管理用户访问权限、mapp 配置、运动控制配置等。

1.5.2 如何快速开始一个控制项目

难易程度不同的项目其需求也不同，有些不需要上位机画面，有些不需要轴控。但是，对于所有的项目来说，基础的逻辑控制都是必需的。本节将介绍如何在 AS 中快速创建一个控制类项目。

图 1-28 所示为创建一个控制类项目的基本步骤。首先，在 AS 中单击新建项目（Project）按钮，会依次弹出图 1-29 所示的 3 个窗口，分别为定义 Project 的名称和路径、定义 Configuration 的名称，以及选择控制器。

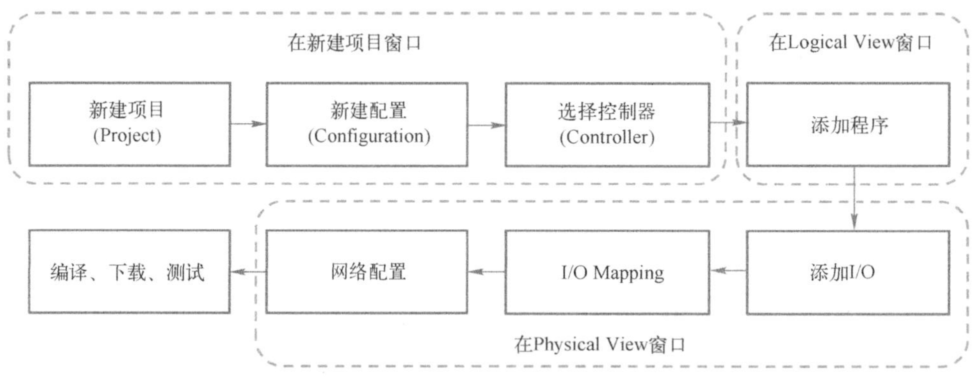

图 1-28 创建一个控制类项目的基本步骤

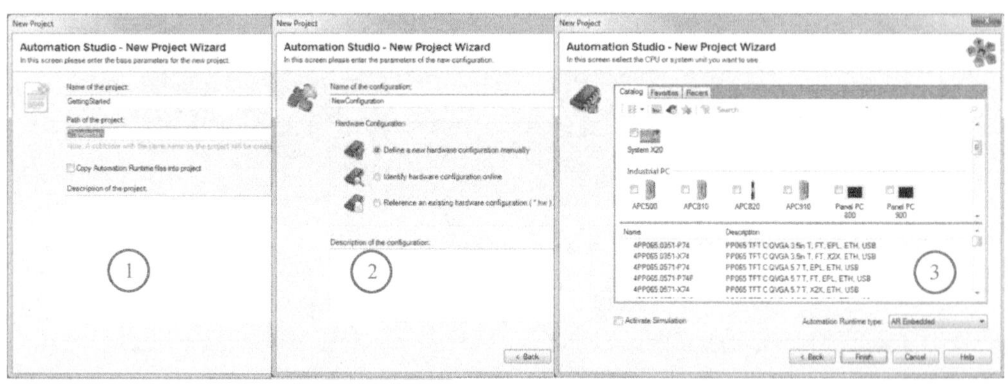

图 1-29 新建项目、新建配置、选择控制器

选择完控制器之后单击 Finish 按钮，将进入 AS 的主画面。此时可以看到 1.5.1 节所介绍的 Logical View、Physical View 和 Configuration View 3 个窗口。在 Logical View 中，参照图 1-30 所示步骤添加程序模块，然后即可开始编写程序、定义变量和定义数据类型等工作。

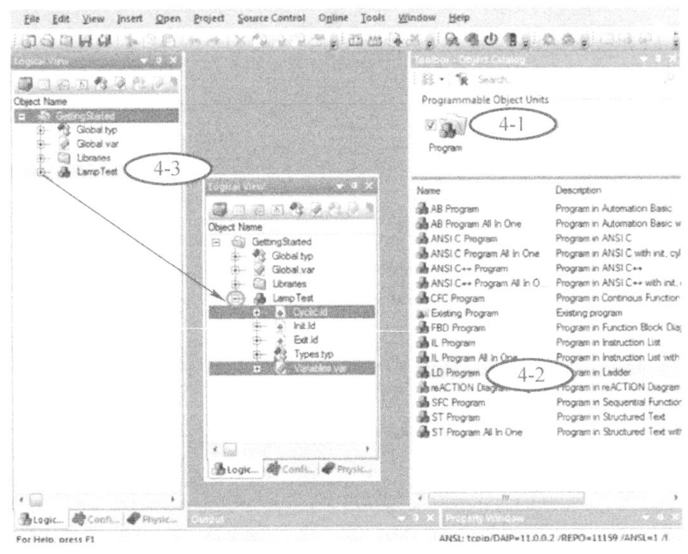

图 1-30　添加程序

程序写好之后，接下来需要在 Physical View 中添加 I/O 模块。参照图 1-31 所示方法和步骤，将 I/O 模块拖至硬件树下，或拖至图形化显示的 System Designer 中，两种方法都可以。

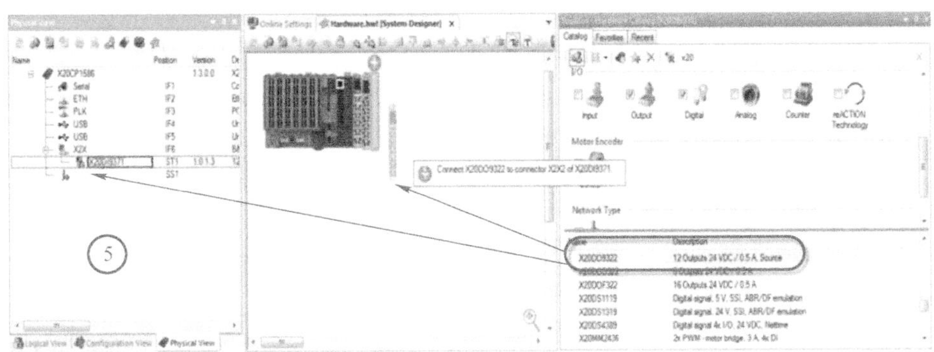

图 1-31　添加 I/O 模块

添加好 I/O 模块之后，继续在 Physical View 窗口中对添加好的模块进行 I/O Mapping，将变量分配到相应的 I/O 通道上，如图 1-32 所示。

若只是在个人计算机上进行纯软件仿真，可以跳过网络配置环节，直接编译、下载、测试。若需要连接一个真实 PLC 进行调试，还需要进行网络配置，使计算机与 PLC 在同一个网段，以使 AS 可以与 PLC 进行通信。PLC 网络配置如图 1-33 所示。

最后，在 AS 的菜单栏找到 Build 和 Transfer 两个快捷按钮，单击它们即可进行编译和下载。

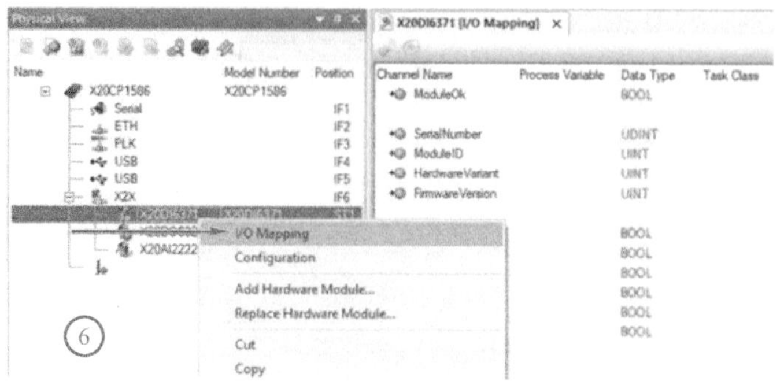

图 1-32　I/O Mapping

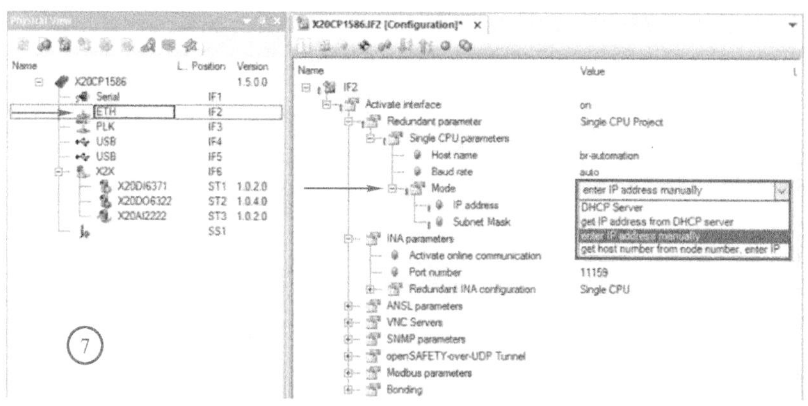

图 1-33　PLC 网络配置

1.5.3　如何快速添加上位机界面

贝加莱的上位机界面开发也是在集成的统一平台 Automation Studio 中完成的。贝加莱提供的上位机界面开发技术共有两种，一个是 VC4，另一个是 mappView。mappView 是最新一代基于网页开发的 HMI 设计与开发技术。其开发步骤比 VC4 略复杂，适用于对画面要求比较高、需要嵌入复杂人机交互动作的项目。关于 mappView 的具体开发步骤详见 7.2 节。本节主要介绍一般项目常用的 VC4 技术。

在遵循 1.5.2 节步骤完成了控制项目的编程之后，若项目还需要上位机界面，则还要添加图 1-34 所示的几个步骤。

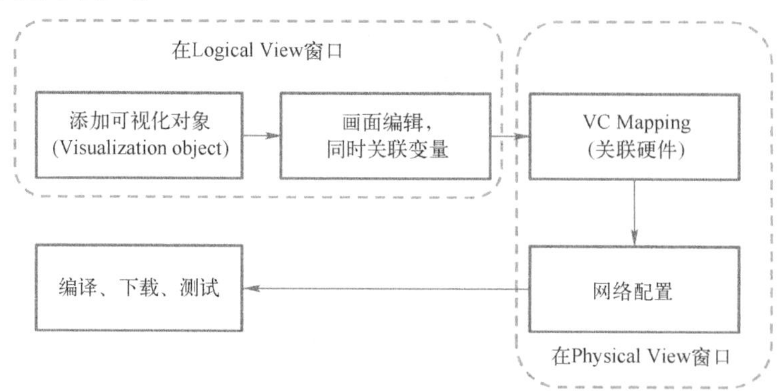

图 1-34　添加上位机界面所需步骤

首先在 Logical View 中，参照图 1-35 所示步骤添加可视化对象（Visualization object），Visualizatoin object 相当于进入 VC4 画面设计编程的入口，双击可以进入 VC4 设计环境。

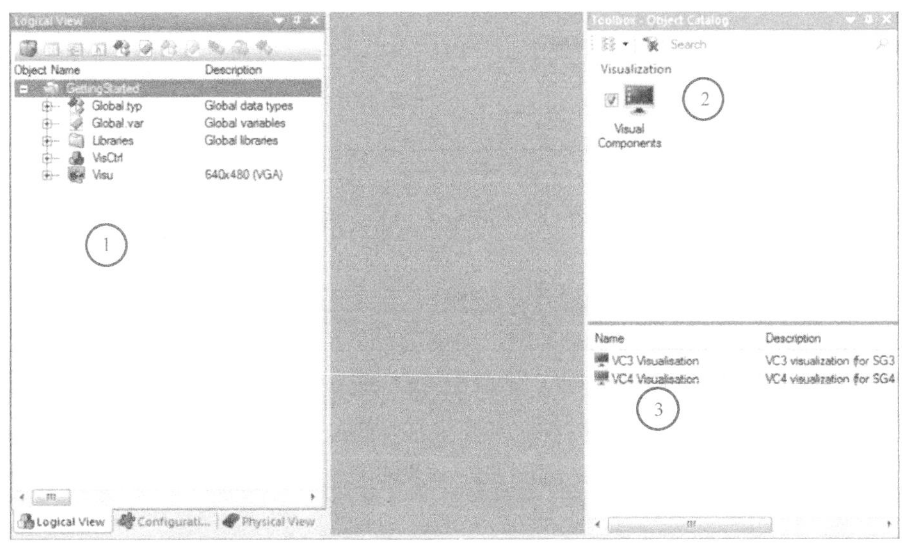

图 1-35　添加可视化对象（Visualization object）

VC4 的设计环境如图 1-36 所示，菜单树提供进入每一张页面的编辑入口。编辑时，将控件拖至工作区对应位置即可。每一个控件都有对应的属性窗口，属性窗口的一个很重要的功能是变量关联，即将上位机显示的数据与下位机程序的变量关联起来，实现数据实时显示。

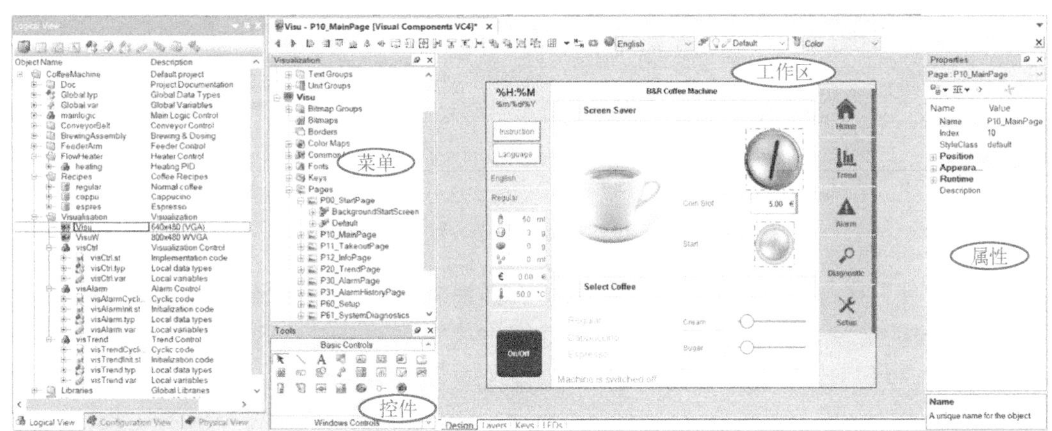

图 1-36　VC4 设计环境

画面设计工作完成之后，接下来需要将设计好的 VC4 画面部署到显示终端上（也可以理解为，将设计好的画面分配给硬件），这一步是在 Physical View 窗口完成的。这里分为以下 3 种情况。

1）该硬件既可以作控制器，又可以作显示终端。比如 PPC 或者 C 系列 Panel（控制板），下位机和上位机是同一个设备。因此，不需要以太网通信。此时，右击该设备，选择 Configuration 命令，然后在 VC object name 中下拉选择要分配给该硬件的 VC4 画面名称即可，操作如图 1-37 所示。

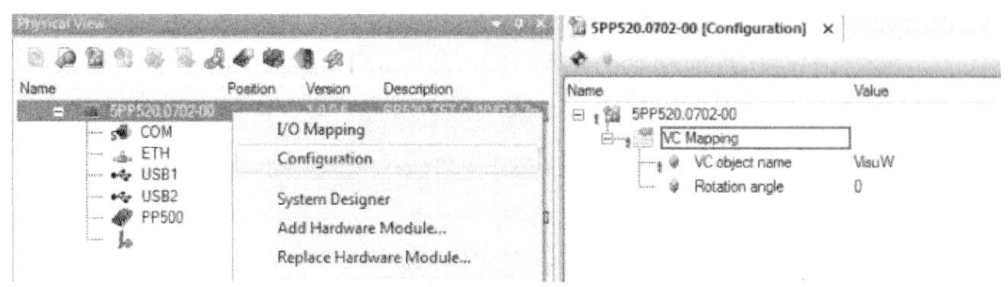

图 1-37　VC Mapping（控制和显示在同一硬件上）

2）该硬件只作控制器使用，显示终端为第三方支持的 VNC Client 屏，或者个人计算机。此时，该硬件只作 VNC Server 使用，与屏通过以太网进行画面通信。此时右击该硬件的以太网口，选择 Configuration 命令，然后在 VC object name 中下拉选择要分配给该硬件的 VC4 画面名称。这种情况还需要对网络 IP 进行设置，使得 Server 和 Client 在同一网段，如图 1-38 所示。

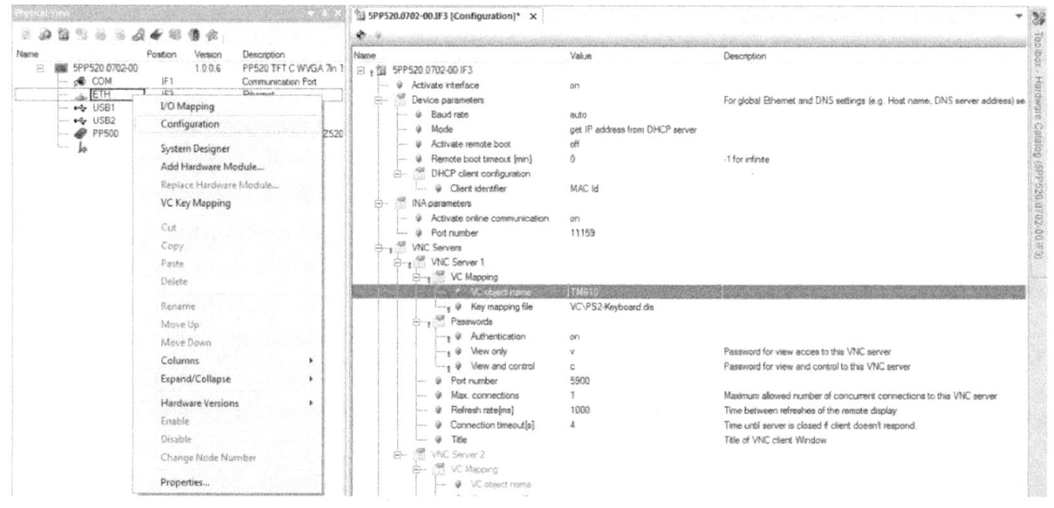

图 1-38　VC Mapping（显示为第三方屏）

3）该硬件只作控制器使用，显示终端为 T 系列 Panel。此时，需要将 VC4 画面配置在屏上，而不是控制器上，如图 1-39 所示。这种方式叫作 Terminal 模式（即终端模式）。同样，这种情况也需要进行网络设置，使控制器和屏在同一网段。

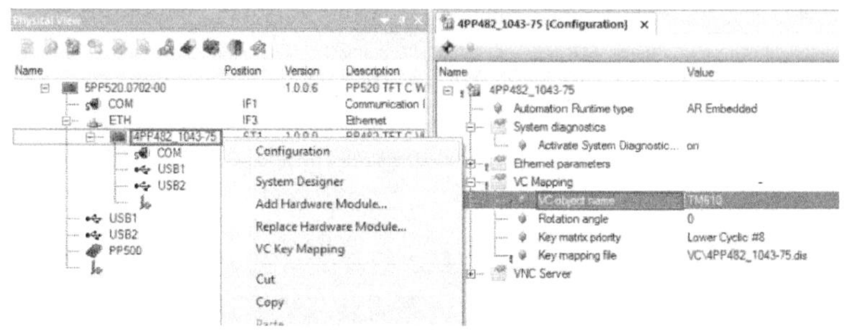

图 1-39　VC Mapping（控制器和显示分开，且都为贝加莱硬件）

最后，在 AS 的菜单栏找到 Build 和 Transfer 两个快捷按钮，单击它们即可分别进行编译和下载。

1.5.4　如何快速添加运动控制

有些项目会涉及运动控制，贝加莱的运动控制编程与调试也是在集成的统一平台 Automation Studio 中完成的。在遵循 1.5.2 节的步骤完成了基础控制项目的编程之后，若项目还涉及运动控制，则还要添加图 1-40 所示的几个步骤。

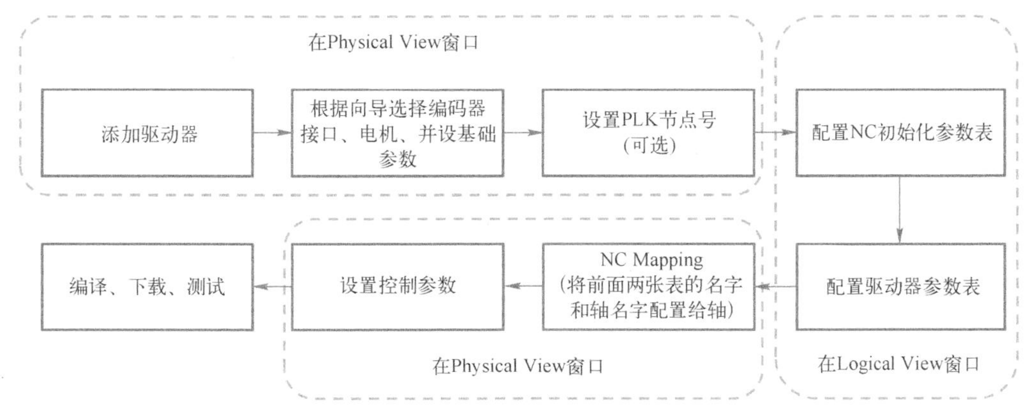

图 1-40　添加运动控制所需步骤

第 1 步，在 Physical View 页面中通过拖拽的方式添加驱动器至 PLK（POWERLINK），如图 1-41 所示。

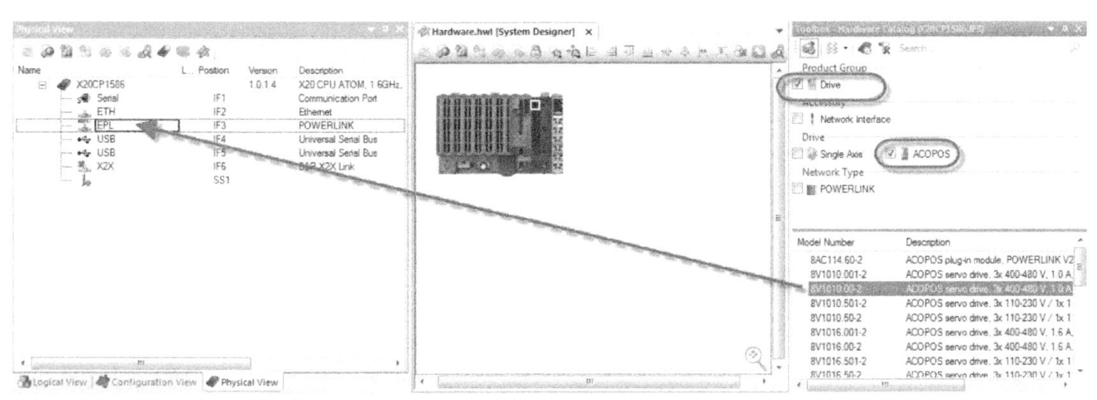

图 1-41　添加驱动器

第 2 步，添加驱动器之后，软件会自动弹出设置向导。在向导中根据提示选择编码器类型、选择电机，并设置一些基础参数。若某一步不需要，则可以勾选“Skip this page”复选框来跳过，如图 1-42 所示。

第 3 步，设置节点号。贝加莱的控制器与驱动后文之间通过 POWERLINK 进行通信，AS 会按照顺序从 1 开始，自动给每个驱动轴分配一个 PLK 节点号。在项目中，必须保证实际硬件的拨码与软件的节点号相同，如果出现不一致，要么修改硬件拨码，要么通过图 1-43 所示的方法修改节点号。

第 4 步，配置初始化参数表。在 Logical View 界面，双击后缀为.ax 的文件，即可进入初始化参数表配置页面，如图 1-44 所示。

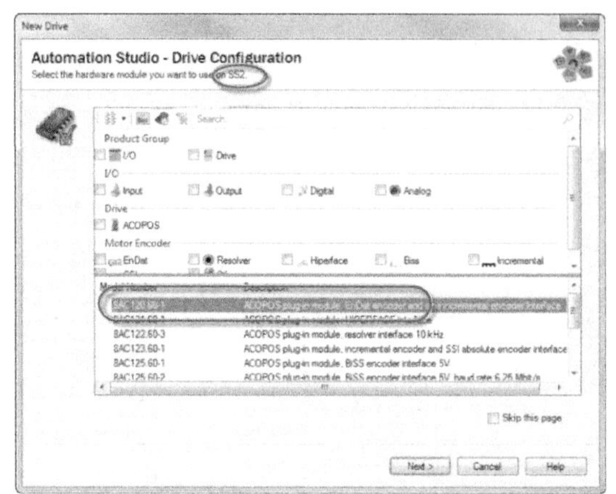

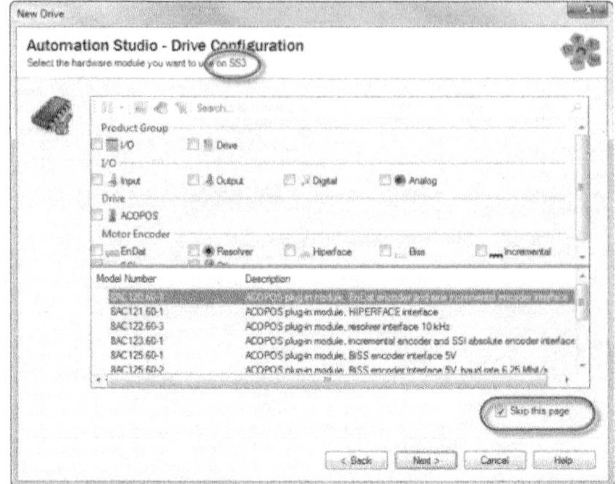

图 1-42　根据向导选择编码器类型等

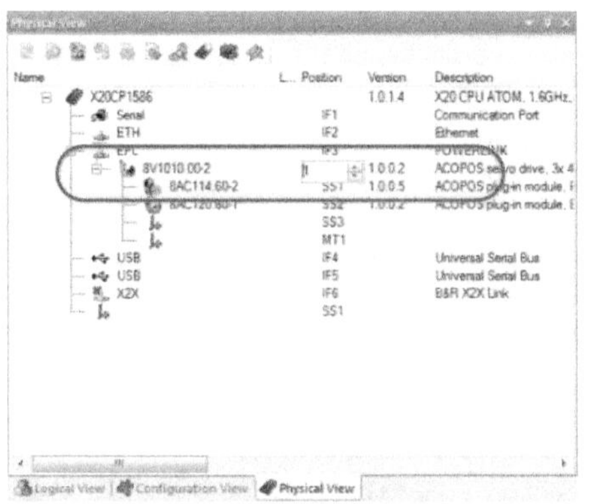

图 1-43　修改节点号

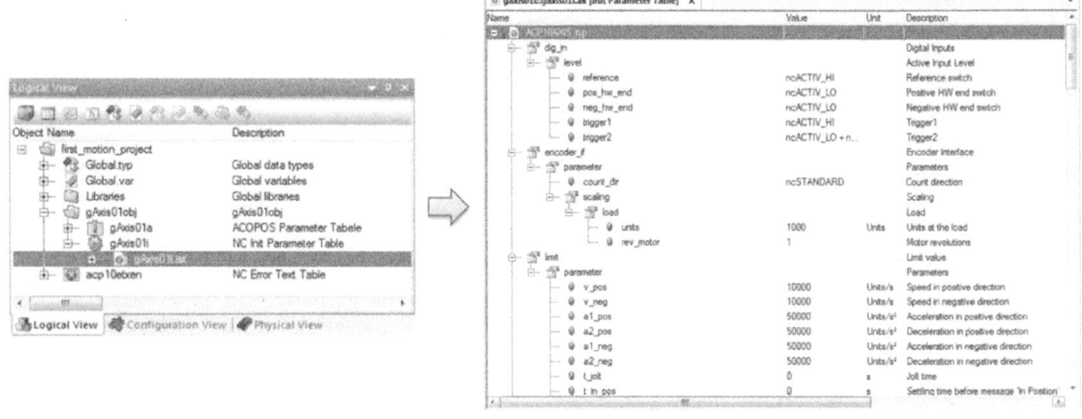

图 1-44　配置初始化参数表

第 5 步，配置驱动器参数表。在 Logical View 界面，双击后缀为.apt 的文件，即可进入驱动器参数表配置页面，如图 1-45 所示。可以手动添加需要配置的参数，添加时可直接输入 ID 号，然后会自动弹出对应的参数名，例如输入“390”，Parameters 处会自动填入“UDC_NOMINAL”。ID 号与参数名的对应表可在 AS Help 找到。

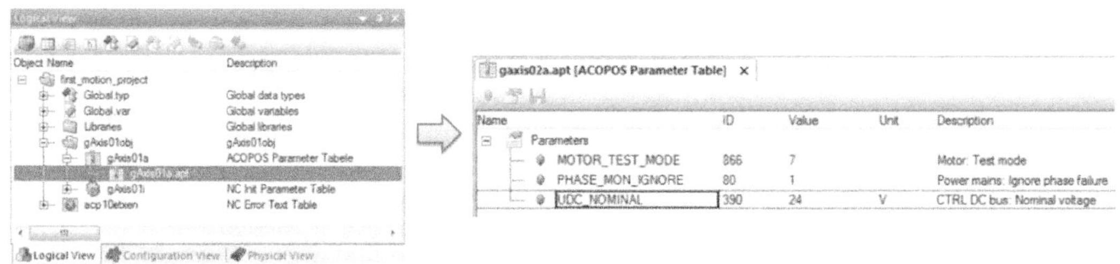

图 1-45　配置驱动器参数表

第 6 步，NC Mapping。在 Physical View 中，将前面两步（第 4 和第 5 步）中配置好的两张表（即初始化参数表和驱动器参数表）关联进来，并给轴命名（如 gAxis01），如图 1-46 所示。

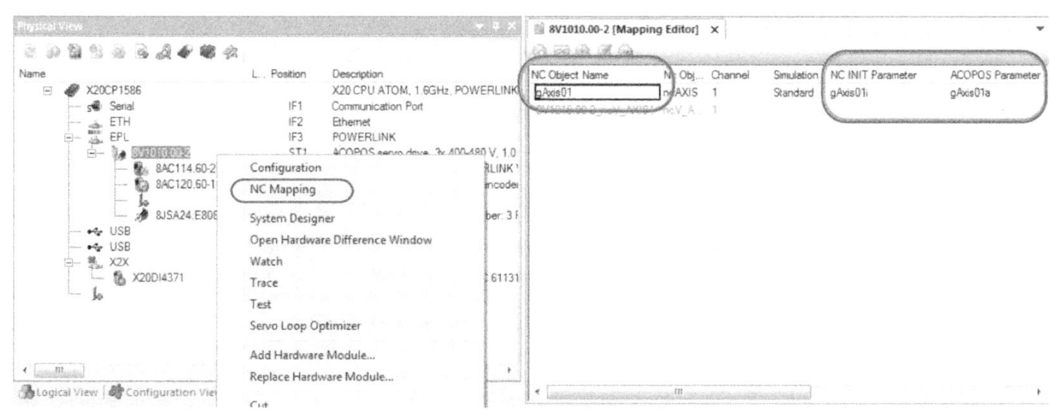

图 1-46　NC mapping

第 7 步，设置控制器参数。在 Physical View 界面中，右击目标轴，选择 test 命令，即可进入图 1-47 所示页面，进行三环（电流环、速度环、位置环）控制参数自整定或修改。

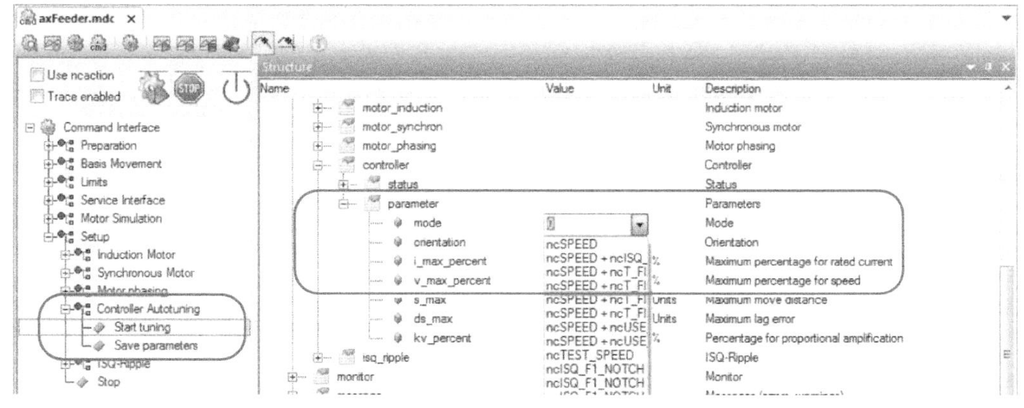

图 1-47　设置三环控制参数

至此，基本的运动控制功能就添加完毕了，若要实现更为复杂的轴控动作，可参考《TM 合订本第三卷——运动控制部分》或 AS Help。

第 2 章　几款常用硬件详细介绍

在 1.3.2 节中，给出了贝加莱大中华区客户常用的硬件列表，为准备使用贝加莱产品进行方案设计的工程师提供选型参考。在此基础上，本章将从中挑选 4 款明星产品进行详细介绍，以帮助客户更好地了解产品的独特之处。

2.1 高性价比 PLC——X20CP1382

X20CP1382 属于贝加莱紧凑型 CPU 系列，如图 2-1 所示，这款 PLC 自带 I/O，通信接口丰富。根据图 2-1 所示的性能排序，X20CP1382 属于中游水平，但是性价比非常高。X20CP1382 自 2016 年推出后，一举成为贝加莱控制器的明星，其广泛适用于各个行业。目前用量较为集中的行业包括：光伏、电子、塑料、风电和包装等。

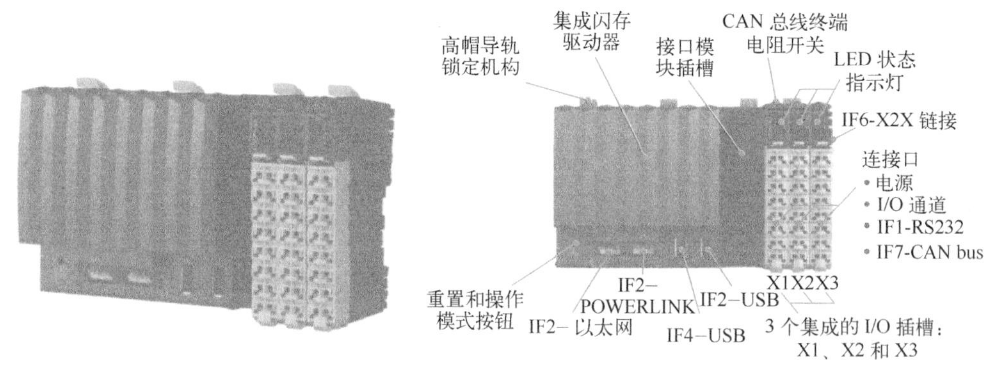

图 2-1　贝加莱紧凑型 PLC X20CP1382

2.1.1　硬件参数

X20CP1382 的硬件配置为 400MHz 主频 X86 CPU、256MB DDR3 RAM、2GB eMMC Flash，嵌入式操作系统，支持最快任务周期 1ms，最多 8 个任务等级。

该 PLC 同时具备运动控制器的功能，视任务复杂程度可以带 8～12 个轴（1～2ms 控制周期），用户无须额外购买运动控制器。支持 POWERLINK 接口的驱动器，使用 CAN 接口时需要自己写部分程序。可以通过自带 I/O 的方向脉冲同时控制最多两个驱动器。

部分超高速的应用（例如 1～10μs 任务周期），需要使用高级功能 reACTION，此时可以选择 X20CP1382RT。reACTION 可以实现高速输入/高速输出，与普通高速输入/高速输出模块的区别是它的输入、计算和输出可以连在一起高速执行。这些逻辑程序不通过 PLC 处理，而是在 reACTION 的内部 FPGA 进行计算。比如一个高速输入，需要一些逻辑条件，然后高速输出出去，此时使用 reACTION 功能可以在几微秒内全部执行完。

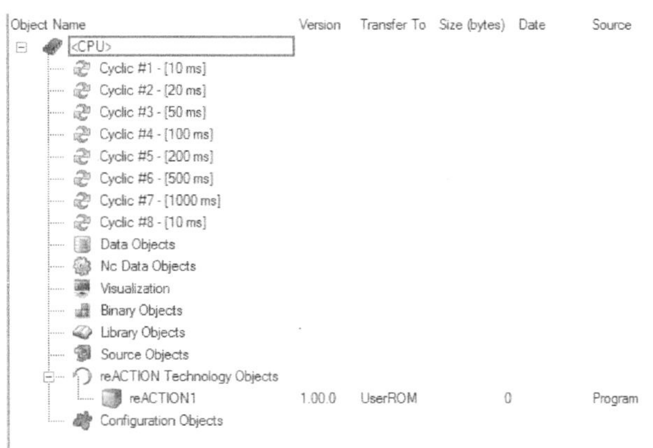

图 2-2 Automation Studio 中可设置不同优先级的任务放到不同循环周期中执行（最多可设置 8 个任务等级）

该 PLC 同其他贝加莱 PLC 一样，支持贝加莱的多任务分时操作系统，即不同优先级的任务放到不同循环周期中执行（最多可设置 8 个任务等级），如图 2-2 所示，既保证高优先级任务以最快响应速度完成，又避免低优先级任务频繁占用系统。

2.1.2 接口

接口方面，相较于通常只提供 2～3 种通信接口的同价位 PLC，X20CP1382 提供了多达 6 种通信接口，包括 X2X、以太网、POWERLINK、USB2.0、CAN 和 RS232，外加一个通信扩展插槽。

X20CP1382 自带的 6 种标准接口见表 2-1。除此之外，X20CP1382 还可以通过扩展插槽扩展更多总线接口，包括 POWERLINK、X2X、RS232、RS485、ASI、标准 CAN、CANopen 主站/从站、DeviceNet 主站/从站、Profibus DP 主站/从站、Profinet I/O 主站/从站、EtherNet/IP 主站/从站和 EtherCAT 从站。

表 2-1 X20CP1382 自带的 6 种标准接口

接口名称	功能描述
底板总线 X2X	X20CP1382 可以通过 X2X 总线方便地在右侧扩展 I/O 及通信模块
1x 以太网接口	可以对以太网接口利用 AS 平台自带的库进行编程，使其支持 UDP/TCP 通信，如 Modbus TCP、OPC UA 和 Http（Server/Client）等。也可以将界面写在 PLC 中，通过以太网接口进行 VNC 访问（一般用于与第三方屏的组合方案）
1x POWERLINK 接口	主要用于连接伺服等高速设备，也可用于扩展 I/O 或通信接口
2x USB 2.0 接口	可接入 U 盘、键盘、打印机、扫码枪等 USB 设备，支持 U 盘下载程序，保存数据
1x CAN 总线接口	可以通过编程进行自由通信，可以配置成 CANopen 主站，并通过配置的方式连接 CANopen 从站
1x RS232 接口	支持 Modbus RTU 通信，也支持通过编程实现自由口通信

X20CP1382 本体自带 18 路数字量输入、12 路数字量输出和 2 路模拟量输入，如图 2-3 所示。其中 DI11～14 为高速可配置输入，可以将其配置为编码器输入，或者门时间测量、锁标等高速输入，精度 1μs。DO11～14 为高速可配置输出，可以将其配置为 PWM 或者方向频率控制驱动器。

这里提到的高速输入、编码器输入、高速时间测量、锁定标记等功能若想在第三方 PLC 中实现往往价格很高，但在 X20CP1382 上，这都是基本功能。

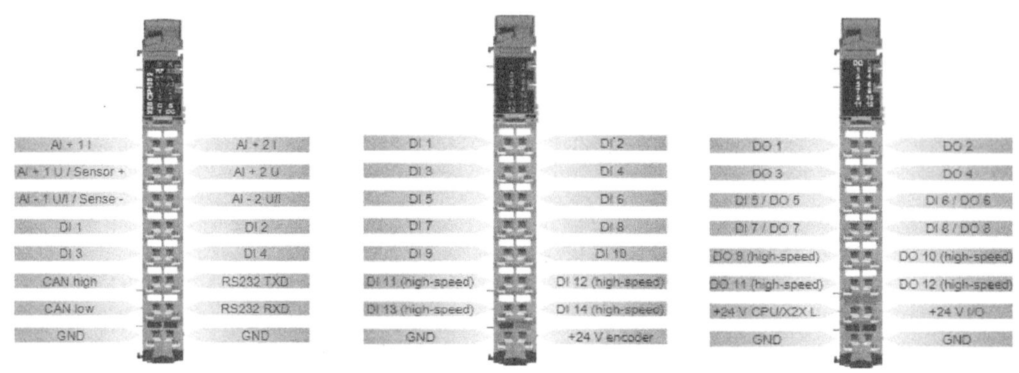

图 2-3　X20CP1382 I/O 引脚图

2.2 经济型 PLC+显示屏——Power Panel C50

贝加莱的 Power Panel C50（见图 2-4）是一款将 PLC 与 HMI 相结合的产品，用户使用一个硬件便可实现 PLC 控制以及界面操作。通过自带的 POWERLINK 接口，Power Panel C50 可以连接贝加莱全系产品，如伺服驱动器、I/O 模块（X20 和 X67）、安全产品和视觉产品等。Power Panel C50 采用的是电容屏，支持多点触摸，内部采用无风扇设计，运行环境温度为 -20°C～60°C，支持基于 HTML5 的画面显示技术——mappView。

图 2-4　经济型 PLC+显示屏一体——Power Panel C50

2.2.1　硬件参数

Power Panel C50 内部使用独立的两个硬件平台，分别实现 PLC 控制以及画面显示，两者资源互不干涉，具体性能参数见表 2-2。

表 2-2　Power Panel C50 的配置

控制器平台硬件参数	CPU	ARM Cortex-A9，2x 667MHz
	DRAM	512MB
	最快循环任务周期	0.4ms
	典型指令周期	0.01μs
显示平台硬件参数	CPU	ARM Cortex-A9，2x 800MHz
	DRAM	1GB
通信接口一览表	通信接口 1	POWERLINK
	通信接口 2	标准以太网
	通信接口 3	USB 2.0
	通信接口 4	USB 2.0
	通信接口 5	X2X
	通信接口 6（选配）	CAN
	通信接口 7（选配）	CAN
	通信接口 8（选配）	RS232
	通信接口 9（选配）	RS485

用于 PLC 控制的硬件平台，独立运行贝加莱实时操作系统 Automation Runtime，稳定执行控制任务，最快循环任务周期可达 0.4ms，mappView Server 也运行其上。而 HMI 画面的程序——mappView Client，则运行在单独的硬件平台上。分体架构的好处在于，运行 HMI 画面所需的系统开支不会由运行控制任务的硬件系统来承担，既保证了整体系统的稳定，又兼顾了 HMI 画面的美观和操作顺畅。

Power Panel C50 提供 4 种尺寸类型的产品：7in、10.1in、12.1in 以及 15.6in，均支持水平或者竖直显示。

2.2.2　接口

如图 2-5 所示，Power Panel C50 自带 5 个通信接口，分别为 POWERLINK、标准以太网、2 个 USB 2.0 接口以及 1 个 X2X 接口，5 个接口的具体功能描述详见表 2-3。

图 2-5　Power Panel C50 接口

如果需要更多通信接口，用户可以通过扩展 POWERLINK 子站 X20BC1083 并插接通信卡来实现。扩展接口包括 POWERLINK、X2X、RS232、RS485、ASI、标准 CAN、CANopen 主站/从站、DeviceNet 主站/从站、Profibus DP 主站/从站、Profinet I/O 主站/从站、EtherNet/IP 主站/从站和 EtherCAT 从站。表 2-3 将具体介绍各种通信接口的作用。

表 2-3 Power Panel C50 自带的标准接口和选配接口

接口名称	功能描述
POWERLINK 接口（IF1）	用户可以通过此接口连接伺服驱动器等高速设备，也可用于扩展 I/O 或通信接口
以太网接口（IF2）	利用 AS 平台自带的库可以对以太网口进行编程，使其支持 UDP/TCP 通信，如 Modbus TCP、OPC UA 和 Http（Server/Client）等
USB2.0 接口（2 个，IF3、IF4）	可接入 U 盘、键盘、打印机、扫码枪等 USB 设备，支持 U 盘下载程序，保存数据
I/O 模块扩展总线 X2X 接口（IF5）	自带 X2X 总线接口，可以通过此接口进行 I/O 扩展，通过 X2X 扩展需要使用 X20BR9300 模块，并在其后插接 I/O 模块
CAN 总线接口（最多选配 2 个，IF6、IF7）	可以通过编程进行自由通信，也可以配置成 CANopen 主站，并通过配置的方式连接 CANopen 从站
RS232 接口（选配，IF8）	支持 Modbus RTU 通信，也支持编程实现自由口通信
RS485 接口（选配，IF9）	支持 Modbus RTU 通信，也支持编程实现自由口通信

2.3 高性能 PLC+显示屏——Panel PC

贝加莱的 Panel PC 将触摸屏与高性能工控机结合在一起，为客户提供 HMI 与控制一体化解决方案。根据不同的需要，贝加莱的 Panel PC 可以作为一台普通计算机使用。用户可以安装多种操作系统，如 Linux、Windows 等。也可作为一台超高性能且带有 HMI 的控制器使用，为用户实现高精度的运动控制。如果结合了 Hypervisor 技术，贝加莱的 Panel PC 能够同时运行非实时操作系统（如 Linux、Windows 等）和实时操作系统（如贝加莱 Automation Runtime 等），即实现传统 PC（个人计算机）与 PLC 的结合。凭借此功能，用户可以在同一个硬件平台上，既实现可靠、实时的控制任务，又实现非实时，但算力要求较高、存储要求较大的 PC 任务（如数据库、人工智能算法等）。

贝加莱的 Panel PC 产品种类丰富，根据应用，比较常用的两类产品是 PPC2200 和 PPC3100，如图 2-6 所示。其中 PPC2200 多用于 PLC 控制，即作为一台带有 HMI 功能的控制器使用，HMI 的实现方式为 VC4 和基于 HTML5 的 mappView。而 PPC3100，由于其性能较高，因此可作为 PC+PLC 来使用，HMI 的实现方式为 VC4 和基于 HTML5 的 mappView。而且，由于自带 Windows/Linux 系统，因此在实现工业控制的同时，也允许用户安装 PC 应用软件（如数据库等），实现 PC 应用，例如数据存储等。

图 2-6 PPC2200 和 PPC3100

2.3.1　硬件参数

PPC2200 和 PPC3100 分别有多种配置可供用户选择，表 2-4 分别给出两款适用于高端和低端应用场景的典型配置。

表 2-4　PPC2200 和 PPC3100 的低端配置和高端配置产品性能表

<table>
<tr><th>组件</th><th>PPC2200 低端配置</th><th>PPC2200 高端配置</th><th>PPC3100 低端配置</th><th>PPC3100 高端配置</th></tr>
<tr><td>CPU</td><td>E3930 2C 1.30GHz</td><td>E3930 4C 1.60GHz</td><td>Celeron-3965U 2C 2.2GHz</td><td>i3-7100U 2C 2.4GHz</td></tr>
<tr><td>内存</td><td>2GB</td><td>8GB</td><td colspan="2">8GB，最大可扩展至 32GB</td></tr>
<tr><td>存储 1</td><td colspan="2">2～32GB CFast 卡，SLC
32～256GB CFast 卡，MLC</td><td colspan="2">2～32GB CFast 卡，SLC
32～256GB CFast 卡，MLC</td></tr>
<tr><td>存储 2（可选，扩展存储）</td><td colspan="2">-</td><td colspan="2">2～32GB CFast 卡，SLC
32～256GB CFast 卡，MLC</td></tr>
<tr><td>自带通信接口</td><td colspan="2">2xETH，2xUSB3.0</td><td colspan="2">2xETH，4xUSB3.0</td></tr>
<tr><td>可选通信接口</td><td colspan="2">POWERLINK，X2X，CAN，RS232，RS485</td><td colspan="2">POWERLINK，X2X，CAN，RS232，RS485</td></tr>
<tr><td>操作系统</td><td colspan="2">贝加莱 Automation Runtime</td><td colspan="2">Hypervisor+Windows10/Linux＋贝加莱 Automation Runtime</td></tr>
<tr><td>应用方向</td><td colspan="2">带 HMI 的 PLC</td><td colspan="2">带 HMI 的 PLC
PC+PLC</td></tr>
<tr><td>HMI 类型</td><td colspan="2">VC4，mappView</td><td colspan="2">VC4，mappView</td></tr>
<tr><td>I/O 扩展</td><td colspan="2">支持</td><td colspan="2">支持</td></tr>
<tr><td>通信扩展</td><td colspan="2">支持，通过 POWERLINK 子站扩展</td><td colspan="2">支持，通过 POWERLINK 子站扩展</td></tr>
</table>

这里推荐的两款 PPC2200 主要区别在于 CPU 运算速度以及内存大小的不同，可根据实际需求进行选择。而两款 PPC3100 主要区别在于 CPU 性能的不同。此外，由于 PPC3100 可支持 PC 应用，在某些应用场合对存储空间有一定的要求，用户可以通过选配额外的 CFast 卡来扩充存储空间。

PPC2200 和 PPC3100 提供了 7 种类型的屏幕尺寸：7in（仅 PPC2200）、10.1in、12.1in、15.6in、18.5in、21.5in 和 24in，皆支持水平或者竖直显示。用户可以根据尺寸、分辨率、操作方式（单点或多点触摸）等需求选择对应的触摸屏。

2.3.2　接口

表 2-5 所示为 PPC2200 自带和可选装的 6 种标准接口。如果 PPC2200 本身通信接口无法满足要求，可以通过扩展 POWERLINK 子站 X20BC1083 并插入通信卡来实现。PPC3100 的接口相比于 PPC2200 多一个额外的通信接口卡卡槽，可同时扩展两块通信接口卡。

表 2-5　PPC2200 自带和可选装的 6 种标准接口

接口名称	功能描述
I/O 模块扩展总线 X2X 接口	可以通过此接口进行 I/O 扩展，通过 X2X 扩展时需要使用 X20BR9300 模块，并在其后插接 I/O 模块
POWERLINK 接口	可以通过此接口连接伺服驱动器等高速设备，也可用于扩展 I/O 或通信接口
以太网接口（2 个）	利用 AS 平台自带的库可以对以太网口进行编程，使其支持 UDP/TCP 通信，如 Modbus TCP、OPC UA 和 Http（Server/Client）等。也可以将界面写在 PLC 中，通过以太网接口进行 VNC 访问（一般用于与第三方屏的组合方案）
USB3.0 接口（2 个）	可接入 U 盘、键盘、打印机、扫码枪等 USB 设备，支持 U 盘下载程序、保存数据
CAN 总线接口	可以通过编程进行自由通信，也可以配置成 CANopen 主站，并通过配置的方式连接 CANopen 从站
RS232 接口	支持 Modbus RTU 通信，也支持编程实现自由口通信

2.4 高性价比伺服驱动器——ACOPOS P3

贝加莱的伺服驱动器产品线齐全，有从单轴到多轴、从小巧紧凑式到模块化分布式，有采用共直流母线技术的 ACOPOSmulti、分布式拓扑的 ACOPOSremote 和驱动电机一体的 ACOPOSmotor 等，针对不同的应用场景，提供不同的解决方案。本节将重点介绍一款超高性价比的伺服驱动器——ACOPOS P3，ACOPOS P3 伺服驱动系统如图 2-7 所示。

图 2-7　ACOPOS P3 伺服驱动系统

2.4.1　硬件参数

ACOPOS P3 是一款集成了安全功能的紧凑、高效和精确的伺服驱动器，非常适合印刷、包装、注塑、搬运、机器人等控制精度和速度要求极高的复杂应用场景。ACOPOS P3 配备了低功耗的 FPGA，克服了小体积大功率带来的散热问题，体积可以大幅缩小近 70%。ACOPOS P3 可支持单轴、双轴和三轴，额定功率范围从 0.6kW 到 18kW。三轴驱动器与传统的单轴驱动器一样紧凑，相对于 ACOPOS 系列，以最大的功率密度减少了 69% 的安装空间。

ACOPOS P3 是目前市场上速度最快的驱动器之一，由于硬件和算法的进步，其电流、速度和位置控制的采样时间可缩短到 50μs。借助更快的采样速度，可以实现虚拟传感器技术，伺服电机可以在没有编码器的情况下运行。开环反馈与变频器中的反馈非常相似。另外，ACOPOS P3 符合 SIL 3/PL e/Cat 4 安全功能一致性等级，可以以标准驱动器或带有安全运动配置订购。集成的安全功能包括 STO、SOS 和新的 SLT（安全限制转矩），并可以在 PLC 以太网络上的虚拟安全控制器中运行。

2.4.2　接口

ACOPOS P3 的接口说明如图 2-8 所示。在多台 ACOPOS P3 同时使用时，可以视情况选择是否用直流母线方式连接。在某些场景如部分轴加速且部分轴减速时，共直流母线方案可以实现能量回馈共享。这样做一方面起到节能的作用，另一方面减少制动电阻的使用。ACOPOS P3 可以使用双电缆电机，只是要注意 ACOPOS P3 上使用的编码器接口都是 mini I/O 型的，并且需要配置 ACOPOS P3 专用的编码器电缆。操作面板 8EAD0000.000-1 用来给 ACOPOS P3 设定 POWERLINK 站点地址，如果没有的话只能用 POWERLINK 的动态节点分配功能（Dynamics Network Allocation DNA）来自动设定站点地址。

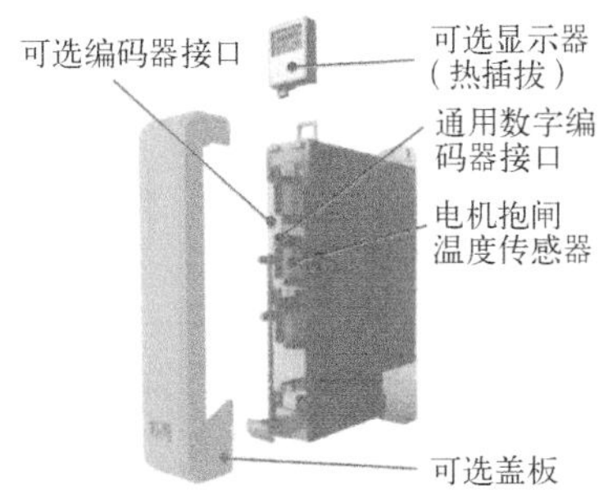

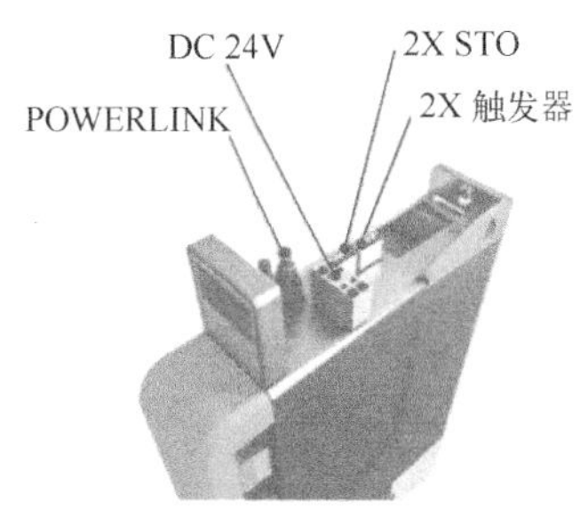

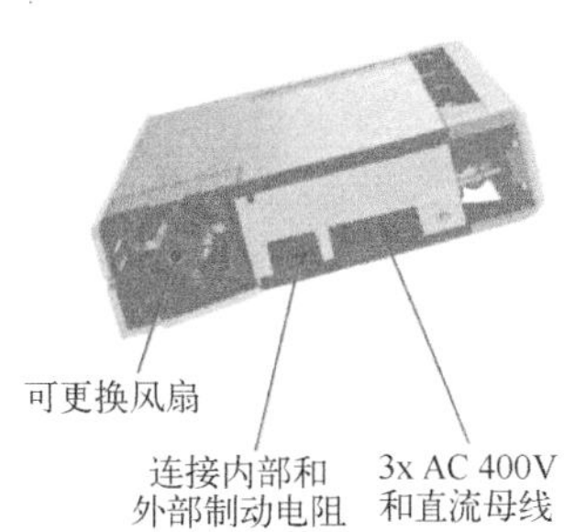

图 2-8　ACOPOS P3 接口说明

第3章 Automation Studio 常用操作及配置

Automation Studio（以下简称 AS）软件功能非常强大，相对应的操作页面内容丰富，可配置的参数较多。本章将挑选实际项目中非常实用的功能、常用的操作和经常需要修改的配置进行重点介绍，以便让工程师少走弯路，提高项目开发与调试的效率和质量。

3.1 AS 主菜单常用功能

在正常启动 AS 后，软件将会默认进入主界面。该界面可划分为多个区域，分别为 A、B、C、D、E 五大区域和底层的状态栏，如图 3-1 所示。A 区域由标题栏、菜单栏和工具栏组成，B 区域为工作区，C 区域为工具区，D 区域为输出结果区，E 区域为属性窗口，最下面的状态栏主要展示与控制器的连接状态与信息。AS 中所有这些窗体均可自由移动、贴靠和组合。其中 A 区域和 D 区域有很多操作上的技巧，本节将主要介绍这两个区域的特点及作用。

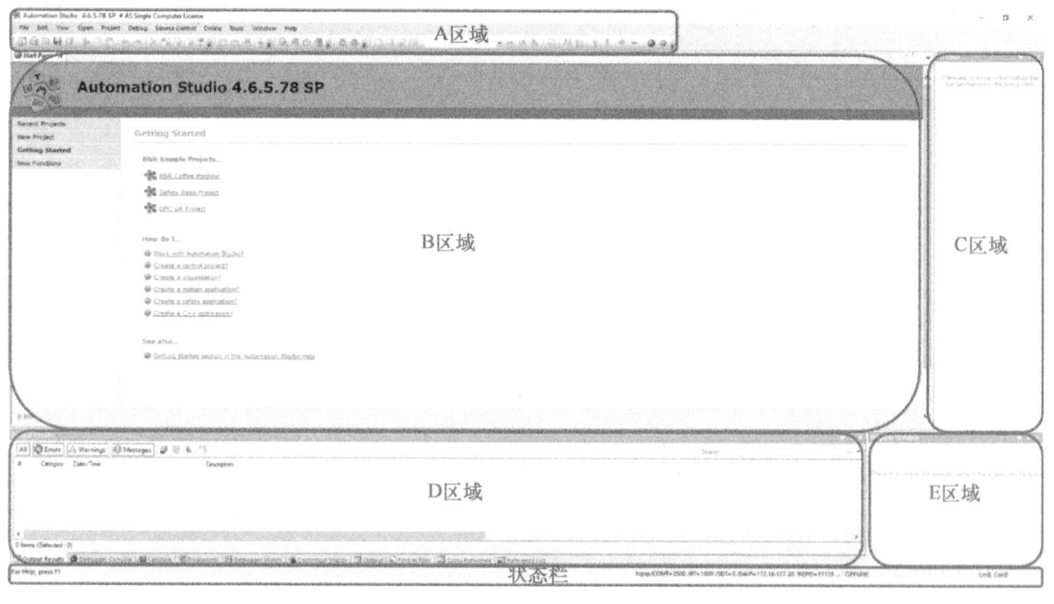

图 3-1 AS 主界面

3.1.1 A 区域标题栏

A 区域由上至下依次为标题栏、菜单栏和工具栏。标题栏主要给出了当前打开的 AS 的具体版本、授权状态与工程路径。如图 3-2 所示，AS 版本为 4.6.5.78，AS 的授权状态为单机授权（Single Computer License）。若此时 AS 打开了工程，则会在此显示当前工程的路径（如 C:\projects\BrStdDemo\BrStdDemo.apj）。

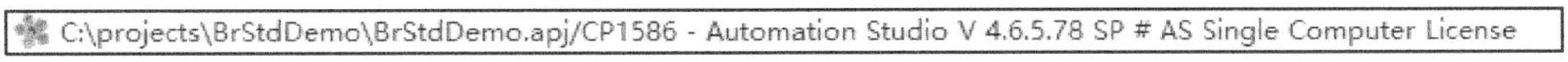

C:\projects\BrStdDemo\BrStdDemo.apj/CP1586 - Automation Studio V 4.6.5.78 SP # AS Single Computer License

图 3-2 标题栏

3.1.2 A 区域菜单栏

菜单栏是软件各功能的具体入口，如图 3-3 所示。本节将对菜单栏中常用的功能进行介绍，其他具体细节请参考《TM 合订本第一卷——PLC 控制部分》。

File Edit View Insert Open Project Debug Source Control Online Tools Window Help

图 3-3 菜单栏

1. File

如图 3-4 所示为 File 的下拉菜单，其中较为常用的有新建工程、打开工程和关闭工程。在项目存档时，可以选择其中的 Save Project As Zip Without Upgrades 命令，来自动对项目进行“瘦身”保存，以节约存档空间。可以通过 ECAD Export And Import 命令进行硬件结构（硬件模块和 Physical View 中连接的模块）以及 I/O 映射信息（所有 I/O 通道及其映射的进程变量）的 PDF 格式文件的导出，以便与 EPLAN 等进行交互。选择 Compare Source Files 命令可以进行源码的比较，方便不同版本程序之间的比对，也可以与 PLC 内部的源码进行比对，方便查看程序版本之间的具体代码差异。

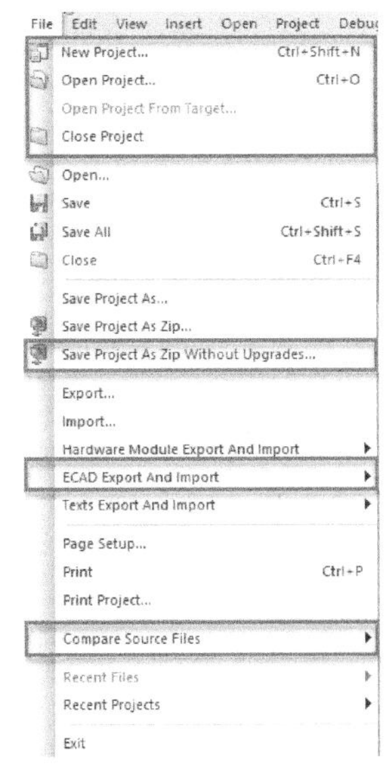

图 3-4 File 中的常用命令

2. Open

如图 3-5 所示为 Open 的下拉菜单，其中较为常用的有 Network Command Trace、Network Analyzer、Profiler 和 Logger 等命令。Network Command Trace 命令用于记录发送到驱动器和从驱动器发送的每一条命令及其执行时间，对于诊断驱动器报错原因和调试运动控制动作非常有帮助。Network Analyzer 命令用于计算各 POWERLINK 和 X2X 网络的循环时间，若 Network Analyzer 命令计算得到的循环时间比设置的循环时间长，界面会自动标红，详细信息请参考《TM 合订本第一卷——PLC 控制部分》。Profiler 命令用于记录程序中各任务的执行时间和 CPU 负载率等信息，并以图形化形式显示，Profiler 对于诊断诸如循环超时或蓝屏等问题有重要参考意义，详细信息请参考《TM 合订本第一卷——PLC 控制部分》。Logger 命令用于显示历史报警记录和重要事件，常作为辅助分析手段与其他功能一起进行故障诊断。例如，当程序发生循环超时报警时，在 Logger（日志）中可以看到报警号 9124 以及发生时间，但是造成循环超时这一报警的原因需要通过 Profiler 命令提供的时序图来分析得到。

3．Project

如图 3-6 所示为 Project 的下拉菜单，其中较为常用的有 Clean Configuration、Build Cross Reference、Offline Installation 和 Change Runtime Version 命令。其中 Clean Configuration 命令可以用来清理工程中的临时文件、编译生成的二进制文件、诊断文件等。当工程出现编译异常的情况时，有时可以通过清理这些临时文件来恢复正常。Build Cross Reference 命令用于生成变量表、结构体的交叉引用关系。在 Debug 时能快速定位引用位置，同时直观体现各变量、结构体的输入和输出关系。Project Installation→Offline Installation 命令作为烧卡的工具，将通过编译的工程程序烧录在 PLC 的存储卡中。Change Runtime Version 命令可以修改当前工程各组件版本和开关一些功能，例如 AR 版本、mapp 版本、使能 CiR、修改 GCC 版本及额外的编译参数、使能源码比较功能等，与当前工程相关的总体设置均在 Change Runtime Version 选项下。

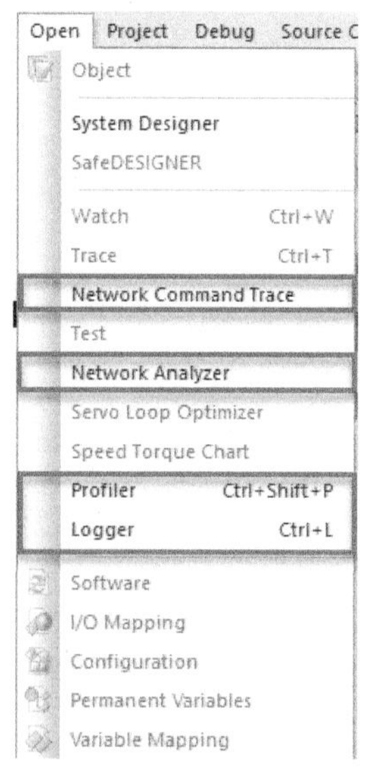

图 3-5 Open 的下拉菜单

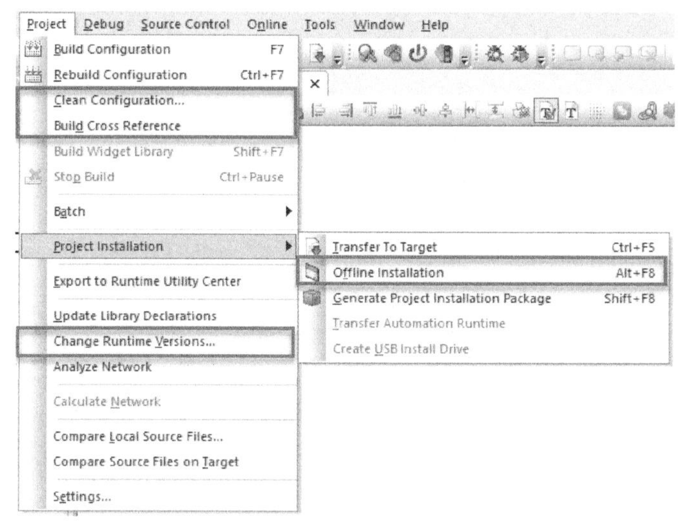

图 3-6 Project 的下拉菜单

4．Online

如图 3-7 所示为 Online 的下拉菜单，其中较为常用的有 Compare 与 Settings 命令。Compare 命令可以对比当前工程与实际控制器的任务差异、硬件差异和配置文件的差异。Settings 命令可以自动发现控制器、连接控制器、在线修改控制器的网络配置等。

5．Tools

如图 3-8 所示为 Tools 的下拉菜单，其中较为常用的有 Technology Guarding 和 Upgrades 命令。Technology Guarding 命令用于激活软件授权。选择 Upgrades 命令，在弹出的对话框列出当前可升级的所有硬件和软件，包括硬件固件、运动控制库、界面组件、Automation runtime 等，用户可根据需要选择要升级的选项，一次性在线更新。

6. Window

如图 3-9 所示为 Window 的下拉菜单，其中较为常用的有 Reset Windows Layout 命令，通过该命令可以重置窗体位置。

图 3-7　Online 的下拉菜单

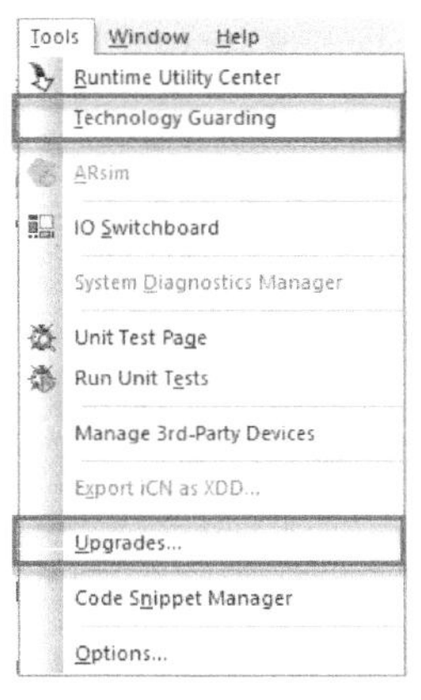

图 3-8　Tools 的下拉菜单

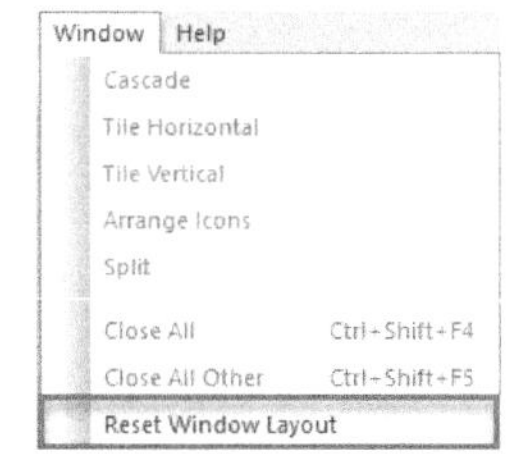

图 3-9　Window 的下拉菜单

3.1.3　D 区域

D 区域为工具结果输出区，如图 3-10 所示，主要用于展示各工具执行后的结果，例如编译的结果展示等。在此区域常用的是 Output Results 与 Cross Reference 命令。其中 Output Results 命令通过配置窗体内的过滤器，直接定位到 Error 和 Warning，迅速查看编译结果，方便对异常的处理。Cross Reference 命令用于交叉引用结果的展示，在程序开发时尤为方便，可快速厘清变量的调用关系及读写属性，方便排查一些逻辑上的错误。

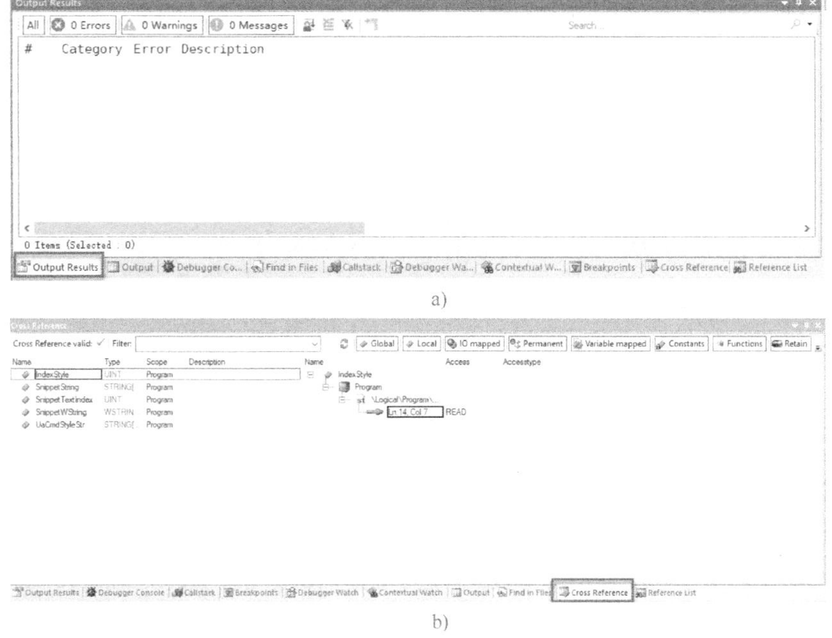

图 3-10　工具结果输出区

a) Output Results　b) Cross Reference

3.2 项目中常修改的配置

当新建一个工程之后，常常需要对控制器的一些默认参数进行修改，以满足项目的需求，例如自动声明变量、控制器 IP 地址、NTP 对时、AR 及 mapp 版本等。本节将对这些常需要修改的配置进行详细介绍。

3.2.1 自动声明变量

在开发过程中，若需要新建过程变量或库引用声明时，往往需要切换到变量声明表内对变量进行手动声明。为了减少操作，使开发过程更加流利顺畅，AS 提供了自动声明变量功能。开启此功能后，当软件检测到未事先声明的变量后，可自动弹出变量的声明对话框，快速完成变量声明，在提高开发效率的同时，也减少了程序中使用的变量与声明的变量名称不一致的风险。开启此功能的步骤如下所述。

选择菜单栏的 Tools→Options 命令，在弹出对话框中找到 SmartEdit 选项卡。在此选项卡中勾选 Automatically declare new variables 复选框，即可实现 IEC 语言的新建变量自动声明，操作如图 3-11 所示。

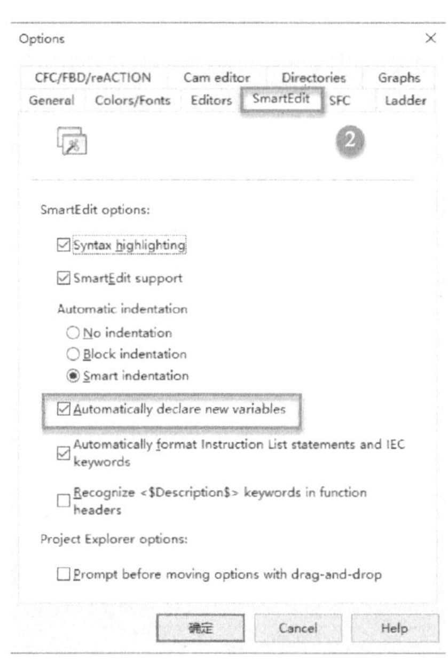

图 3-11 变量自动声明

3.2.2 网络参数设置

为了实现如何 PLC 下载程序、在线调试等功能，需要对 PLC 设置 IP 地址。在 Physical View 选项卡中，选择当前控制器的 ETH，在右击弹出的菜单中选择 Configuration 命令，即可弹出当前控制器的网络配置页面，如图 3-12 所示。在此页面中可以对当前所组态的控制器的主机名、网络模式及地址、子网掩码等参数进行配置。默认情况是从 DHCP 服务器自动获取 IP 地址，但为了方便后续调试工作，一般建议手动分配 IP，如 168.192.1.100，这样下次可以直接使用配置的 IP 进行连接。

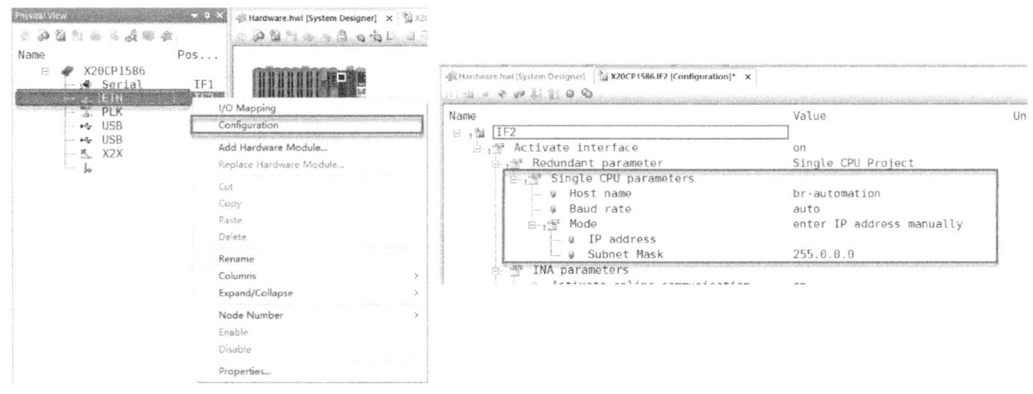

图 3-12　网络参数设置

3.2.3　VNC 设置

若 HMI 采用 VC4 的方式进行组态，需在图 3-12 所示的页面下进行 VNC Server 的使能，并通过双击 VC object name 的 Value 栏，选中已有的 VC4 对象，如图 3-13 所示。若需要对此 VNC 连接进行访问限制，则展开 Authentication 行，即可配置只允许查看，以及允许查看和控制的访问方式的密码；Port number 提供了 VNC 访问端口，默认为 5900；Max.connections 为当前 VNC Server 的最大并发数，默认为 1，最大并发数为 10；Refresh rate 为 VNC 画面的刷新率，最大刷新率为 100ms，如图 3-13 所示。

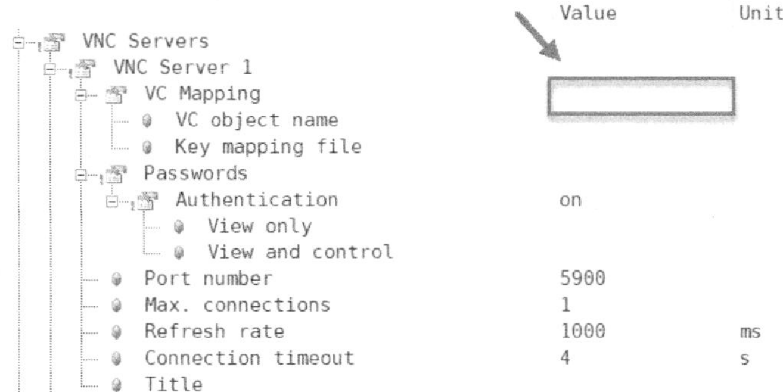

图 3-13　VNC Server

3.2.4　AR 及 mapp 版本修改

多数情况下，需要对当前工程的 AR 及 mapp 进行版本修改，选择菜单栏中的 Project→Change Runtime Version 命令，在弹出的对话框中选择 Runtime Versions 选项卡。在该选项卡下即可对当前工程的 AR 及 mapp 版本进行修改，勾选底部的 Advanced 复选框，即可实现单独模块的版本细化控制，如图 3-14 所示。

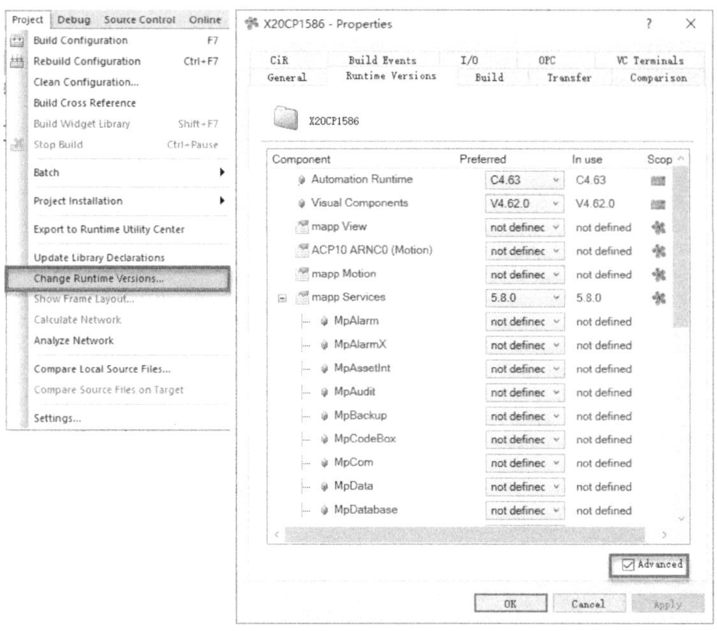

图 3-14 AR 和 mapp 版本

3.2.5 NTP 对时

通常情况下，需要对控制器与标准时间进行对时操作，以保证时钟的一致性。贝加莱控制器允许同时作为 NTP Server 与 NTP Client，配置入口为 Physical View 页面。选中当前控制器的型号，在右击弹出的菜单中选择 Configuration 命令。在弹出的页面中找到 Time synchronization（时钟同步）选项，在此处修改控制器的时区、NTP Server 与 Client 的配置，如图 3-15 所示。

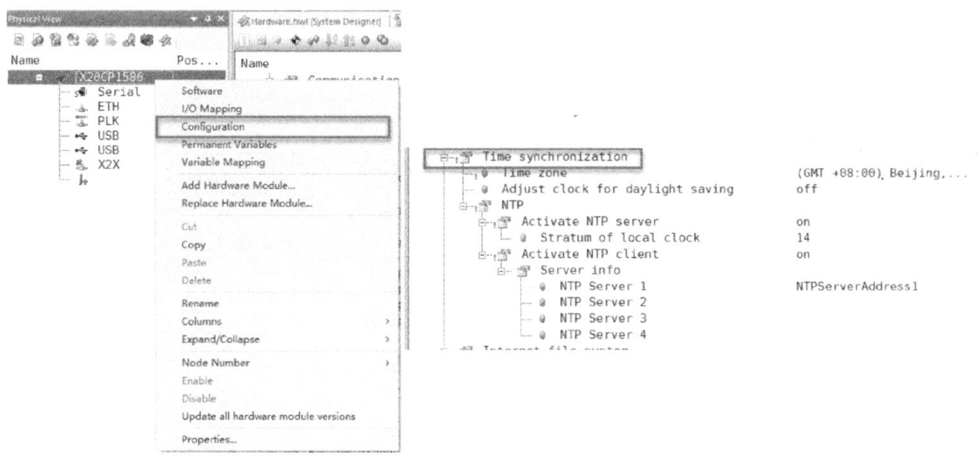

图 3-15 NTP 对时

3.2.6 设置控制器时钟

每个控制器最多允许设置 8 个任务循环周期，而任务循环周期受系统基准时钟影响，必须为基准时钟的整数倍，基准时钟可以设置为 CPU 时钟或总线时钟。CPU 时钟的最大速度由硬件决定，详情请参考各硬件的具体技术参数。本例中所用的 X20CP1586 型号控制器，最大基准时钟为 100μs，如图 3-16 所示。对于有总线应用的场合，为保证实时总线与控制器间的数据同步，建议将控制器的时钟源修改为总线时钟，如图 3-17 所示。此外还需要对 POWERLINK 总线的周期进行配置，配置方法如下所述。

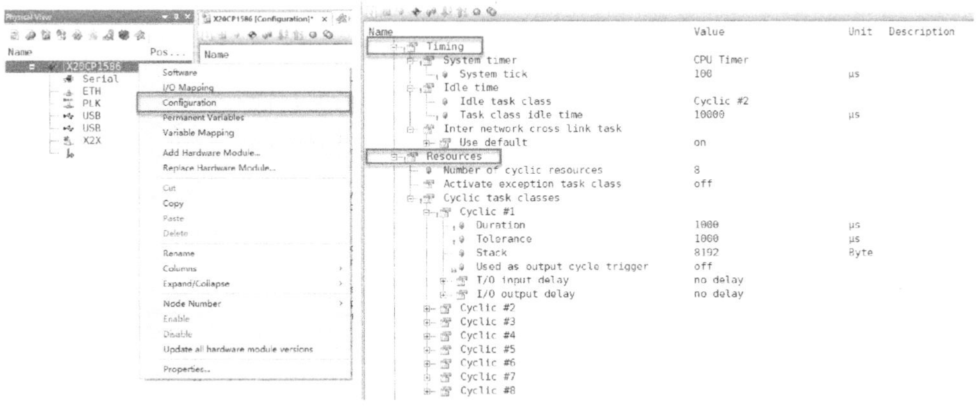

图 3-16 控制器基准时钟与循环周期

Timing		
System timer	EPL/X2X Inter...	
Interface	X20CP1586.IF3	
Cycle time of interface	0	μs
Multiply cycle time by	1	
System tick	0	μs
Idle time		
Inter network cross link task		

图 3-17 指定 POWERLINK 为时钟源

在 Physical View 页面，选中 PLK 选项，在右击弹出的菜单中选择 Configuration 命令，进入 PLK 的配置页面。在 PLK 的配置页面中找到 IF3→Operating mode→POWERLINK parameters，在此层级下的 Cycle time 为 PLK 的循环周期时间，其最大速度可达 200μs（该参数与具体硬件有关），同时将 Mode→Advanced 层级下的 Optimization 选项修改为 minimal latency，以获得最快的通信速度。关于 PLK 的其他配置皆在此页面下，具体如图 3-18 所示。

图 3-18 POWERLINK 的时钟配置

3.2.7 设置容忍时间

每一个循环周期皆可配置周期的持续时间（Duration）、容忍时间（Tolerance）与栈区（Stack），具体配置入口为 Physical View 页面。选中当前控制器的型号，在右击弹出的菜单中选择 Configuration 命令，在弹出对话框中找到 Timing 与 Resources 两个选项。在 Timing 下配置系统基准时钟，在 Resources 下配置循环周期，如图 3-16 所示。Duration 为正常的周期循环时间，Tolerance 为容忍时间。若该周期下程序负载过高，导致本周期内程序未执行完毕，则进入容忍时间继续执行，若容忍时间内程序依旧未执行完，则控制器进入 Service 模式。通常对于相关画面的任务建议设置较长的容忍时间，在不影响操作者体验感的前提下，即使出现画面程序在 Duration 时间内没运行完，也不会马上进入服务（Service）而中断控制程序。

在 Resource 选项下还提供了异常处理任务的使能选项。异常任务类用于处理某些情况（如处理器异常等）下使应用程序能够执行某些操作，如在出现某些错误时受控地关闭 I/O。

3.2.8 定义永久变量

永久变量与掉电保持变量的区别在于永久变量过程值在控制器冷启动的情况下依旧可以保持，其他情况与掉电保持变量相同。

首先按照图 3-19 所示，勾选 Retain 复选框可以将全局变量设置为掉电保持变量，只有掉电保持变量才可以被定义为永久变量。然后，在 Physical View 页面，选中当前控制器的型号，在右击弹出的菜单中选择 Permanent Variables 命令，按照图 3-20 所示步骤，从掉电保持变量中选择哪些要被设为永久变量，永久变量将保存在 Cpu.per 文件中。

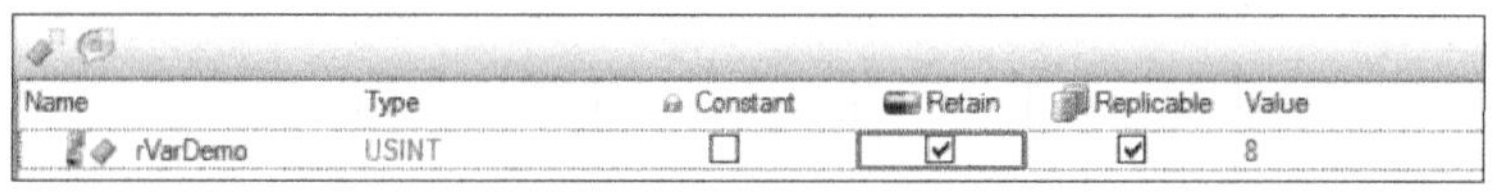

图 3-19　设置为掉电保持变量

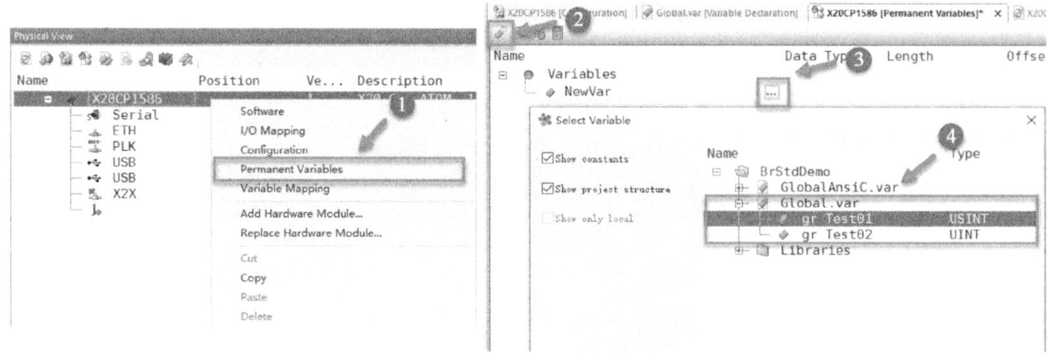

图 3-20　设为永久变量

此外，还需要在控制器的配置中声明永久变量所需的存储空间。若没有声明空间，或空间设定不够，都会导致编译不通过。永久变量的空间设定入口在图 3-21 所示的实线框位置，修改 Memory configuration→PV memory→Permanent PVs 的值，为永久变量开辟空间。这里的设定值必须大于 Used Permanent PVs（即实际使用的永久变量大小），如图 3-21 的虚线框所示。Used→Permaneng PVs 标有加锁标志，代表该值为软件自动计算，无法手动修改，程序编译完之后，会自动计算填入。

除此之外，Permanent PVs 的设定值还有一个限制，即必须满足 Permanent PVs+Remanent global PVs+Remanent local PVs = RemMem memory size。其中 Remanent local PVs 代表掉电保持局部变量，有加锁标志，说明不可以手动修改，为系统自动计算；RemMem memory size 与 UserRAM size 的和取决于硬件技术参数中的 Remanent variables 的值，无须手动输入；只有 Permanent PVs 和 Remanent global PVs（掉电保持全局变量）需要手动输入，既需要大于相应的已用空间（Its used），又不能超过硬件的限定。

Global.var [Variable Declaration] | X20CP1586 [Configuration]* | X20CP1586 [Permanent Variables]

Name	Value	Unit
Memory configuration		
UserRAM		
Device for memory UserRAM	OnBoard	
UserRAM size	921600	Byte
RemMem		
Device for memory RemMem	OnBoard	
RemMem memory size	102400	Byte
PV memory		
Used		
Permanent PVs	10	Byte
Remanent global PVs	0	Byte
Remanent local PVs	0	Byte
Volatile global PVs	0	Byte
Volatile local PVs	0	Byte
Permanent PVs	10	Byte
Remanent global PVs	4096	Byte
Remanent local PVs	98294	Byte
Volatile global PVs	65535	Byte
Clear non volatile memory after change of system mass storage	on	

图 3-21　配置永久变量的存储空间

3.3 编程调试常用操作

本节将介绍在编程调试的过程中最常用到的 3 个操作：连接 PLC、下载程序和工程复用。

3.3.1 连接 PLC

在实际项目调试中会遇到一些需要操作 PLC 才能完成的工作，如下载程序、在线调试、重启控制器等。这时首先要做的是连接 PLC。具体连接方法如下。

如图 3-22 所示，在菜单栏中找到 Online 选项，选择其下拉菜单中的 Setting 命令，即可在弹出的窗体中进行相关操作。在该窗体中，单击图 3-22 中箭头所指的带有放大镜图标的按钮，即可自动搜索当前层级网络下的控制器。在找到控制器之后，单击选择控制器，即可在底部查看当前控制器的网络参数。此时需查看其 IP 地址与当前计算机的 IP 地址（即打开当前 AS 的计算机）是否在同一网段。若在同一网段，则在右击弹出的窗体中，选择 Connect 命令即可进行目标控制器的连接。连接成功后，将在 AS 的最底部状态栏，显示目标控制器的网络参数及目标控制器的状态。以下是两个需要注意的地方。

1）该网络使用 SNMP（简单网络管理协议）来自动发现控制器，SNMP 默认是使能的状态。若在控制器的配置中手动关闭了 SNMP，此时将无法发现控制器。

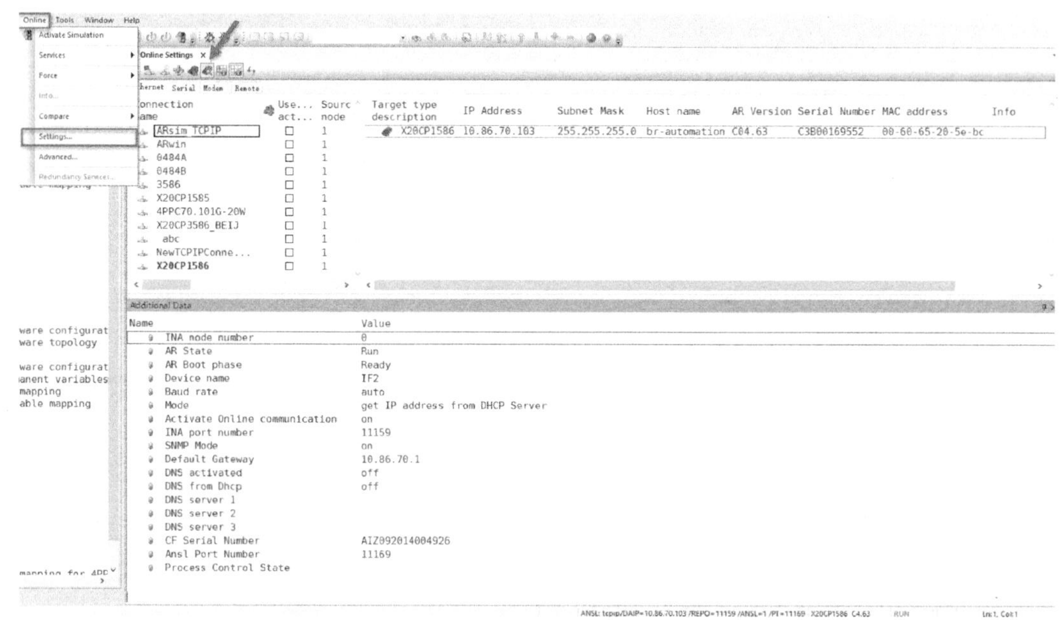

图 3-22　发现控制器

2）由于 SNMP 的限制，当目标网口关闭、跨路由或跨网关时，将无法发现控制器。

若目标控制器的 IP 地址与当前计算机的 IP 地址不在同一网段，可以选择修改控制器的 IP 地址或计算机的 IP 地址。通常在多控制器集群协作运行的现场不建议修改控制器的 IP 地址，因为这样会导致与其他协作控制器失联，此场景下建议只修改计算机的 IP 地址。若该控制器为单机运行，可以通过如下方法在线对目标控制器的网络参数进行修改，使其与计算机的 IP 地址位于同一网段。

如图 3-23 所示，单击目标控制器，在右击的弹出菜单中选择 Set IP Parameters 命令，即可在弹出的对话框中对目标控制器进行在线的网络参数修改。可以手动修改，也可以通过 Copy from project 按钮，直接引用当前工程 Configuration 内所配置的网络参数。修改后若勾选底部的 Apply IP parameters to 复选框，可以将此处修改的网络参数同时应用到当前工程内（该勾选非必须，若修改 IP 地址只为了临时连接而做出的修改，则不用勾选）。不过也需要注意以下两点。

1）此处在线修改网络参数是基于 SNMP，若目标控制器将 SNMP 修改为只读状态，则在此处将不允许对目标控制器的网络参数进行在线修改。

2）在线修改目标控制器的网络参数后，若不勾选底部的 Apply IP parameters to 复选框，则该参数为临时参数，伴随目标控制器重启后，该临时修改的参数将失效。

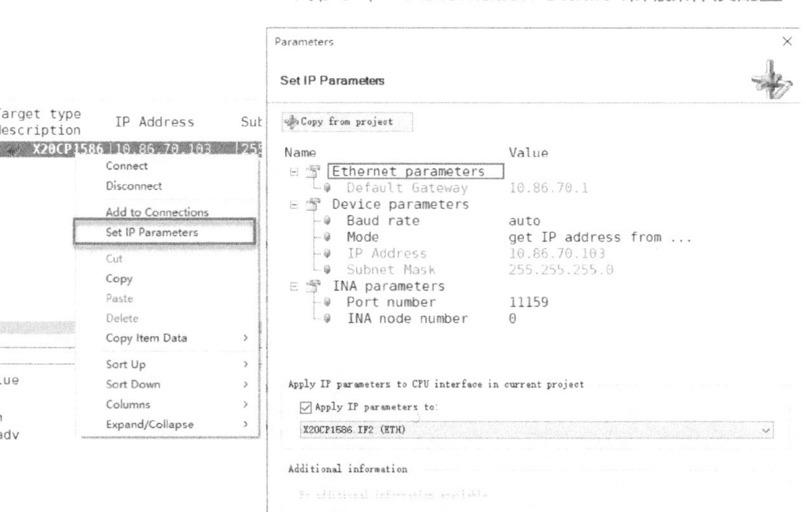

图 3-23　在线修改控制器网络参数

3.3.2　下载程序

在开发（控制程序和 HMI 等）和仿真调试工作完毕后，需要将程序传输至控制器中进行实际硬件环境的测试。此时需要先按照 3.3.1 节的步骤连接控制器，然后下载程序。本节将介绍如何进行下载程序。

下载程序有多种方式，常用的为直接烧卡与在线传输。

直接烧卡方式，可在菜单栏 Project 选项下选择 Project Installation-Offline Installation 命令，如图 3-6 所示，或直接使用快捷键〈Alt+F8〉，待项目编译通过后，即可弹出图 3-24 所示对话框。首先选择目标存储卡，选择完毕后，单击 Install on application storage 按钮，待进度条结束后即烧卡完毕。若没有条件去现场拔插卡，也可以采用在线传输的方式。

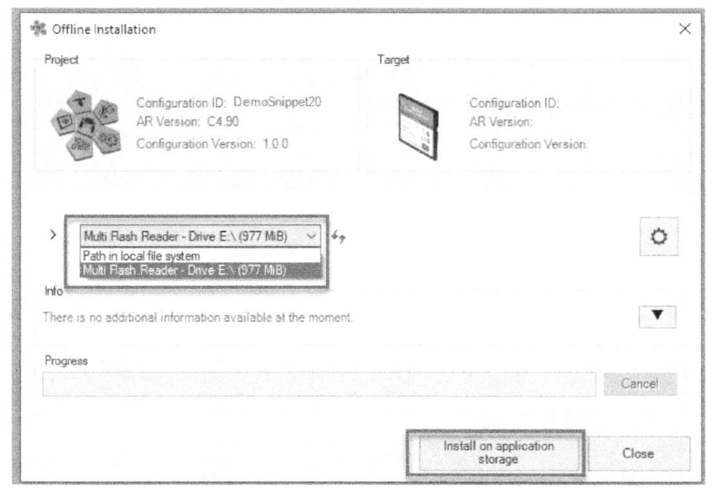

图 3-24　直接烧卡对话框

在线传输程序，可在连接控制器后，直接单击工具栏中的 Transfer 按钮即可，如图 3-25 所示。AS 会自动对工程进行编译，编译通过后将弹出 Transfer to target 对话框，直接单击对话框的 Transfer 按钮即可。在 Transfer to target 对话框中，可以单击齿轮图标，对下载的模式等进行配置，例如是否保持过程值、是否执行初始化、退出程序以及下载的方式等，如图 3-25 所示。

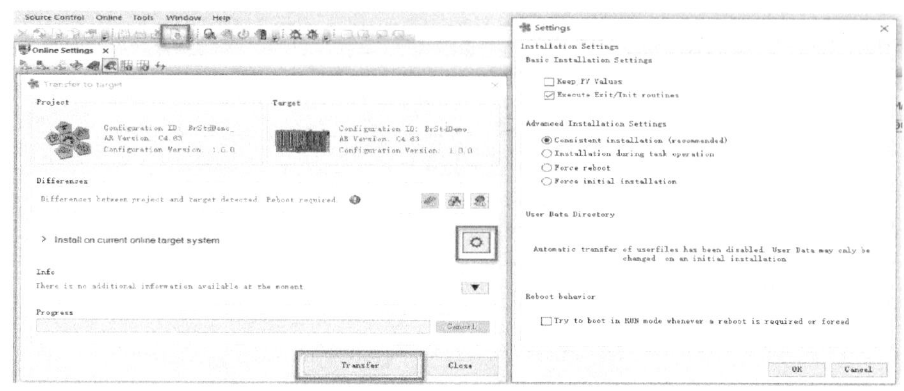

图 3-25　下载程序对话框

如果工程中对硬件的组态和任务循环时间进行了修改，则会引起控制器的热重启。当下载后控制器需要重启操作时，会在 Transfer to target 对话框中看到 Reboot required 的提示，同时后面带有一个红底白色的圆形感叹号图标，代表此时下载后控制器会重启。当前工程与目标控制器的不同点以及引起重启的内容，可以单击 Transfer to target 对话框内 Difference 选项组内的图标来进行查看，如图 3-26 所示。

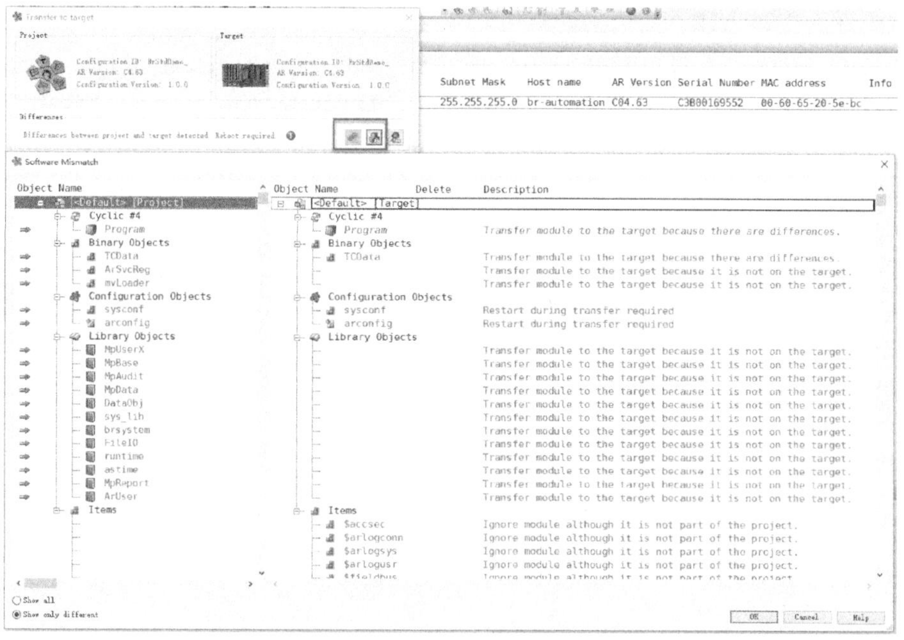

图 3-26　下载时工程比对

若需要在此查看当前工程所需的授权情况，可以单击 Transfer to target 对话框内 Difference 选项组中的最后一个图标，来打开 Technology Guarding 工具、在此将会提示当前工程所需要的各个授权及其数量，如图 3-27 所示。

图 3-27 下载时的授权情况

3.3.3 工程复用

AS 允许同一套程序适配不同的硬件，适用于开发阶段多平台匹配测试（即对同一套程序，在测试新的控制器硬件时，无须重新开发或手动复制、粘贴等工作，而在 Configuration View 下增加新的 Config 即可实现老项目适配新硬件）与后续的项目复用（即对同一套程序，用在其他项目的不同硬件配置上）的情况，具体步骤如下所示。

第 1 步：在 Configuration View 页面，单击 New Configuration 按钮，添加一个 Configuration。此处添加的 Configuration 对应该程序想要适配的第 2 套硬件（本例中为 X20CP1586 和 X20CP3586），硬件选择的具体步骤与新建工程类似，如图 3-28 所示。

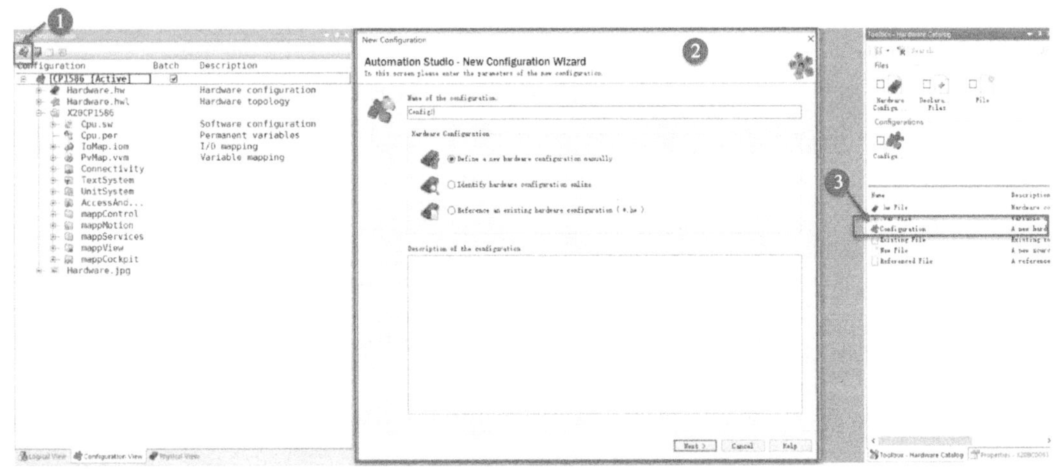

图 3-28 添加新配置

第 2 步：在创建好新的硬件组态后，Configuration View 如图 3-29 所示，被激活的

Configuration 以“[Active]”为后缀显示。Batch 作为复选框可以勾选多个 Configuration，被勾选的工程可以同时生成，如图 3-29 所示。

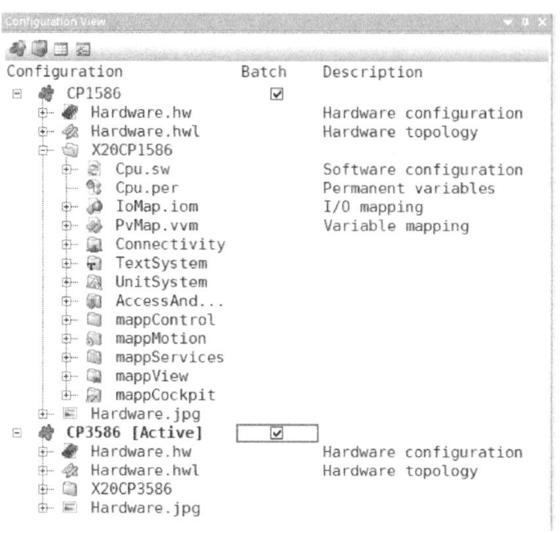

图 3-29　多个配置添加完成

第 3 步：新创建的 Configuration 不会自动将原工程的逻辑、画面、库等加入组态，需要手动在 Logical View 下将需要的逻辑、画面、库等添加至新硬件的配置窗口。在 Physical View 页面双击新控制器的名字，或者选中控制器，在右击菜单中选择 Software 命令即可进入控制器软件界面。选中 Logical View 中需要添加的内容，拖拽至对应层级下，或者直接拖拽至<CPU> 层级，由软件自动分配即可，如图 3-30 所示。

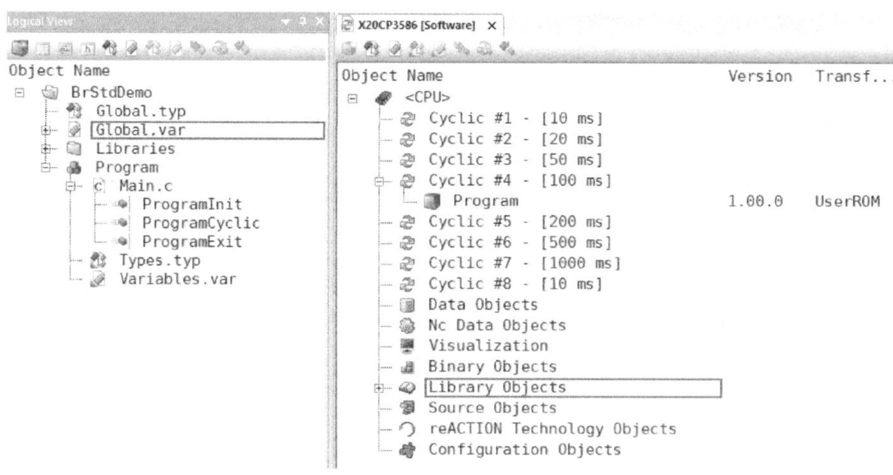

图 3-30　将原工程的逻辑、画面、库等加入组态

3.3.4　如何仿真 PLC

ARsim 是用来在 Windows 环境下仿真 PLC 的，编程人员通常用来在计算机上测试 PLC 软件是否有问题。通常只是在 ARsim 进行测试，测试后如果传送给真实的 PLC，需要切换到真实

PLC 配置。用 ARsim 来仿真 PLC 的具体步骤如下。

第 1 步：仿真前确保下载了对应操作系统的 ARsim，如图 3-31 所示。

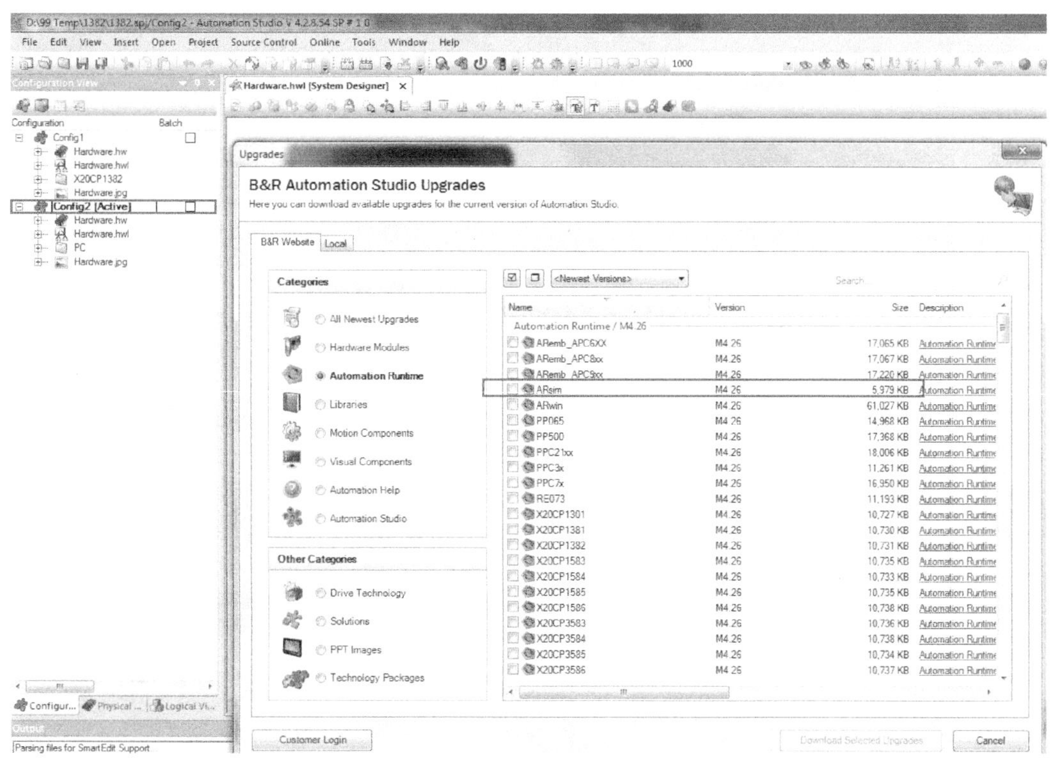

图 3-31　下载对应操作系统的 ARsim

第 2 步：新建 Configuration，选择要仿真的 PLC 型号，单击 Finish 按钮，如图 3-32 所示。

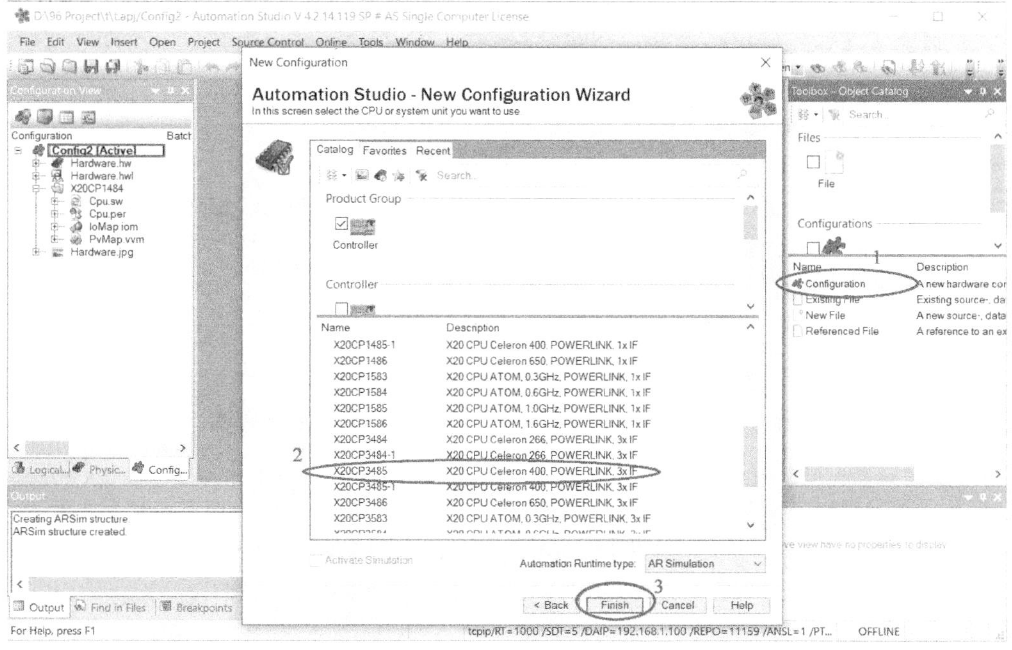

图 3-32　选择硬件配置

第3步：单击图3-33所示的激活仿真按钮，开启仿真。

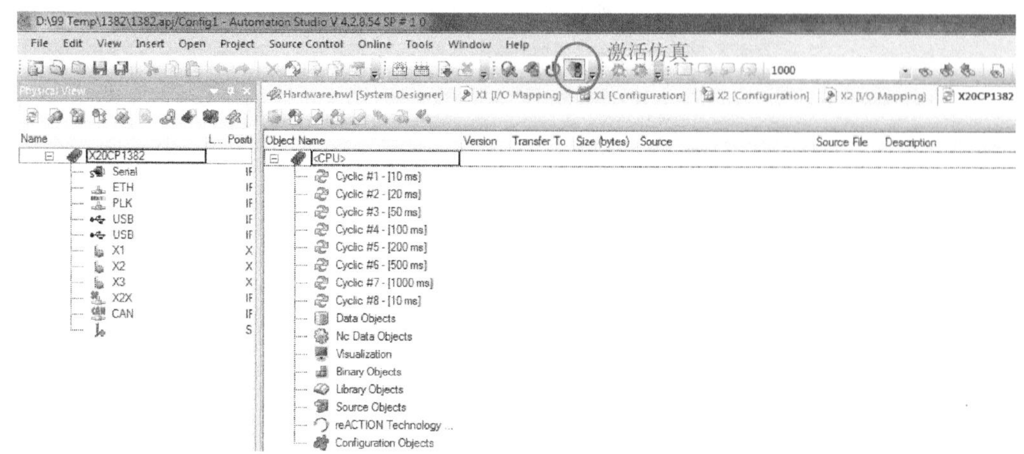

图3-33　仿真实际项目PLC的激活按钮

新建好后在AS右下角有图3-34所示图标，此时可以开始测试程序了。

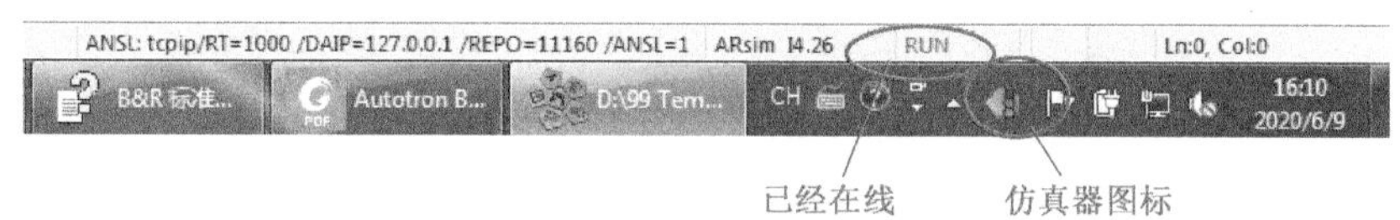

图3-34　环境搭建好后的图标显示

3.4 调试常用方式

AS 提供了比较多的调试方法，下面介绍一下工程师通常使用哪些，以及如何使用。按照使用频率大小排序如下。

1）Watch 最常用，操作也最简单。

2）Trace 其次，操作需要按钮比较多，但难度不大。

3）使用监控模式（Monitor Mode），操作简单，可以查看执行了哪些代码。

4）可添加一些调试变量。

5）Debugger 通常不建议使用。

3.4.1 使用Watch功能

最常用的方式是通过 Watch 进行调试，基本上所有简单的问题都可以通过这种方式找到。有以下两种方法进入Watch窗口。

方法1：选择任务，按〈Ctrl+W〉快捷键。

方法2：选择任务，右击，在弹出的菜单选择Open→Watch命令，如图3-35所示。

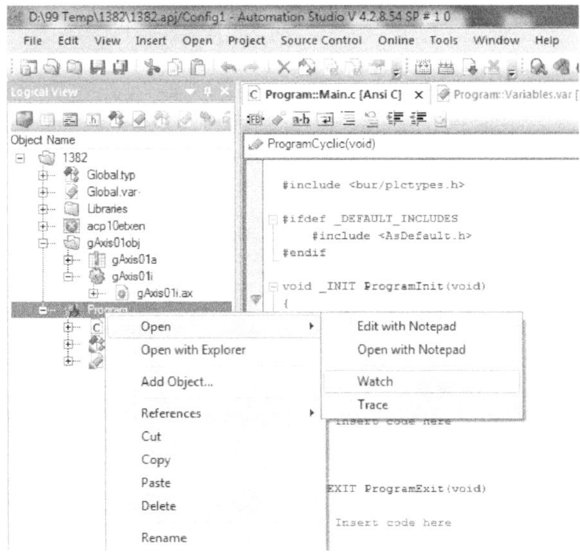

图 3-35　打开 Watch 窗口

打开 Watch 窗口后，单击图 3-36 左上角小图标选择要观察的变量，并注意以下事项。

1）可以选择的变量是任务代码中出现过的变量。

2）对任务进行 Watch，变量刷新速度就按照任务所在等级进行。

3）在 Watch 窗口中，Value 列可以对变量进行赋值。每次修改赋值后执行一次。如果程序对这个变量继续赋值，那么这个变量又会变成程序的值。

4）在 Watch 窗口中，如果是连接到 I/O 的变量，那么在 Force 一栏里会有 I/O 图标指示。此时如果通过 Value 修改，那么 Force 栏会改变状态，此时输入输出变量就会被强制，不会受程序影响。

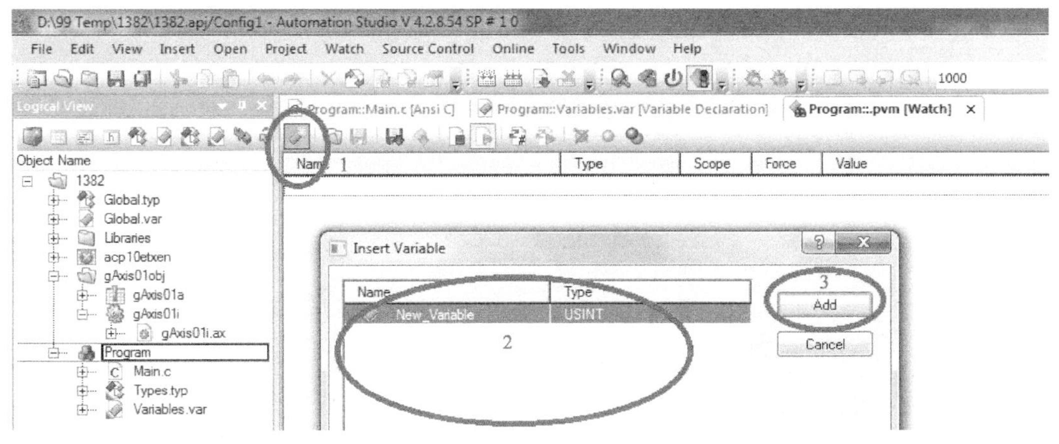

图 3-36　在 Watch 窗口中添加变量

3.4.2　使用 Trace 功能

Trace 功能可以用来追踪变量变化的过程，常在调试时使用。打开 Trace 功能的方法为：右击任务选项，选择 Open→Trace 命令，打开 Trace 功能，如图 3-37 所示。Trace 打开后，常用的按钮介绍如图 3-38 所示。

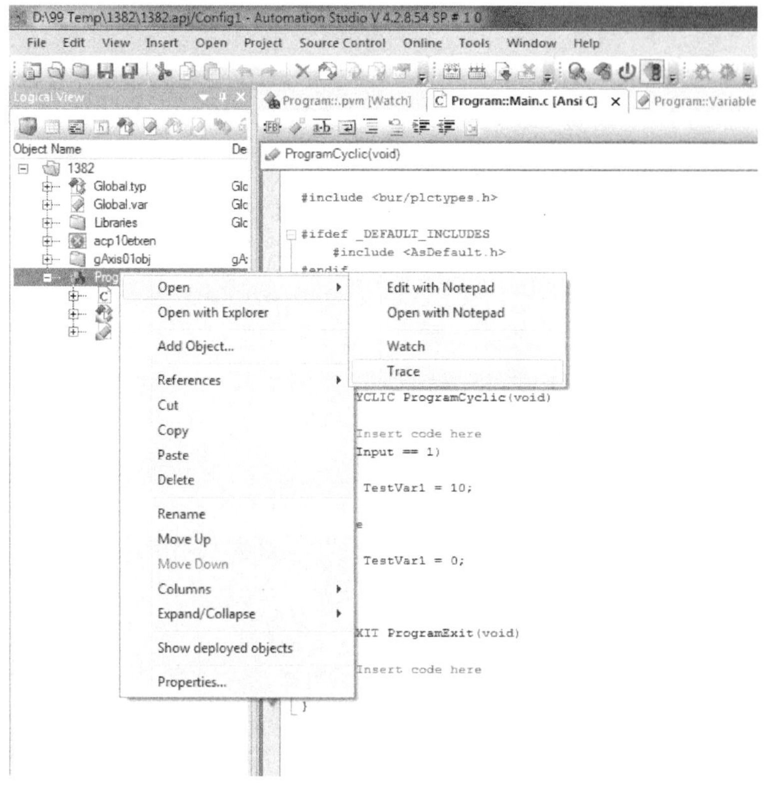

图 3-37 打开 Trace 功能

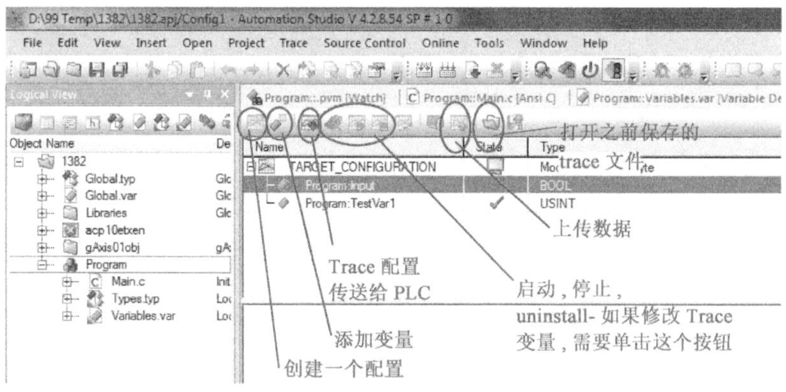

图 3-38 Trace 窗口的常用按钮

此外，Trace 属性也是常常需要修改的，属性的打开方法如图 3-39 所示。属性中灰色表示现在不能修改，需要单击 Uninstall 按钮后才可以修改。General 页面可以配置采样周期（Prescale）和总采样缓存数（Entries）。Mode 页面可以配置采样触发条件（使用频率不是很高）。

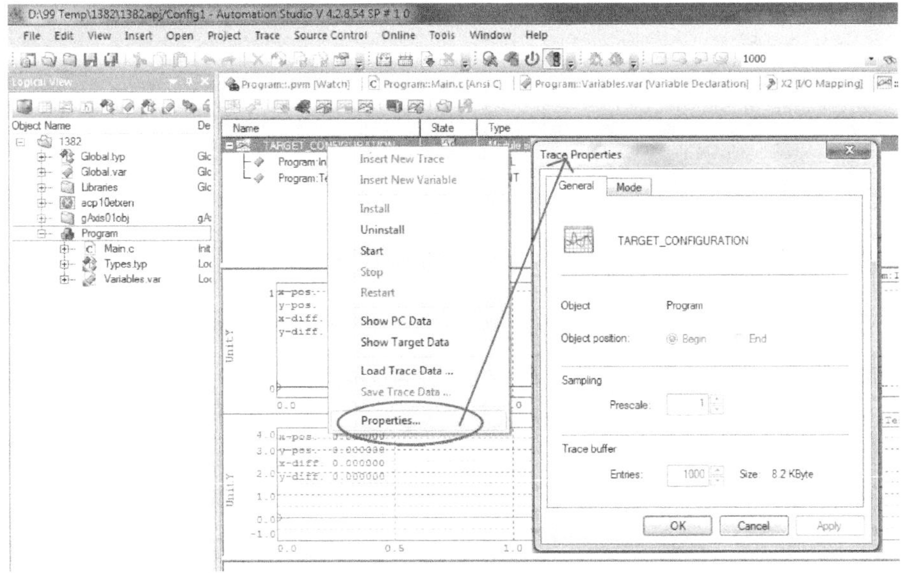

图 3-39　打开 Trace 属性

3.4.3　使用监控功能

监控功能（即 Monitor）也是调试时比较常用的方式，打开方法如图 3-40 所示，即打开任务，单击 Monitor→Line Coverage 按钮。此时被执行的程序行会有一个绿色标记在旁边（如图 3-40 所示箭头处），这种方法便于知道程序执行到什么位置。

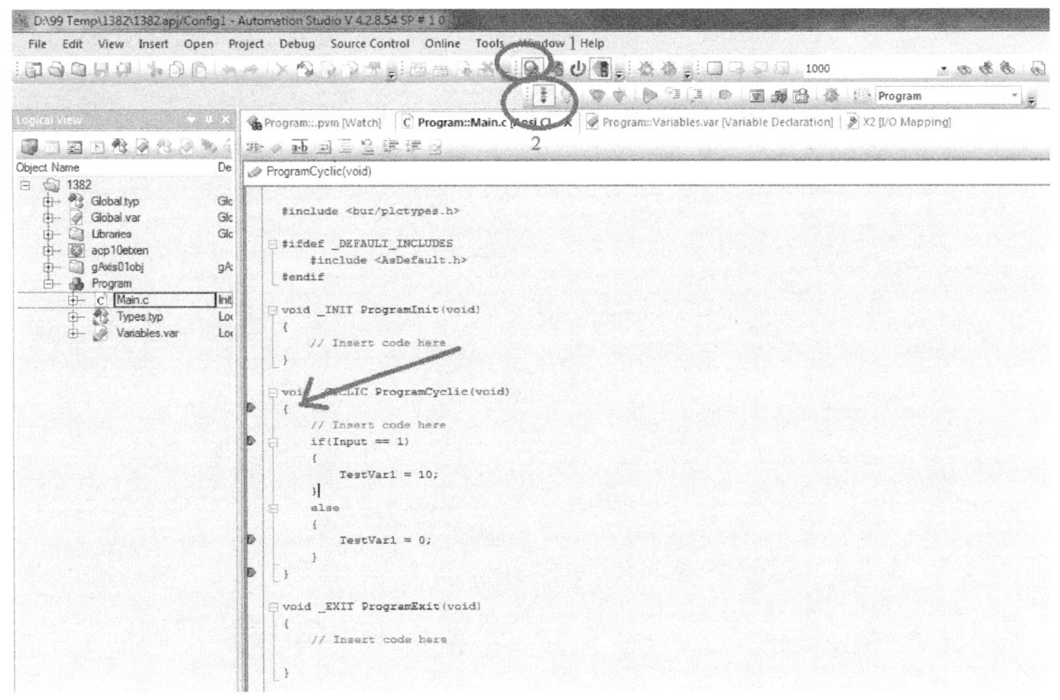

图 3-40　打开监控（Monitor）功能

3.4.4 添加中间变量

在写比较复杂或者有大量计算的程序时，有时通过以上方法找程序问题还是比较难，所以需要添加一些中间变量，保存想要看的关键数据。然后通过 Watch 和 Trace 去找问题，问题发现后再把这些中间变量删除。

3.4.5 使用单步调试

单步调试（Debugger）一般用于程序开发过程中，寻找任务或者库中出现的错误。允许开发人员使用断点来中断程序的运行，然后按步运行或者分段运行来观察执行的结果。

Debugger 的打开方式如图 3-41 所示。Debugger 只有在监控模式下才能打开，关闭也是同一个按钮，直接关闭监控模式也会一起关闭 Debugger 功能。此模式下可以设置断点，单步执行程序。

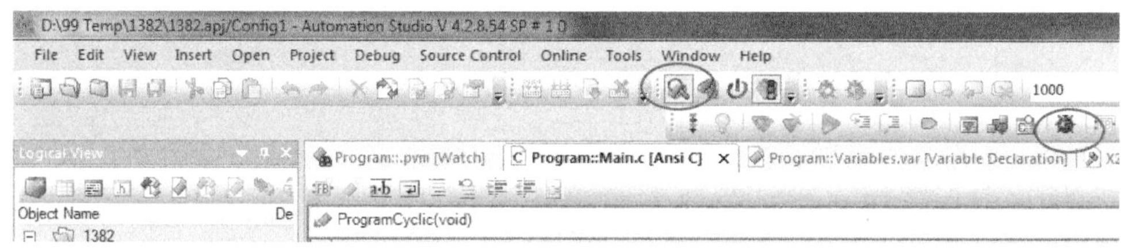

图 3-41 打开单步调试（Debugger）功能

由于这种方式会中断程序，所以在实际设备上建议不要用这种方式调试，因为设备停在某一步保持输出，可能会造成危险。在仿真模式下可以尝试，通常情况也并不推荐。

第 4 章　编程基础

在了解了贝加莱硬件产品的特色功能和推荐型号，以及 AS 软件的常用操作和配置之后，从本章开始将对软件编程进行系统性阐述。内容包括本章将介绍的编程框架如何搭建、如何遵循规范化编程规则；第 5～8 章将介绍的控制基础、运动控制、HMI 和工业网络；第 9～10 章将介绍的基于标准化功能块和基于 mapp 的项目模板。本章旨在引导工程师在代码编程之前，首先应考虑的软件架构问题和编程规范问题，以及哪些库资源是现成可利用的，以提高编程工作的效率和软件的可维护性。

4.1 命名规范

编程基础首先要考虑的就是命名规范。当多个工程师在同一个项目上工作时、当程序交给其他程序员进行修改和维护时、当程序被其他工程师评审时，若命名规范不统一，会造成项目合作、交接、维护等诸多环节的效率降低和质量受损。本节将给出贝加莱系统通用的命名规范，包括变量命名、任务命名、功能块命名等。

4.1.1 命名规则

根据命名对象的不同，贝加莱推荐表 4-1 所示的命名规则。对于大部分对象，均可采用前缀+大驼峰命名法。其中大驼峰命名法是指变量首字母大写，其余字母小写，例如 MyName，而前缀一般采用表 4-2 所示规则来定义。

表 4-1　命名规则及举例

主要类型	命名规则	例子
全局变量	前缀 g+大驼峰命名法	gYawOk
局部变量	大驼峰命名法	YawLeftCmd
硬件变量	前缀硬件+大驼峰命名法	diYawLeft
地址变量/指针变量	前缀 p+大驼峰变量名	pReadString
结构体类型	大驼峰命名法+后缀_typ	YawCtrlPara_typ
结构体变量	大驼峰命名法	YawPara
常量	所有字符大写，下画线分隔	MAX_PULLER_ID
枚举类型变量	所有字符小写，下画线分隔	yaw_status_enum

（续）

主要类型	命名规则	例子
C 函数名	大驼峰变量名	IncYawSpeed()
任务模块	大驼峰命名法	YawCtrl
FunctionBlock	前缀 FB_+大驼峰变量名	FB_CtrlYawSpeed()
Action 名称	前缀 Action_+大驼峰变量名	Action_YawDataPrepare
mapp link 名称	前缀 g +大驼峰命名法+ MpLink	gAlarmXCoreMpLink
mapp 配置文件名	大驼峰命名法	AlmPuller

表 4-2　前缀定义规则

对象类型	前缀关键词	对象类型	前缀关键词
全局变量	g	模拟量输出	ao
地址变量/指针变量	p	安全数字量输入	sdi
数字量输入	di	安全数字量输出	sdo
数字量输出	do	FunctionBlock	FB_
模拟量输入	ai	Actoin 名称	Action_

以上命名方式为所有项目都必须遵守的基本原则。对于某些要求更为严格的项目，如风电偏航程序（采用与风电主控一致的变量命名方法），还可以在大驼峰命名之前加入数据类型前缀，如 gbYawOk 中的 b 代表该变量为布尔型。

4.1.2　常用缩写

由于变量命名有长度限制（贝加莱 IEC 类型变量名的长度最多为 32 个字母），有时需要采用缩写来缩短变量名，贝加莱建议的缩写规则如表 4-3 所示。

表 4-3　常用缩写

变量全称	缩写	变量全称	缩写	变量全称	缩写
absolute	abs	deceleration	dec	message	msg
acceleration	acc	denominator	den	minimum	min
actual	act	device	dev	negative	neg
additive	add	estimation	est	number	num
additional	add	extended	ext	object	obj
address	adr	function	fcn	parameter	par
advanced	adv	Group	grp	password	pw
column	col	identifier	ident	powerlink	plk
command	cmd	Index	idx	position	pos
compensation	comp	interface	if	positive	pos
configuration	cfg	interpolation	ipl	reference	ref
continuous	cont	length	len	relative	rel
controller	ctrl	manager	mgr	source	src
count	cnt	maximum	max	standard	std
cyclic	cyc	memory	mem	velocity	vel

4.1.3　其他说明

除前两节介绍的基本命名规则之外，在进行对象命名时，还需要考注意以下几点。

1）贝加莱 IEC 类型变量名的长度最大为 32 个字符。

2）变量名中不使用无意义的数字，例如 tmp1、tmp2。

3）变量 i 和 j 仅能用作 for 循环等数组索引值。

4）变量名称需完整、准确地描述变量所表示的实体。

4.2 编程规范

本节将介绍贝加莱推荐的编程规范，包括布局规范、注释规范以及其他规范等。

4.2.1　布局规范

程序布局的目的是显示出程序良好的逻辑结构，提高程序的准确性、连续性、可读性和可维护性。本节将介绍贝加莱推荐的布局规范。

1. if、for、switch 等表达式的布局规范

当程序中出现诸如 if、for、switch 等表达式时，应参考表 4-4 所示的布局规范。大括号与 if 左对齐，两个大括号各占一行，这样有利于清晰分辨出判断语句与执行语句的各自所在位置。

表 4-4　表达式的布局规范

√ 正确布局	if ()
	{
	　　　　;
	}

X　错误布局	if (){
	　　　　;
	}

X　错误布局	if ()
	　　　　{
	　　　　　;
	　　　　}

2. 正确使用空格

当程序中出现诸如 =、+、/ 等操作符时，应参考表 4-5 所示的布局规范。在操作符前后各使用一个空格，这样有利于在视觉上清晰分辨出操作符前后内容。

表 4-5　操作符前后使用空格

√ 正确布局	if (CondType = = COND_TYPE_STANDSTILL)
	{
	　　gPullerCtrl.Para.SetSpeed = 5000;
	}

X　错误布局	if (CondType = = COND_TYPE_STANDSTILL)
	{
	　　gPullerCtrl.Para.SetSpeed=　5000;
	}

3. 批量赋值语句应对齐

当程序中出现批量赋值语句时，应参考表 4-6 所示的布局规范。将赋值符号上下对齐，且赋值符号左右两侧变量或常量分别左对齐。

表 4-6 操作符前后使用空格

√ 正确布局	gPullerCtrl.Para.Acc = 10000;
	gPullerCtrl.Para.Dcc = 10000;
	gPullerCtrl.Para.Position = 50000;
	gPullerCtrl.Para.SetSpeed = 5000;

X 错误布局	gPullerCtrl.Para.Acc = 10000;
	gPullerCtrl.Para.Dcc = 10000;
	gPullerCtrl.Para.Position = 50000;
	gPullerCtrl.Para.SetSpeed = 5000;

4. 每行只写一条语句

当程序中出现批量赋值语句时，应参考表 4-7 所示的布局规范。将赋值符号上下对齐，且赋值符号左右两侧变量或常量分别左对齐。

表 4-7 每行只写一条语句

√ 正确布局	if (Cond1True)
	{
	TestValue1 = 10;
	TestValue2 = 10;
	}

X 错误布局	if (Cond1True) { TestValue1 = 10; TestValue2 = 10;}

5. 空行区分不同功能代码

对于不同作用或不同功能的代码，应该通过空行分隔开以示区分，如表 4-8 所示。

表 4-8 空行区分不同功能代码

√ 正确布局	if (conditionOk)
	{
	DoSomething();
	}
	
	checkFileStatus();

X 错误布局	if (conditionOk)
	{
	DoSomething();
	}
	checkFileStatus();

6. 使用逗号换行

单条语句一般不超过 120 个字符，当超过 120 个字符时，使用逗号进行换行，用来标识语句尚未结束，如表 4-9 所示。

表 4-9 逗号进行换行

√ 正确布局	ClacPullerPostion (gPullerCtrl.Fix.Diameter, gPullerCtrl.Fix.Parameter1, gPullerCtrl.Fix.Parameter2, gPullerCtrl.Fix.Parameter3) ;
X 错误布局	ClacPullerPostion (gPullerCtrl.Fix.Diameter, gPullerCtrl.Fix.Parameter1, gPullerCtrl.Fix.Parameter2, gPullerCtrl.Fix.Parameter3) ;

4.2.2　注释规范

好的程序注释对于程序交接、代码审阅以及后期维护来说都非常重要。注释的原则是有助于对程序的阅读理解，不宜太多也不能太少。注释语言必须准确、易懂、简洁。本节将介绍贝加莱对于程序注释方面的规范。

注释的格式应统一，对于 C 语言，建议使用“/* 注释文字 */”的格式，因为 C++注释“//”并不被所有 C 编译器支持；对于 ST 语言，建议使用“(*注释文字*)”的格式。注释需与对应代码相同缩进，且在代码紧挨着的上一行或者右侧，按照功能点以及步骤注释每部分的代码。

对于任务注释，应包含作者和版权信息、简单介绍任务功能、版本号和修改升级记录。

对于变量注释，应注意所有的变量声明处都需要有注释。

对于总结型注释，应注意在对某一部分代码进行介绍时，注释要放在代码最前面。

对于普通注释，应介绍代码含义。

对于一般项目来说，只需要按照上述原则进行注释即可。对于某些标准化程度要求很高或维护周期很长的项目，可能需要按照特定格式来写注释。比如使注释与 Doxygen 软件兼容，以便通过 Doxygen 软件来自动创建 CHM 格式的开发者文档。例如，在 C 文件的一开始进行图 4-1a 所示的注释，则 Doxygen 会自动将其转到开发者文档中，如图 4-1b 所示。对于宏或函数等其他注释对象，同样有其对应的特定注释格式，因为在一般项目中使用较少，此处不再赘述。

```
/*!
 * @file          PullerCtrl/Main.c
 * @brief         Logic for generic puller control.
 * @date          29-03-2019
 * @version       V 1.00
 * @author        OSDC
 * @copyright     B&R
 */
/
```

a)

b)

图 4-1　按 Doxygen 软件要求进行注释

a) 注释　b) 开发者文档

4.2.3　其他规范

AS 平台支持 IEC 标准的 6 种开发语言（如 LAD、IL、ST、FBD、CFC、SFC 等），除此外还支持 C/C++语言和 Automation BASIC 语言开发。贝加莱工程师常常使用的是 C 语言和 ST 语言。对于用户来说建议使用 ST 语言，因为其语法检查更完善，如果出现内存问题比较方便查找。相对于 ST 语言来说，C 语言比较灵活，对编程人员有较高的要求。

对于变量声明表，应遵循由上至下，依次为布尔常量（如 TRUE、FALSE）、配置常量（如 NB_AXIS）和变量的原则。

1. 结构体层数

结构体的层数原则上不应超过 4 层。若超过，应进行合并处理，如表 4-10 所示。

表 4-10　结构层数不超过 4 层

√ 正确示范	X　错误示范
gModuleCtrl.Puller.Para. gModuleCtrl.Puller.PidPara.Kp	gModulCtrl.Puller.Para.Pid.Kp

2. if 嵌套层数

if 语句的嵌套原则上不应超过 4 层。若超过，应进行合并处理，如表 4-11 所示，将里面 3 层 if 嵌套合并到函数 NestTest 中处理。

表 4-11　if 层数不超过 4 层

<table>
<tr><th>√ 正确示范</th><th>X　错误示范</th></tr>
<tr><td><pre>
if (Cond1True)
{
    fnNestTest();
}
void NestTest()
{
    if (!Cond2True)
    {
        return;
    }
        else if (!Cond3True)
    {
        return;
    }
        else if (!Cond4True)
    {
        return;
    }
        else
    {
        TestValue = 10;
    }
}
</pre></td><td><pre>
if (Cond1True)
{
    if (Cond2True)
    {
        if (Cond3True)
        {
            if (Cond4True)
            {
                TestValue = 10;
            }
        }
    }
}
</pre></td></tr>
</table>

3. for 嵌套层数

for 语句的嵌套原则上不应超过 3 层。若超过，应进行合并处理，如表 4-12 所示，将内层 for 嵌套合并到函数 LoopNestTest 中处理。

表 4-12　for 层数不超过 3 层

<table>
<tr><th>√ 正确示范</th><th>X　错误示范</th></tr>
<tr><td><pre>
void LoopNestTest ()
{
    UINT NestIndex;
    for (NestIndex == 0; NestIndex <= MAX_LOOP3_IDX;
NestIndex++)
    {
        TestValue = TestValue;
    }
}
for (Index == 0; Index <= MAX_LOOP1_IDX; Index++)
{
    for (SubIndex == 0; SubIndex <= MAX_LOOP2_IDX;
SubIndex++)
    {
        fnLoopNestTest();
    }
}
</pre></td><td><pre>
for (Index == 0; Index <= MAX_LOOP1_IDX; Index++)
{
    for (SubIndex == 0; SubIndex <= MAX_LOOP2_IDX;
SubIndex++)
    {
        for(SubSubIndex == 0; SubSubIndex <= MAX_LOOP3_
IDX; SubSubIndex++)
        {
            TestValue = TestValue;
        }
    }
}
</pre></td></tr>
</table>

4. 函数的参数限制

函数的参数不应超过 5 个，如果有超过 5 个参数，需要考虑封装这些参数。如表 4-13 所示，将 6 个参数打包为结构体，统一调用。

表 4-13　函数的参数不超过 5 个

√ 正确示范	X　错误示范
typedef struct{ move_type_enum MoveType; mode_type_enum ModeType; REAL SetSpeed; BOOL CmdInc; BOOL CmdDec; REAL ActSpeed; } puller_ctrl_type; REAL PullerSpeedCtrl (puller_ctrl_type * pPullCtrl)	REAL PullerSpeedCtrl (BOOL Enable, move_type_enum MoveType, mode_type_enum ModeType, REAL SetSpeed, BOOL CmdInc, BOOL CmdDec, REAL ActSpeed)

5. 函数调用子函数的限制

函数调用子函数的个数不应超过 7 个，如果有超过 7 个子函数，需要考虑封装处理。如表 4-14 所示，将 9 个子函数打包为两个，使程序结构更加清晰明了。

表 4-14　函数调用子函数不超过 7 个

√ 正确示范	X　错误示范

void PullerSpeedCtrl()
{
PullerSpeedInc();
PullerSpeedDec();
}
	void PullerSpeedCtrl()
	{
	PullerCmdInf();
	PullerParaInf();
	PullerInterlockCheck();
	PullerMoveTypeCheck();
	PullerSpeedInc();
	PullerSpeedDec();
	PullerDynlockCheck();
	PullerErrorCheck();
	PullerStatusSendOut();
	}

6. 数组大小定义为常量

数组大小应定义为常量，以避免漏改现象的出现，如表 4-15 所示。

表 4-15　数组大小定义为常量

√ 正确示范	X　错误示范
#define MAX_ARRAY_NR 10 #define MAX_ARRAY_NR_MINUS_ONE MAX_ARRAY_NR-1 REAL ArrayTest[0 .. MAX_ARRAY_NR_MINUS_ONE];	REAL ArrayTest[0..9];

7. 指针分配给 UDINT 变量注意事项

C 语言中，当某些变量的地址（指针）直接分配给 UDINT 变量而没有显式类型转换时，会发生此警告，如表 4-16 所示。

表 4-16 指针分配给 UDINT 变量

√ 正确示范	X 错误示范
DirCreate_0.pDevice = (UDINT) &FileDev;	DirCreate_0.pDevice = &FileDev;

8. 其他注意事项

除前面介绍的几项编程规范外，还有以下注意事项。

1）缩进：建议 4 个字符，从程序左侧的所有对齐都要使用〈Tab〉键，不要使用空格键，防止复制代码后无法对齐。

2）算法使用：尽量使用贝加莱提供的标准算法，在 4.4 节中，将介绍贝加莱的推荐库。

3）连接 I/O 变量在一个专门的任务中进行，如 di_1_1 表示数字量输入模块 1 输入 1，通过 I/O 任务连接到具体变量中（如 gMachine.diStop = di_1_1），这样可以方便集中查看和处理所有 I/O，以便上位机连接变量。

4）正确的任务顺序应该是，先输入模块连接任务，再输入其他程序，然后输出模块连接任务，即 In-program-out。

5）程序的编程人员与测试人员不能为同一人，应交换软件进行测试。

6）无论是 C 还是 ST 语言，使用 AS 编译项目，应尽可能保证 0 错误和 0 警告，将 warning（警告）视为 error（错误）。

7）使用 ST 语言时，应加载 IECCheck 库编译运行，并进行动态检查，待测试完成后必须删除 IECCheck 库。

8）预处理宏定义的优点是可以像函数一样，只修改一处即可替换所有地方。宏比函数的好处是，宏不需要占用堆栈，而函数需要占用堆栈。

4.3 程序框架规范

由于工程师编写的程序常常会遇到需要其他人支持，或者移交给其他人的情况，所以代码框架清晰、注释全面是非常重要的，否则程序框架和编程规范的不统一会造成项目交接的效率降低和版本迭代的质量下降。此外，清晰一致的程序框架也有助于程序的模块化增减，给后续的程序修改和维护带来便利。

约定程序框架的第一步是规定应基于面向过程还是面向对象进行程序编写。面向过程就是分析出解决问题所需要的步骤，然后用函数把这些步骤实现，使用的时候依次调用即可。面向对象是把构成问题的事物分解成多个对象，建立对象的目的不是为了完成一个步骤，而是为了描述某个事物在整个解决问题的步骤中的行为。为了保证程序的易用性、一致性和可移植性，要求程序的各功能块是面向对象的，并且只包含一个统一的接口。

对于该任务接口，规定只包含一个全局结构体，数组成员最好在最后的变量处。对结构体的详细规范要求如表 4-17 所示，以张力轴为例的结构体规范要求如表 4-18 所示。在任务中，最好是前面处理外部变量的输入，后面处理输出，中间段尽量不出现外部全局变量。这样其他人就不需要修改中间部分，减少中间主体部分与其他任务的依赖关系。

表 4-17　编程结构体说明

主结构体	二级结构体	说明
gXxxxxCtrl.（任务全局结构体，负责该任务所有接口）	cmd.	命令结构体，用于接收该任务的所有相关命令。任务对命令复位有 3 种操作： 1）不复位。例如 enable 命令，需要发送命令的任务而不是接受命令的任务来复位，可以配合后缀 Enable 或 Jog（点动使能命令）。 2）确认调用后马上复位，通过状态变量告知其他任务。 3）等该命令相关操作结束后复位。不需要状态变量即可判断该命令是否完成，可以配合后缀 Process(过程命令)。 优先使用 1），2）两种操作。因为操作 3）在执行失败的时候容易出现问题，必须在错误步骤复位所有命令。 复位方式应该在变量声明处注释
	rcpPara.	配方参数，通常是调用命令所需要的各种参数。一般需要多组保存，此时需要多组多结构体配方功能块任务配合保存（该功能块可以在 9.1 节介绍的标准化功能化中找到）
	monitor.	监控数据，包括各种 state（主要 switch 语句当前状态）、status（主要函数执行状态），以及其他输出数据
	alarm.	该任务的报警，包括报警号，以及报警信息
	以下可选（单独选用或者合并处理）	
	para	功能块需要的参数，HMI 接口数据，不需要保存到配方
	ctrlPara.	控制参数，与配方参数分离，只保存一组，需要单组多结构体配方功能块任务配合保存（该功能块可以在 9.1 节介绍的标准化功能化中找到）。如果需要多组保存可以将这些参数放入 rcpPara 结构体
	fixPara.	设备参数，保存一组，包含机械参数和配置参数。对于简单项目可以通过宏定义配置。为了减少可能出现的问题，建议将设备参数只保存一个结构体，通过整个项目的一个设备参数结构体得到变量，可以使用单组单结构体配方功能块保存数据，也可以与控制参数一样选择单组多结构体配方功能块保存数据。这时如果与控制参数同时出现，将两个结构体合并处理

表 4-18　编程结构体说明举例-张力轴

主结构体	二级结构体	三级成员	说明
gTensionCtrl.	cmd.	cmdErrorAck	错误确认命令
		cmdSyncStartCam	启动同步命令
		cmdSyncStopCam	停止同步命令
		cmdSyncPidEnable	启动 PID 命令
		cmdStartCycSpeed	启动循环模式速度
	rcpPara.	pidKp	PID 的比例
		pidTi	PID 的积分时间
		pidSetValue	PID 的设定值
	monitor.	camStatus	CAM 的状态
		controllerStatus	驱动的状态
		moveMode	运动模式
		pidOut	PID 的输出
		init	初始化完成
	alarm.	errorNr	报警代码
		errorInfo	报警信息

4.4 库的概览介绍

贝加莱提供了丰富的库，每个库包含若干个功能块（Function Block）和功能

(Function)。Function 和 Function Block 的区别在于，Function 每次只能返回一个值（数值或状态等），通常为较简单的运算处理；Function Block 含有多个输出，通常处理较复杂的功能。正确使用库可以有效地提高编程效率，复用贝加莱几十年沉淀的行业积累，使项目开发事半功倍。

在 AS 帮助中，可以找到所有库的详细使用说明。但是由于其分散在 AS 的不同章节中，为了给使用者一个全局的库的概览，本书统一列出最常用的库供使用者参考，详见附录。附录中列举的常用库包含 11 个大类，分别为 IEC Check、IEC61131-3、系统和 Runtime 相关、运动控制 ACP10、通信、直接 I/O 访问、reAction、多媒体、mappService、运动控制 mappMotion，以及 mappControl，共 124 个库。

以运动控制 ACP10 库为例，其包含了基于 PLCopen 的轴控功能块，表 4-19 列出了轴的一些最基本的运动。该库中还包含大量的其他轴控功能块，来实现实际中复杂的运动需求。详情可参考 AS 帮助的"Programming→Libraries→Motion libraries→ACP10_MC"。

表 4-19 PLCopen 运动控制库

功能块名称	功能块	功能描述
轴上电	MC_Power	控制轴上电
轴寻参/找零	MC_Home	控制轴寻找参考位置
位移绝对运动	MC_MoveAbsolute	运动轴到指定的绝对位置
位移相对运动	MC_MoveAdditive	控制轴进行位移增量运动
匀速运动	MC_MoveVelocity	控制轴进行匀速运动
停止	MC_Stop	停止轴的运动
与主轴保持凸轮相对运动	MC_CamIn, MC_CamOut	控制轴相对主轴做指定的电子凸轮轨迹

在后续章节中，会讲到部分库的使用方法。例如第 5 章，会介绍 MTBasics、MTData、MTFilter 和 MTProfile 4 个库的使用。由于本书篇幅有限，无法对 124 个常用库进行一一介绍，用户可参考 AS 帮助进行详细了解。

第 5 章　控制基础

AS 为控制类应用提供了 Mechatronics 工具包，其中包含的 mappControl 将日常所需的所有开环和闭环标准控制功能组合在一起。使用这些功能工具可以定制开发控制策略，并优化控制过程。

5.1 mappControl 介绍

mappControl 通过如下方式为机器设备提升价值。

- 实现定制的闭环控制策略，灵活地将技术创新用于实际项目。
- 通过过程优化以接近物理特性。
- 对象模拟仿真可在没有风险的情况下，尽可能提前发现应用程序问题，进行程序优化。

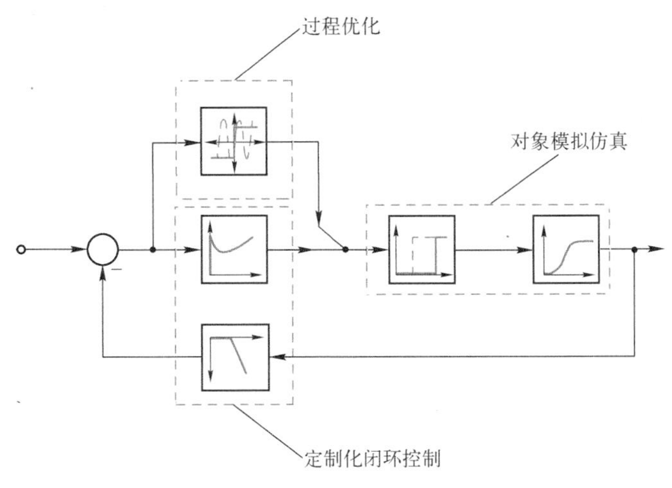

图 5-1　mappControl 功能

5.1.1　目标对象的仿真模拟方法

mappControl 中的功能块（如 MTBasicsDT1、MTBasicsDT2、MTBasicsIntegrator、MTBasicsPT1、MTBasicsPT2、MTBasicsTimeDelay 等）可用于模拟要控制的对象系统。例如，可以使用功能块 MTBasicsPT2 和 MTBasicsTimeDelay 来模拟实现式 5-1 和 5-2 所示的

二阶传函温度系统。

$$G(s)=\frac{K}{(1+T_1s)(1+T_2s)}\mathrm{e}^{-sT_\mathrm{D}} \tag{5-1}$$

$$\theta=G(s)u+\theta_\mathrm{Amb} \tag{5-2}$$

式中，K 为增益系数，T_1 为第一时间常数，T_2 为第二时间常数，T_D 为死区时间，θ_{Amb} 为环境温度。图 5-2 所示为温度系统的阶跃响应。

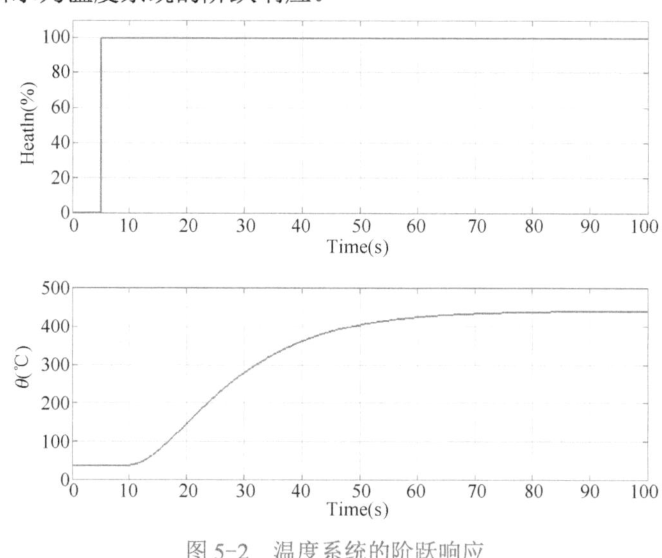

图 5-2　温度系统的阶跃响应

5.1.2　过程优化

闭环控制功能块 MTBasicsPID 可用于实现闭环控制，包括使用振荡方式的自整定功能（MTBasicsOscillationTuning）。

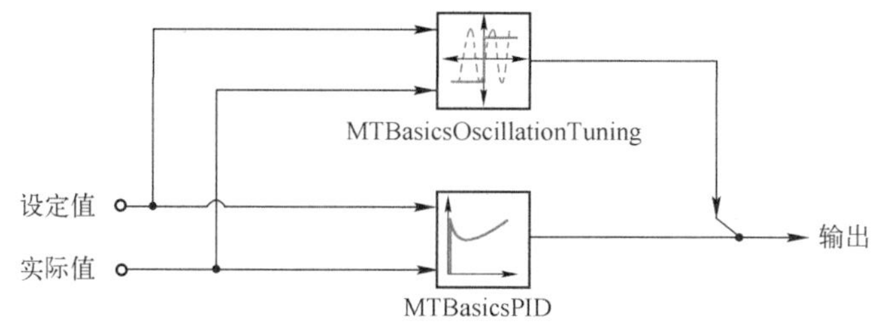

图 5-3　过程优化——闭环控制和整定功能

振荡整定是闭环控制中的一个参数识别方法。在此过程中，强制控制系统，使过程变量围绕预定义的设定点进行周期性振荡，然后根据齐格勒/尼科尔斯定律，通过操作变量和被控变量的周期持续时间和幅度比来确定 PID 参数。振荡整定的目标是在设定点附近实现受控变量可能的最对称的谐波振荡。该目标可以通过连续振荡整定来实现，每个振荡整定都有相应的优化参数。

5.2　MTBasics——基本控制工具库

MTBasics 是基本控制工具库，在 AS 目录“Programming→Libraries→Mechatronics libraries

→Basic Controller Design→MTBasics”下，可以找到其包含的各功能块，例如常用的控制器及用于控制器参数整定的功能块等，如表 5-1 所示。

表 5-1　常用控制器及参数整定功能块

控制器类型	功能块	功能描述
PID 控制器	MTBasicsPID	PID 控制器
PWM 调节器	MTBasicsPWM	PWM 信号调节器
延时器	MTBasicsTimeDelay	对输入信号进行纯延时
阶跃响应 PID 参数整定器	MTBasicsStepTuning	阶跃响应法自整定 PID 参数
振荡响应 PID 参数整定器	MTBasicsOscillationTuning	振荡响应法自整定 PID 参数
限幅器	MTBasicsLimiter	对信号的幅值及变化速率限幅

5.2.1　MTBasicsPID

PID 是自动控制理论中经典的控制方法，也是工业自动化应用中最实用的控制手段之一。PID 是比例（Proportion）、积分（Integral）和微分（Differential）的缩写，其中比例环节的作用是迅速反映偏差，从而快速减小偏差，但不能消除静差；积分环节的作用是消除静差，提高稳态时的跟踪精度；微分环节的作用是预测偏差信号的变化趋势（即变化速率）。并在偏差信号的值变得太大之前，在系统中引入一个有效的早期修正信号，从而加快系统的动作速度，减小调节时间。

MTBasicsPID 实现基础的 PID 控制器功能，PID 控制器的传递函数如下：

$$G(s)=K_{\mathrm{p}}\cdot\left(1+\frac{1}{T_{\mathrm{i}}\cdot s}+\frac{T_{\mathrm{d}}\cdot s}{1+T_{\mathrm{f}}\cdot s}\right) \tag{5-3}$$

式中，K_{p} 为增益，T_{i} 为积分时间常数，T_{d} 为微分时间常数，T_{f} 为微分滤波时间常数。

其控制框图如图 5-4 所示。

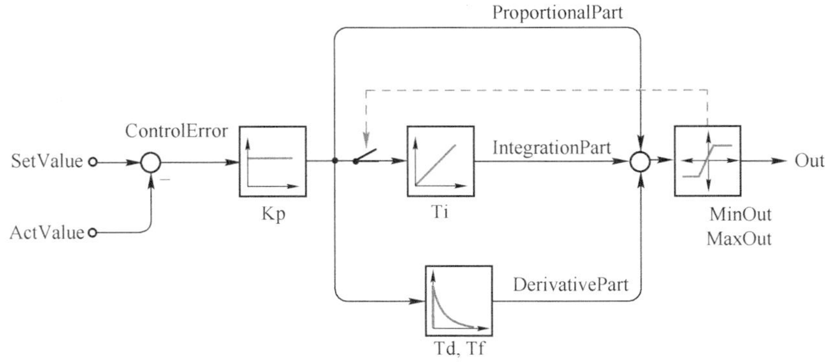

图 5-4　PID 控制框图

1. 功能块及接口说明

MTBasicsPID 功能块的输入输出接口如图 5-5 和表 5-2 所示。

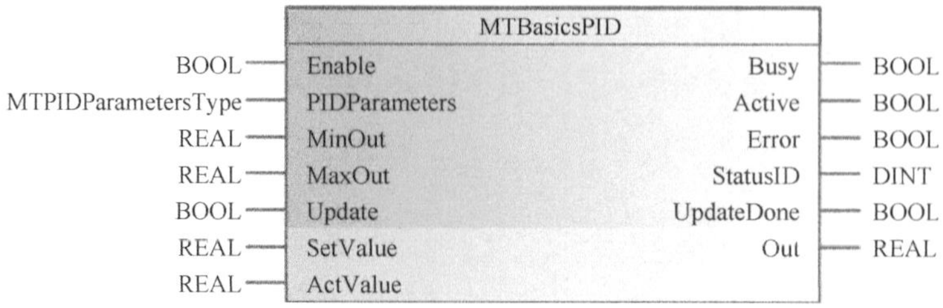

图 5-5　MTBasicsPID 功能块

表 5-2　MTBasicsPID 功能块接口

输入/输出	接口名称	接口数据类型	注释
输入	PIDParameters	Struct	PID 控制参数
输入	MinOut	REAL	输出下限幅
输入	MaxOut	REAL	输出上限幅
输入	SetValue	REAL	设定值输入
输入	ActValue	REAL	反馈值输入
输出	Out	REAL	PID 控制器输出

2．AS 编程

（1）变量定义

```
VAR
    SetValue : REAL := 0.0; (* set value *)
    ActValue : REAL := 0.0; (* actual value *)
    ControllerOutput : REAL := 0; (* controller output *)
    PID : MTBasicsPID := (0); (* function block MTBasicsPID *)
END_VAR
```

（2）初始化程序

```
#include<bur/plctypes.h>
#ifdef _DEFAULT_INCLUDES
#include<AsDefault.h>
#endif

void _INIT MTBasicsPIDINIT(void)
{
    /* chosen cycle time: 10ms */

    PID.Enable= 1; /* enable function block */

    /* PID parameters */
    PID.PIDParameters.Gain= 2.7;
    PID.PIDParameters.IntegrationTime= 6.2;
    PID.PIDParameters.DerivativeTime= 1.6;
    PID.PIDParameters.FilterTime= 0.16;

    /* output limits */
```

```
    PID.MinOut= -100.0;
    PID.MaxOut= 100.0;
} /* end _INIT MTBasicsPIDINIT(void) */
```

（3）循环程序

```
#include<bur/plctypes.h>
#ifdef _DEFAULT_INCLUDES
#include<AsDefault.h>
#endif

void _CYCLIC MTBasicsPIDCYCLIC(void)
{
    PID.SetValue= SetValue;
    PID.ActValue= ActValue;

    /* call function block */
    MTBasicsPID(&PID);
    ControllerOutput= PID.Out;
}/* end _CYCLIC MTBasicsPIDCYCLIC(void) */
```

3. 说明

1）当微分时间常数 T_d 为 0 时，PID 控制器退化为 PI 控制器。

2）当积分时间常数 T_i 很大时（即积分的作用很小时），PID 控制器退化为 PD 控制器。

3）当积分时间常数 T_i 很大，且微分时间常数 T_d 为 0 时，PID 控制器退化为 P 控制器。

4）积分饱和处理：如果输出达到限幅，并且控制器输入和输出的符号一致时，取消积分的作用。如果输出达到限幅，但是控制器输入和输出的符号相反，则积分继续作用。

5.2.2 MTBasicsPWM

PWM（Pulse Width Modulation）即脉宽调制技术，是通过对一系列脉冲的宽度进行调制，等效出所需要的波形（包含形状以及幅值）。其广泛应用于电力电子设备，控制其开关器件如 IGBT 等的导通和关断，通过调整 PWM 的周期、占空比来达到调频调压的目的。

MTBasicsPWM 将输入的连续模拟信号（如占空比、周期等），输出为数字的 PWM 脉冲信号。给定 Peirod 和 DutyCycle 两个输入信号的值，由式 5-4 和式 5-5 可计算出 PWM 脉冲信号的开关时长，并通过功能块的 Out 输出。

$$t_{\mathrm{ON}} = \mathrm{period}\frac{\mathrm{DutyCycle}}{100\%} \tag{5-4}$$

$$t_{\mathrm{OFF}} = \mathrm{period} - t_{\mathrm{ON}} = \mathrm{period}\left(1 - \frac{\mathrm{DutyCycle}}{100\%}\right) \tag{5-5}$$

该功能块有 3 个可配置参数，为脉冲类型、最小脉宽和脉冲周期。

1. 功能块及接口说明

MTBasicsPWM 功能块的输入输出接口如图 5-6 和表 5-3 所示。

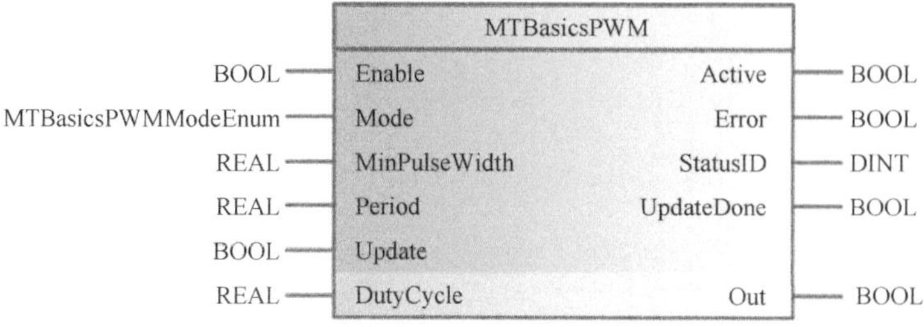

图 5-6　MTBasicsPWM 功能块

表 5-3　**MTBasicsPWM 功能块接口**

输入/输出	接口名称	接口数据类型	注释
输入	Mode	Enum	脉冲类型
输入	MinPulseWidth	REAL	最小脉宽
输入	Period	REAL	脉冲周期
输入	DutyCycle	REAL	需要处理的信号
输出	Out	REAL	处理后的信号

2．AS 编程

（1）变量定义

```
VAR
    Angle : REAL := 0.0; (* angle in radians *)
    Pulse : BOOL := 0; (* output pulse *)
    PWM : MTBasicsPWM := (0); (* function block MTBasicsPWM *)
END_VAR
```

（2）初始化程序

```
#include <math.h>
#include <bur/plctypes.h>
#ifdef _DEFAULT_INCLUDES
#include <AsDefault.h>
#endif

void _INIT MTBasicsPWMINIT(void)
{
    /* chosen cycle time: 10ms */
    Angle= 0.0; /* angle in radians */
    PWM.Enable= 1; /* enable function block */

    /* parameters for pulse width modulator */
    PWM.Period= 1.0;
    PWM.MinPulseWidth= 0.0; /* optional Parameter */
} /* end _INIT MTBasicsPWMINIT(void) */
```

（3）循环程序

```
#include <math.h>
#include <bur/plctypes.h>
#ifdef _DEFAULT_INCLUDES
```

```
#include <AsDefault.h>
#endif

void _CYCLIC MTBasicsPWMCYCLIC(void)
{
    /* generate input signal */
    Angle+= 0.001;
    PWM.DutyCycle= 50.0 * sinf(Angle)+50.0;

    /* call function block */
    MTBasicsPWM(&PWM);

    Pulse= PWM.Out;
} /* end _CYCLIC MTBasicsPWMCYCLIC(void) */
```

4. 测试结果分析

MTBasicsPWM 功能块输出的 PWM 脉冲信号如图 5-7 所示。

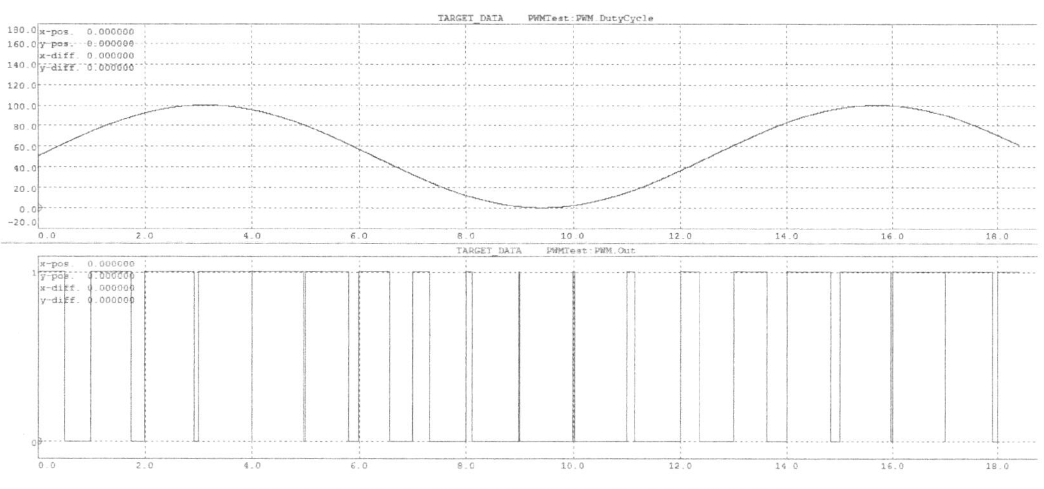

图 5-7　MTBasicsPWM 功能块输出的 PWM 脉冲信号

5.2.3　MTBasicsTimeDelay

MTBasicsTimeDelay 功能块为时间滞后环节，将输入信号滞后一段时间后输出。该功能块有一个可配置参数，即滞后时间 T。

1. 功能块及接口说明

MTBasicsTimeDelay 功能块的输入输出接口如图 5-8 和表 5-4 所示。

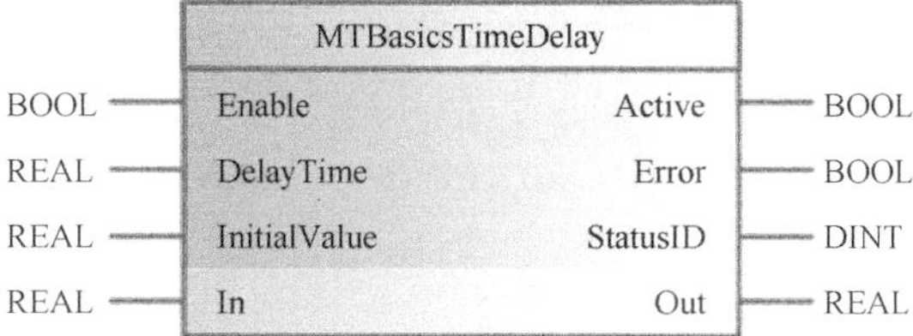

图 5-8　MTBasicsTimeDelay 功能块

表 5-4 MTBasicsTimeDelay 功能块接口

输入/输出	接口名称	接口数据类型	注释
输入	DelayTime	REAL	滞后时间
输入	InitialValue	REAL	初始值
输入	In	REAL	需要处理的信号
输出	Out	REAL	处理后的信号

2. AS 编程

（1）变量定义

```
VAR
    Input : REAL := 0.0; (* input signal *)
    Output : REAL := 0.0; (* output signal *)
    TimeDelay : MTBasicsTimeDelay := (0); (* function block MTBasicsLimiter *)
END_VAR
```

（2）初始化程序

```
#include <bur/plctypes.h>
#ifdef _DEFAULT_INCLUDES
#include<AsDefault.h>
#endif

void _INIT MTBasicsTimeDelayINIT(void)
{
    TimeDelay.Enable= 1; /* enable function block */
    TimeDelay.DelayTime= 5.0; /* current delay time [s] */
} /* end _INIT MTBasicsTimeDelayINIT(void) */
```

（3）循环程序

```
#include <bur/plctypes.h>
#ifdef _DEFAULT_INCLUDES
#include<AsDefault.h>
#endif

void _CYCLIC MTBasicsTimeDelayCYCLIC(void)
{
    /* chosen cycle time: 10ms */
    TimeDelay.In= Input; /* input signal */

    /* call function block */
    MTBasicsTimeDelay(&TimeDelay);

    Output= TimeDelay.Out; /* delayed signal */
} /* end _CYCLIC void MTBasicsTimeDelayCYCLIC(void) */
```

3. 测试结果分析

MTBasicsTimeDelay 功能块使得输入信号经过 Delay 时间（5s）后给到输出端，如

图 5-9 所示。

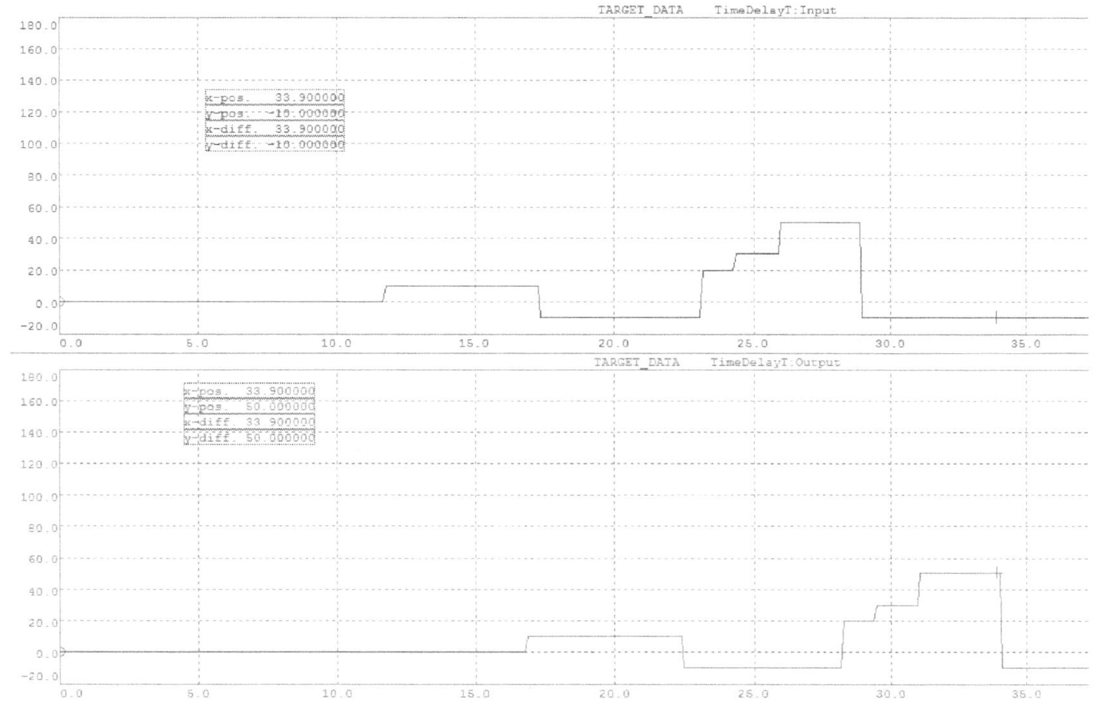

图 5-9　MTBasicsTimeDelay 运行结果变量 Trace

5.2.4　MTBasicsOscillationTuning

MTBasicsOscillationTuning 是用阶跃响应来自动整定 PID 参数的一种方法。该方法针对的系统为阶跃响应不振荡的系统，如 PT1 系统（PT1 带延迟）、PT2 系统（PT2 带延迟）等。

1．功能块及接口说明

MTBasicsOscillationTuning 功能块的输入输出接口如图 5-10 和表 5-5 所示。

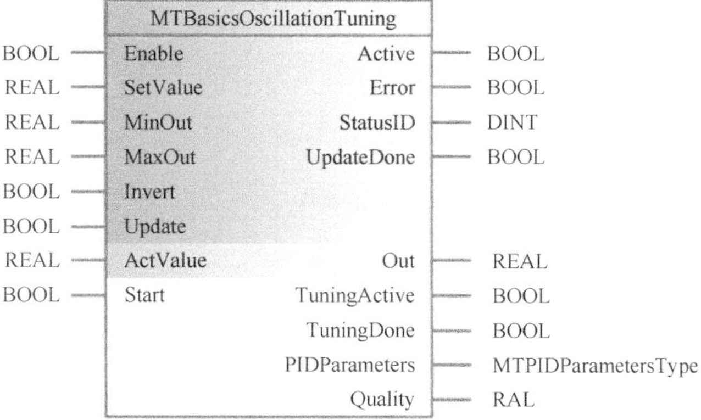

图 5-10　MTBasicsOscillationTuning 功能块

表 5-5　MTBasicsOscillationTuning 功能块接口

输入/输出	接口名称	接口数据类型	注释
输入	SetValue	REAL	输入设定值
输入	MaxOut	REAL	输出最大值
输入	MinOut	REAL	输出最小值
输入	ActValue	REAL	反馈值输入
输入	Start	REAL	启动整定命令
输出	Out	REAL	输出控制量
输出	PIDParameters	STRUCT	整定的 PID 参数
输出	Quality	REAL	整定优劣值

2．AS 编程

（1）变量定义

```
VAR
    ActValue : REAL := 0.0; (* actual value *)
    Output : REAL := 0.0; (* output signal *)
    StartTuning : BOOL := 0; (* start tuning command *)
    OscillationTuning : MTBasicsOscillationTuning := (0); (* function block MTBasicsOscillationTuning *)
END_VAR
```

（2）初始化程序

```
#include <bur/plctypes.h>
#ifdef _DEFAULT_INCLUDES
#include <AsDefault.h>
#endif

void _INIT MTBasicsOscillationTuningINIT(void)
{
    /* chosen cycle time: 10ms */
    OscillationTuning.Enable= 1; /* enable function block */

    /* tuning limits */
    OscillationTuning.SetValue= 0.0;
    OscillationTuning.MinOut= 500.0;
    OscillationTuning.MaxOut= 100.0; /* sec */
} /* end _INIT MTBasicsOscillationTuningINIT(void) */
```

（3）循环程序

```
#include <bur/plctypes.h>
#ifdef _DEFAULT_INCLUDES
#include <AsDefault.h>
#endif

void _CYCLIC MTBasicsOscillationTuningCYCLIC(void)
```

```
{
    OscillationTuning.ActValue= ActValue;
    OscillationTuning.Start= StartTuning;

    /* call function block */
    MTBasicsOscillationTuning(&OscillationTuning);

    Output= OscillationTuning.Out;
} /* end _CYCLIC MTBasicsOscillationTuningCYCLIC(void) */
```

3. 测试结果分析

由于篇幅限制，请参考 AS 帮助中 PID control with oscillation tuning （Mechatronics→Basic Controller Design→PID control with oscillation tuning）。

5.2.5　MTBasicsLimiter

MTBasicsLimiter 为限幅环节，可以对输入信号的上下限进行限幅，也可以对输入信号的上升或下降速率进行限幅。

1. 功能块及接口说明

MTBasicsLimiter 功能块的输入输出接口如图 5-11 和表 5-6 所示。

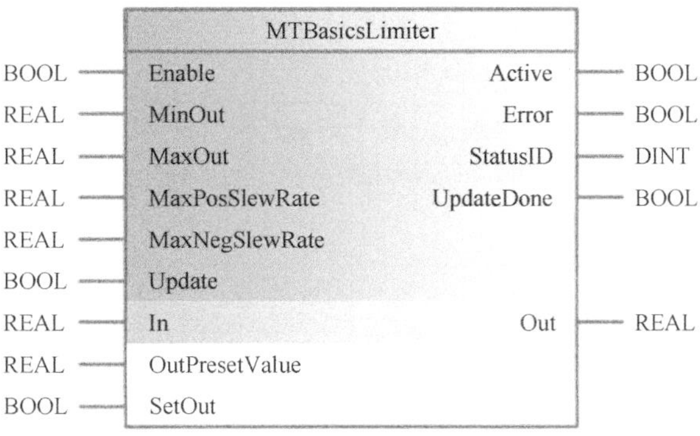

图 5-11　MTBasicsLimiter 功能块

表 5-6　MTBasicsLimiter 功能块接口

输入/输出	接口名称	接口数据类型	注释
输入	MinOut	REAL	下限
输入	MaxOut	REAL	上限
输入	MaxPosSlewRate	REAL	最大上升速率
输入	MaxNegSlewRate	REAL	最大下降速率
输入	In	REAL	输入信号
输入	OutPresetValue	REAL	预设输出值
输入	SetOut	BOOL	预设值设置命令
输出	Out	REAL	处理后的信号

2．AS 编程

（1）变量定义

```
VAR
    Input : REAL := 0.0; (* input signal *)
    Output : REAL := 0.0; (* output signal *)
    Limiter : MTBasicsLimiter := (0); (* function block MTBasicsLimiter *)
END_VAR
```

（2）初始化程序

```
#include <bur/plctypes.h>
#ifdef _DEFAULT_INCLUDES
#include <AsDefault.h>
#endif

void _INIT MTBasicsLimiterINIT(void)
{
    /* chosen cycle time: 10ms */
    Limiter.Enable= 1; /* enable function block */
    /* limit parameters */
    Limiter.MinOut= 0.0;
    Limiter.MaxOut= 100.0;
    Limiter.MaxPosSlewRate= 10.0;
    Limiter.MaxNegSlewRate= 5.0;
} /* end _INIT MTBasicsLimiterINIT(void) */
```

（3）循环程序

```
#include <bur/plctypes.h>
#ifdef _DEFAULT_INCLUDES
#include <AsDefault.h>
#endif

void _CYCLIC MTBasicsLimiterCYCLIC(void)
{
    Limiter.In= Input; /* input signal */

    /* call function block MTBasicsLimiter */
    MTBasicsLimiter(&Limiter);

    Output= Limiter.Out; /* output signal */
} /* end _CYCLIC MTBasicsLimiterCYCLIC(void) */
```

3．测试结果分析

由上述程序得到的 MTBasicsLimiter 功能块的限幅作用如图 5-12 所示。

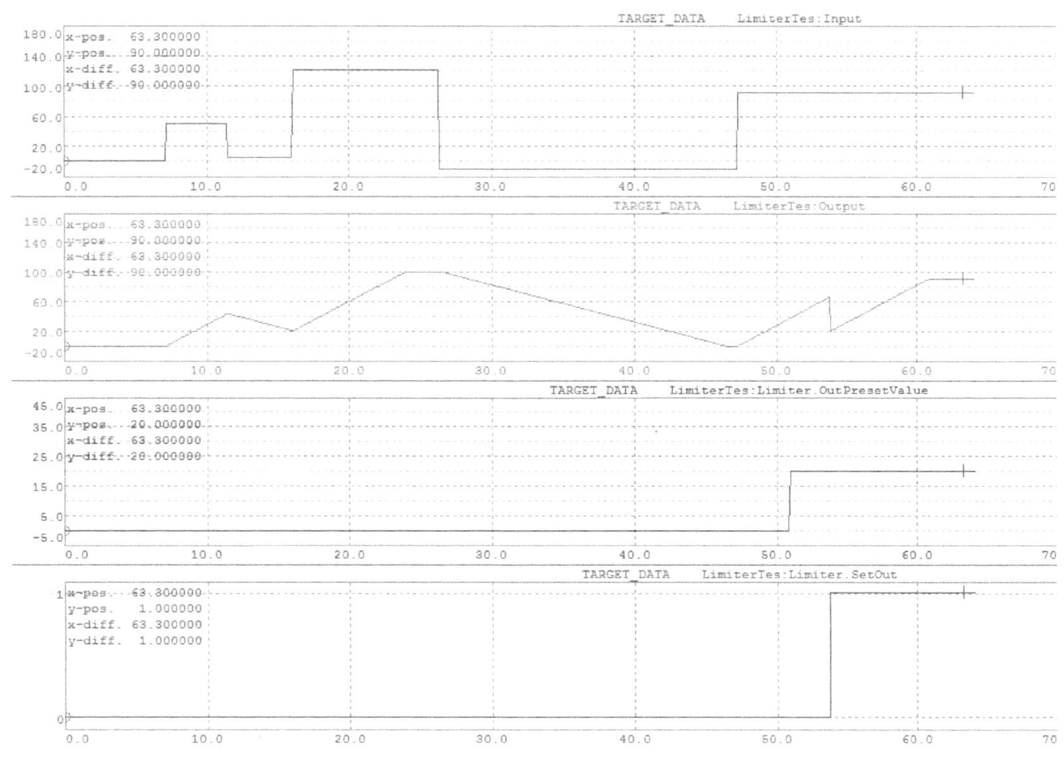

图 5-12　MTBasicsLimiter 运行结果变量 Trace

5.3 MTData——数据处理库

MTData 库中包含了 MTDataMean、MTDataMinMax、MTDataRMS、MTDataStdDeviation、MTDataVariance 以及 MTDataStatistics 6 个功能块，分别用来计算输入数据流的均值、最大最小值、方均根值、标准差和方差，而 MTDataStatistics 是用一个功能块将前面的几种值都计算出来。

由于这些功能块的含义很明显而且计算也简单，所以就不一一进行解释了，只介绍 MTDataStatistics 功能块。

1. 功能块功能描述

MTDataStatistics 为数据统计功能块，用来计算输入数据流的均值、最大最小值、方均根值、标准差和方差，并可以设置时间窗口，计算时间窗口内数据流的统计特性。

该功能块有一个可配置参数，为时间窗口长度，写 0 时表示取消时间窗口。

2. 功能块及接口说明

MTDataStatistics 功能块的输入输出接口如图 5-13 和表 5-7 所示。

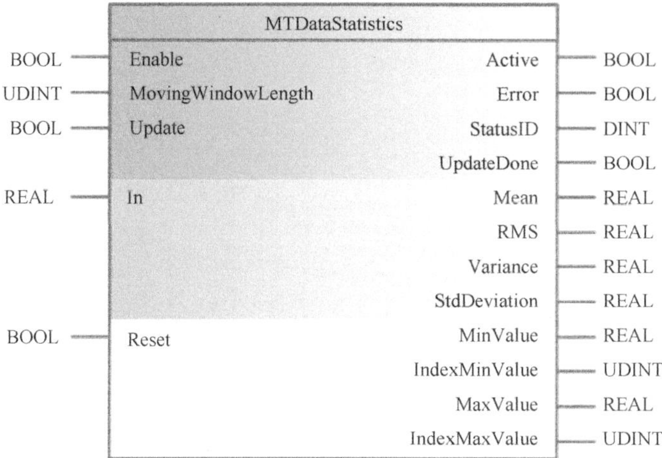

图 5-13 MTDataStatistics 功能块

表 5-7 MTDataStatistics 功能块接口

输入/输出	接口名称	接口数据类型	注释
输入	MovingWindowLength	UDINT	时间窗口
输入	In	REAL	需要处理的信号
输出	Mean	REAL	均值
输出	RMS	REAL	均方根
输出	Variance	REAL	方差
输出	StdDeviation	REAL	标准差
输出	MinValue	REAL	最小值
输出	IndexMinValue	UDINT	最小值的索引
输出	MaxValue	REAL	最大值
输出	IndexMaxValue	UDINT	最大值的索引

3. AS 编程

（1）变量定义

```
VAR
    Input : REAL := 0.0; (* input signal *)
    MovingWindowLength: UDINT := 3600; (*MovingWindowLength; with cyclic time 1s -> statistical data for the last hour*)
    Mean : REAL := 0.0; (*mean signal*)
    RMS : REAL := 0.0;   (*RMS signal*)
    Variance : REAL := 0.0;       (*variance signal*)
    StdDeviation : REAL := 0.0; (*standard deviation signal*)
    Min : REAL := 0.0; (*minimum value*)
    Max : REAL := 0.0; (*maximum value*)
    IndexMinValue : UDINT := 0; (*index of minimum value*)
```

```
        IndexMaxValue : UDINT := 0; (*index of maximum value*)
        Statistics : MTDataStatistics := (0); (* function block MTDataStatistics *)
    t : REAL := 0.0;
    END_VAR
```

（2）初始化程序

```
#include<bur/plctypes.h>
#ifdef _DEFAULT_INCLUDES
    #include<AsDefault.h>
#endif

void _INIT MTDataStatisticsINIT(void)
{
    Statistics.Enable= 1; /* enable function block */
} /* end _INIT MTDataStatisticsINIT(void) */
```

（3）循环程序

```
#include<bur/plctypes.h>
#include "math.h"
#ifdef _DEFAULT_INCLUDES
#include<AsDefault.h>
#endif
#define PI 3.14159265

void _CYCLIC MTDataStatisticsCYCLIC(void)
{
    t += 0.1;
    Input = 2*sin(2*PI*t+PI/4.0);
    Statistics.In= Input;              /* input signal */
    MTDataStatistics(&Statistics); /* call function block */
    Mean= Statistics.Mean;             /* mean signal */
    RMS= Statistics.RMS;               /* RMS signal */
    Variance= Statistics.Variance; /* variance signal */
    StdDeviation= Statistics.StdDeviation;      /* standard deviation signal */
    Min= Statistics.MinValue;                   /* minimum value */
    Max= Statistics.MaxValue;                   /* maximum value */
    IndexMinValue= Statistics.IndexMinValue ; /* index of minimum value */
    IndexMaxValue= Statistics.IndexMaxValue ; /* index of maximum value */
} /* end _CYCLIC MTDataStatisticsCYCLIC(void) * /
```

4．测试结果分析

以输入幅值为 2、频率为 1 的正弦信号为例，其统计输出结果如图 5-14 所示，均值为 0，均方根和标准差为 1.414，方差为 2。

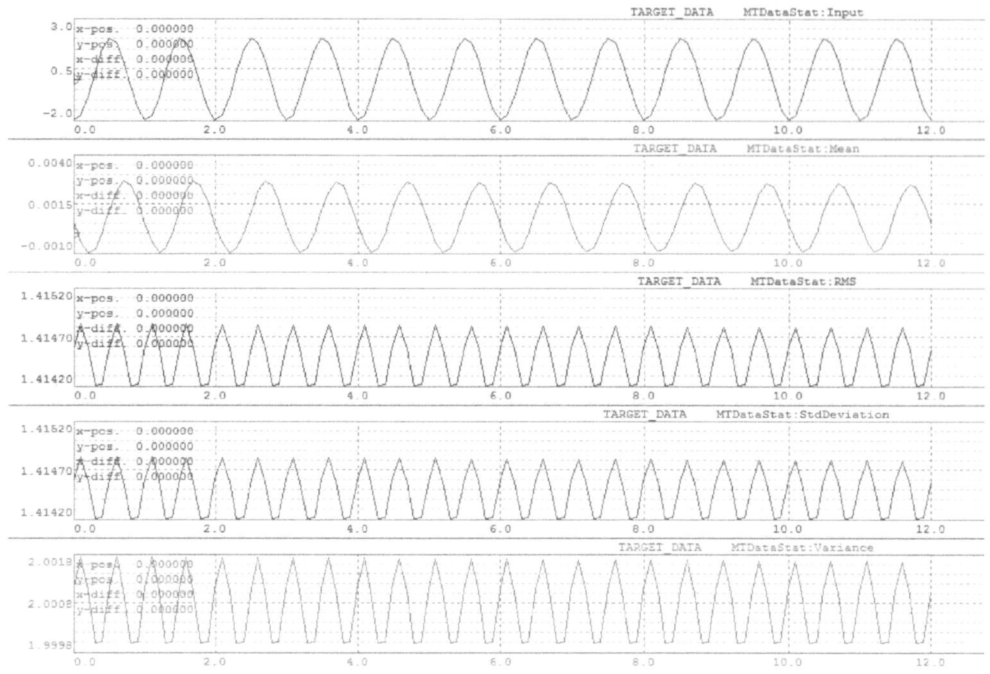

图 5-14 MTDataStatistics 运行结果变量 Trace

5.4 MTFilter——滤波库

滤波是信号处理的常用手段，常用于对模拟量进行处理，以减少噪声干扰。也可以用于对设定值进行平滑处理，在写一些算法相关的控制程序时也常常使用。

表 5-8 列出了 3 个常用的滤波器类型，还有其他一些滤波器，如带通滤波、带阻滤波等，实际当中用得比较少。如果需要，可以在 AS 帮助“Programming→Libraries→Mechatronics libraries→Basic Controller Design→MTFilter”目录下查看其使用方法。

表 5-8 常用滤波器说明

滤波器类型	功能块	功能描述
低通滤波器	MTFilterLowPass	对信号进行低通滤波
滑动均值滤波器	MTFilterMovingAverage	对信号进行滑动均值滤波
Notch 滤波器	MTFilterNotch	过滤输入信号的指定频率成分

对于常用的低通滤波器，在 MTBasic 库里面还单独设计了一阶低通滤波器和二阶低通滤波器，如表 5-9 所示。对于一阶和二阶低通滤波器，使用表 5-9 中的 MTBasicsPT1 和 MTBasicsPT2 功能块更方便；对于三阶及以上低通滤波器，可以使用表 5-8 中的 MTFilterLowPass 功能块。

表 5-9 低通滤波库

滤波器类型	功能块	功能描述
一阶低通滤波器	MTBasicsPT1	对信号进行一阶低通滤波
二阶低通滤波器	MTBasicsPT2	对信号进行二阶低通滤波

5.4.1　一阶惯性滤波介绍

一阶惯性滤波，也叫一阶滤波，或一阶低通滤波，是自动化项目中最常用的算法之一，主要针对模拟量输入进行滤波。其离散化公式如式 5-6 所示。

$$y(n) = c_0 x(n) + (1 - c_0) y(n-1) \tag{5-6}$$

其中 $c_0=T_a/T_f$，T_a 表示采样时间（任务周期），T_f 表示滤波时间，$0<c_0<1$。$X(n)$为本次采样值，$y(n-1)$为上次滤波输出值，$y(n)$为本次滤波输出值。

滤波时间 T_f 的物理含义是对于一个阶跃信号，在时间 T_f 时达到阶跃的 65%左右。以图 5-15 为例，滤波时间为 1s，在 1s 时滤波输出值为阶跃值 100 的 65%左右。滤波时间越大（即 T_f 越大），则信号越平稳，但是延迟也越多，所以应根据实际项目的采样和滤波结果判断是否符合要求。

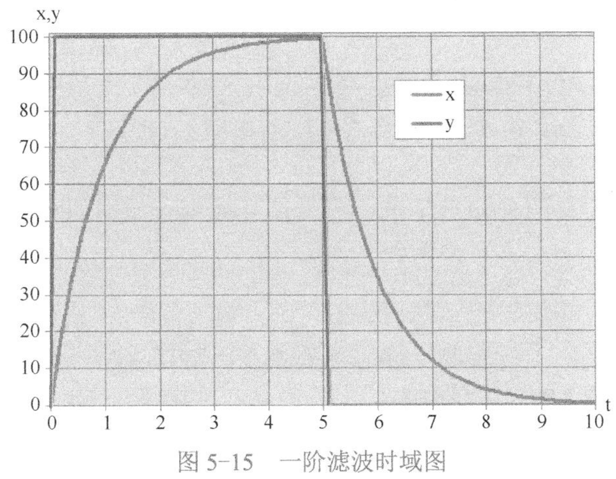

图 5-15　一阶滤波时域图

除了时域图，波特图（频域）也是进行信号分析处理的重要工具。从图 5-16 所示的波特图上看，可以认为一阶滤波对于频率小于 $1/T_f$ 的信号基本没有衰减作用，对于频率大于 $1/T_f$ 的信号会逐渐衰减。

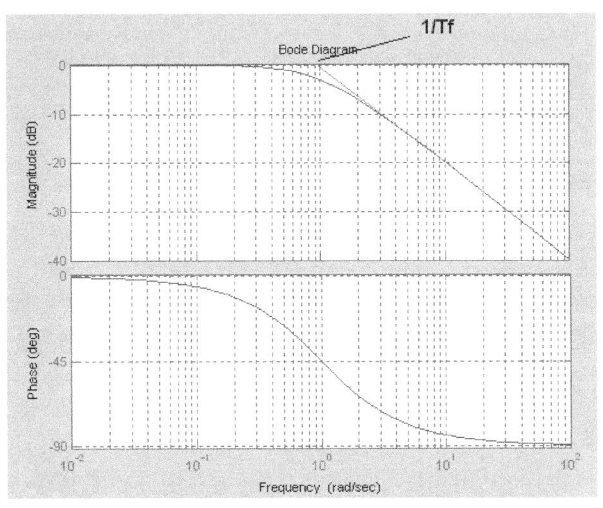

图 5-16　一阶滤波波特图

在实际项目中，可以使用 MTBasics 库中的 MTBasicsPT1()函数来实现一阶惯性滤波，其主要参数为滤波时间 T_f。此外也可以自己编程实现，首先取得任务周期（使用 RTinfo 函数），然后计算系数 c_0，最后代入式 5-6 中。例如，任务时间 10ms，滤波时间 100ms，则 c_0=0.1，算式为：

$$y=0.9\times y\_old+0.1\times x$$

5.4.2 滑动均值滤波介绍

滑动均值滤波是一种比较简单也容易实现的滤波方法。在 AS 中可以使用 MTFilter 库的 MTFilterMovingAverage()功能块实现。

滑动均值滤波，顾名思义，就是对前一段时间内多次采样的数据取平均值作为当前时刻采样值的一种滤波方法。使用这种方法，首先需要确定一个基数 Base，即多长时间的数据或多少个点取平均值，计算公式如式 5-7 所示。

$$y_0=\frac{1}{n}(x_0+x_1+\cdots+x_{n-1}) \tag{5-7}$$

其中 n 为滤波基数，y 为滤波后的值，x 为未经处理的采样值，下标 0 表示当前时刻，下标 1…n-1 表示前 n-1 个时刻。

滑动均值滤波主要有两种应用场景：反馈信号滤波和前馈信号滤波（也叫输入整形，Input Shaping）。

1. 反馈信号滤波

反馈信号滤波主要用于传感器反馈信号的滤波，可以去除一些采样的干扰，使信号曲线变得平滑，效果可参考图 5-17 所示。

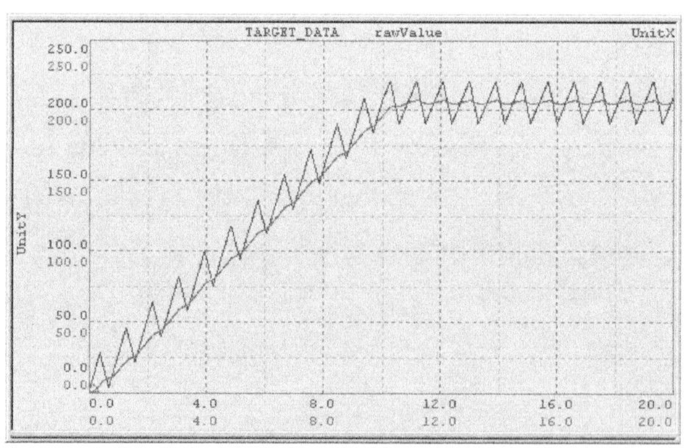

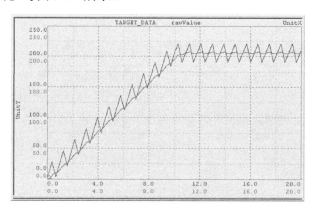

图 5-17 反馈信号滤波效果

使用这种滤波方法时，很重要的一点就是选取一个合适的 Base 值。Base 值如果太大，则滤波会造成比较大的信号滞后；Base 值如果太小，则不能达到好的滤波效果。如何选择合适的 Base 取值，可参考前馈信号滤波中的方法。

2. 前馈信号滤波

滑动均值滤波也可以用来实现输入整形（Input Shaping）的功能，将输入信号变得更加平滑。例如在运动控制中，对运行轨迹进行整形处理，消除振荡现象。

假设存在一个运动控制系统，给系统设定一个往复运动轨迹，由于对象阻尼比较低，在加减速时就会出现微小的振动现象。如图 5-18 所示，对象运动的实际速度存在轻微抖动。

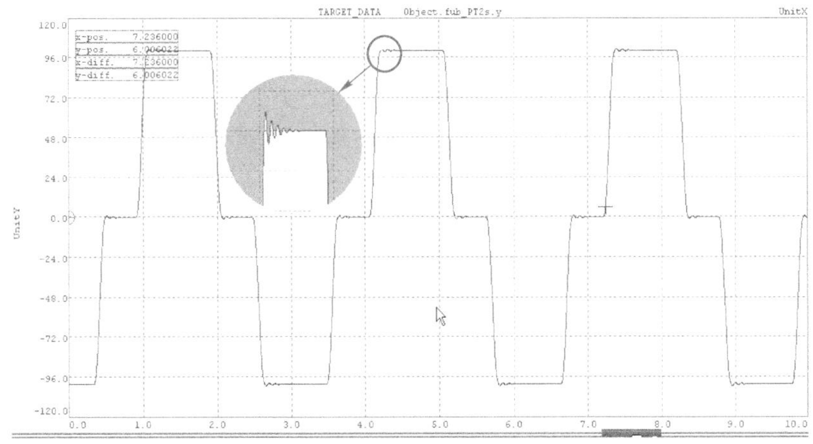

图 5-18　低阻尼对象的实际速度有轻微抖动

为了消除速度变化时的振动，对系统的设定速度进行输入整形，即对速度设定值进行滤波。图 5-19 给出了整形前后速度设定值的对比，可以看出在速度发生变化的地方，整形后比整形前曲线更平滑。

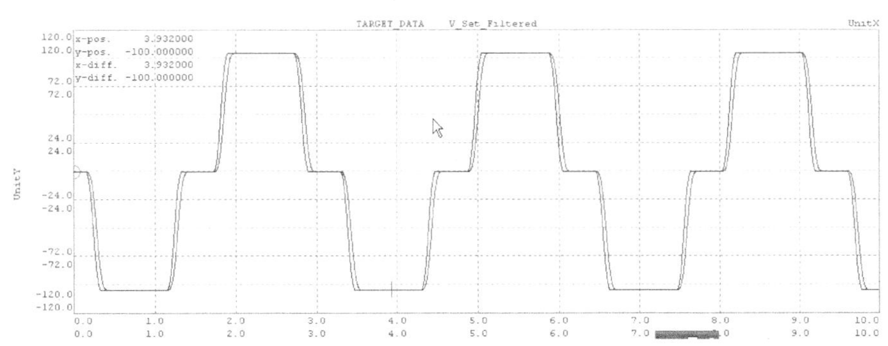

图 5-19　输入整形前后对比

从图 5-20 可以看出，整形后对象的响应（即实际速度）中振动基本被消除。

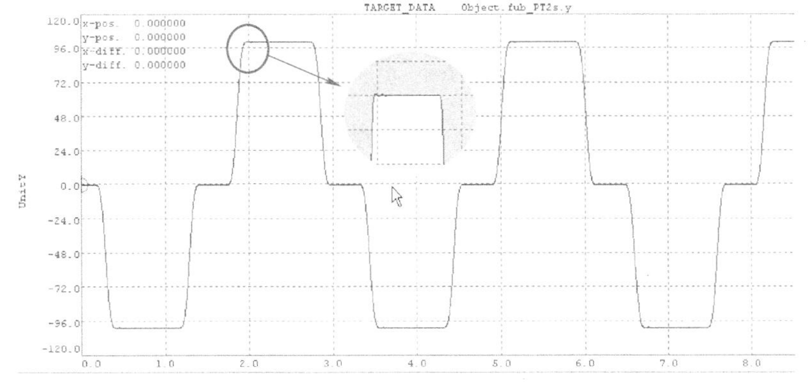

图 5-20　输入整形后的实际速度

使用滑动均值滤波做输入整形时，关键是 Base（即式 5-7 中的 n）的选取，Base 的取值和需要消除振荡的频率有关。为了更好地理解 Base 和振荡频率的关系，先研究下滑动均值滤波的传递函数（详见 AS 的 Help：MTFilterMovingAverage），如式 5-8 所示。

$$G(z)=\frac{1}{\mathrm{Base}}\cdot\frac{z^{\mathrm{Base}}-1}{z^{\mathrm{Base}}-z^{\mathrm{Base}-1}} \tag{5-8}$$

该离散传递函数的离散时间为 1ms，在 Base=50（即 50 个采样周期）的情况下，其波特图如图 5-21 所示。

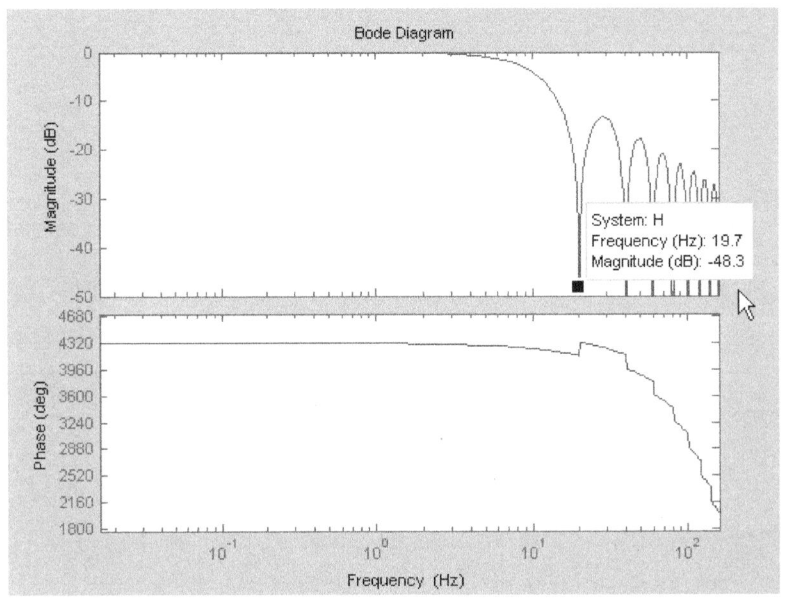

图 5-21 波特图

由波特图可以得到其截止频率为 20Hz，正好是 1/Base。由此得出 Base 的取值方法：获取想要消除的振荡频率 f(Hz)，取 Base≥1/f（若 Base 小于 1/f，则 f 频率处的分量将不会被滤掉）。如果是在 AS 中使用 MTFilterMovingAverage 功能块实现整形滤波，则还要考虑任务周期 T_cyc，即 Base×T_cyc≥1/f。

Base 的这一取值方法也适用于信号反馈滤波。

5.4.3 MTFilterLowPass

MTFilterLowPass 为低通滤波器，一阶低通滤波器的传递函数可以表示为:

$$\frac{Y(s)}{X(s)}=G(s)=\frac{1}{\frac{s}{\omega_{\mathrm{c}}}+1} \tag{5-9}$$

其中，输出信号 Y 是由输入信号 X 经过该低通滤波环节后得到的。该功能块有两个可配置参数，为转折频率和滤波器阶数。

1. 功能块及接口说明

MTFilterLowPass 功能块的输入输出接口如图 5-22 和表 5-10 所示。

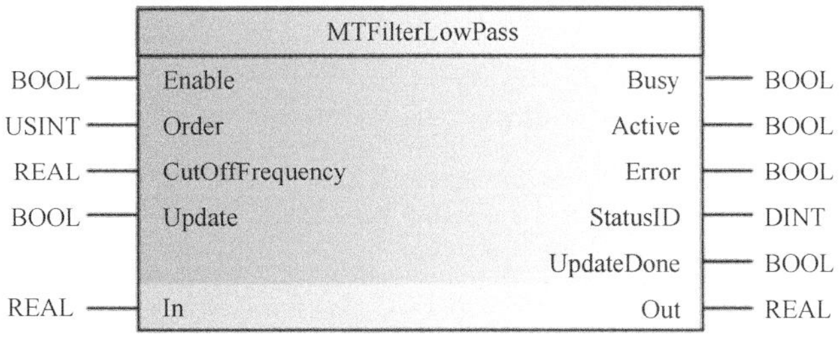

图 5-22 MTFilterLowPass 功能块

表 5-10 MTFilterLowPass 功能块接口

输入/输出	接口名称	接口数据类型	注释
输入	Order	USINT	滤波器阶数
输入	CutOffFrequency	REAL	滤波器转折频率
输入	In	REAL	需要滤波的信号
输出	Out	REAL	处理后的信号

2. AS 编程

（1）变量定义

```
VAR
    LowPassFilterHigh : MTFilterLowPass := (0); (*function block MTFilterLowPass*)
    LowPassFilterLow : MTFilterLowPass := (0); (*function block MTFilterLowPass*)
    InputHighFreq : REAL := 0.0; (*input signal*)
    OutputHighFreq : REAL := 0.0; (*output signal*)
    InputLowFreq : REAL := 0.0; (*input signal*)
    OutputLowFreq : REAL := 0.0; (*output signal*)
    t : REAL := 0.0;
    RTinfo : RTInfo := (0);
    cycT : REAL := 0.0; (*task cycle*)
END_VAR
```

（2）初始化程序

```
#include <bur/plctypes.h>
#ifdef _DEFAULT_INCLUDES
#include <AsDefault.h>
#endif

void _INIT ProgramLowPass_INIT(void)
{
    /* input freqency is lower than cut off frequency */
    LowPassFilterLow.CutOffFrequency= 0.2; /* center frequency [Hz] */
    LowPassFilterLow.Order= 2;                    /* 2nd order band-pass filter */
    //LowPassFilterLow.Type= mtBESSEL;              /* bessel filter */
    LowPassFilterLow.Enable= 1;                   /* enable function block */

    /* input freqency is higher than center frequency */
```

```
    LowPassFilterHigh.CutOffFrequency= 0.2; /* center frequency [Hz] */
    LowPassFilterHigh.Order= 2;                 /* 2nd order band-pass filter */
    //LowPassFilterHigh.Type= mtBESSEL;         /* bessel filter */
    LowPassFilterHigh.Enable= 1;                /* enable function block */

    /* chosen cycle time:    */
    RTinfo.enable = 1;
    RTInfo(&RTinfo);
    cycT=RTinfo.cycle_time/1000000.0;
}
```

（3）循环程序

```
#include <bur/plctypes.h>
#ifdef _DEFAULT_INCLUDES
#include <AsDefault.h>
#endif

#include "math.h"
#define PI 3.14159265

void _CYCLIC ProgramLowPass_CYCLIC(void)
{
    t += cycT;

    InputLowFreq = sin(0.04*2*PI*t);
    LowPassFilterLow.In= InputLowFreq;
    /* call function block */
    MTFilterLowPass(&LowPassFilterLow);
    OutputLowFreq= LowPassFilterLow.Out;

    InputHighFreq = sin(1*2*PI*t);
    LowPassFilterHigh.In= InputHighFreq;
    /* call function block */
    MTFilterLowPass(&LowPassFilterHigh);
    OutputHighFreq= LowPassFilterHigh.Out;
}
```

3．测试结果分析

设置同样的低通滤波器，在不同频率同样幅值的正弦信号输入下测试，输出信号的差异如图 5-23 所示，可见如下结论。

- 输入信号频率大于转折频率时，其输出响应信号的幅值明显衰减，相位滞后输入信号，体现了低通滤波器对高频输入信号的过滤作用。
- 输入信号频率小于转折频率时，输出响应信号幅值保持不变，相位也基本保持不变。而且频率比转折频率越小，幅值和相位的变化越微小，体现了低通滤波器的特性。

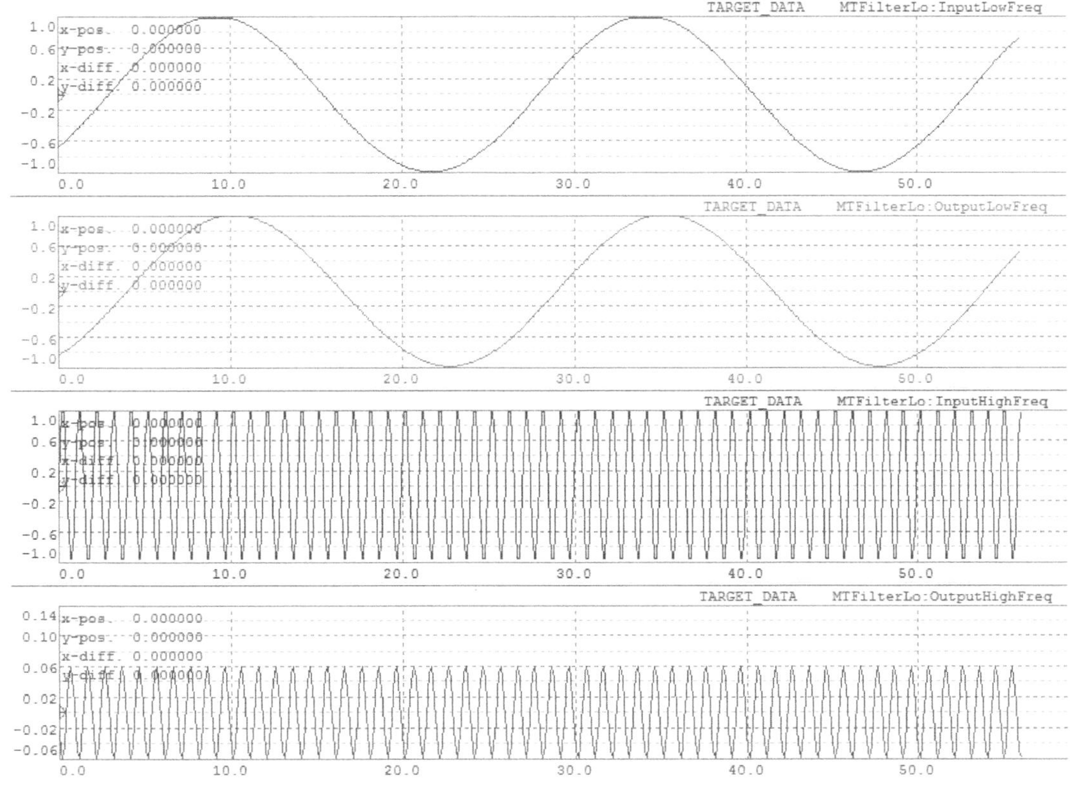

图 5-23 MTFilterLowPass 运行结果变量 Trace

5.4.4 MTFilterMovingAverage

MTFilterMovingAverage 功能块为滑动均值滤波器。滑动均值滤波器的时域表达式如式 5-10 所示。

$$out = \frac{1}{N}\sum_{n=1}^{N} in_n \tag{5-10}$$

其中，N 为窗口长度，输出信号 out 是由输入信号 *in* 经过滑动滤波得到的。该功能块有一个可配置参数，为滤波器窗口长度。

1. 功能块及接口说明

MTFilterMovingAverage 功能块的输入输出接口如图 5-24 和表 5-11 所示。

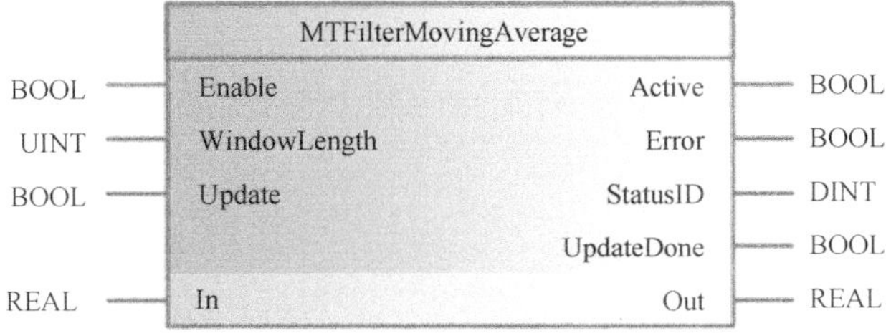

图 5-24 MTFilterMovingAverage 功能块

表 5-11　MTFilterMovingAverage 功能块接口

输入/输出	接口名称	接口数据类型	注释
输入	WindowLength	UINT	滤波窗口长度
输入	In	REAL	需要滤波的信号
输出	Out	REAL	处理后的信号

2．AS 编程

（1）变量定义

```
VAR
    MovingAverage : MTFilterMovingAverage := (0); (*function block MTFilterMovingAverage*)
    Input : REAL := 0.0;                              (*input signal*)
    Output : REAL := 0.0;                             (*output signal*)
    t : REAL := 0.0;
    RTinfo : RTInfo := (0);
    cycT : REAL := 0.0; (*task cycle*)
END_VAR
```

（2）初始化程序

```
#include <bur/plctypes.h>
#ifdef _DEFAULT_INCLUDES
#include <AsDefault.h>
#endif

#include <bur/plctypes.h>
#ifdef _DEFAULT_INCLUDES
#include <AsDefault.h>
#endif

void _INIT ProgramMovingAverage_INIT(void)
{
    MovingAverage.WindowLength= 500; /* moving window length */
    MovingAverage.Enable= 1;          /* enable function block */

    /* chosen cycle time:    */
    RTinfo.enable = 1;
    RTInfo(&RTinfo);
    cycT=RTinfo.cycle_time/1000000.0;
}
```

（3）循环程序

```
#include <bur/plctypes.h>
#ifdef _DEFAULT_INCLUDES
#include <AsDefault.h>
#endif

#include "math.h"
#define PI 3.14159265

void _CYCLIC ProgramMovingAverage_CYCLIC(void)
```

```
{
    t += cycT;
    Input = sin(1*2*PI*t);

    MovingAverage.In= Input;

    /* call function block */
    MTFilterMovingAverage(&MovingAverage);

    Output= MovingAverage.Out;
}
```

3. 测试结果分析

滑动均值滤波器对正弦输入信号的滤波作用如图 5-25 所示，滑动均值滤波将输入信号的幅值变得平缓，输出信号相对输入信号会有相位滞后。

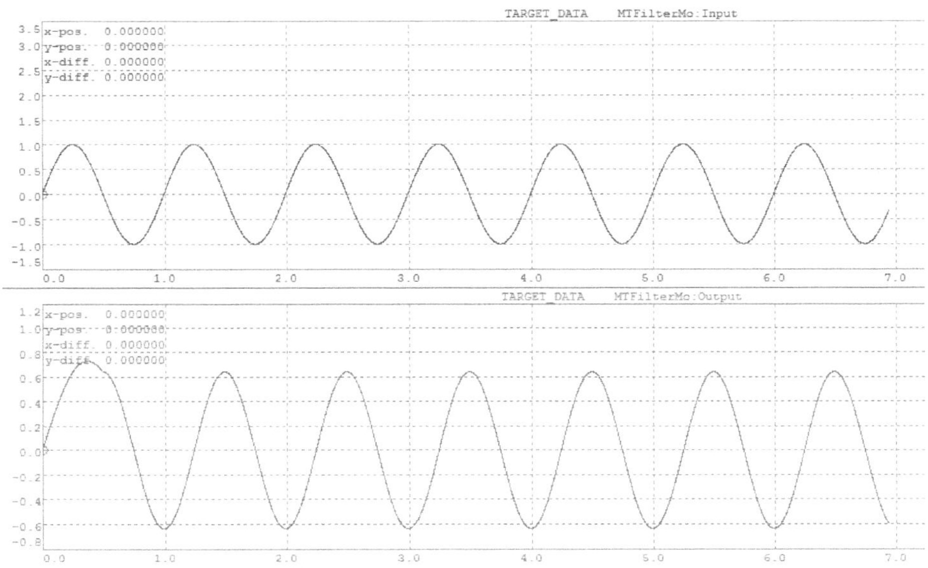

图 5-25　MTFilterMovingAverage 运行结果变量 Trace

5.5 MTProfile——位置生成库

MTProfile 是位置生成库，用于生成运动曲线，其中包括 MTProfileFunctionGenerator 和 MTProfilePositionGenerator 两个功能块。

5.5.1 MTProfileFunctionGenerator

该功能块根据输入的样本点，进行零阶或者一阶插值，然后产生一个周期信号。该功能块需要配置的参数是样本的值、样本数量以及插值模式。

1. 功能块及接口说明

MTProfileFunctionGenerator 功能块的输入输出接口如图 5-26 和表 5-12 所示。

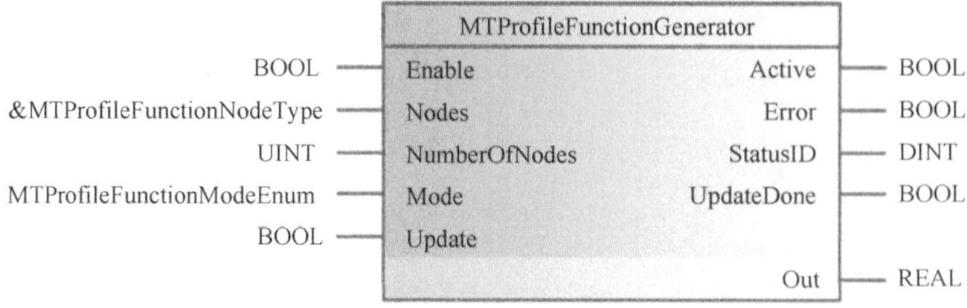

图 5-26　MTProfileFunctionGenerator 功能块

表 5-12　MTProfileFunctionGenerator 功能块接口

输入/输出	接口名称	接口数据类型	注释
输入	Nodes	STRUCT	样本的纵坐标
输入	NumberOfNodes	UINT	样本数量
输入	Mode	ENUM	插值模式
输出	Out	REAL	生成的周期函数

2. AS 编程

（1）变量定义

```
VAR
    Nodes : ARRAY[0..4] OF MTProfileFunctionNodeType := [5(0)]; (* nodes *)
    Out : REAL := 0.0; (* periodic time signal *)
    FcnGenerator : MTProfileFunctionGenerator := (0); (* function block MTProfileFunctionGenerator() *)
END_VAR
```

（2）初始化程序

```
#include<bur/plctypes.h>/* IEC data types */
#ifdef _DEFAULT_INCLUDES
#include<AsDefault.h>
#endif

#include<bur/plctypes.h>
#ifdef _DEFAULT_INCLUDES
#include<AsDefault.h>
#endif

void _INIT MTProfileFunctionGeneratorINIT(void)
{
    /* chosen cycle time: 10ms */
    /* definition of f(t) */
    Nodes[0].TimeValue=  0.0;   Nodes[0].FcnValue= 0.0; /* trapezoid incl. gap of 1.5 seconds */
    Nodes[1].TimeValue=  2.5;   Nodes[1].FcnValue= 5.0;
    Nodes[2].TimeValue=  6.5;   Nodes[2].FcnValue= 2.0;
    Nodes[3].TimeValue=  9.0;   Nodes[3].FcnValue= 8.0;
    Nodes[4].TimeValue= 10.5;   Nodes[4].FcnValue= 2.0;

    FcnGenerator.Enable= 1; /* enable function block */
```

```
        FcnGenerator.Nodes= Nodes; /* address of 1st element */
        FcnGenerator.NumberOfNodes= 5; /* number of defining nodes */
        FcnGenerator.Mode= mtPROFILE_FIRST_ORDER_HOLD; /* linear interpolation */ //mtPROFILE_
FIRST_ORDER_HOLD
    }/* end MTProfileFunctionGeneratorINIT(void) */
```

（3）循环程序

```
#include<bur/plctypes.h>
#ifdef _DEFAULT_INCLUDES
#include<AsDefault.h>
#endif

void _CYCLIC MTProfileFunctionGeneratorCYCLIC(void)
{
    /* call function block */
    MTProfileFunctionGenerator(&FcnGenerator);
    Out= FcnGenerator.Out; /* periodic time signal */
} /* end MTProfileFunctionGeneratorCYCLIC(void) */
```

3．测试结果分析

图 5-27 给出了 MTProfileFunctionGenerator 功能块的测试运行结果，其中输入样本点的数量为 5，样本点数值分别是[0,0]、[2.5,5]、[6.5,2]、[9,8]和[10.5,2]，零阶插值模式和一阶插值模式的结果分别如图 5-27a 和图-27b 所示。

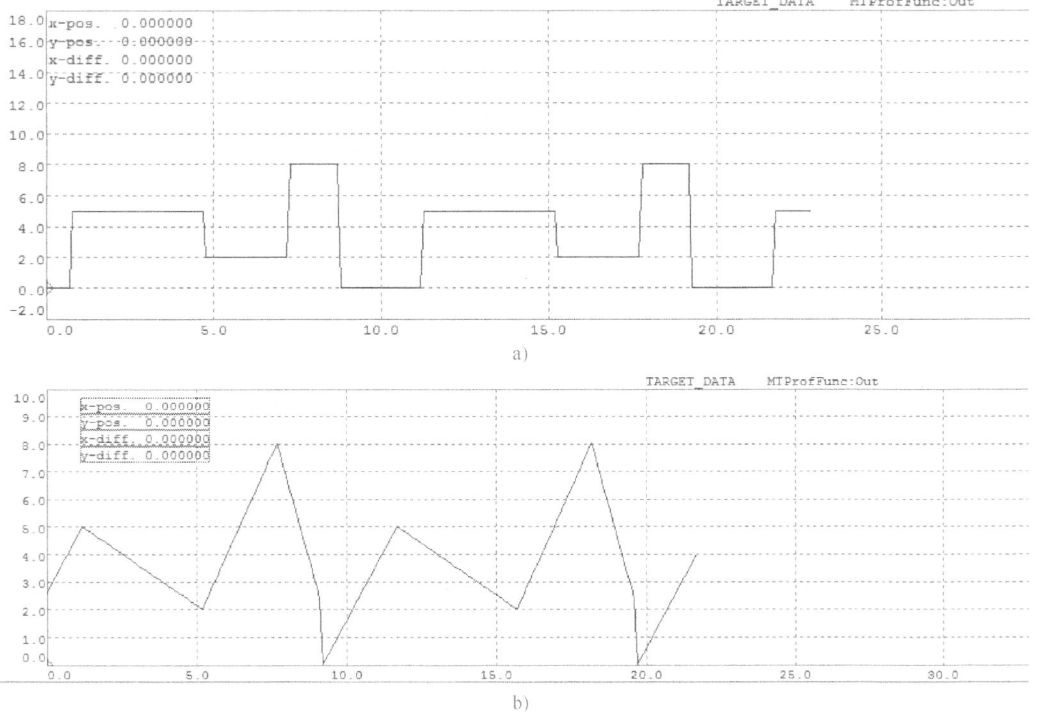

图 5-27　MTProfileFunctionGenerator 测试结果

a) 零阶插值模式　b) 一阶插值模式

5.5.2 MTProfilePositionGenerator

该功能块为轨迹规划功能块，根据输入的轨迹运动参数，规划出位移、速度和加速度曲线。该功能块需要配置的参数是速度、加速度最大值等，在该功能块的 Parameter 结构体中具体描述。

1. 功能块及接口说明

MTProfilePositionGenerator 功能块的输入输出接口如图 5-28 和表 5-13 所示。

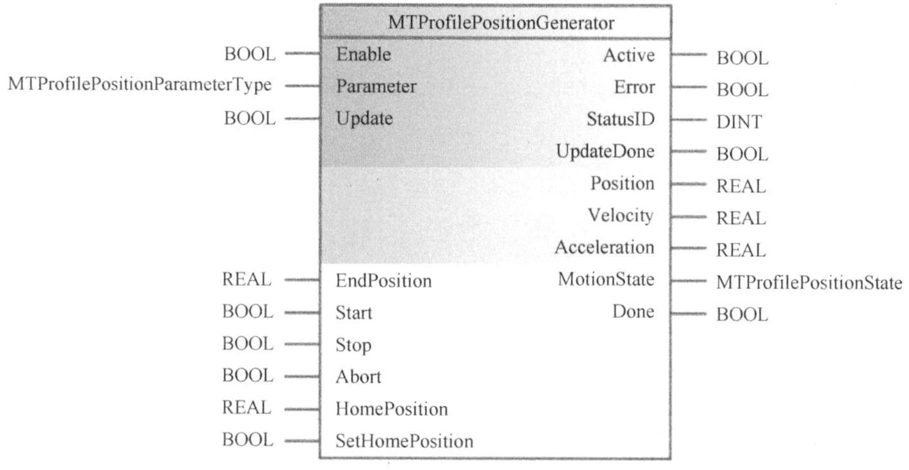

图 5-28 MTProfileFunctionGenerator 功能块

表 5-13 MTProfileFunctionGenerator 功能块接口

输入/输出	接口名称	接口数据类型	注释
输入	Parameter	STRUCT	轨迹规划参数
输出	Position	REAL	规划的位移轨迹
输出	Velocity	REAL	规划的速度轨迹
输出	Acceleration	REAL	规划的加速度轨迹
输出	MotionState	ENUM	轨迹所处的阶段

2. AS 编程

（1）变量定义

```
VAR
    MovementDirection : SINT := 0; (* movement direction *)
    EndPosition1 : REAL := 0.0; (* end position 1 [Units] *)
    EndPosition2 : REAL := 0.0; (* end position 2 [Units] *)
    SetPosition : REAL := 0.0; (* set position [Units] *)
    SetVelocity : REAL := 0.0; (* set speed [Units/s] *)
    SetAcceleration : REAL := 0.0; (* set acceleration [Units/s2] *)
    PositionGenerator : MTProfilePositionGenerator := (0); (*function block MTProfilePositionGenerator() *)
END_VAR
```

（2）初始化程序

```
#include<bur/plctypes.h>/* IEC data types */
#ifdef _DEFAULT_INCLUDES
#include<AsDefault.h>
#endif

void _INIT MTProfilePositionGeneratorINIT(void)
{
    /* chosen cycle time: 10ms */

    EndPosition1= 40.0; /* end position 1 of movement [Units] */
    EndPosition2= 120.0; /* end position 2 of movement [Units] */
    MovementDirection= 0; /* undefined */
    PositionGenerator.Enable= 1; /* enable function block */
    PositionGenerator.Parameter.VelocityPosDirection= 10.0; /* maximum speed-positive movement direction [Units/s] */
    PositionGenerator.Parameter.VelocityNegDirection= 7.5; /* maximum speed-negative movement direction [Units/s] */
    PositionGenerator.Parameter.AccelerationPosDirection= 20.0; /* maximum acceleration-positive movement direction [Units/s²] */
    PositionGenerator.Parameter.DecelerationPosDirection= 10.0; /* maximum deceleration-positive movement direction [Units/s²] */
    PositionGenerator.Parameter.AccelerationNegDirection= 30.0; /* maximum acceleration-negative movement direction [Units/s²] */
    PositionGenerator.Parameter.DecelerationNegDirection= 5.0; /* maximum deceleration-negative movement direction [Units/s²] */
    PositionGenerator.Parameter.JoltTime= 0.0; /* jolt time [s] */

    /* init homing */
    PositionGenerator.Abort= 1; /* stop everything */
    PositionGenerator.HomePosition= 0.0; /* homing position [Units] */
    PositionGenerator.SetHomePosition= 1;
}
```

（3）循环程序

```
#include<bur/plctypes.h>/* IEC data types */
#ifdef _DEFAULT_INCLUDES
#include<AsDefault.h>
#endif

void _CYCLIC MTProfilePositionGeneratorCYCLIC(void)
{
    if(MovementDirection == -1) /* negative movement-end position: EndPosition1 */
    {
            PositionGenerator.Start= 1;
            PositionGenerator.EndPosition= EndPosition1;
            MovementDirection= 0;
    }
    else if(MovementDirection == +1) /* positive movement-end position: EndPosition2 */
    {
```

```
            PositionGenerator.Start= 1;
            PositionGenerator.EndPosition= EndPosition2;
            MovementDirection= 0;
    } /* end if(MovementDirection == -1) */

    /* call function block */
    MTProfilePositionGenerator(&PositionGenerator);

    SetPosition=PositionGenerator.Position; /* set position [Units] */
    SetVelocity=PositionGenerator.Velocity; /* set speed [Units/s] */
    SetAcceleration=PositionGenerator.Acceleration; /* set acceleration [Units/s²] */

    PositionGenerator.Update= 0;/* reset triggers */
    PositionGenerator.Start= 0;
    PositionGenerator.Stop= 0;
    PositionGenerator.Abort= 0;
    PositionGenerator.SetHomePosition= 0;
} /* end _CYCLIC void MTProfilePositionGeneratorCYCLIC(void) */
```

3．测试结果分析

图 5-29 所示为 MTProfilePositionGenerator 功能块的运行测试结果。从 0 运动到 120，然后再运动回 40。两组运动参数中，速度、加速度都相同，一组带有 Jolt 时间，另外一组不带 Jolt 时间。

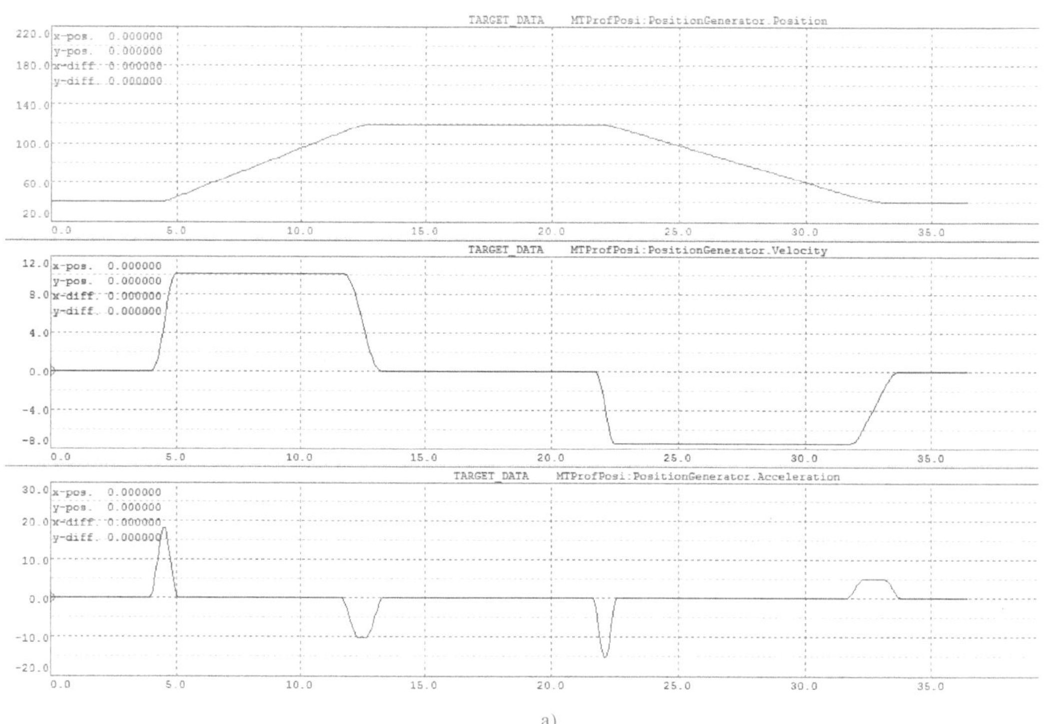

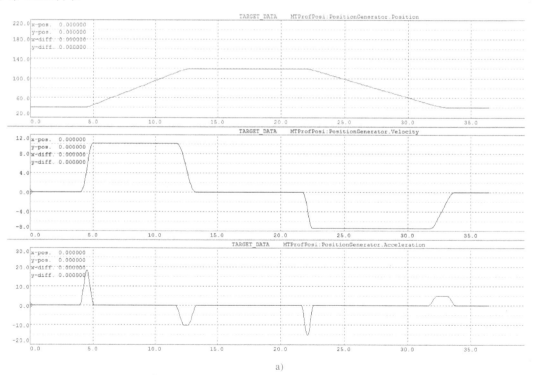

a)

图 5-29　MTProfilePositionGenerator 测试结果

a) 运动带有 Jolt 时间

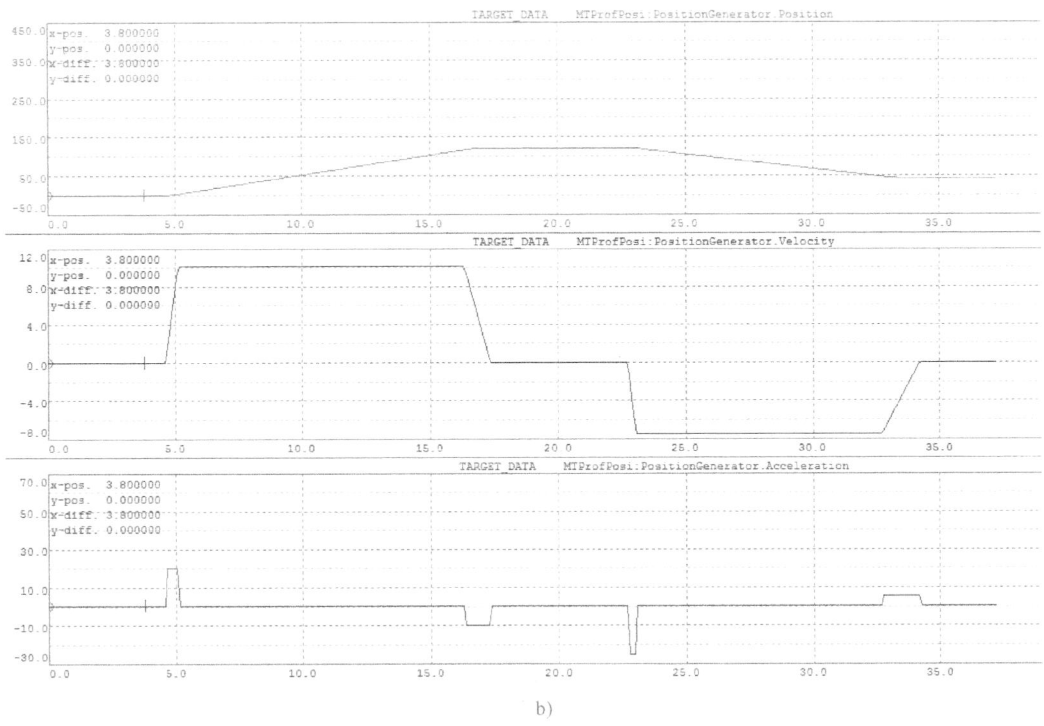

b)

图 5-29 MTProfilePositionGenerator 测试结果（续）

b) 运动不带 Jolt 时间

5.6 基础控制例程

AS 中自带的解决方案（Technology Solution）例程“带振荡整定的 PID 控制（PID Control With Oscillation Tuning）”展示了如何确定 PID 控制器控制参数的简单方法，适用于具有近似的 PTn-Tt 特性（如 PT1-Tt、PT2、PT2-Tt、PT3 等）的对象系统。在本例程中，演示了如何配置斜坡、低通滤波器、PID 控制器，进行自动整定和统计分析，模拟不同的场景，并观察对闭环的影响。本例程的控制示意图如图 5-30 所示。

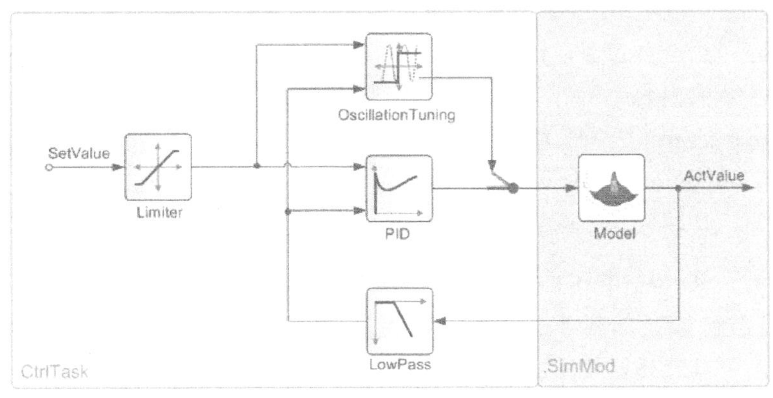

图 5-30 本例程的控制示意图

5.6.1 如何添加例程

PID Control With Oscillation Tuning 例程方案包含 3 部分内容：控制程序、画面程序、控制程序所需的 MT 库。通过添加 Technology Solution 的方式将该例程加入到当前项目，操作步骤如下。

1. 新建工程项目

建议新建使用真实控制器硬件的项目，具体过程详见 1.5.2 节，这里不再赘述。

2. 添加 PID Control With Oscillation Tuning 例程方案

在 Logical View 中添加 Technology Solution，并选择 PID Control With Oscillation Tuning 选项，操作步骤如图 5-31 所示。

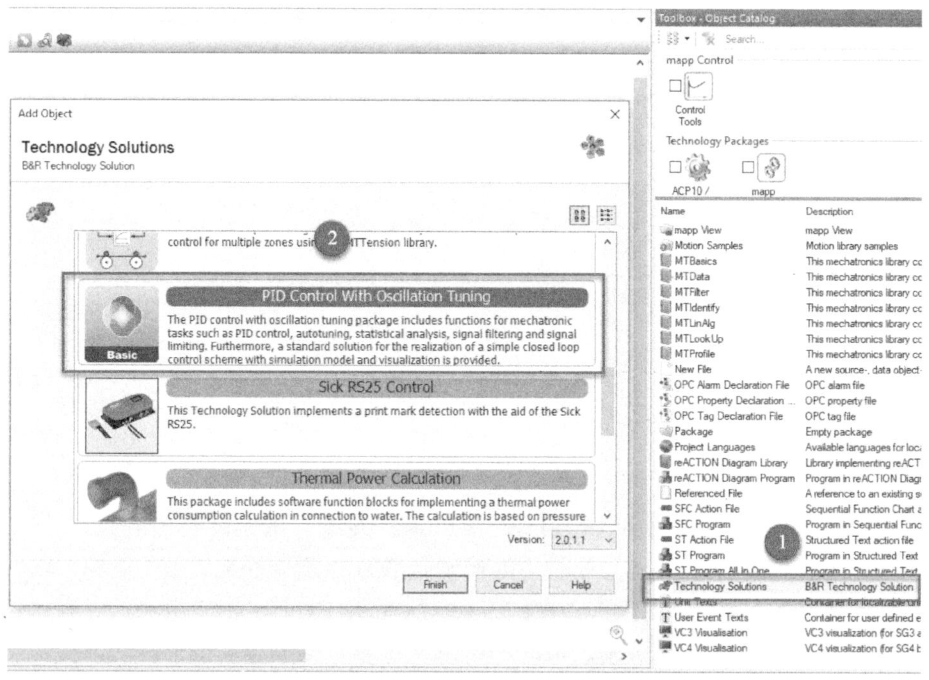

图 5-31　添加 PID control with oscillation tuning

系统会提示是否合并对象，选择“Yes to All”选项按钮。完成后可见 Logical View 中新增了图 5-32 所示的内容：①可视化界面部分及其界面任务；②控制相关任务；③所需要的库，主要是 mapp control 中 MT 相关的库。

此外，在 Configuration View 中可以看到新增了一个 PIDControl_sim 的配置，如图 5-33 所示。之后测试工作将在这个配置上进行，所以需将其激活。

3. 检查 AR、mapp control 库和 VC4 的版本

建议使用当前最新的版本，参考 3.2.4 节的方法。通过 Project→Change Runtime Versions 选项，可以选择要使用的 Automation Runtime（AR）、mapp control 库和 VC4 的版本。

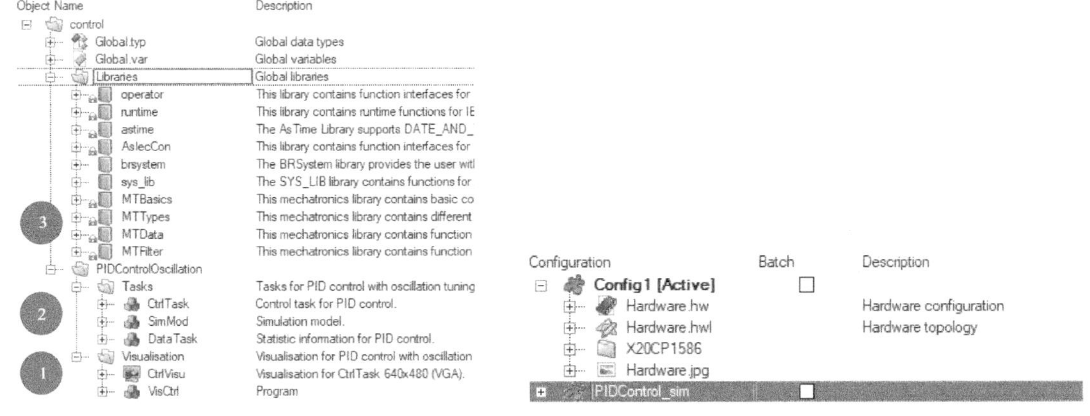

图 5-32 添加之后的 Logical View 视图　　图 5-33 添加之后的 Configuration View 视图

4. 在线连接和编译下载

在第 2 步中激活 PIDControl_sim 配置后，在“在线连接”选项中选择 ARsim 连接，即可连接 ARsim 仿真器。此时单击 Transfer 按钮，即可编译并下载例程程序进入 ARsim 仿真器。然后，打开 VNC 客户端，连接 127.0.0.1:5900，输入密码 c，就可以看到图 5-34 所示的例程组态画面。

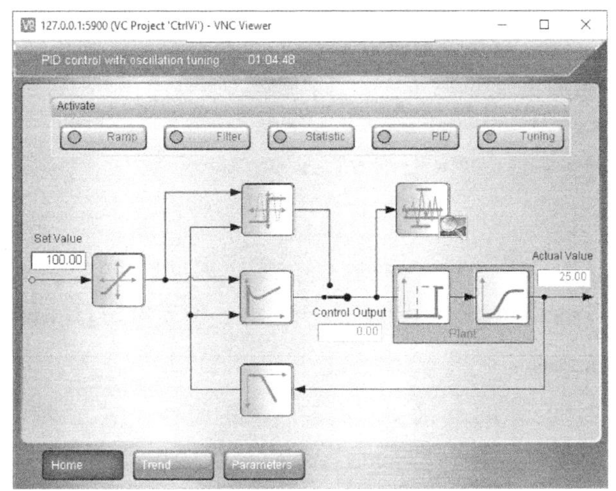

图 5-34 PID Control With Oscillation Tuning 例程主画面

5.6.2 例程程序说明

该 PID 例程的基本方案设计的 Tasks 中共包含 3 个程序：控制程序（CtrlTask）、仿真对象（SimMod）和数值统计（DataTask）。此外，在 Visualization 中除了画面组态 CtrlVisu 以外，还包含了一个画面显示程序（VisCtrl）。

1. 控制程序 CtrlTask

此任务包含可用于合适的受控系统的单闭环控制结构，各部分功能及实现如图 5-35 所示，具体如下。

1）PID：PID 控制功能，基于 MTBasicsPID 实现了易于配置的 PID 控制器。

2）Limiter（Ramp）：设定值斜坡功能，基于 MTBasicsLimiter 实现了限制设定值变化的斜率。

3）Oscillation Tuning：振荡整定功能，基于 MTBasicsOscillationTuning，通过振荡自整定确定 PID 控制器的控制参数。

4）LowPass：滤波功能，基于 MTFilterLowPass 实现抑制测量噪声的低通滤波器。

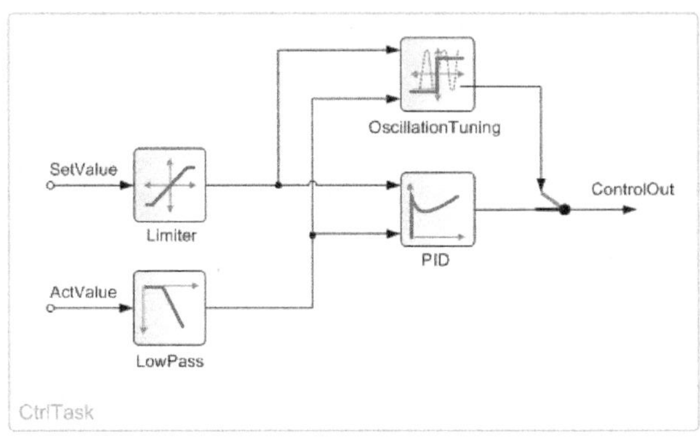

图 5-35　PID Control With Oscillation Tuning 例程所含程序

2．仿真对象 SimMod

此任务实现了具有 PT2-Tt 特性和死区时间的受控系统，如图 5-36 所示。该系统可由式 5-11 所示的传递函数和式 5-12 所示的输入输出关系来表达。

$$G(x) = \frac{K}{(1+T_1 s)(1+T_2 s)} e^{-sT_D} \tag{5-11}$$

$$y = G(s)u + x_{off} \tag{5-12}$$

式中，K 为增益系数，T_1 为第一时间常数，T_2 为第二时间常数，T_D 为死区时间，x_{off} 为偏移量，TimeDelay 为 MTBasicTimeDelay 中的时间延迟，PT2 为 MTBasicPT2 中的二阶延迟。

3．数值统计 DataTask

此任务使用 MTDataStatistics 来实现受控变量的统计评估，包括平均值、均方根、方差、标准差和最大最小值，如图 5-37 所示。

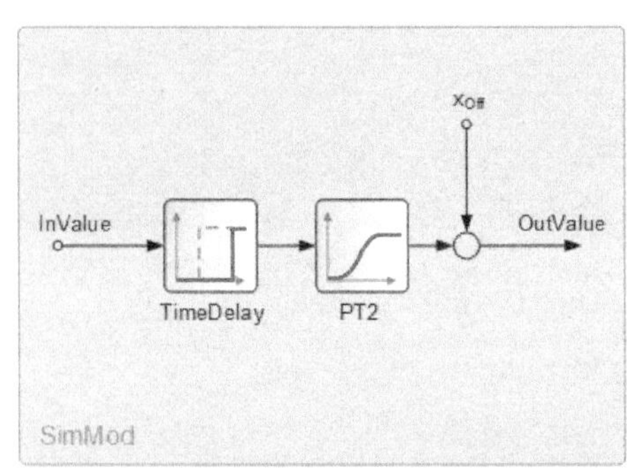

图 5-36　PID Control With Oscillation Tuning 例程的受控系统

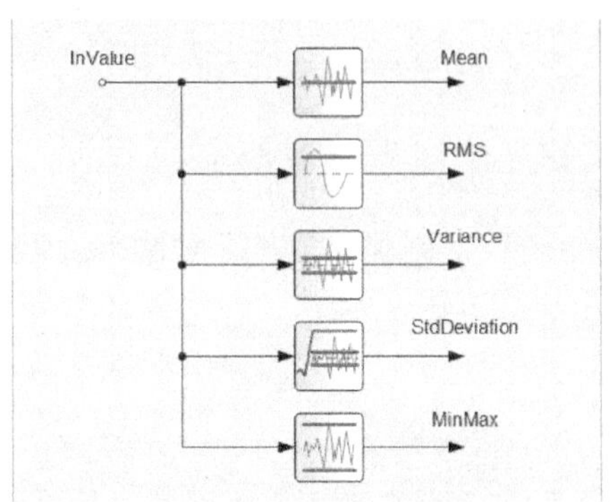

图 5-37　PID Control With Oscillation Tuning 例程的数理统计功能

5.6.3　例程画面和操作

PID Control With Oscillation Tuning 例程画面共有 4 个，分别是主页面、数值统计页面、趋势曲线页面和参数设置页面，如图 5-38 所示。在图 5-38a 所示的主页面中，单击“统计页”按钮可进入图 5-38b 所示的数值统计页面，单击“Trend”按钮可进入图 5-38c 所示的趋势曲线页面，单击“Parameters”按钮可进入图 5-38d 所示的参数设置页面。

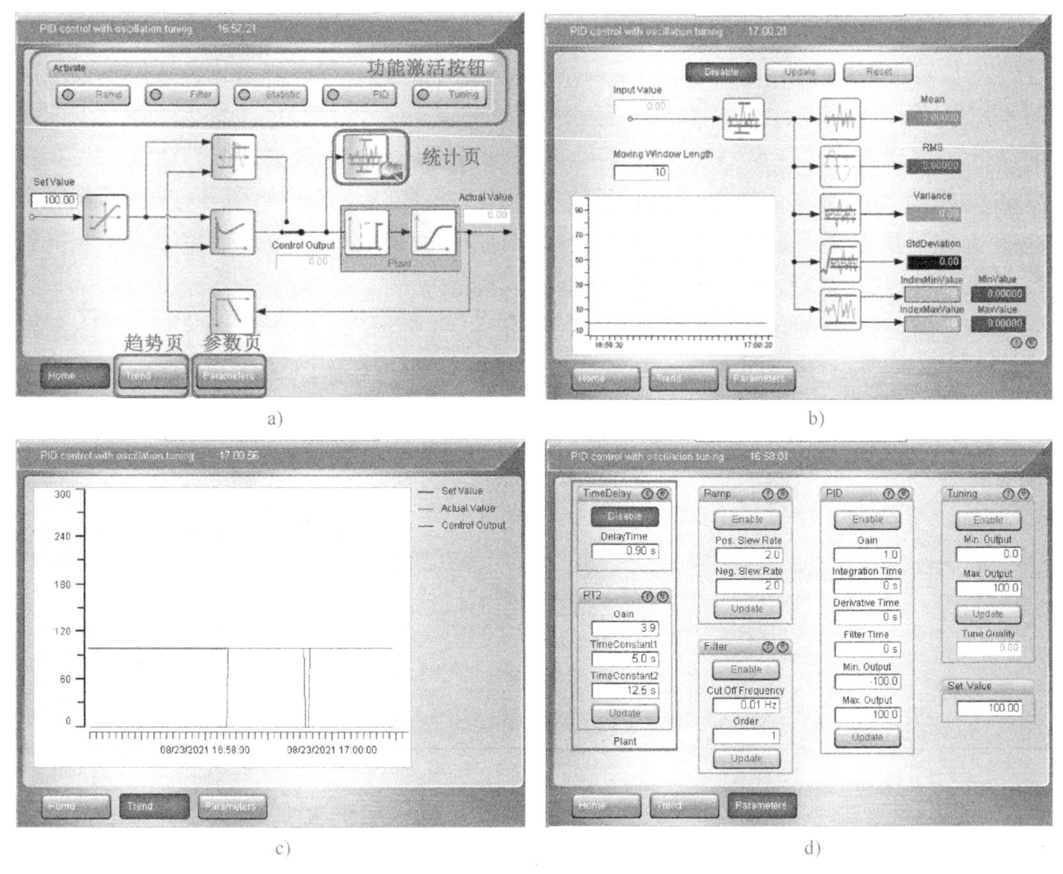

a)　b)　c)　d)

图 5-38　PID Control With Oscillation Tuning 例程的 4 个画面

a) 主页面　b) 数值统计页面　c) 趋势曲线页面　d) 参数设置页面

实际操作时，可在图 5-38a 所示的主页面中，分别或者同时按下“Ramp”“Filer”“Statistic”“PID”和“Tuning”按钮，即可激活对应的设定值斜坡、低通滤波、数值统计、PID 控制和振荡整定功能。并且可以在参数页面调节各功能的参数，并单击“Update”按钮后生效，然后激活该功能（有两种激活方式，可以通过主页面的 5 个功能激活按钮，或参数页面的“Enable”按钮）。之后可以通过趋势曲线页面看到实时的设定值、实际值和控制器输出曲线，以便了解参数对控制效果产生的影响。

下面分别介绍各功能及所用到的主要参数。

1．PID

该功能底层是由 MTBasics 库中的 MTBasicsPID 功能块来实现的，其作用是使用 PID 的方法控制被控量，使被控量的实际值达到设定值。PID 的控制效果主要取决于 PID 的 3 个参数：比例系数、积分时间和微分时间。由于微分对噪声非常敏感，所以通常信号微分前需要进行滤波，滤波参数可以先取微分时间的 1/10。这些参数在参数页面中设置（如图 5-38d 所示页面的 PID 部分），参数改变后，单击“Update”按钮后生效。

参数修改之后，可以通过趋势曲线页面查看 PID 效果图，如图 5-38c 所示。

2．Tuning（PID 参数整定）

PID 参数决定了 PID 的控制效果，因此 PID 控制器的使用中，设置合适的参数是最重要的。使用 Tuning 功能可以帮助用户自动找到一组比较合适的参数，是实际项目中非常实用的功能。该功能底层是由 MTBasics 库中的 MTBasicsOscillationTuning 功能块来实现。Tuning 时只需要设置两个参数：控制器输出的最大值和最小值，如图 5-38d 所示页面的 Tuning 部分。参数改变后，需要单击“Update”按钮后生效。当 Tuning 完成后，获得的参数会自动写入 PID 的参数中，并且会转到 PID 功能运行。

Tuning 的过程和最终的 PID 控制效果图如图 5-39 所示。

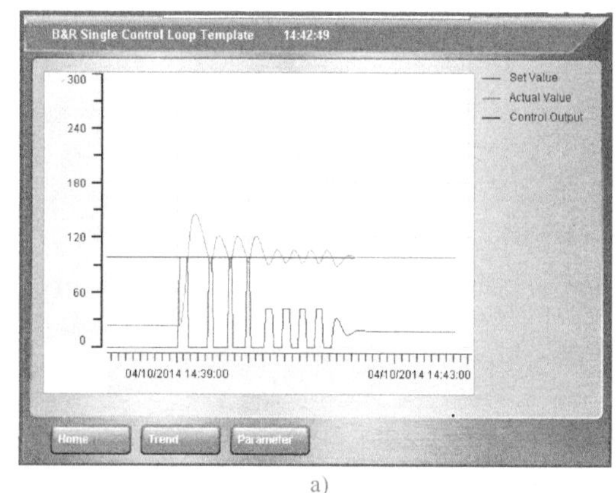

a)

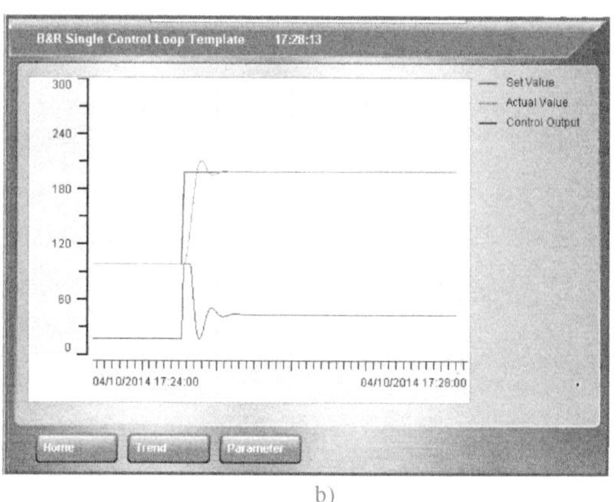

b)

图 5-39 Tuning 的过程和最终的 PID 控制效果图

a) Tuning 过程 b) 最终的 PID 控制效果图

3．Ramp 设定值斜坡处理

这个功能主要是用于对设定值跳变进行处理。设定值跳变时会产生一个阶跃作用，容易使 PID 的调节结果产生超调。加入 Ramp 后，设定值跳变时经 Ramp 处理就会产生一个斜坡过程，减小超调。该 Ramp 功能底层由 MTBasics 库中的 MTBasicsLimiter 功能块来实现，其主要参数就是斜坡的斜率，斜率越小、超调越小，但上升时间也越长。可以在图 5-38d 所示页面的 Ramp 部分设置参数，参数改变后，需要单击“Update”按钮后生效。

Ramp+PID 的联合控制效果图如图 5-40 所示，相比图 5-39b 所示的控制效果，Ramp 的加入使得超调更小，但上升时间也变长。

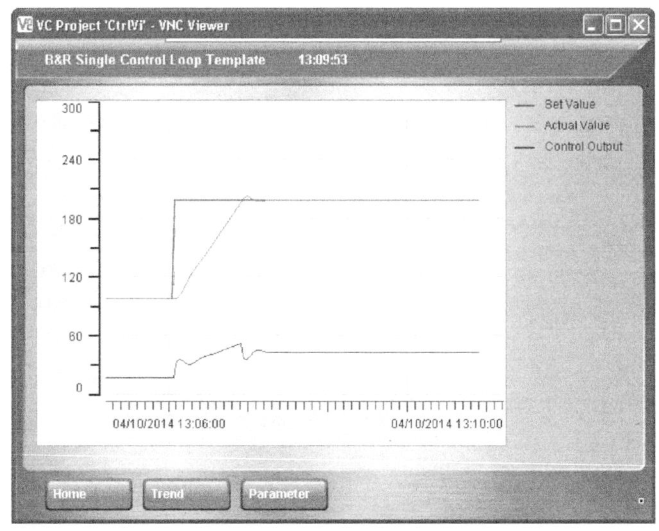

图 5-40　Ramp+PID 的联合控制效果图

4．Filter（信号滤波）

本例程中使用的是低通滤波，常用于滤除信号中的噪声。实际值经传感器采样后，通常会含有噪声，使用滤波功能可以尽量消除噪声的影响。低通滤波参数有截止频率和滤波阶数两个，图 5-38d 所示页面的 Filter 部分，截止频率取决于噪声的频率范围，可以通过 AS 中的 Trace 功能测得。滤波阶数通常取 1 或 2 即可。参数改变后，需要单击“Update”按钮后生效。由于例子中的被控对象是模拟对象，不存在传感器等硬件采样过程，所以也不存在噪声现象，可以在后续通过手动添加高斯白噪声的方式，来模拟测试 Filter 的功能。

该 Filter 功能底层由 MTFilter 库中的 MTFilterLowPass 功能块实现。

5.7　温度控制例程

AS 中自带的解决方案（Technology Solution）例程“多温区温度控制”（Multi-Zone Temperature Control）展示了如何使用 MTTemp 库实现挤出机温度控制的方案。其中包含了用于温度控制的调参、温度曲线规划等内容，并且可以对单个温区或多个温区进行控制。该方案以挤出机为控制对象，一共考虑了 4 个温区，如图 5-41 所示。

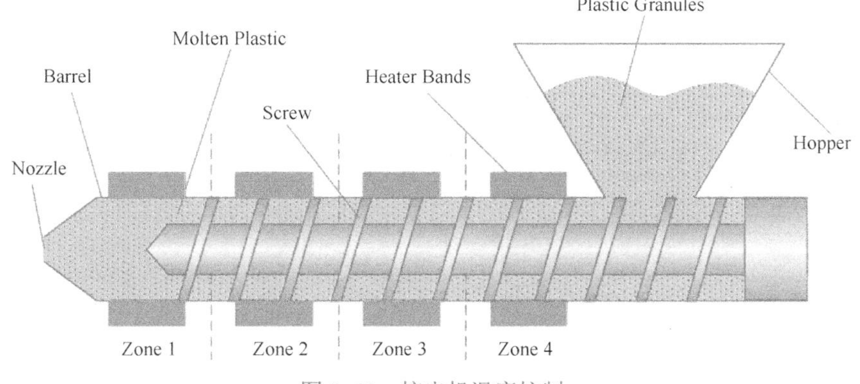

图 5-41　挤出机温度控制

5.7.1 添加例程方案

1. 新建工程项目

建议新建使用真实控制器硬件的项目，具体过程详见 1.5.2 节，这里不再赘述。

2. 添加 Multi Zone Temperature Control 例程方案

在 Logical View 中添加 Technology Solution，并选择 Multi Zone Temperature Control 选项，操作步骤如图 5-42 所示。

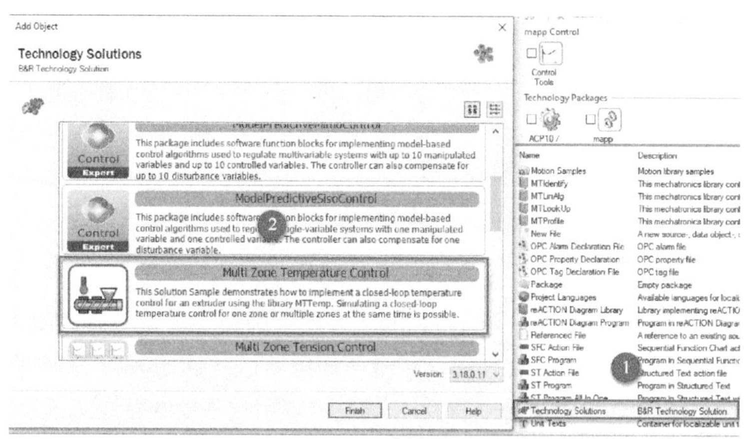

图 5-42 添加 PID Control With Oscillation Tuning

系统会提示是否合并对象，选择“Yes to All”按钮。完成后可见 Logical View 中新增了图 5-43 所示的内容：①可视化界面部分及其界面任务；②控制相关任务；③所需要的库，主要是 mapp control 中 MT 相关的库。

此外，在 Configuration View 中可以看到新增了一个 MZTC 的配置，如图 5-44 所示。之后的测试工作将在这个配置上进行，所以需将其激活。

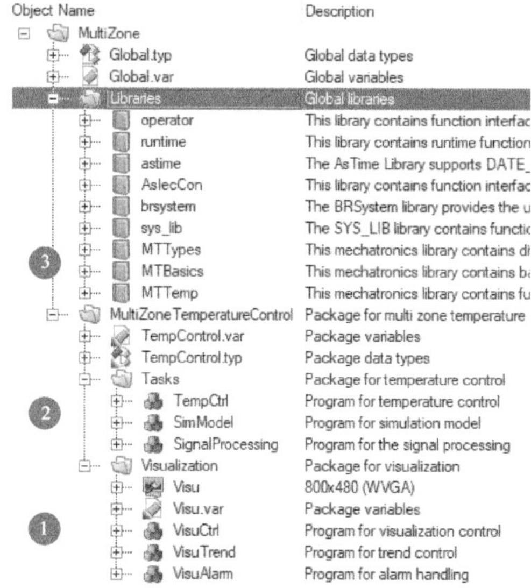

图 5-43 添加之后的 Logical View 视图

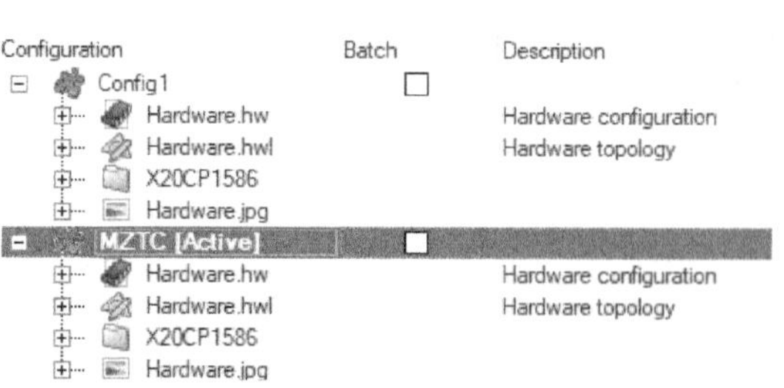

图 5-44 添加之后的 Configuration View 视图

3. 检查 AR、mapp control 库和 VC4 的版本

建议使用当前最新的版本，参考 3.2.4 节的方法，通过 Project→Change Runtime Versions 选项，可以选择要使用的 Automation Runtime、mapp control 库和 VC4 的版本。

4. 在线连接和编译下载

在第 2 步中激活 PIDControl_sim 配置后，在“在线连接”选项中选择 ARsim 连接，即可连接 ARsim 仿真器。此时单击“Transfer”按钮后，即可编译并下载例程程序进入 ARsim 仿真器。

注意，因 mapp Control 5.0 版本之后 MTBasicsPWMSchedule 的结构体成员命名的变化，在 SignalProcessing 任务中的 SignalProcessingCyclic.st 第 30 和第 31 行的代码要做图 5-45 所示的调整。

```
(* call function blocks *)
PWMScheduleHeat();

PWMScheduleCool();

(* write output parameters *)
HeatOut ACCESS PWMScheduleHeat.PulseWave;
CoolOut ACCESS PWMScheduleCool.PulseWave;

(* Heating: write the digital outputs *)
FOR i:= 0 TO gMAX_ZONE_INDEX DO
  IF PWMScheduleHeat.Active THEN
    doHeat[i]:= HeatOut[i];
  ELSE
```

原示例中的Out修改为PulseWave

图 5-45　代码调整

然后打开 VNC 客户端，连接 127.0.0.1:5900，输入密码 c，就可以看到图 5-46 所示的例程组态画面。

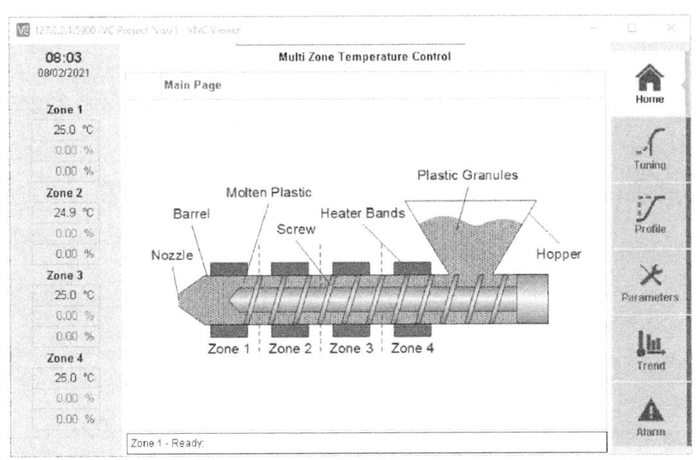

图 5-46　Multi Zone Temperature Control 例程主画面

5.7.2　例程程序说明

多温区温度控制解决方案例程程序 Tasks 中包含了 3 个程序，即温度控制程序（TempCtrl）、温度仿真模型程序（SimModel）和信号处理程序（SignalProcessing），另外在

Visualization 中还包含了与画面相关的数个画面控制程序。下面主要介绍控制相关的 3 个程序。

1．温度控制程序 TempCtrl

该任务处理挤出机多温区的闭环温度控制，包括参数整定、设定值生成和基于状态机的故障处理，如图 5-47 所示。

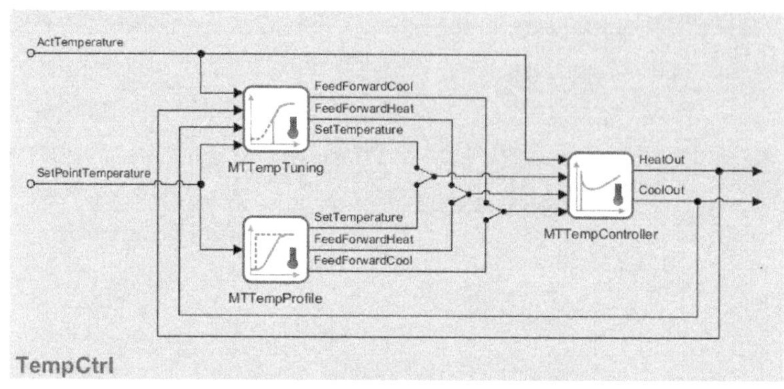

图 5-47　温度控制程序 TempCtrl

该任务主要包括以下 3 个功能块。

- MTTempController：主要提供针对温度控制系统优化过的闭环算法。
- MTTempProfile：主要提供设定值生成及前馈控制。
- MTTempTuning：主要提供参数自整定功能。

2．温度仿真模型程序 SimModel

此任务包括挤出机的温度仿真模型，如图 5-48 所示。该模型采用 MTTempSimulationModel 功能块来模拟 4 个带有加热和冷却系统的区域，这些系统表现出具有死区时间的二阶延迟环节的特征。

3．信号处理程序 SignalProcessing

此任务使用 MTBasicsPWMSchedule 功能块将模拟加热和冷却操作值转换为数字脉冲输出信号，如图 5-49 所示。脉冲输出信号通过 IoMap.iom 中的 I/O 映射连接到数字输出以控制实际系统。每个温区的测量温度值通过模拟输入读取，转换为 REAL 值并写入封装全局结构。

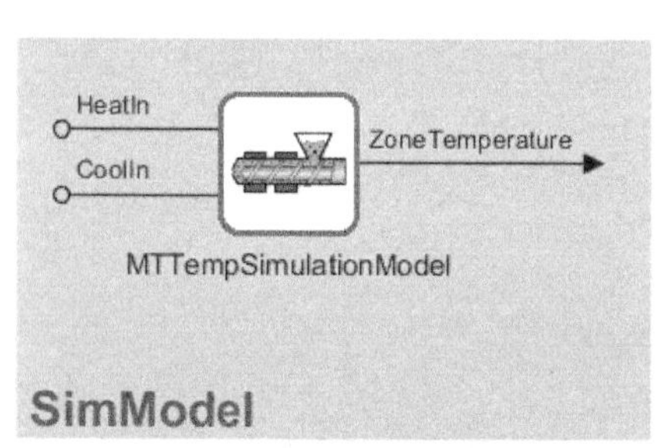

图 5-48　挤出机温度仿真模型 SimModel

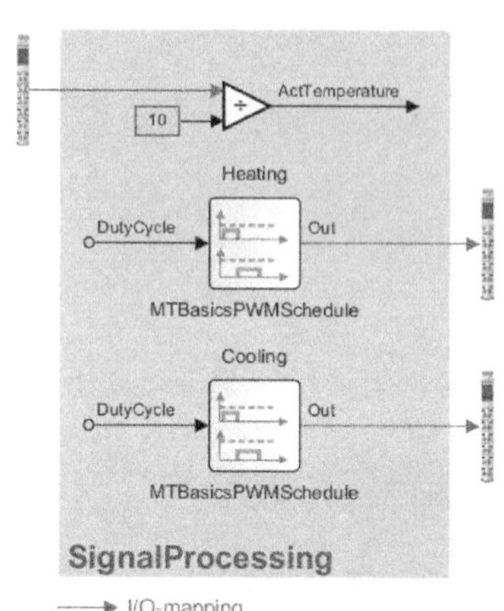

图 5-49　信号处理程序 SignalProcessing

5.7.3　例程画面和操作

该温度控制例程的主画面如图 5-46 所示，单击右侧“Tuning”按钮可切换至参数整定页面，如图 5-50 所示。参数整定包括单温区整定和多温区整定；整定模式包括升温整定、降温整定和升/降温整定；整定的结果包括 PID 参数、对象参数和轨迹参数等。整定完成后，“Tuning Done”会由黄色变为绿色。在最下面的状态栏，会提示当前的整定过程信息，例如“Zone1-Ready”。

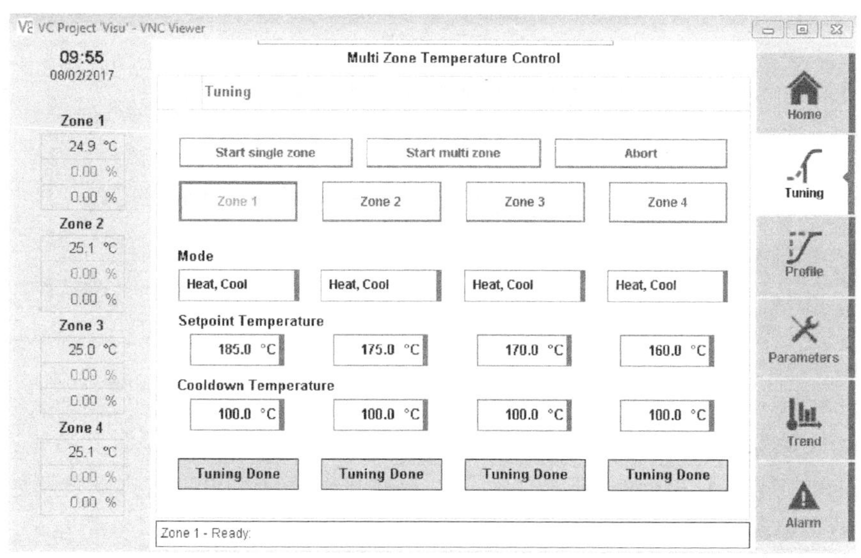

图 5-50　参数整定

参数整定由 MTTemp 库中的 MTTempTuning 功能块实现，功能块的接口如图 5-51 所示，具体使用详见例程代码。

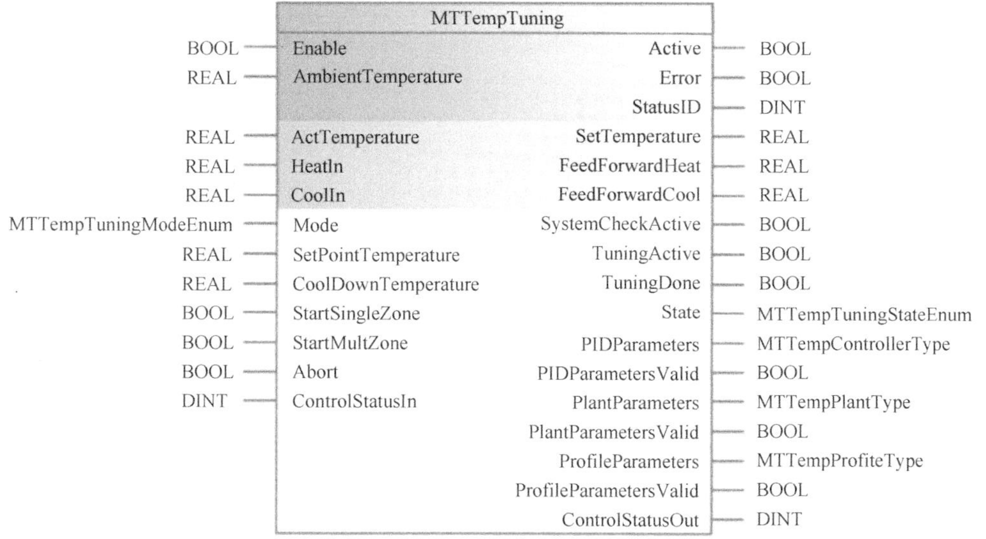

图 5-51　MTTempTuning 功能块

图 5-52 所示为温度轨迹画面，轨迹的作用就是给升温过程或者降温过程规划一条平滑轨迹，温度控制器可以根据轨迹计算出一个前馈控制量，并结合控制器本身的反馈控制，使得温度变化过程更加快速且准确。

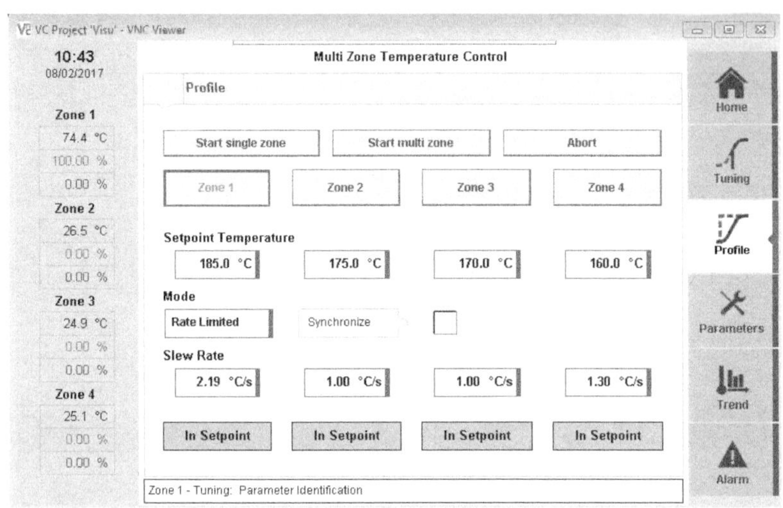

图 5-52 温度轨迹画面

在规划升/降温轨迹时，有两种轨迹规划的原则可供选择：其一是时间最优原则，即在最短的时间内实现升温或者降温的轨迹；其二是根据温升速率限制的约束来规划升/降温轨迹。在根据升/降温速率限制的模式下，轨迹规划还可以选择多温区同步的方式。这时，轨迹规划将选择升温速率最小的值作为轨迹规划的整体速率约束。轨迹完成后，“In SetPoint”会由黄色变为绿色。

轨迹的代码部分描述了如何根据设定条件生成温升轨迹，以及如何应用轨迹信息结合反馈值进行温度控制。由 MTTemp 库中的 MTTempProfile 功能块生成轨迹；由 MTTemp 库中的 MTTempController 完成温度控制。这两个功能块的接口如图 5-53 所示，具体使用详见例程代码。

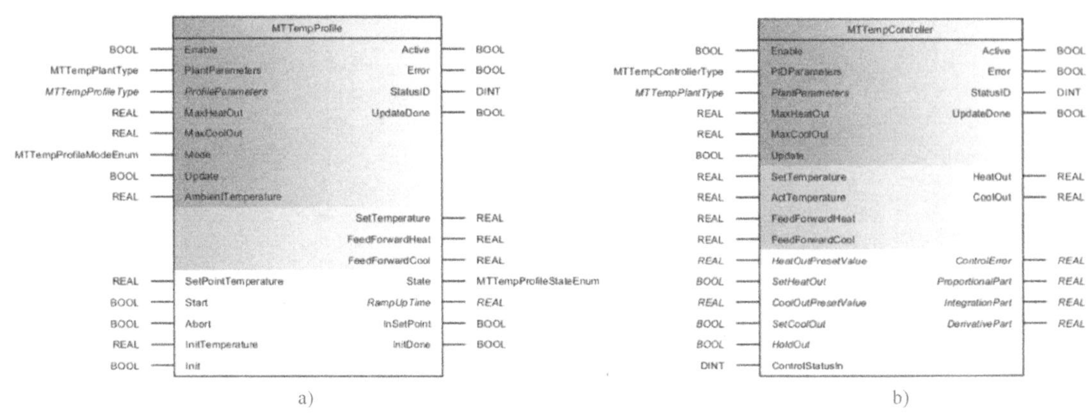

图 5-53 轨迹生成和温度控制功能块

a) MTTempProfile 功能块 b) MTTempController 功能块

整定后的参数包括控制器参数（PID 参数）、对象参数和轨迹参数，如图 5-54 所示。其中针对加热和冷却过程，各有一组参数。

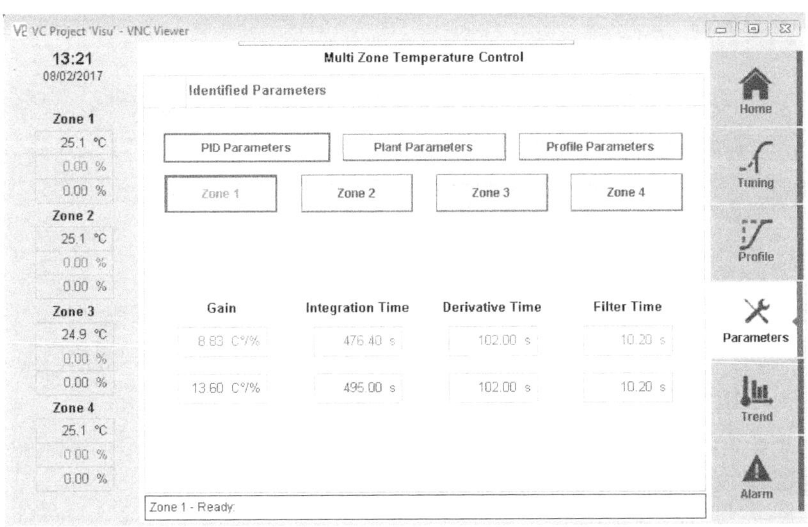

图 5-54　整定后的参数

图 5-55 所示为趋势图画面，其主要包含了一些对曲线的操作功能，包括横纵轴范围、放大缩小、开启/关闭某一温区、开启/关闭加热/冷却控制量等，方便用户通过曲线来获取需要的信息。

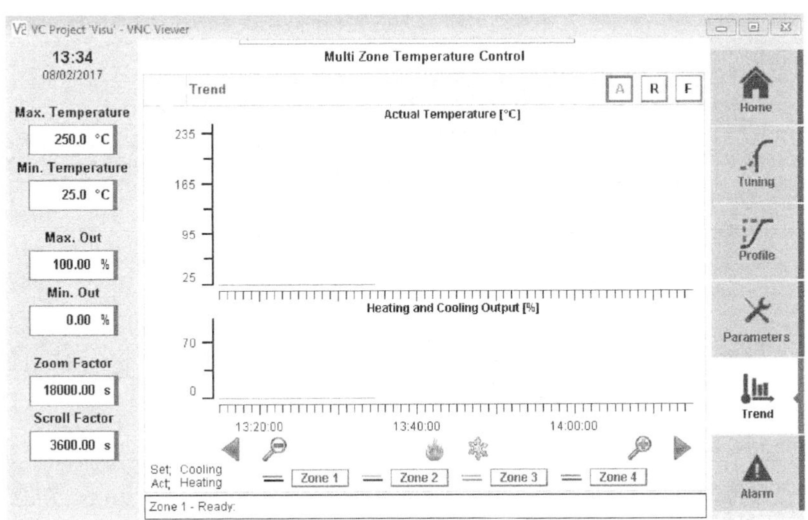

图 5-55　趋势图页面

5.8 数据存储

在目录“Programming→Libraries→Data access and storage”下包含了获取及存储数据的库。贝加莱系统中，将数据以数据模块的形式保存在内存卡内，以及将数据以文件的形式进行保存是比较常用的两种数据存储形式。本节将重点介绍第 2 种，即如何将数据储存为 CSV 格式文件。

5.8.1 CSV 文件格式介绍

CSV 文件是 **C**omma **S**eperated **V**alue 的缩写，即逗号分隔值文件。一般情况下可以使用 Excel 表格工具进行编辑和显示。除了逗号之外，也可以用其他符号充当分隔符。本节案例中均使用分号作为 CSV 文件的分隔符，如 VAR1;1023;……

5.8.2 CSV_File 库说明

使用 CSV_File 库可以简单地将一个结构体保存为 CSV 格式。将该文件放在设定的文件夹下，并可以读取，以后可以通过 U 盘或者 FTP 复制出来。其主要功能如下。

1）实现自动创建文件夹功能。

2）实现保存 CSV 文件功能。

3）实现读取 CSV 文件功能。

创建的 CSV 文件包含变量名称、变量数据类型以及变量的值。同时，该库支持创建的文件包含文件头，文件头可以包括设备名、备注、版本、创建日期和时间、数据大小等信息。

5.8.3 添加例程至项目中

第 1 步，在标准化功能块的扩展功能块→CSV 数据储存→例程下载中，可以找到该例程程序，单击“下载”按钮可保存到本地计算机中，如图 5-56 所示。

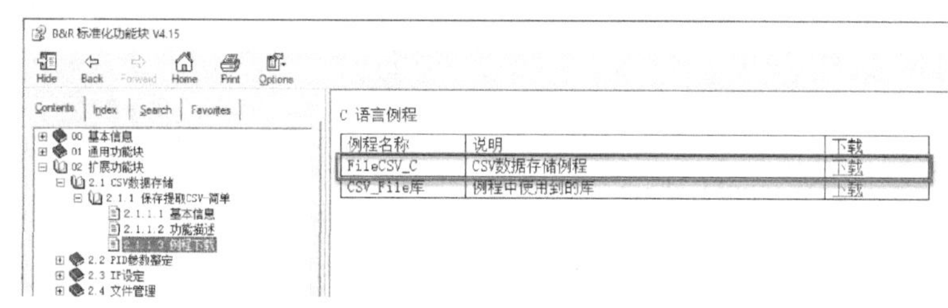

图 5-56 例程下载路径

第 2 步，解压后使用 AS 打开，过程中可能会提示版本升级，建议使用当前新版本的 AR 替代原先的老版本后进行编译下载。

第 3 步，由于该例程项目使用 ARsim 仿真器作为硬件配置，故 AR 更新完毕后，需要关闭项目并重新打开。此时会自动打开仿真器，在 Online→Setting 中能找到并连接 ARsim，如图 5-57 所示。

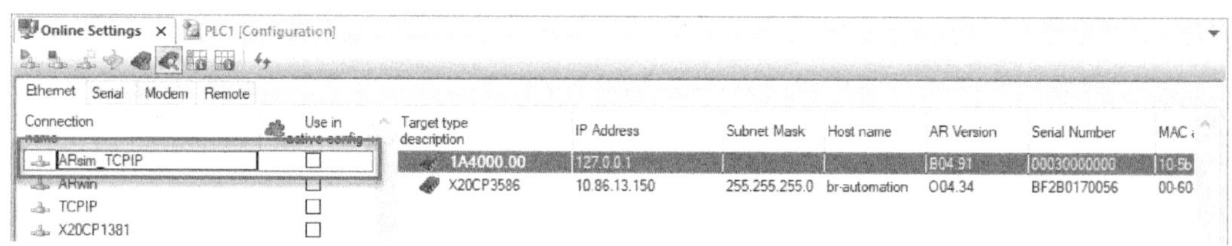

图 5-57 连接 ARsim

第 4 步，由于文件操作后保存的 CSV 文件会存放在本地目录中，因此需要指定目录名称和地址。在图 5-58 所示的 CPU 属性中，文件存放目录的名称和地址可以在“File devices”中进行添加，例如指定 Name = ParaCSV、Path = C:\ParaCSV。则在仿真器运行之后，会自动在计算机的 C 盘目录下新建一个 ParaCSV 目录，之后指定在 ParaCSV 下保存的文件将会存放于该目录。另外建立一个“File device2”的目录，指定 Name=HD、Path=C:\，之后指定在 HD 下保存的文件将会存放于该目录。如果希望在其他盘符下建立其他名称的文件夹来进行测试，则只需要更改 Path 路径即可。

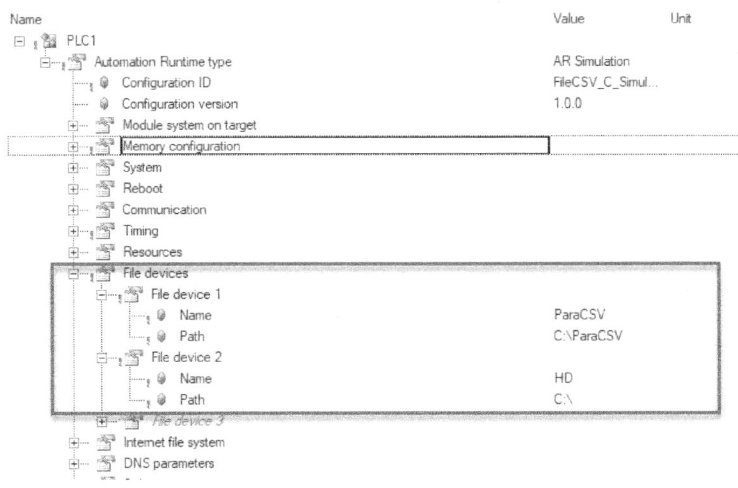

图 5-58　文件保存路径

第 5 步，编译并下载后，就能在 C:\ParaCSV 目录下找到自动生成的 Para.csv 文件，该文件内容如图 5-59 所示。

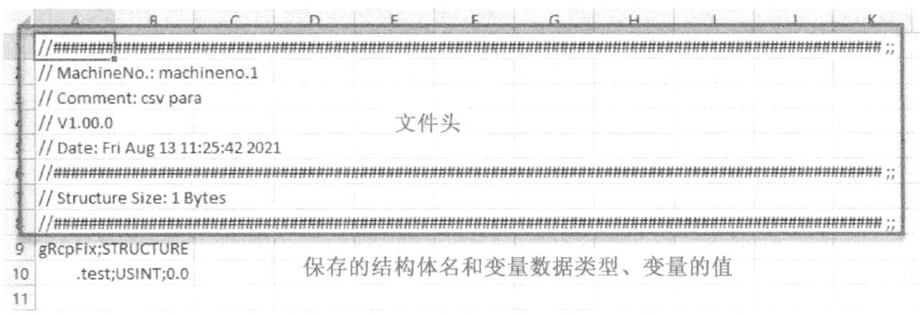

图 5-59　保存的 CSV 文件内容

第 6 章　运动控制

贝加莱的运动控制开发也是在集成的统一平台 AS 中完成的，无需额外的开发软件。贝加莱提供两种运动控制开发技术，即 ACP10 和 mappMotion。在同一项目中，这两种技术只能使用其中一种。

贝加莱的运动控制技术相比于竞争对手具有很强的技术优势和特色，本章将围绕运动控制展开论述，包括 ACP10、mappMotion、特色功能、与第三方电机互联，以及惯量和频响特性。

6.1 ACP10

ACP10 代表贝加莱传统运动控制技术，其实现原理如图 6-1 所示。其中，NC Operating system（即 NC 操作系统）运行在伺服驱动器中，其实现的功能包括位置设定值发生器（Set Value Generator）、实际位置估算（Actual Value Evaluation）、三环控制（Controller），以及控制逻辑（Control Logic）。其中设定值发生器为贝加莱伺服系统特色功能，市面大多数厂家的设定值发生器功能需要通过 PLC 或额外的运动控制器来完成。这样对 PLC 或运动控制器的计算能力要求会比较高（尤其当带轴数更多时），有限的计算资源会限制带轴数量。

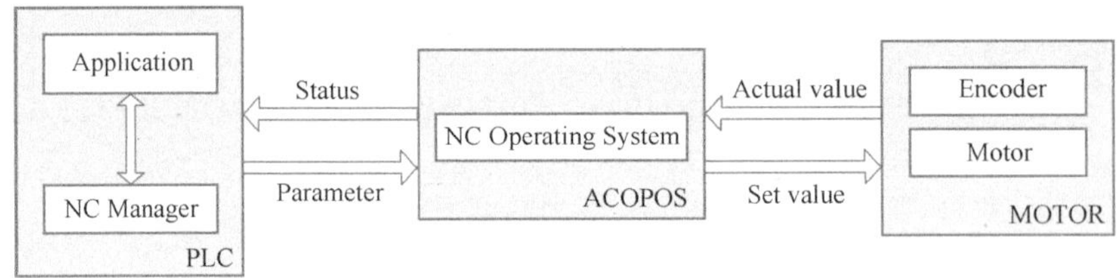

图 6-1　ACP10 实现原理

而 NC Manager（即 NC 管理器）运行在 PLC 中，它是连接应用程序和伺服驱动器的 NC 操作系统之间的桥梁。一方面将应用程序中的指令和参数发送给伺服驱动器，另一方面将伺服驱动器的运行数据和状态发送给应用任务。

6.1.1 PLCopen 库

ACP10 技术的编程可通过 PLCopen 库来实现。如 1.1.4 节所述，贝加莱目前是 PLCopen 组织的成员，贝加莱软件平台 AS 为运动控制系统编程提供完全符合 PLCopen 标准的功能块，使用标准功能块有助于快速简单地实现项目开发。

在 AS 及其帮助系统中，PLCopen 的运动控制库叫作 ACP10_MC，它包含标准的 PLCopen 功能块来驱动贝加莱的运动控制系统，如“走绝对位置”或者“寻参”这样的所有系统都能使用的基本功能块。这为用户在具体行业的标准应用提供了一个完全统一的软件接口。另外，ACP10_MC 库中还包含贝加莱特有的扩展功能块，如多伺服驱动器之间的同步功能，以及带有增强选项的基本定位功能，以便更好地支持贝加莱伺服驱动器的强大功能。

可以从功能块的名字来区分 ACP10_MC 库中的功能块是 PLCopen 标准的还是贝加莱特有的。PLCopen 标准功能块名字是以前缀“MC_”开头的，例如，MC_MoveAdditive、MC_ReadAxisError 等；而贝加莱特有功能块名字是以前缀“MC_BR_”开头的，例如，MC_BR_BrakeOperation、MC_BR_AutControl 等。

ACP10_MC 库包含了大量的功能块，根据它们的用途和功能被分成 3 个组，即单轴功能块、多轴功能块和技术功能块（见表 6-1）。

表 6-1 ACP10_MC 库所含功能块

功能块大类	功能块作用	功能块举例
单轴功能块	伺服驱动器的准备	MC_Power、MC_Home 等
	标准运动，如相对运动和绝对运动	MC_MoveAbsolute、MC_MoveAdditive、MC_MoveVelocity 等
	确定伺服驱动器的状态	MC_ReadStatus 等
	读取设定值和实际值	MC_ReadParameter、MC_WriteParameter 等
	复位伺服驱动器错误	MC_Reset 等
	访问和控制数字输入/输出信号	MC_ReadDigitalInput、MC_WriteDigitalOutput 等
	位置测量	MC_TouchProbe 等
	管理 PLCopen 轴参	MC_BR_SaveAxisPar、MC_BR_LoadAxisPar 等
	管理参数 ID	MC_BR_ReadParID、MC_BR_WriteParID 等
多轴功能块	创建一个电子齿轮	MC_GearIn 等
	使用凸轮曲线来实现伺服驱动器的连接	MC_CamIn 等
	配置和控制凸轮曲线 automat	MC_BR_AutControl 等
技术功能块	扭矩控制	MC_TorqueControl 等
	循环设定输入值	MC_BR_MoveCyclicPosition 等
	色标抓取	MC_BR_RegMarkCapture001 等
	凸轮曲线 automat	MC_BR_CalcCamFromPoints 等

6.1.2 单轴控制

使用 ACP10 技术进行简单的单轴控制可参考 1.5.4 节所述步骤，更详细的分步介绍可参考《TM 合订本——运动控制篇》。本节将介绍在编程方面，使用 PLCopen 库实现单轴控制的一些基本原则和指导建议。

1）读取状态和错误信息的功能块（MC_ReadStatus、MC_ReadAxisError 等）在程序的最开始调用。

2）执行命令的功能块（MC_Power、MC_MoveAbsolute 等）在程序的最末尾调用。

3）正确进行错误处理。使用 MC_ReadAxisError、MC_ReadStatus、MC_Reset 等功能块来确定轴和功能块的错误。

4）使用 CASE 语句来编写控制结构，以确保在一个任务周期内只有一个运动功能块被调用。

5）添加易懂的注释，以便于后续维护或修改更新。

6）使用 MC_ReadStatus 功能块读取轴状态，以便于功能块调用时处于可调用的状态。

7）可以使用帮助系统的例子或者是 AS 自带的例程来作为自己程序的基础。

8）对于每个功能块，除了引脚定义、错误代码（Error number）等关键信息外，AS Help 中对每个功能块详细介绍的 Additional Information 也需关注，此处会找到比如如何消除网络延迟等有用信息。

9）功能块的 Velocity、Acceleration、Deceleration 输入端只能接收正值。

根据上述编程原则，图 6-2 给出了一段程序代码的例子。这段代码主要由 3 部分组成，分别为调用状态信息功能块和错误检测（call of status FBS and emor checking）、CASE 语句（Case Statement）、命令功能块调用（FB calls）。

Call of status FBs and error checking

```
...
(**************************** MC_READSTATUS ****************************)
MC_ReadStatus_0(Axis:=axis1Ref);

(************************ MC_BR_READDRIVESTATUS ************************)
MC_BR_ReadDriveStatus_0(Axis:=axis1Ref);

(*********************** MC_READACTUALPOSITION ***********************)
MC_ReadActualPosition_0(Axis:=axis1Ref);
...
(*******************************ERROR_CHECK*******************************)
IF ((MC_ReadAxisError_0.AxisErrorID <> 0) AND (MC_ReadAxisError_0.Valid = TRUE)) THEN
    state := STATE_ERROR_AXIS;
END_IF
...
```

CASE statement

```
CASE state OF
(******************************* WAIT *******************************)
    STATE_WAIT: (* STATE: Wait *)
        ...
    (* End of STATE_WAIT *)

(***************************** POWER ON *****************************)
    STATE_POWER_ON: (* STATE: Power on *)
        IF (powerOn = TRUE) THEN
            MC_Power_0.Enable := TRUE;
        END_IF
        IF (MC_Power_0.Status = TRUE) THEN
            state := STATE_READY;
        END_IF

            ...
        (* End of STATE_POWER_ON *)
    ...
(************************* SEQUENCE END *************************)
END_CASE
```

FB calls

```

(*********************************************************************
        Function Block Calls
*********************************************************************)

(************************** MC_POWER **************************)
MC_Power_0(Axis:=axis1Ref);

(************************** MC_HOME **************************)
MC_Home_0(Axis:=axis1Ref);

(*********************** MC_MOVEABSOLUTE ***********************)
MC_MoveAbsolute_0(Axis:=axis1Ref);

...
```

图 6-2 程序代码例子

程序注意事项如下。

1）读取状态和错误信息的功能块在程序的最开始调用，这样最新的状态和信息就可以在后面的程序中使用了。

2）错误检测放在 step 序列之前执行。如果检查到有错误发生，那么程序就可以直接跳到 STATE_ERROR_AXIS 步执行错误处理。

3）功能块的参数在 CASE 语句之中（step 序列）执行赋值，但不在这里调用，而是放在循环程序的最后调用。这样能确保功能块在每个任务周期都会被调用，然后每个周期都会更新输出参数。

6.1.3　多轴控制——电子齿轮

当主轴和从轴的位置关系呈图 6-3 所示的线性关系时，主从轴构成电子齿轮连接，齿轮比取决于线性直线的斜率。当斜率为 1 时，齿轮比为 1:1，即从轴位置以 1:1 比例跟随主轴位置。

使用 ACP10_MC 库（即 PLCopen 运动控制库）可以方便地实现电子齿轮控制。电子齿轮的基础功能块是 MC_GearIn，其输入/输出引脚如图 6-4 所示，其输入参数说明如表 6-2 所示。如果 GearIn 之后，从轴要在当前速率下继续运行，那么可以调用 MC_GearOut 功能块；如果从轴要停止，那么可以调用 MC_Halt 或 MC_Stop 功能块；如果从轴要执行某一基本运动，那么可以调用 MC_MoveXYZ 系列函数。

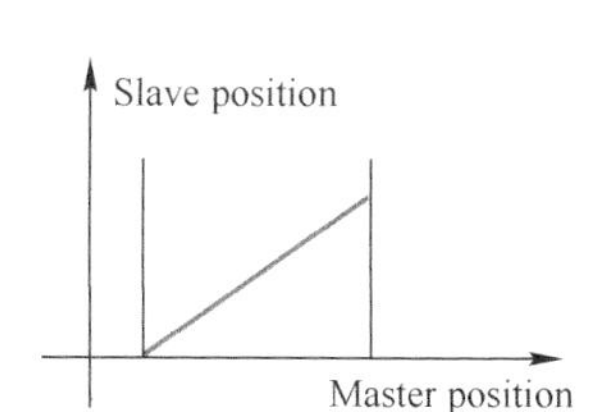

图 6-3　电子齿轮的主从轴位置关系

类型	MC_GearIn 输入	MC_GearIn 输出	类型
UDINT	Master	InGear	BOOL
UDINT	Slave	Busy	BOOL
BOOL	Execute	CommandAborted	BOOL
INT	RatioNumerator	Error	BOOL
UINT	RatioDenominator	ErrorID	UINT
REAL	Acceleration		
REAL	Deceleration		
UINT	MasterParID		
REAL	MasterParIDMaxVelocity		

图 6-4　电子齿轮功能块 MC_GearIn 输入/输出引脚

表 6-2　MC_GearIn 输入参数说明

输入参数名	参数说明
Master（主轴）	指定主轴变量的地址
Slave（从轴）	指定从轴变量的地址
Execute（执行）	函数块的执行从该输入的上升沿开始
RatioNumerator（比率分子）	齿轮比，比如 3/1 意味着从轴转速为主轴的 3 倍
RatioDenominator（比率分母）	
Acceleration（加速度）	在主轴的恒定速度下齿轮导入的加/减速度 units/s²
Deceleration（减加速度）	
MasterParID（主轴参数 ID）	ParID 可以取代主轴的设定位置而作为主轴的参考点
MasterParIDMaxVelocit（主轴参数 ID 最大速度）	当使用 MasterParID 时，这个参数指定了齿轮过渡过程中改变齿轮比率时应用的 ParID 的最大速度

除基础的 MC_GearIn 和 MC_GearOut 功能块之外，与电子齿轮相关的功能块还有 MC_GearInPos 和 MC_Phasing。

MC_GearInPos 功能块是 MC_GearIn 功能块的扩展，用于一些需要预先定义主轴和从轴启动电子齿轮位置的应用。例如，要求主从轴在位置为 1000 时进入 1:1 齿轮比跟随。当前主轴位置为 300，从轴位置为 200，则该功能块可以规划出从当前位置（300,200）到目标位置（1000,1000）的轨迹曲线，实现运动平滑进入目标齿轮比。

MC_Phasing 功能块是对主轴位置产生一个虚拟相移，使得在从轴看来，主轴的位置发生了变化，从而跟随其变化，直至被另一个相移命令改变。例如，根据色标检测结果进行纠偏控制，主轴速度实际并未变化，但通过虚拟相移，使得从轴的跟随发生变化，从而达到纠偏的目的。当电子齿轮连接已经被 MC_GearIn 或 MC_GearInPos 启动时，就可以使用 MC_Phasing 了。关于 MC_Phasing 功能块的具体使用规则可参考《TM 合订本——第三卷运动控制》或 AS Help。

6.1.4 多轴控制——电子凸轮

当主轴和从轴的位置关系呈图 6-3 所示的线性关系时，主从轴构成电子齿轮连接，而呈图 6-5 所示的非线性关系时，主从轴构成电子凸轮连接。电子凸轮在机械自动化领域的很多场景都经常使用，如卷簧机，不同的轴用来控制各自的送料、弯曲和倾斜等流程，这样可以制造出任意需要的弹簧形状（如斜面、圆锥体等）。

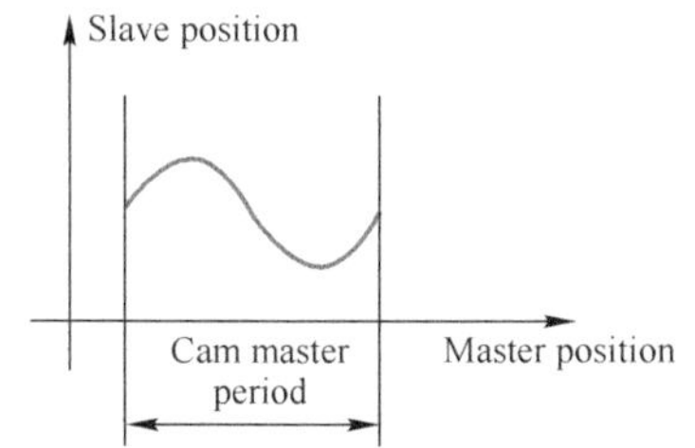

图 6-5　电子凸轮的主从轴关系

贝加莱 AS 实现电子凸轮需经过两个基本步骤：创建凸轮曲线和执行凸轮运动（包括状态跳转而进行的凸轮切换）。下面分别对这两个步骤进行介绍。

1．创建凸轮曲线

任何电子凸轮任务在执行前，都需要先创建一条凸轮曲线。AS 创建凸轮曲线有两种方式：一种是通过凸轮编辑器来创建凸轮，另一种是通过多项式拟合。前者创建好之后，在整个程序执行过程中是不变的；而后者可以在程序执行过程中动态调整。

（1）通过凸轮编辑器来创建凸轮

通过图 6-6 所示步骤（Motion→ACP10Cam→.cam）可以进入凸轮编辑器。凸轮编辑器提供的函数有固定点、同步部分、插补曲线和输入机械凸轮等。

以图 6-7 所示为例，在凸轮编辑器中一共添加了 4 个固定点和一段同步段（线性），然后凸轮编译器会自动连接这些点和段来创建一条完整、平滑的凸轮曲线。

设置好的凸轮通过 MC_CamTableSelect 功能块传输给从轴，该功能块还可以设置凸轮处理是单次的还是循环的。该功能块具体使用方法可参考《TM 合订本——第三卷运动控制》或 AS Help。

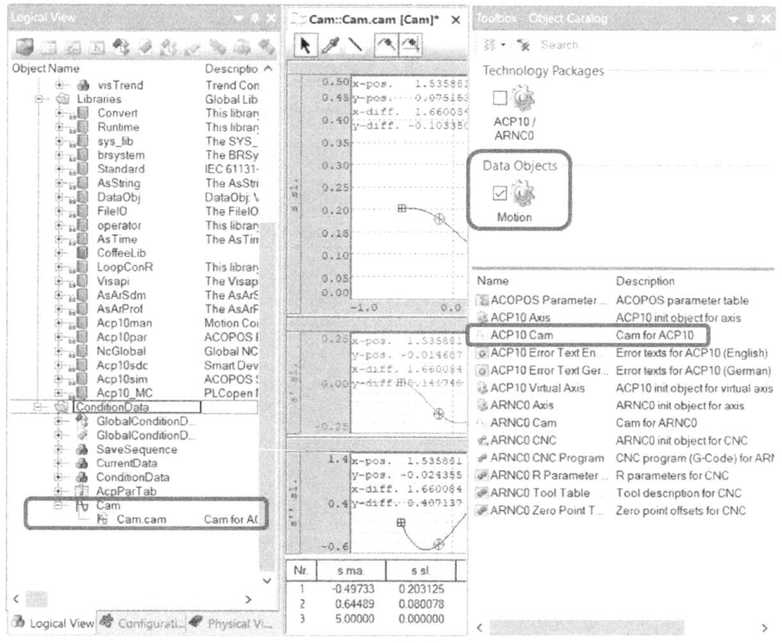

图 6-6　通过凸轮编辑器来创建凸轮

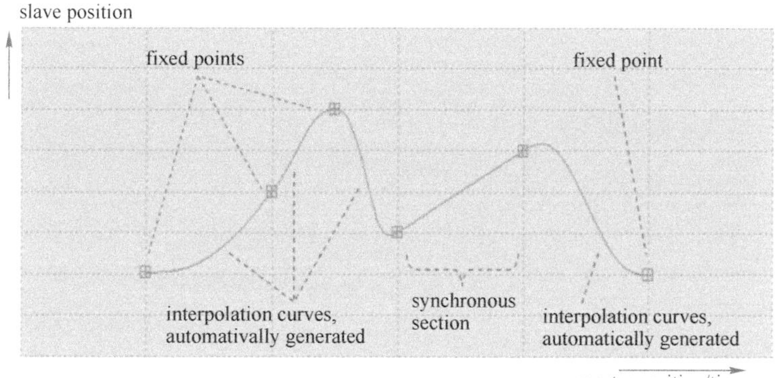

图 6-7　创建凸轮

（2）通过多项式拟合来创建凸轮

AS 支持通过多项式来创建凸轮（每段多项式最高 6 阶，最多 128 个多项式）。若多项式各项系数已知，可以直接将系数输入 MC_BR_DownloadCamProfileData 功能块；若各项系数未知，可以通过 MC_BR_CalcCamFromPoints 功能块自动计算各项系数，然后将计算结果输入 MC_BR_DownloadCamProfileData 功能块。这些功能块的具体使用方法可参考《TM 合订本——第三卷运动控制》或 AS Help。

2．执行凸轮

基本的凸轮跟随可以通过 MC_CamIn 功能块来实现，将 MC_CamTableSelect 或 MC_BR_DownloadCamProfileData 的 Cam ID 赋值给 MC_CamIn 功能块即可。这里所说的“基本凸轮跟随”是指不涉及状态跳转的单次或循环凸轮执行，或是虽然涉及状态跳转，但不同状态所对应的不同凸轮曲线可以无缝切换。

以图 6-8 所示旋盖机为例，传送带为主轴，从轴把盖子盖到每一个塑料瓶口上，使用一个高速数字输入信号来检测产品。如果没有检测到产品，则从轴保持停止；若检测到产品，则给瓶子盖上盖子。当两条凸轮曲线通过前述步骤创建好之后，传送到从轴伺服驱动器中（如 ACOPOS 驱动器）。然后在控制程序中检查触发信号，若没有检查到触发信号，则将凸轮 1 输入至 MC_CamIn 功能块的 CamTableID 引脚；若检查到触发信号，则将凸轮 2 输入至 MC_CamIn 功能块的 CamTableID 引脚。该例中虽然涉及状态跳转，但仍可以使用 MC_CamIn 功能块直接完成，因为两条凸轮曲线可以平滑连接过渡。

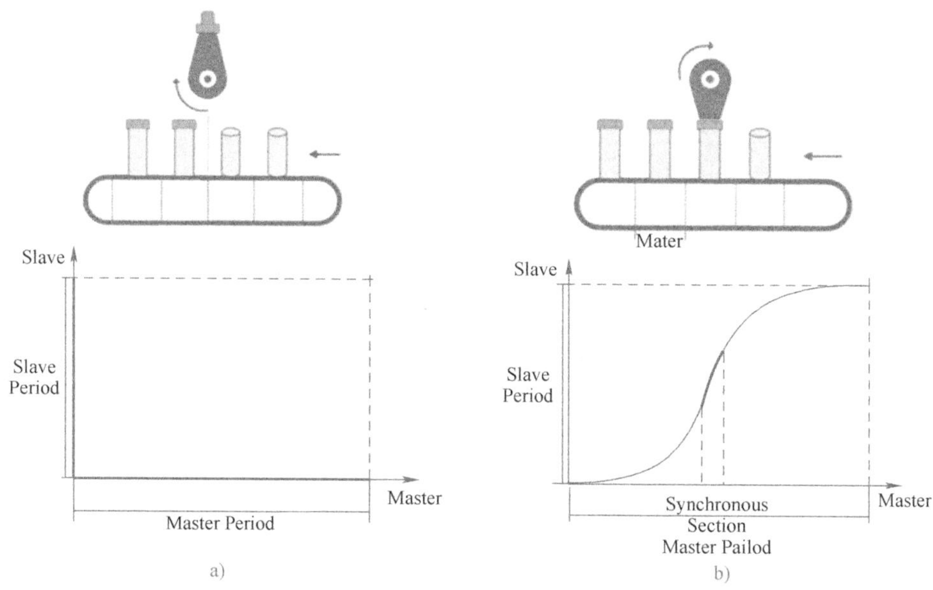

图 6-8 不同状态对应不同凸轮曲线

a) 第一个凸轮保持从轴停止 b) 第二个凸轮盖上盖子

但如果不同状态对应的凸轮曲线无法首尾无缝衔接，而存在跳变，此时若继续使用上述方法，会造成运动曲线不平滑，瞬时加速度过大，从而导致伺服驱动器报警。对于此类情况，需要对不同状态的凸轮曲线之间进行补偿，如图 6-9 所示。补偿段为一条自动计算的曲线，确保了各凸轮段连接的连续性，避免了速度和加速度的突变，该技术称为 Cam Profile Automat，简称为 Automat。

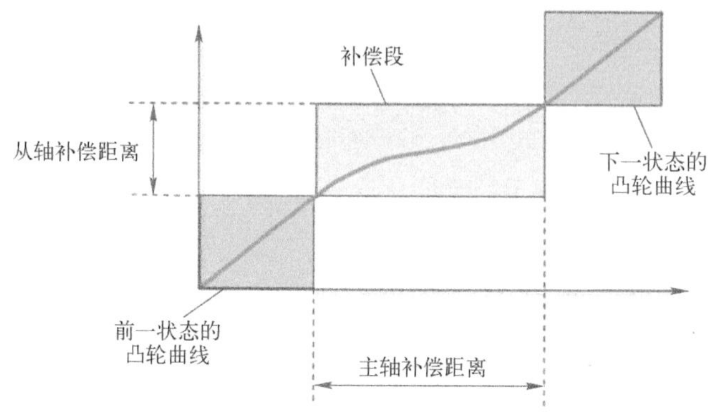

图 6-9 不同状态间的凸轮补偿

贝加莱的 Automat 技术最多可支持 14 个状态间的跳转。在 AS 中，Automat 技术可以通过 MC_BR_AutControl 功能块来实现，该功能块将所有步骤（如全局变量定义、凸轮下载至伺服、状态定义，以及每个状态的事件定义等）都集成在一个功能块实现。该功能块的具体使用方法可参考《TM 合订本——第三卷运动控制》或 AS Help。

6.2 mappMotion

6.2.1 Mc 库和 Mp 库

mappMotion 库分以下两个层级。

1）core 部分：前缀为 Mc，面向轴控的库，直接和硬件打交道，实现基本的监视和控制功能。库所在目录为 Motion control / mapp Motion / Libraries / Core。该库包含多个子库，每个子库又包含多个功能块。这些子库有面向单轴的，有面向多轴的，具体如表 6-3 所示。

表 6-3 Mc 库（面向轴控）

库名	使用对象	描述
McAxis	单轴	单轴功能块（独立于硬件）
McAcpAx	单轴	ACOPOS 伺服驱动器功能块
McStpAx	单轴	贝加莱步进功能块
McDS402Ax	单轴	第三方驱动功能块（包括 ACOPOSinverter）
McPureVAx	单轴	虚轴功能块（基于 PLC）
McAcpPar	单轴	ACOPOS 参数读写功能块
McAxGroup	多轴	多轴联动（凸轮耦合类）、CNC、机器人应用功能块
McPathGen	多轴	路径规划功能块
McProgInt	多轴	命令解释功能块.

2）Technology 部分：前缀为 Mp，面向应用场景的库，解决应用需求。库所在目录为 Motion control / mapp Motion / Libraries/ Technology。该库包含多个子库，每个子库又包含多个功能块。这些子库有面向单轴的，有面向多轴的，具体如表 6-4 所示。

表 6-4 Mp 库（面向应用场景）

库名	使用对象	描述
MpAxis	单轴	满足单轴运动需求的功能库
MpCnc	多轴	实现 CNC 插补的功能库
MpRobotics	多轴	实现各类机器人关节联动的功能库
MpTool	多轴	刀具补偿或变换功能库

6.2.2 单轴控制

1.5.4 节所述步骤适用于 ACP10 技术，而使用 mappMotion 技术实现运动控制的步骤略有不同。本节将介绍使用 mappMotion 技术进行单轴控制的一般步骤，分别为配置、编程和测试 3 部分。

1．配置

首先，按照图 6-10 所示步骤，在 Configuration View 窗口的 mappMotion 目录下，新建一个名为“Config_1.axis”的轴配置文件。

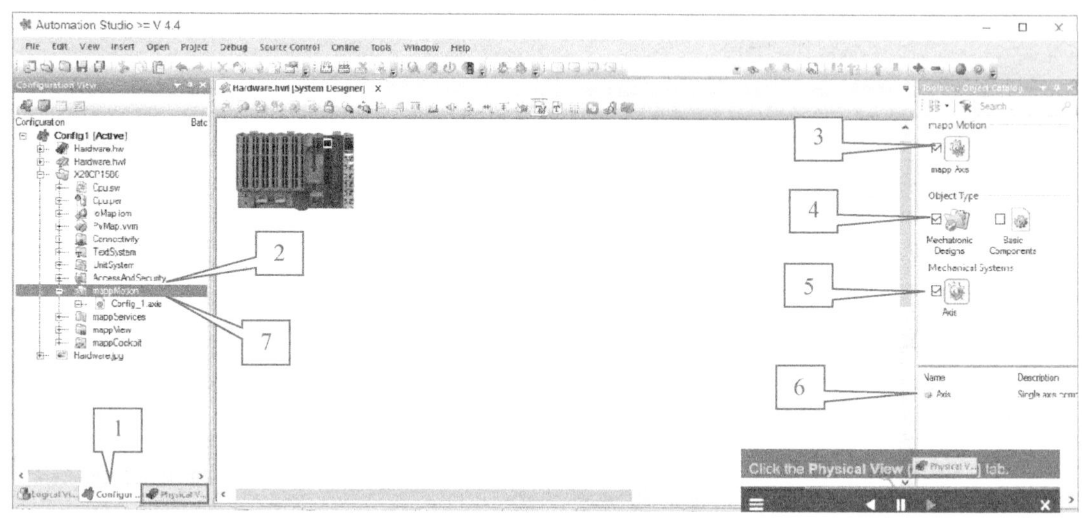

图 6-10　新建一个轴配置文件

然后，在 Physical View 窗口的 POWERLINK 接口上，添加驱动器和电机，在图 6-11 所示例子中，选择安装的驱动器是 80VD100PD.C000-14，选择的电机为 8JSA24.E8080D0。

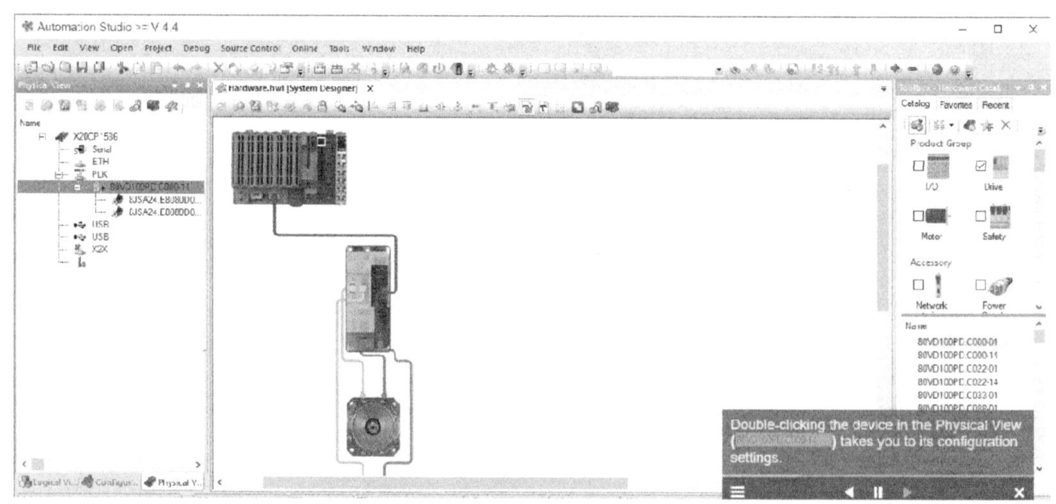

图 6-11　添加驱动器和电机

接下来，双击 80VD100PD.C000-14，打开 Configuration 窗口，在 Drive configuration / Channel 1 / Real axis / Axis reference 单击向下箭头，弹出下拉菜单并选择 gAxis_1 选项，如图 6-12 所示。

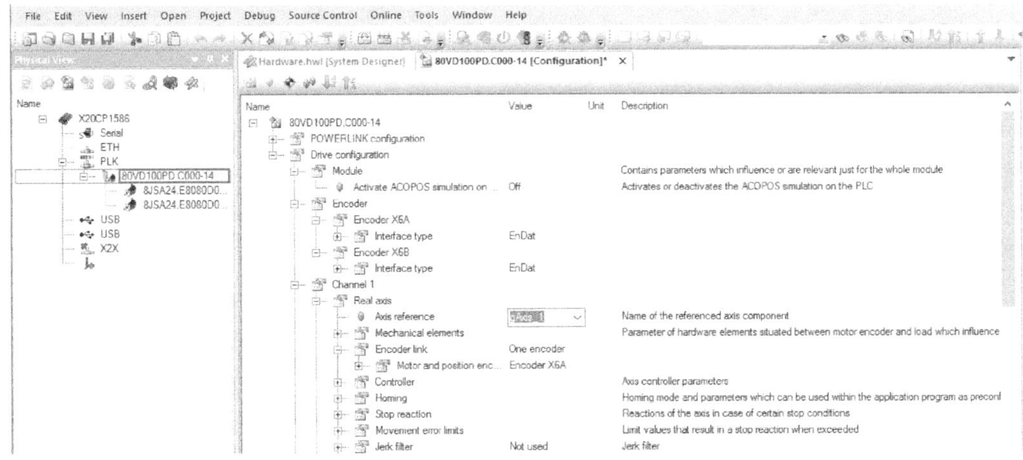

图 6-12　配置轴

2. 编程

编程部分调用的是 MpAxisBasic 轴控函数。

第 1 步，在 Logical View 窗口中，选择根目录右击，在弹出的菜单里选择“Add object”命令，添加任务 ST program。

第 2 步，双击上一步产生的 Program，右击 Variables.var，在弹出的菜单选择 open / Open as Text 选项。

第 3 步，从 Automation Help / Motion control / mapp Motion / Guides / Getting Started / Axis / Programming 中，复制并粘帖 Example Program 中的代码（图 6-13 所示）至 main.st。

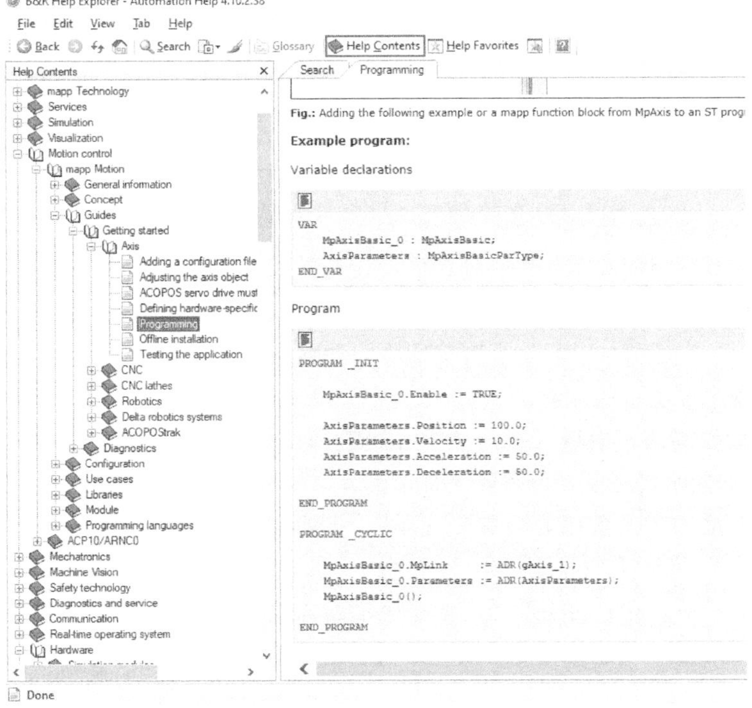

图 6-13　例程代码

3．测试

选中 Program 任务，按〈Ctrl+W〉组合键，在打开的窗口中添加变量 MpAxisBasic_0。依次单击选择 Power、Home、MoveVelocity 并置 1，如图 6-14 所示，就会看到 Position 在变化，Velocity 不是 0。如果不是仿真，而是连上了实际硬件，就会看到电机转起来。

此外，可以设置参数，给 MoveAbsolute、MoveAdditive、JogPositive 等置 1，来实现单轴的其他控制。

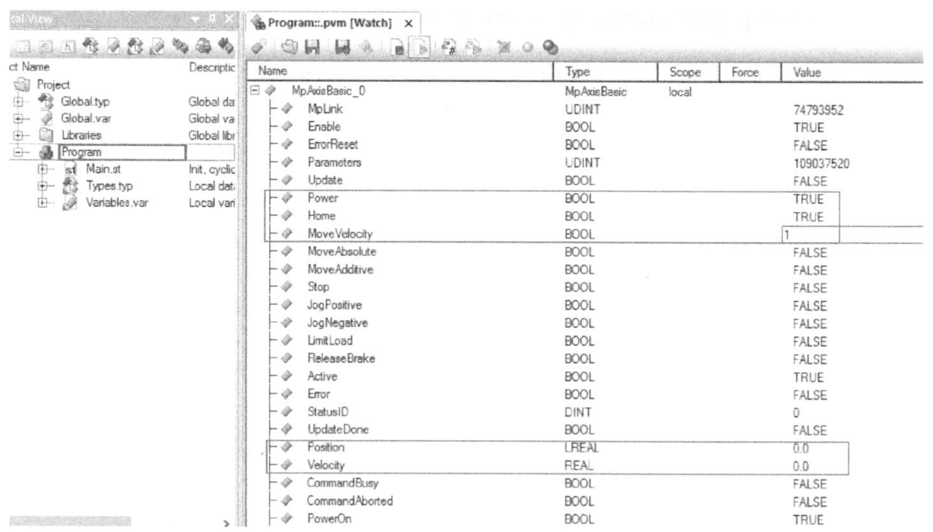

图 6-14　测试部分

6.3 特色功能

6.3.1 SPT

SPT（Smart Process Technology，智能处理技术）是贝加莱运动控制的一项特色技术。SPT 功能直接在贝加莱伺服驱动器的处理器上运行，这使用户可以在软件级别（通过伺服驱动器内置功能块）直接访问伺服驱动器的功能，为伺服驱动器操作提供了无限的可能性，而不需要消耗 PLC 的资源，也消除了影响伺服驱动器响应时间的网络延迟，允许用户以最小的周期时间实现高度复杂的功能。

在高级运动控制的应用项目中，要求高速响应的场景越来越常见（如印刷行业的色标控制），在高速的同时仍然需要进行高度复杂的计算（如补偿计算），以防止在高速下丧失精度。这正是贝加莱 SPT 功能在驱动器中发挥作用的原因。

SPT 功能是在贝加莱伺服驱动器上预制的、独立的功能单元，用户可以当作一种独特的编程语言自由使用。SPT 功能是通过伺服驱动器内置功能块实现的。伺服驱动器内置功能块是贝加莱驱动器的一个特点，它们工作在伺服驱动器中，相当于在驱动中编程，它的执行周期为 400μs，与位置环周期同步。比高速 Latch 色标信号功能块、信号发生器、事件写，以及逻辑运算等功能块。灵活运用伺服驱动器内置功能块可以实现很多高速功能，贝加莱

PLCOpen 库中很多特殊功能的底层都是通过 SPT 编写的。

伺服驱动器内置功能块在驱动中有数量限制，每个功能块都是预先设定了 8 个（以 CMP 比较器功能块为例，每个伺服驱动器中预先设定了 8 个寄存器用于实现 CMP 比较器功能）。每一个功能块由多个输入/输出参数组成，这些参数提前被定义好 ID（即 ParID），使用时通过读写相应 ParID 就可以。默认功能块是不工作的，需要使用 ID777 进行创建，然后才可以使用，如图 6-15 所示。SPT 函数使用 ParID 在参数表中“编程”，并在伺服驱动器系统较低的层面上运行，以节省不必要的系统开销。通过使用 ParID，一个 SPT 功能输出的 ParID 作为另一个 SPT 功能的输入值，这使得 SPT 函数也可以在 ParID 的帮助下相互连接。这些相互联系可以使 SPT 构成强大的运动控制逻辑程序，并且在 AS 中以参数表的形式呈现。具体的伺服驱动器内置功能块种类和用法可以参考 AS Help 中的 ACOPOS Drive Function 章节。

FUNCTION_BLOCK_CREATE	777	CMP_MODE+0	Function block: Create a FB instance
CMP			
CMP_IN_PARID+0	6656		FB0 CMP parameter ID of input
CMP_THRESHOLD+0	6664		FB0 CMP threshold
CMP_WINDOW+0	6672		FB0 CMP window
CMP_HYSTERESIS+0	6680		FB0 CMP hysteresis window
CMP_MODE+0	6688		FB0 CMP mode

图 6-15　开启伺服驱动器内置功能块（以 CMP 为例）

6.3.2　SDC

SDC（Smart Device Control）是贝加莱控制第三方运动控制产品的一种方式，是由 ACP10 软件操作处理的一种用来控制 ACP10 轴的控制器。它运行在 PLC 中，主要应用是控制第三方步进电机或者伺服驱动器。

SDC 可以理解成贝加莱伺服驱动器的固件，它将 ACOPOS 中重要的伺服功能如设定位置生成器、位置控制、寻参模式、多轴同步耦合、凸轮仿形、凸轮跟随等功能移植到 PLC 控制器中运行。并且 SDC 提供了一个统一标准接口，通过 I/O 或者总线通信的方式去驱动第三方设备如步进电机、伺服驱动器、液压轴等。它占用了部分 PLC 资源，通过给第三方驱动器或步进电机循环发送设定位置来控制。

控制第三方步进电机需要配置一些 I/O 模块及贝加莱步进电机驱动模块；控制第三方伺服驱动器时，需要总线支持，第三方伺服驱动器选择循环设定位置模式工作。控制 SDC 轴与控制贝加莱驱动器在程序上几乎不需要修改。

使用 SDC 可以让这些第三方设备由贝加莱控制器进行连接，使用统一的应用层接口进行控制管理。并使不同的系统间完成同步、凸轮跟随等高级伺服运动功能成为可能。此外，贝加莱的 CNC 和机器人应用库也可以借由 SDC 这个接口控制第三方运动控制设备，使得客户整体方案更加具有竞争力的同时，保持了应用层程序的标准性

图 6-16 所示为 SDC 原理图，图中含有 SDC 的系统接口，从应用程序到硬件模块。使用 SDC 时，ACP10SDC 库是必须要加的。此外如果需要使用 PLCopen，那么还需要再添加 ACP10_MC 库。由于篇幅限制，SDC 的具体添加方法不再展开描述，感兴趣的读者可参考 AS Help 或《贝加莱标准化功能块》的 SDC 章节。

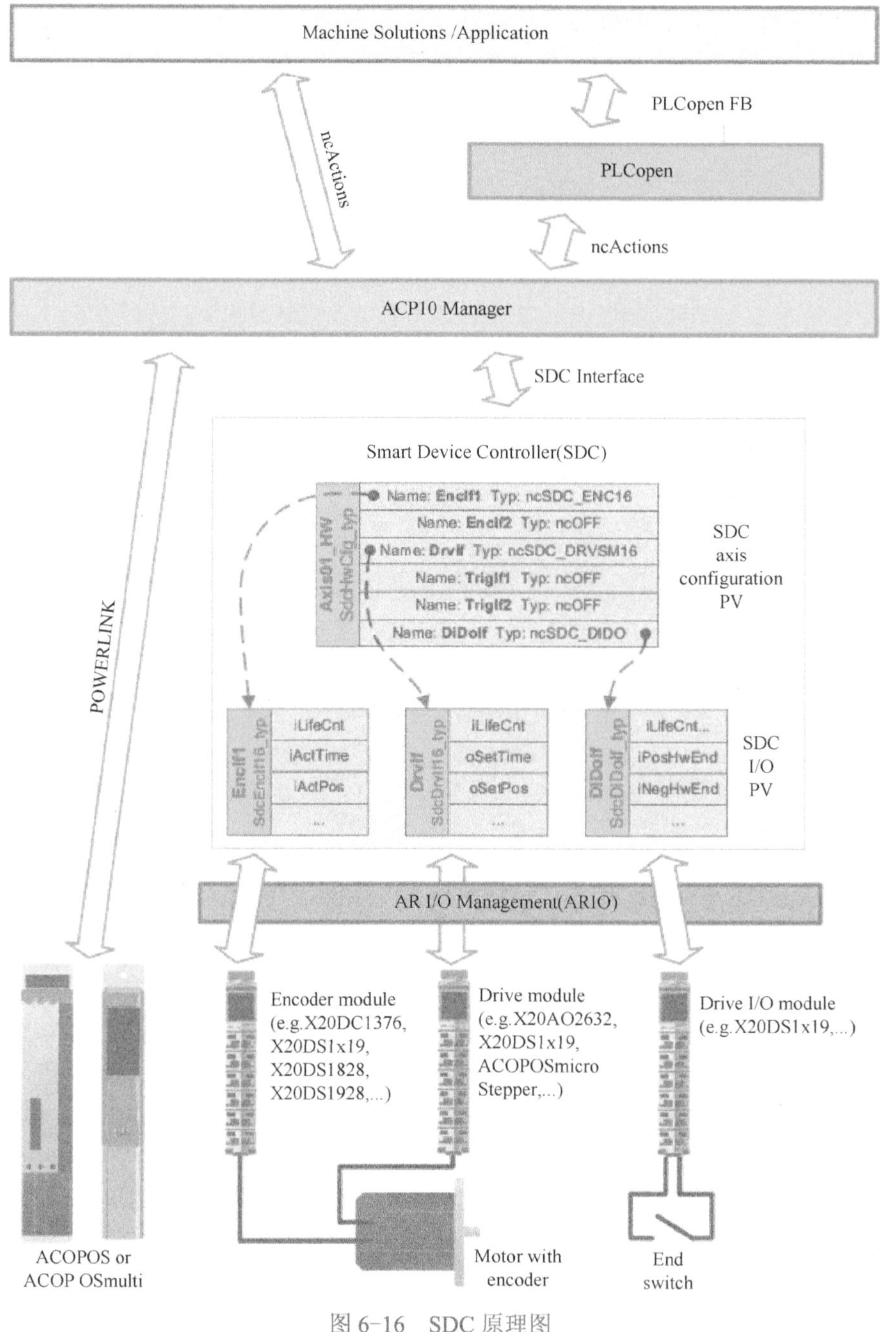

图 6-16　SDC 原理图

6.4 与第三方电机互联

在实际项目中，有时会遇到贝加莱驱动器控制第三方电机的情况。此时需要在 AS 的相应配置窗口中输入电机参数，不然驱动器无法识别电机，从而无法正确控制。本节将针对 4 类常用电机类型，即同步电机、异步电机、直线电机和音圈电机，来分别介绍贝加莱驱动器控制这 4 类第三方电机需要的参数配置方法。

在配置完毕后进行测试时，分两个阶段：第一阶段为空载测试；第二阶段为带载测试。切勿跳过空载测试，直接做带载测试，否则会损坏设备，甚至造成事故。

6.4.1 编码器接口

贝加莱驱动器支持的编码器的类型与型号如表 6-5 所示，需要在 AS 的 Physical View 页面中的编码器卡配置选项（即 configuration）中选择正确的编码器类型，并输入相应编码器参数，如分辨率等。

表 6-5 贝加莱驱动器支持的编码器的类型与型号

序号	编码器类型	说明	贝加莱适配器
1	Reselvor	旋变，优点是耐振动、耐高温、耐油污，缺点是精度差	8AC122、8BAC0122.000-1、8EAC0122.001-1、8EAC0122.003-1
2	增量式（TTL 脉冲）	A/B/R 相和它们的反向信号，有 5V 和 15V 之分，精度可以很高	8AC123、8BAC0123.000-1、8BAC0123.001-1、8BAC0123.002-1
3	增量式（SIN/COS）	一圈有多个（如 4096 个）SIN/COS 模拟信号	8AC120、8BAC0124.000-1、8EAC0152.001-1、8EAC0152.003-1
4	Endat2.1	2.1 由模拟量和数字量组合，2.2 是纯数字量，相对位置测量和绝对位置测量都有	8AC120、8BAC0120.000-1、8BAC0120.001-2、8EAC0152.001-1、8EAC0152.003-1
5	HIPERFACE	由数字量和模拟量组成，相对和绝对都有	8AC121、8EAC0152.001-1、8EAC0152.003-1、8EAC0152.001-1、8EAC0152.003-1
6	Endat2.2	RS485 数字量，绝对式/增量式	8AC126、8BAC125.000-1、P3、8EAC0150.001-1、8EAC0150.003-1
7	HIPERFACE DSL	RS485 数字量，绝对式/增量式	P3、8EAC0150.001-1、8EAC0150.003-1
8	SSI	RS485 数字量，一般为绝对式（理论上也可为增量式）	8AC123、8BAC125.000-1、8EAC0152.001-1、8EAC0152.003-1、P3、EAC0150.001-1、8EAC0150.003-1
9	BiSS	RS485 数字量，一般为绝对式（理论上也可为增量式）	8AC125、8BAC125.000-1、P3、8EAC0150.001-1、8EAC0150.003-1
10	SmartABS/INC	RS485 数字量，绝对式/增量式，多摩川 T-Format	P3、8EAC0150.001-1、8EAC0150.003-1

6.4.2 接第三方同步电机

贝加莱驱动器与第三方同步电机互联，相应的参数设置步骤相对简单，因为不需要公式换算。涉及的参数设置包括四个部分，分别为通用部分参数、抱闸相关参数、温度传感器相关参数和同步电机参数相关参数，其中前三个部分对于其他三类电机，即异步电机、直线电机和音圈电机，参数相同，分别如表 6-6～表 6-8 所示。

表 6-6 通用部分参数

参数组名称	参数名称	缺省值	单位	说明
General parameters	Motortype	16$0002	-	电机类型：1-异步电机，2-同步电机
	Software compatibility	16#0203	-	软件兼容性：不需要修改
	Winding connection	star	-	绕组形式：不可更改，三角形需要转化成星形
	Number of polepairs	0	-	极对数：如 4 极电机，这里填 2

表 6-7 抱闸相关参数

Brake parameters	Brake available	TRUE	-	有没有抱闸：True/False，没有则选 False
	Rated current	0	A	抱闸额定电流：根据供应商提供的数据填
	Rated torque	0	-Nm	抱闸额定力矩：根据供应商提供的数据填
	Activation delay	0	s	合闸延时：断开闸电压后，延时指定时间才真正合闸
	Release delay	0	s	开闸延时：连通闸电压后，延时指定时间才真正打开

表 6-8 温度传感器相关参数

Thermo sensor parameters	Thermosensor Sensor Type	User defined	-	传感器类型：None/Thermistor/PTC switch/Thermal switch
	Temperature sensor: Parameter1	0	Ω	在温度 T0 时，电阻值
	Temperature sensor: Parameter2	0	Ω	在温度 T7 时，电阻值
	Temperature sensor: Parameter3	0	℃	温度 T0
	Temperature sensor: Parameter4	0	℃	电阻值为 R0+(R7−R0)/7[℃]时，温度 T1
	Temperature sensor: Parameter5	0	℃	电阻值为 R0+(R7−R0)*2/7[℃]时，温度 T2
	Temperature sensor: Parameter6	0	℃	电阻值为 R0+(R7−R0)*3/7[℃]时，温度 T3
	Temperature sensor: Parameter7	0	℃	电阻值为 R0+(R7−R0)*4/7[℃]时，温度 T4
	Temperature sensor: Parameter8	0	℃	电阻值为 R0+(R7−R0)*5/7[℃]时，温度 T5
	Temperature sensor: Parameter9	0	℃	电阻值为 R0+(R7−R0)*6/7[℃]时，温度 T6

表 6-9 所示为同步电机相关参数，适用于包括普通永磁同步电机、直线电机、音圈电机和直流电机等带永磁体的电机。

表 6-9 同步电机相关参数

Motor parameters	Rated voltage	0	V	额定电压（和额定转速对应）
	Voltage constant $	0	mV*min	电压常数
	Rated speed	0	1/min	额定速度
	Maximum speed	0	1/min	最大速度（不同驱动的 DC BUS 电压，该值不同）
	Stall torque	0	Nm	堵转扭矩
	Nominal torque	0	Nm	额定扭矩
	Peak torque	0	Nm	峰值扭矩（一般为额定扭矩的 3.5 倍左右）
	Torque constant $	0	Nm/A	扭矩常数
	Stall current	0	Mm^2	堵转电流
	Rated current	0	Ohm	额定电流
	Peak current	0	H	峰值电流
	Winding cross section	0	$Kg*m^2$	线圈截面积（不知道时，可以设为 0）
	Stator resistance Ph-Ph	0	rad	定子绕阻
	Stator inductance Ph-Ph	0		定子感抗
	Moment of inertia	0		电机惯量
	Commutation offset	0		磁偏角（电子换向角）
	Thermal time constant*	0	s	热时间常数（额定功率下，经过该时间后，温度基本稳定）
Is olation parameters	Limit Temperature*	0	℃	温度限制（有时受编码器承受温度限制）

注意，用增量式编码器时，每次断电再上电后，需要执行 phasing 命令一次，以找到磁偏角(换向角)。实际应用时，没有寻参，最好采用轻微振荡模式获得该磁偏角。

以武汉登奇的 GK6107 为例，要驱动该同步电机，将其参数输入至 AS 中，如图 6-17 所示。对于绝大多数同步电机生产厂家，这些参数都会提供，只需要一一填入即可。

Name	ID	Value	Unit	Description
GK6107				GK6107
General parameters				
MOTOR_TYPE	30	0x0002		Motor: Type
MOTOR_COMPATIBILITY	31	0x0203		Motor: Software compatibility
MOTOR_WIND_CONNECT	46	1		Motor: Winding connection
MOTOR_POLEPAIRS	47	4		Motor: Number of pole-pairs
Brake parameters				
Thermo sensor parameters				
Motor parameters				
MOTOR_VOLTAGE_RATED	48	360	V	Motor: Rated voltage
MOTOR_VOLTAGE_CONST	49	170	mV*min	Motor: Voltage constant
MOTOR_SPEED_RATED	50	1800	1/min	Motor: Rated speed
MOTOR_SPEED_MAX	51	2400	1/min	Motor: Maximum speed
MOTOR_TORQ_STALL	52	55	Nm	Motor: Stall torque
MOTOR_TORQ_RATED	53	45	Nm	Motor: Rated torque
MOTOR_TORQ_MAX	54	113	Nm	Motor: Peak torque
MOTOR_TORQ_CONST	55	2.57	Nm/A	Motor: Torque constant
MOTOR_CURR_STALL	56	21.4	A	Motor: Stall current
MOTOR_CURR_RATED	57	17.5	A	Motor: Rated current
MOTOR_CURR_MAX	58	44	A	Motor: Peak current
MOTOR_WIND_CROSS_SECT	59	0	mm	Motor: Line cross section
MOTOR_STATOR_RESISTANCE	60	0.59	Ohm	Motor: Stator resistance
MOTOR_STATOR_INDUCTANCE	61	0.00735	Henry	Motor: Stator inductance
MOTOR_INERTIA	62	0.01855	kgm	Motor: Moment of inertia
MOTOR_COMMUT_OFFSET	63	0.2835	rad	Motor: Commutation offset
MOTOR_TAU_THERM	849	1800	s	Motor: Thermal time constant
Isolation parameters				
MOTOR_WIND_TEMP_MAX	74	110	瘊	Temperature sensor: Limit temperature

图 6-17　输入武汉登奇 GK6107 的参数

6.4.3　接第三方异步电机

贝加莱驱动器控制第三方异步感应电机时，除了表 6-6～表 6-8 所示的参数之外，还需要输入表 6-10 所示的异步电机相关参数至 AS 中。

表 6-10　异步电机相关参数

Motor parameters	Rated voltage	0	V	额定电压（和额定转速对应）
	Voltage constant $	0	mV*min	电压常数
	Rated speed	0	1/min	额定速度
	Maximum speed	0	1/min	最大速度（不同驱动的 DC BUS 电压，该值不同）
	Stall torque	0	Nm	堵转扭矩
	Nominal torque	0	Nm	额定扭矩
	Peak torque	0	Nm	峰值扭矩（一般为额定扭矩的 3.5 倍左右）
	Torque constant $	0	Nm/A	扭矩常数
	Stall current	0	A	堵转电流
	Rated current	0	A	额定电流
	Peak current	0	A	峰值电流
	Winding cross section	0	mm^2	线圈截面积（不知道时，可以设为 0）
	Stator resistance Ph-Ph	0	Ohm	定子绕阻
	Stator inductance Ph-Ph	0	H	定子感抗
	Moment of inertia	0	$Kg*m^2$	电机惯量
	Commutation offset	0	Rad	磁偏角（电子换向角）
	Rotor resistance #	0	Ohm	转子电阻值
	Rotor inductance #	0	Henry	转子感抗
	Mutual inductance #	0	Henry	互感
	Magnetizing current #	0	A	磁化电流，一般为电机额定电流的一半
	Thermal time constant*	0	B	热时间常数（额定功率下，经过该时间后，温度基本稳定）
Is olation parameters	Limit Temperature*	0	℃	温度限制（有时受编码器承受温度限制）

可以看出，表 6-10 中很多参数无法直接从电机铭牌中获得，例如定子阻抗、定子感抗、转子感抗等。因此贝加莱提供了一个 Excel 格式的计算表格，用户可以填入电机铭牌中给出的参数，Excel 表格会自动计算出 AS 所需的各项等效电路参数。该计算表格可以在图 1-26 所示的“知识库 PC”中找到，具体位置是文档 MotorData_E_08 的第 23 页。

举例说明，某品牌异步感应电机铭牌如图 6-18 所示。将铭牌参数输入图 6-19 所示的左侧计算表格，表格可自动计算 AS 需要的等效电路参数，计算结果如图 6-19 所示的右侧表格。

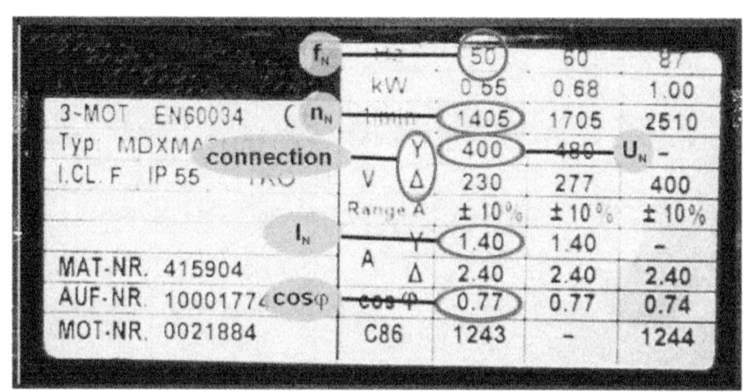

图 6-18 某异步电机铭牌

Power rating plate data

Name	Value	Unit
MOTOR_VOLTAGE_RATED	230	V
MOTOR_FREQUENCY_NOMINAL	50	Hz
MOTOR_CURR_RATED	2,4	A
MOTOR_SPEED_RATED	1405	min^{-1}
MOTOR_POWER_FACTOR	0,770	-
MOTOR_POWER_RATED	550	W

Equivalent circuit data

Name	Value	Unit
MOTOR_STATOR_RESISTANCE	3,577	Ω
MOTOR_ROTOR_RESISTANCE	3,577	Ω
MOTOR_MUTUAL_INDUCTANCE	0,3290	H
MOTOR_STATOR_INDUCTANCE	0,02098	H
MOTOR_ROTOR_INDUCTANCE	0,02098	H
MOTOR_POLEPAIRS	2	-
MOTOR_CURR_STALL	2,4	A
MOTOR_CURR_RATED	2,4	A
MOTOR_CURR_MAX	10,24	A
MOTOR_MAGENTIZING_CURR	1,18	A
MOTOR_TORQ_STALL	3,74	Nm
MOTOR_TORQ_RATED	3,74	Nm
MOTOR_TORQ_MAX	11,64	Nm

图 6-19 异步电机铭牌参数到等效电路参数的换算

6.4.4 接第三方直线电机

贝加莱驱动器控制第三方直线电机时，除了表 6-6～表 6-8 所示的参数之外，还需要输入表 6-9 所示的相关参数至 AS 中。由于这些参数通常不会由直线电机厂家直接给出，因此也需要类似上节的转换公式进行换算。

换算表格可以在图 1-26 所示的“知识库 PC”中找到，具体位置是文档 MotorData_E_08 的第 31 页。举例说明，上银直线电机原始参数如图 6-20 左侧表格所示，表格可自动计算 AS 需要的等效电路参数，换算结果如图 6-20 右侧表格所示。

Name	Value	Unit
MOTOR_POLEPAIR_WIDTH	0.032	m
MOTOR_LINEAR_SPEED_NOMINAL	1.6	m/s
MOTOR_LINEAR_SPEED_MAX	3.2	m/s
MOTOR_FORCE_STALL	213	N
MOTOR_FORCE_RATED	213	N
MOTOR_FORCE_MAX	427	N
MOTOR_LINEAR_VOLTAGE_CONSTANT	43.00	V_{rms}/(m/s)
MOTOR_FORCE_CONST	61	N/A_{rms}
MOTOR_MASS	2.7	kg
Signal periode I_{SIN} (sine encoder AC120)	40	μm
MOTOR_BRAKE_FORCE_RATED	0	N

Enter values in green fields

⇨

Name	Value	Unit
τ Bezugslänge =τ_P*z_P [m]	0.032	m
MOTOR_POLEPAIRS	1	-
MOTOR_SPEED_RATED	3000	min^{-1}
MOTOR_SPEED_MAX	6000	min^{-1}
MOTOR_TORQ_STALL	1.08	Nm
MOTOR_TORQ_RATED	1.08	Nm
MOTOR_TORQ_MAX	2.17	Nm
MOTOR_VOLTAGE_CONST	22.93	mVmin
MOTOR_TORQ_CONST	0.311	Nm/A_{rms}
MOTOR_INERTIA	0.0000700	kgm^2
SCALE_ENCOD_INCR encoder increments per reference length	13107200	Inc/p_P
MOTOR_BRAKE_TORQ_RATED	0.00	Nm

图 6-20　直线电机原始参数到等效电路参数的换算

直线电机掉电再上电，通常都需要执行 phasing 命令，以找到磁偏角（换向角）。在 AS 中，phasing 的设置界面如图 6-21 所示，共有 0、1 和 2 三种模式供选择。其中模式 1（步进模式）直线电机不能选，只能采用模式 0 或模式 2。模式 0 电流较大，电流变化快；模式 2 电流较小，电流变化慢。该例中的电机有铁心，容易产生磁饱和，故采用模式 2。

图 6-21　Phasing 设置界面

6.4.5　接第三方音圈电机

贝加莱驱动器控制第三方音圈电机或直流电机时，除了表 6-6、表 6-7 和表 6-8 所示的参数之外，还需要输入表 6-9 所示的相关参数至 AS 中。由于这些参数通常不会由音圈电机厂家直接给出，因此也需要类似 6.4.3 节的转换公式进行换算。

换算表格可以在图 1-26 所示的“知识库 PC”中找到，具体位置是文档 MotorData_E_08 的第 31 页。举例说明，苏州优尔特 VCAR0070 的原始参数如图 6-22 左侧表格所示，表格可自动计算 AS 需要的等效电路参数，换算结果如图 6-22 右侧表格所示。

Name	Value	Unit
MOTOR_POLEPAIR_WIDTH	0.01	m
MOTOR_LINEAR_SPEED_NOMINAL	1	m/s
MOTOR_LINEAR_SPEED_MAX	2	m/s
MOTOR_FORCE_STALL	28.1	N
MOTOR_FORCE_RATED	28.1	N
MOTOR_FORCE_MAX	70	N
MOTOR_LINEAR_VOLTAGE_CONSTANT	17.20	V_{rms}/(m/s)
MOTOR_FORCE_CONST	17.2	N/A_{rms}
MOTOR_MASS	0.08	kg
Signal periode I_{SIN} (sine encoder AC120)	0.5	μm
MOTOR_BRAKE_FORCE_RATED	0	N

Enter values in green fields

⇨

Name	Value	Unit
τ Bezugslänge =τ_P*z_P [m]	0.01	m
MOTOR_POLEPAIRS	1	-
MOTOR_SPEED_RATED	6000	min^{-1}
MOTOR_SPEED_MAX	12000	min^{-1}
MOTOR_TORQ_STALL	0.04	Nm
MOTOR_TORQ_RATED	0.04	Nm
MOTOR_TORQ_MAX	0.11	Nm
MOTOR_VOLTAGE_CONST	2.87	mVmin
MOTOR_TORQ_CONST	0.027	Nm/A_{rms}
MOTOR_INERTIA	0.0000002	kgm^2
SCALE_ENCOD_INCR encoder increments per reference length	20000	Inc/p_P
MOTOR_BRAKE_TORQ_RATED	0.00	Nm

图 6-22　音圈电机原始参数到等效电路参数的换算

音圈电机因其电气部分的特殊性，在使用中需要将 ACOPOS 驱动器的 U/V/W 三相输出转换成 U/V 两相输出，即将 W 相旋转 120°。ACOPOS 驱动器支持 48V 蓄电池直流供电，即跳过整流侧，直接将 48V 接到直流母线上进行供电。

6.5 惯量与频率响应特性

电机和负载的惯量匹配是运动控制项目中一项非常重要的考虑因素，其会直接决定控制精度的高低和控制速度的快慢，对电机和负载的机械抖动和噪声也会有影响。资深的运动控制方案研发工程师应该具备手工计算各项参数、读懂波特图，并根据波特图查找问题根源、设计滤波器以及选择合适控制参数的能力。本节将专门针对该问题进行详细阐述。

6.5.1 惯量与惯量比

惯量是旋转物体的一种属性，定义为物体对围绕一个旋转轴产生角加速度变化的阻抗。换句话说，惯量阻碍运动的变化。在旋转动力学中，牛顿第二定律为

$$\sum T = Ja \tag{6-1}$$

式中，T 为转矩；α 为角加速度。将它与牛顿第二定律的传统形式（$\sum F = ma$）比较，可以明白旋转运动中的惯量与直线运动中的质量等价。

由惯量进而可以得到惯量比，惯量比 J_R 的定义为

$$J_R = \frac{J_2}{J_1} \tag{6-2}$$

式中，分子 J_2 为所有外加到电机上的惯量和；分母 J_1 为电机惯量。因此，惯量比是电机必须拖动的总负载惯量和电机自身惯量之比。

6.5.2 系统频率响应

对于所有电机通过传动机构驱动机械负载的系统，即双质量系统，都会存在固有的共振频率和反共振频率。两个频率尤其是共振频率的存在，会显著影响控制器的运动控制效果。因此，在工程师进行电机选型和三环控制参数调节时，必须考虑系统的频率响应特性。

对图 6-23 所示的双质量系统，从电机转矩到电机角速度的传递函数 $G_{\omega_1,T_m}(s)$ 和从电机转矩到负载角速度之间的传递函数 $G_{\omega_2,T_m}(s)$ 分别如式 6-3 和式 6-4 所示，其波特图如图 6-24 所示。

$$G_{\omega_1,T_m}(s) = \frac{1}{J_1+J_2}\frac{J_2 s^2 + d_{\text{damp}}s + c_{\text{stiff}}}{s\left(\dfrac{J_2 J_1}{J_2+J_1}s^2 + d_{\text{damp}}s + c_{\text{stiff}}\right)} \tag{6-3}$$

$$G_{\omega_2,T_m}(s) = \frac{1}{J_1+J_2}\frac{d_{\text{damp}}s + c_{\text{stiff}}}{s\left(\dfrac{J_2 J_1}{J_2+J_1}s^2 + d_{\text{damp}}s + c_{\text{stiff}}\right)} \tag{6-4}$$

式中，C_{stiff} 为电机和负载的连接刚性(Nm/rad)；d_{damp} 为电机和负载连接的阻尼分量(Nms/rad)；J_1 为电机转动惯量(kgm^2)；J_2 为负载转动惯量(kgm^2)。

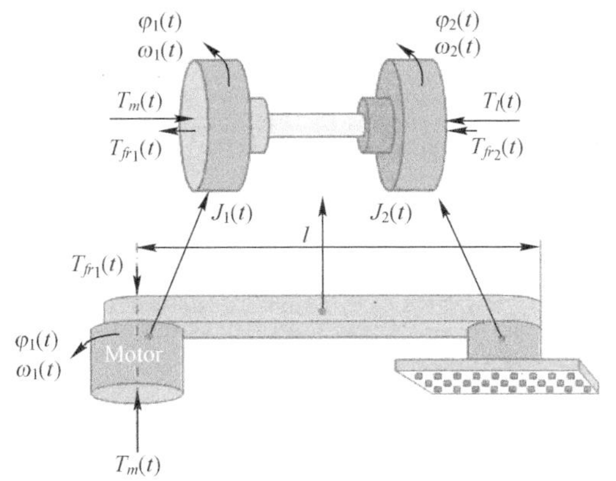

图 6-23 双质量系统

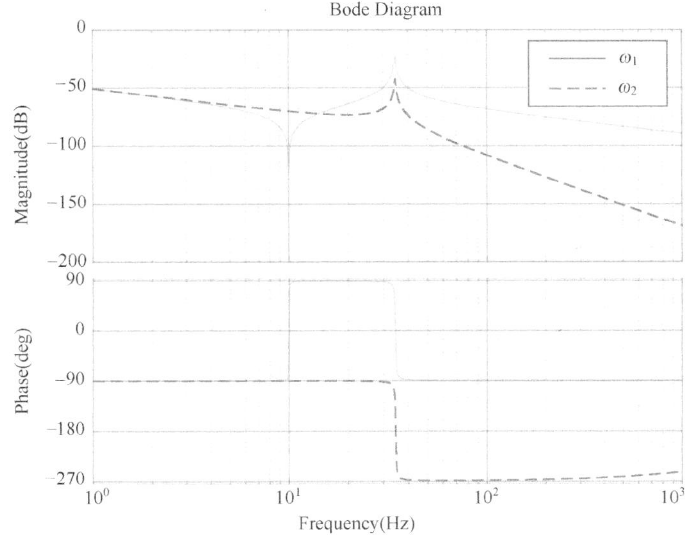

图 6-24 双质量系统波特图

由式 6-3 和式 6-4 可以得到，电机转矩到电机角速度之间的传递函数包括一个共振点和一个反共振点，分别对应图 6-24 所示实线的上凸点和下凹点。这两个凸出点，是由于式 6-3 的分子及分母均含有二阶振荡环节导致的；电机转矩到负载角速度之间的传递函数只包括一个共振点，对应图 6-24 所示虚线的上凸点，这是由于式 6-4 的分母含有二阶振荡环节导致的。共振频率和反共振频率分别可由式 6-5 和式 6-6 计算得到。

$$f_{\text{res}} = \frac{1}{2\pi}\sqrt{\frac{c_{\text{stiff}}}{J_r}},\quad J_r = \frac{J_1 J_2}{J_1 + J_2} \tag{6-5}$$

$$f_{\text{antires}} = \frac{1}{2\pi}\sqrt{\frac{c_{\text{stiff}}}{J_2}} \tag{6-6}$$

共振和反共振的物理意义可以用图 6-25 和图 6-26 所示波形来直观表达。假设电机转矩的输入幅值为 1，且频率等于共振频率的正弦信号输入，如图 6-25a 所示，则在电机ω_1和负载端ω_2的角速度响应分别如图 6-25b 细实线和粗实线所示。图 6-25 说明，当输入信号的频率与共振频率重合时，输出信号将被放大，放大的倍数和共振点的峰值相对应，共振点峰值越高，则输出信号被放大得越多。

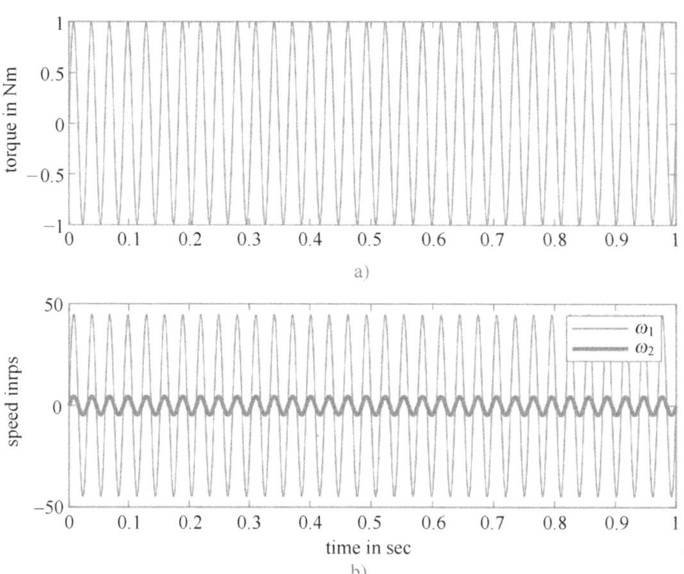

图 6-25 共振的物理意义

a) 上图 b) 下图

假设电机转矩的输入幅值为 1，频率为反共振频率的正弦信号，如图 6-26a 所示，则在电机和负载端的角速度响应分别如图 6-26b 细实线和粗实线所示。图 6-26 说明，当输入信号的频率与反共振频率重合时，输出信号将衰减，衰减的倍数和反共振点的峰值相对应，反共振点峰值越大（绝对值），则输出信号衰减得越多。

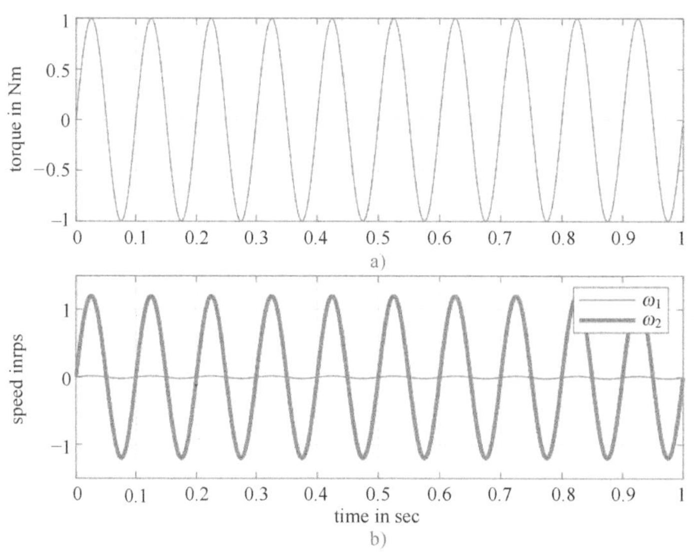

图 6-26 反共振的物理意义

a) 上图 b) 下图

具体的波特图幅值 dB 数与放大或衰减倍数之间的计算关系式为 Y=20log$X$，其中 Y 为 dB 数，X 为倍数。所以，图 6-24 中电机侧的共振点峰值约为 30dB，经过公式计算，可得放大倍数为 32 左右，与图 6-25 一致；图 6-24 中负载侧的共振点峰值约为 14dB，计算后得到的放大倍数为 5 左右，与图 6-25 一致。在图 6-24 的反共振曲线中，电机侧的反共振点峰值约为-50dB，经过计算，得到输出幅值衰减到只有输入的 1%不到，与图 6-26 一致；而负载侧没有反共振，其在反共振频率的幅值约为 0dB，故其输出幅值没有放大也没有衰减，和输入幅值大小基本相同，与图 6-26 一致。

共振的危害可以表现为电机噪声很大，或者负载抖动厉害，因为此时不高的电机转矩频率可以导致很大的电机或负载抖动。反共振危害的表现形式不是噪声，而通常是电机控制偏差大，因为此时输入信号（即电机转矩）衰减了，输出（即机械转速）没有反应。

工程师在设计系统时，应使电机的运行范围尽量避开共振点和反共振点，否则会使系统陷入不稳定状态。共振和反共振频率越高，系统安全运行范围就越宽，对控制越有利。例如，若反共振频率为 10Hz，则 0～10Hz 的电机转矩频率一定可以避开共振和反共振点；而若反共振频率为 100Hz，则 0～100Hz 的电机转矩频率都可以避开共振和反共振点。那么，应如何尽量避开共振和反共振点，若无法避开，怎样削减共振和反共振的影响，将在下文进行介绍。

从式 6-5 和式 6-6 可以看到，共振频率一定高于反共振频率，且影响共振频率和反共振频率的主要参数是连接刚性、负载惯量和电机惯量。在惯量不变的情况下，连接刚性越强，共振和反共振频率越高；在连接刚性和负载惯量不变的情况下，电机惯量越大，共振频率越低，反共振频率不变。这一规律可以通过图 6-27 所示的电机转矩到电机角速度之间的传递函数波特图看出。当保持负载惯量不变，且连接特性不变的前提下，逐渐增大电机惯量，即降低惯量比（图 6-27 中，4 条曲线分别对应惯量比 200、66.6667、20 和 1），则共振频率依次降低，反共振频率不变，反共振幅值也不变，传递函数的低频段（小于反共振频率侧）增益依次降低，高频段（大于共振频率侧）增益依次降低，共振峰变窄。

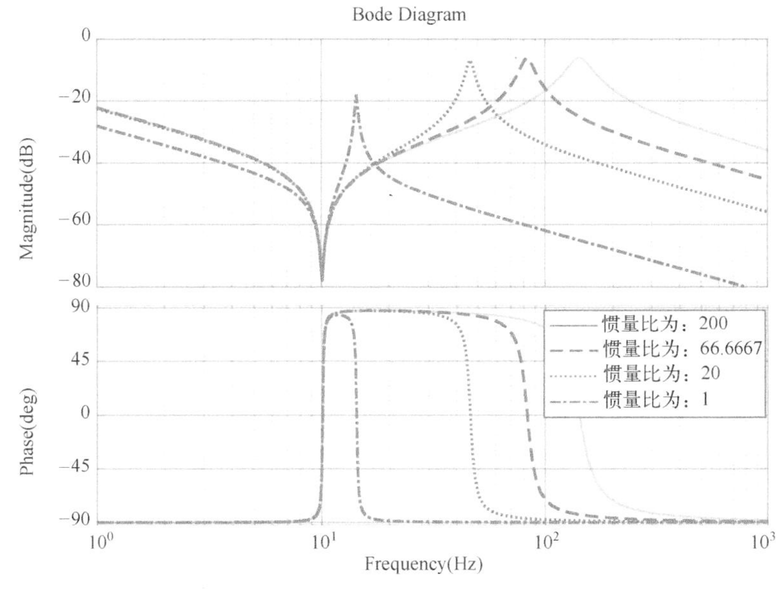

图 6-27　不同电机惯量下的波特图

随着电机惯量增加，增益会降低，有利于控制，因为可以加大速度环比例参数，降低 Lag error（滞后偏差）。共振峰会变窄，有利于控制，因为可以设计合适的滤波器将其滤掉。共振频率会降低，不利于控制，但加入滤波器将共振峰滤掉之后，则没有影响了。这也是为什么通常要求惯量比小于 10，以得到比较好的控制效果。当由于机械结构或成本限制，惯量比无法继续减小时，增强连接刚性则变得很重要。

图 6-27 所示为开环情况对应的波特图，当加入闭环控制之后，频响特性（即从电机速

度环的设定速度输入到电机速度反馈之间的关系）如图 6-28 所示。可以看出，加入闭环控制之后，反共振频率不变，截止频率以下的幅值曲线接近 0（截止频率为反共振频率左侧，波特图幅值降到 3dB 对应的频率），意味着在低频段输出较好的跟随输入，随着速度环增益 Kv 不断加大，速度环截止频率也不断增大，有利于电机控制。同时，加入闭环控制之后，高频段幅值也被向上抬，有利于电机控制，但随着速度环增益 Kv 不断加大，高频段增益会出现超过 0 的共振点。此时会出现不稳定风险，例如 Kv=4 时，电机转矩的 400Hz 分量会被放大，有造成电机抖动的风险。

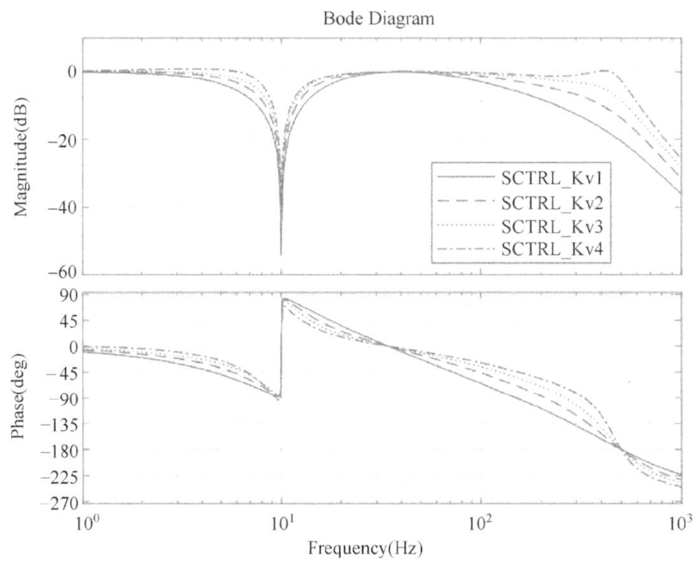

图 6-28 不同速度环增益 Kv 对应的波特图（从设定速度到电机速度）

另外，从电机速度环的设定速度输入到负载速度反馈之间的速度闭环传递函数，其波特图如图 6-29 所示。可以看出，随着 Kv 的增大，负载侧的共振峰值增加，可能造成负载抖动加大，不利于负载的稳定控制。

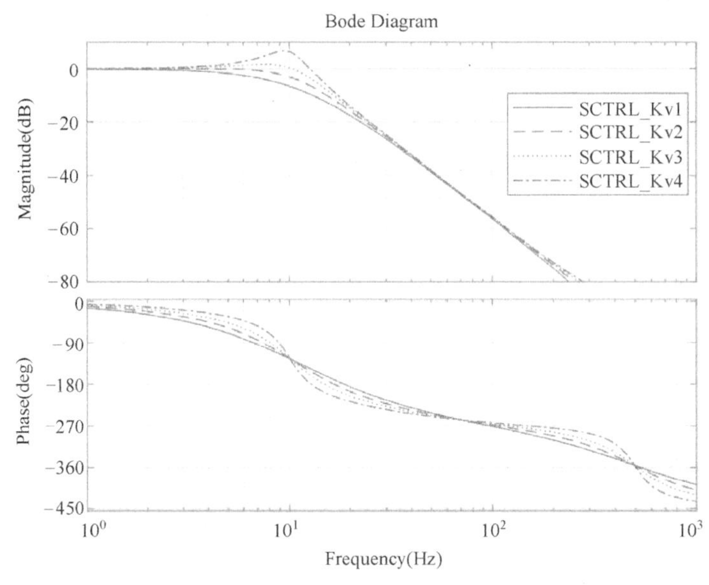

图 6-29 不同速度环增益 Kv 对应的波特图（从设定速度到负载速度）

位置环增益对频响特性的影响与速度环类似。随着位置环 Kv 的增大，电机和负载的响应都加快，同时振荡也加剧。这里不再赘述。

在实际运动控制项目中，经常使用 Lagerror 这一指标来衡量位置跟踪精度的大小，控制目标 Lagerror 越小越好。为了实现这一目标，速度环和位置环的比例增益应尽量调大，但如前述分析，比例增益过大会导致共振点的出现，从而使电机和负载抖动增加。所以在设计系统时，应尽量减小惯量比，增大连接刚性，使开环系统的波特图幅值曲线尽可能向下平移，从而为加大速度环和位置环增益留出更多裕量。有时，为了获得满足要求的 Lagerror，比例增益无法继续减小，导致共振点的出现无法避免。此时，可以采用合适的滤波方案将尖峰滤掉。如何选择合适的滤波方案，将在下节配合 AS 界面进行说明。

因此，电机惯量、负载惯量、连接刚性和连接阻尼整体决定了整个系统的响应。在连接不变的情况下，电机惯量和负载惯量越接近越容易控制整个系统。很多系统在电机选型时都有惯量比要求，超过一定范围会导致电机难以控制，三环参数被迫减弱（为了不发生共振）、误差变大、控制刚性及控制鲁棒性变差。

当在系统设计和项目调试中，遇到共振和反共振带来的负面影响时，可以参考表 6-11 和表 6-12 所示的措施进行改善。这些措施在改善共振和反共振影响的同时，也会有一些负面作用，要综合考虑采取最合适的方案。

表 6-11　共振的改善措施及负面影响

	改善措施	负面影响
1	减小电机控制三环（修改了位置环及速度环）	电机控制变软（容易被外界力量移动），跟踪误差变大
2	通过算法抑制共振，例如陷波滤波（即 Notch）	这种方式属于开环方式，鲁棒性不是特别好。如果系统由于外部机械磨损，负载变化导致共振频率点偏移会造成不稳定，此时需要重新整定参数。 当共振频率比较高时，负载变化不大，此方法效果比较好。不建议在共振频率比较低时（如 200Hz 以下）使用
3	加大电机惯量	更换电机产生费用
4	减小负载惯量，比如加大减速比	负载惯量和电机惯量比较时，负载惯量要除以减速比的平方，所以改变减速比的效果比较明显
5	加强刚性，更换刚性更强的联轴器或连接方式	此方式非常有效，因为刚性不但影响共振频率还影响反共振频率，对负载的控制精度非常重要。通常从电机侧是无法观测出负载精度问题的，所以有时候更换电机、加大惯量虽然减少了电机控制偏差，可能还是没有解决负载精度问题，在负载侧安装编码器常常因为安装精度导致难以观察是否改善。此时最好采用加强刚性的方式 直驱系统负载控制比较好也是由于这个原因。因为直驱系统的刚性大大增加，此时惯量比可以放大很多
6	增加编码器分辨率，减少速度环高频噪声	效果有限，共振频率比较高时作用大些

表 6-12　反共振的改善措施及负面影响

	改善措施	负面影响
1	加强刚性	同上表
2	加大阻尼	从公式上看是可以的，但是实际项目中比较难改变。在选择联轴器的时候可以适当考虑

6.5.3　频域分析工具 SLO

SLO（Servo Loop Optimizer，伺服控制环参数优化器）是集成在 AS 中的进行伺服驱动控制器频率响应分析的重要工具。在项目调试时，可以借助 SLO 来帮助调节控制器参数，通过查看不同控制器参数下的频响特性，选择合适的控制参数以及滤波方案。

因为 AS3.0 没有 SLO 功能，所以需要使用 AS4.0 以上版本才可使用该功能。打开 SLO 界面的操作如图 6-30 所示，打开后的界面如图 6-31 所示。

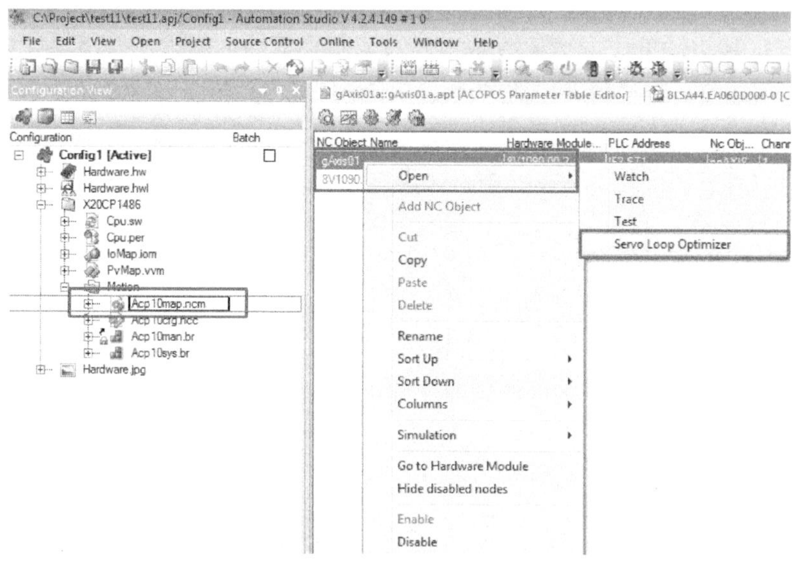

图 6-30 打开 SLO

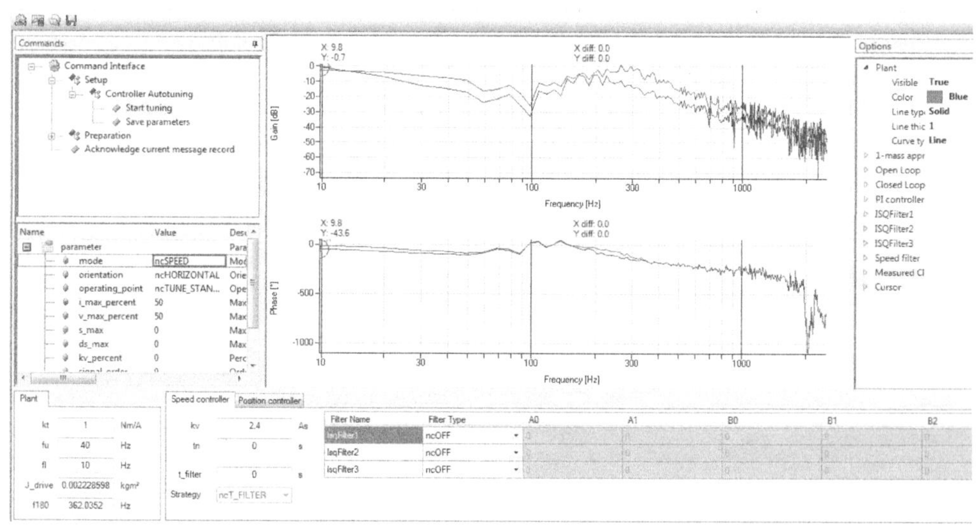

图 6-31 SLO 界面

打开 SLO 之后，通过图 6-32 所示的步骤对速度环进行识别。设定 mode 为 ncSPEED，i_max_percent 和 v_max_percent 可以分别设定 50，如果识别不准确可以加大这两个参数。signal_order 设定 11 是为了加长识别时间，提高低频识别准确程度，此参数为 0 时使用默认值 9。需在 Switch off 模式下执行命令，执行完后，需要一些时间上传数据，数据上传完成后会在波特图中显示。

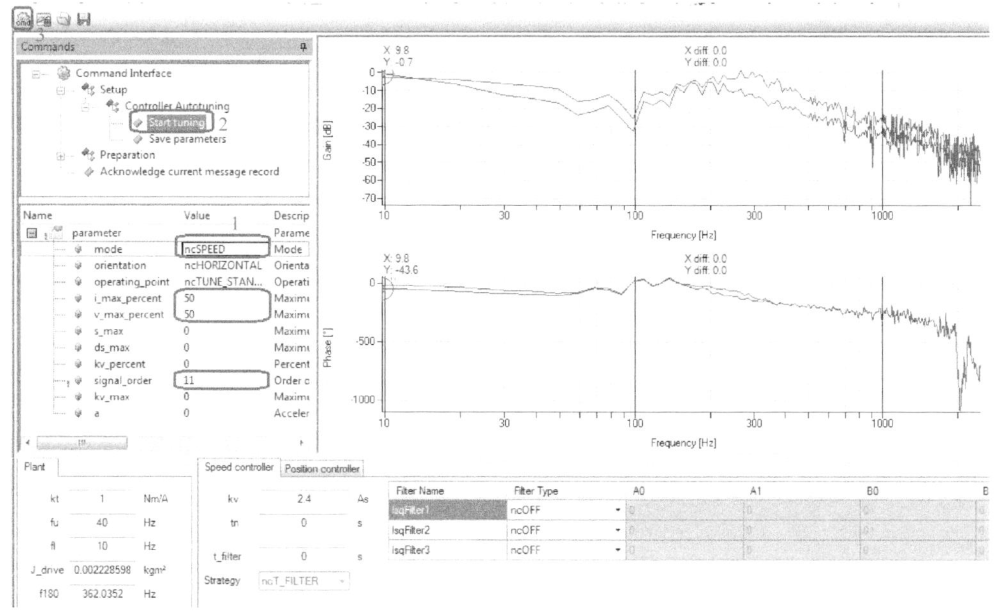

图 6-32　速度环识别步骤

Plant 部分（即被控对象部分）的参数说明如图 6-33 所示，其中 kt 是扭矩常数，从 AS 的电机参数中读取，fu 和 fl 为用于估计总转动惯量 J_drive 的上下限频率，f180 为 Plant 相角穿过 180°时的频率。

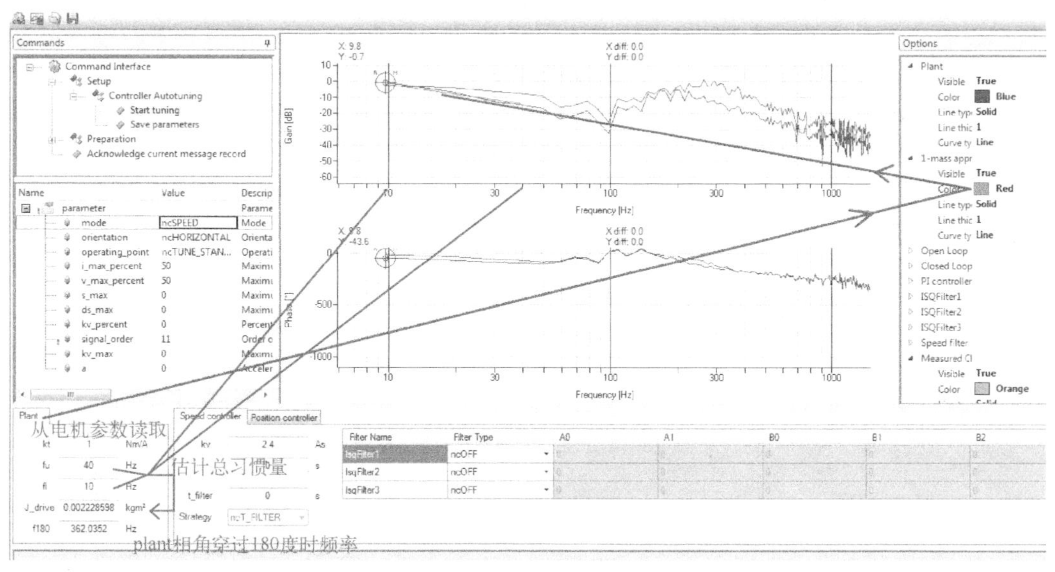

图 6-33　Plant 部分的参数说明

如何判断参数识别是否准确，可以参考 Plant 部分 J_drive 惯量与 Test 模式下进行前馈参数整定（ncFF）中的系统惯量进行比较，如图 6-34 所示。因为这种模式是运动过程中整定的，比较准确，这两个惯量数值都是指系统总惯量。

速度环整定好后，可以选择适当滤波方式进行参数优化，共有 4 种滤波器可以选择，分别为 Notch 滤波器、低通滤波器、BQ 滤波器和 Z_TRANS 滤波器。

1. Notch 滤波器

Notch 滤波器相当于一阶带阻滤波器，频率带宽以外的信号无失真输出，频率带宽以内的信号被滤除，例如一个中心频率为 0.2Hz，带宽为 0.3Hz 的 Notch 滤波器的波特图如图 6-35 所示。

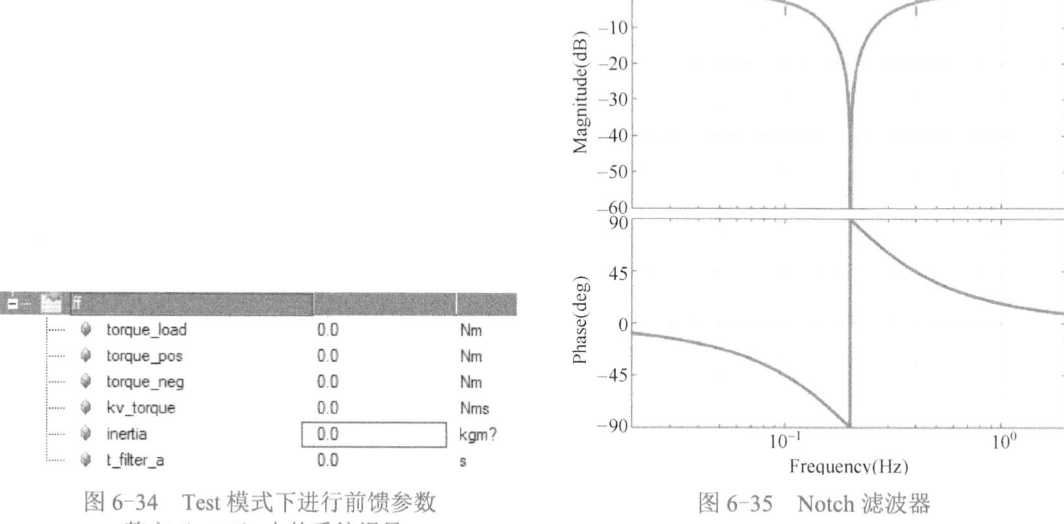

图 6-34 Test 模式下进行前馈参数整定（ncFF）中的系统惯量

图 6-35 Notch 滤波器

图 6-36 所示为没有加入滤波器的系统开环和闭环频率响应特性。从图可以看出，由于速度闭环的加入，使得系统幅值曲线整体上移，响应滞后变小，跟踪效果更好。但高频段的共振尖峰依然存在，虽然图示参数下没有共振的危险，但若继续加大增益参数，则有可能造成电机和负载抖动加大。因此，可以在控制器中引入 Notch 滤波器来抑制该尖峰。

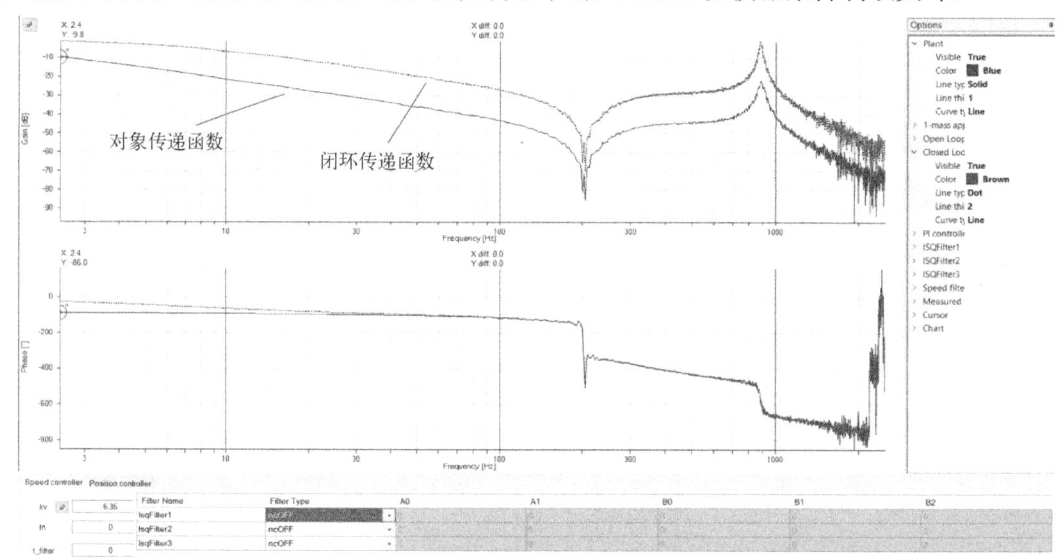

图 6-36 没有加入滤波器

在图 6-37 所示的 AS 界面中，在“filter type”中选择 ncNOTCH 即可使能 Notch 滤波器。它有两个参数，分别为中心频率 A0 和滤波器带宽 A1。中心频率 A0 就是系统的共振频率点，即需要滤除的尖峰中心频率，这里的 A0 和 A1 由软件自动计算给出，不需要手动计算。如果需要，可以在给出自动计算值的基础上进行手动修改。在半对数波特图下，Notch 滤波器在频率为 A0+A1/2 的频率点处，其幅值刚好为-3dB。滤波器宽度 A1 的值越大，优点是可以滤掉的频率越多，缺点是滤波器在低频段引起的相位滞后越大，使用时需要综合考虑。

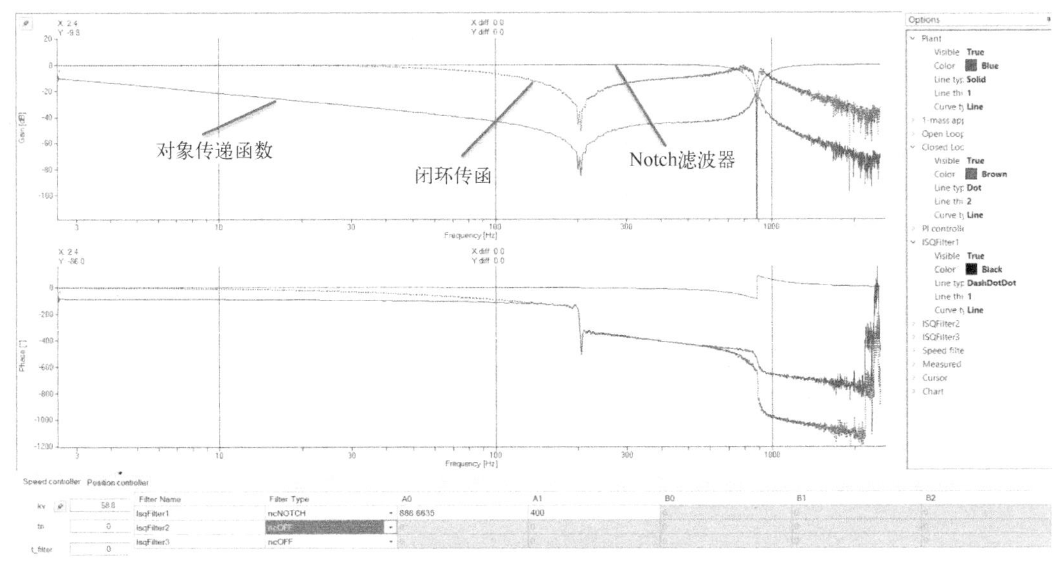

图 6-37　加入 Notch 滤波器

对比图 6-36 和图 6-37 可知，加入 Notch 滤波器之后，共振频率点被很好地抑制了，加大控制器增益后，截止频率增加，有助于系统稳定运行。

2．低通滤波器

低通滤波器可以使截止频率以下的信号无失真输出，截止频率以上的信号被滤除。例如一个截止频率为 0.2Hz 低通滤波器的波特图如图 6-38 所示。

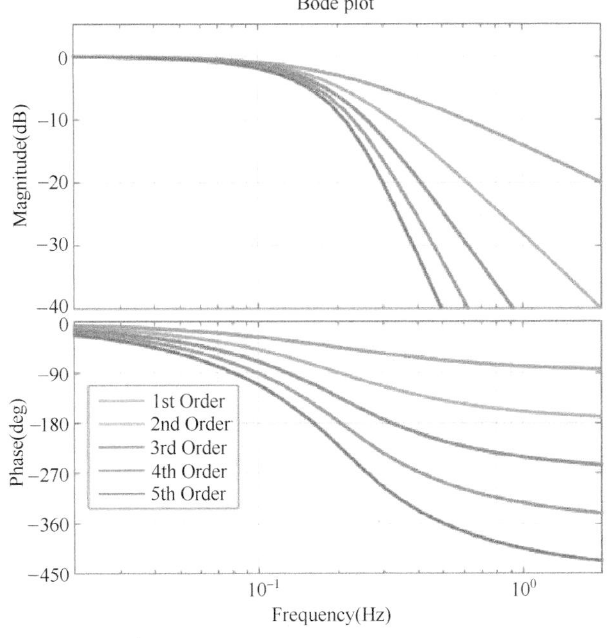

图 6-38　截止频率为 0.2Hz 低通滤波器的波特图

低通滤波器只有一个参数，即滤波频率 A0。低通滤波器可以过滤掉高于 A0 频率的信号，A0 以上频率的信号将以-20dB 的衰减率衰减。A0 频率越低，越多的高频信号将被衰减，但滤波器同时会衰减少许低频信号的幅值，更主要的是会引起低频段的相位滞后，使用时需要综合考虑。图 6-36 和图 6-39 所示分别为低通滤波器加入前后的闭环系统波特图。对比可见，加入低通滤波器后，A0 以上高频信号会被快速衰减。

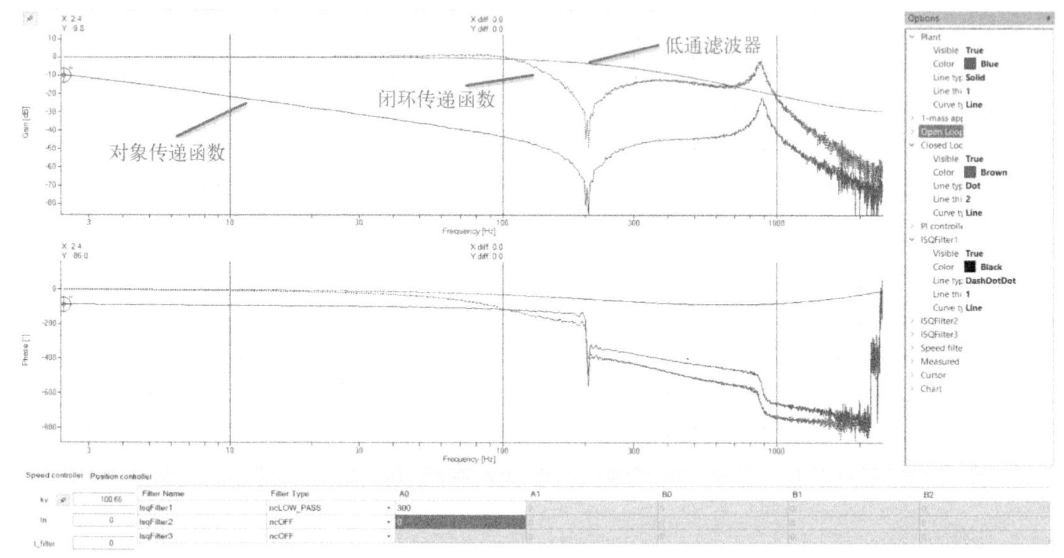

图 6-39 加入低通滤波器

从低通和 Notch 的滤波原理可见，二者主要区别是在高频段。当通过波特图观察到高频段整体增益被放大至超过 0dB 时，意味着高频段整体有抖动增大的风险，此时可以通过低通滤波器改善高频段频响特性；当通过波特图观察到，高频段除了共振点外其余部分没有被放大，此时可以通过 Notch 滤波器针对共振点进行改善。

3. BQ 滤波器

BiQuad 滤波器（简称 BQ 滤波器）也叫作补偿滤波器。一般用在既有反共振，又有共振的被控对象上，例如常见的电机带负载，然后从电机端反馈的使用情况。BQ 滤波器由于传递函数的分子分母各为二阶多项式，因此反映在波特图上，既含有一个放大频率点，又含有一个衰减频率点。图 6-40 所示为一个 CenterFrequencyDen = 200Hz、CenterFrequencyNum= 500Hz、DampingRatioDen = 0.07 且 DampingRatioNum = 0.07 的 BQ 滤波器的波特图。通过这 4 个参数可以调节滤波器的放大中心频率、衰减中心频率、放大幅值和衰减幅值。

由 BQ 滤波器工作原理可知，在 AS 中共有 4 个相关参数 A0、A1、B0 和 B1。A0 为共振峰的频率。A1 可以根据共振峰的大小来设置，共振峰高，则 A1 较小，共振峰低，则 A1 较大，目的是可以在闭环传函中将共振峰完全消除掉。B0 的值一般对应反共振峰的频率，但是可以根据实际调试来修改。B1 的值不宜太小，一般保持 0.7 左右即可。

图 6-36 和图 6-41 所示分别为 BQ 滤波器加入前后的闭环系统波特图。对比可见，加入 BQ 滤波器后，正反尖峰得到了平滑抑制。

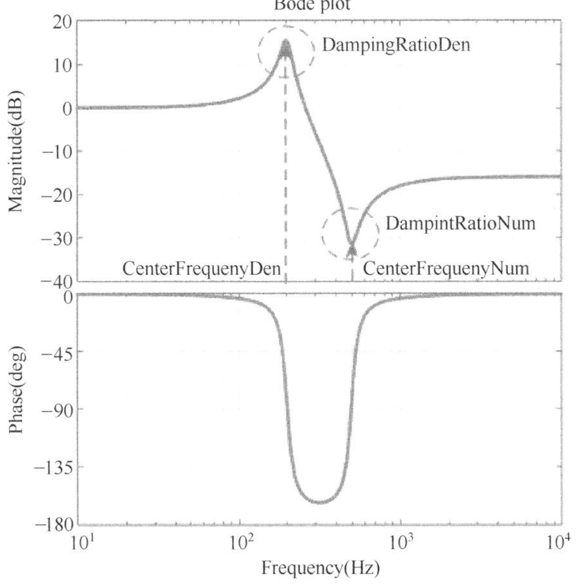

图 6-40 BQ 滤波器的波特图

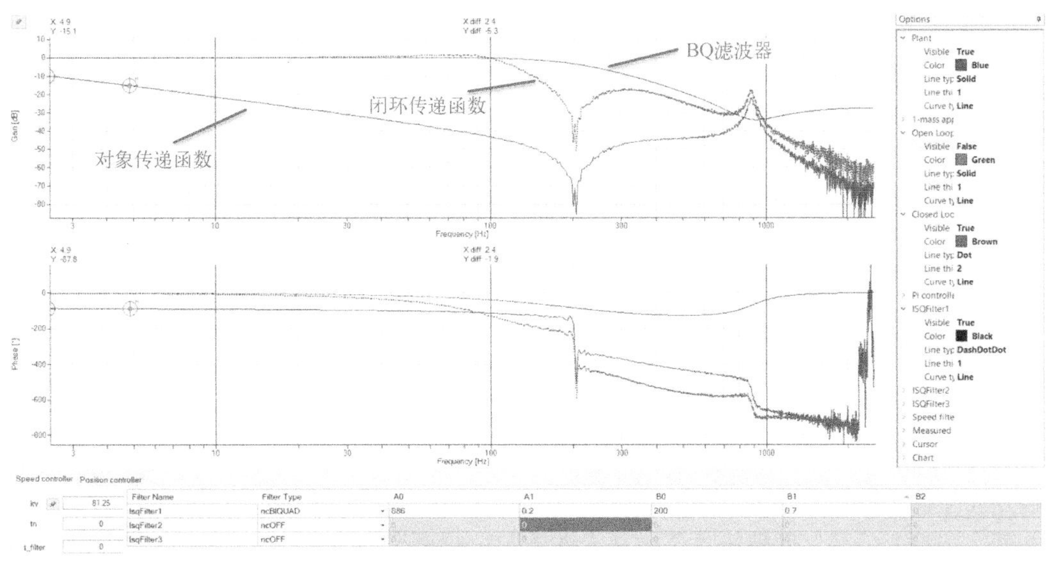

图 6-41 加入 BQ 滤波器

4．Z_TRANS 滤波器

使用者可以加入自行设计的 2 阶传递函数，属于高级用法，一般可以不选该模式。

无论使用上述 4 种滤波器的哪一种（或不用滤波器），在调好参数之后通常需要保存数据，可以通过图 6-42 所示的步骤将调好的参数保存至 CSV 文件。

注意，Servo Loop Optimizer（SLO）只是用来测试 Plant 模型，并根据需要选择对应滤波，计算三环参数。并不会将计算出来的三环初始化给轴，如果要使用相应参数，需要在 Test 模式下进行 Controller init 命令。

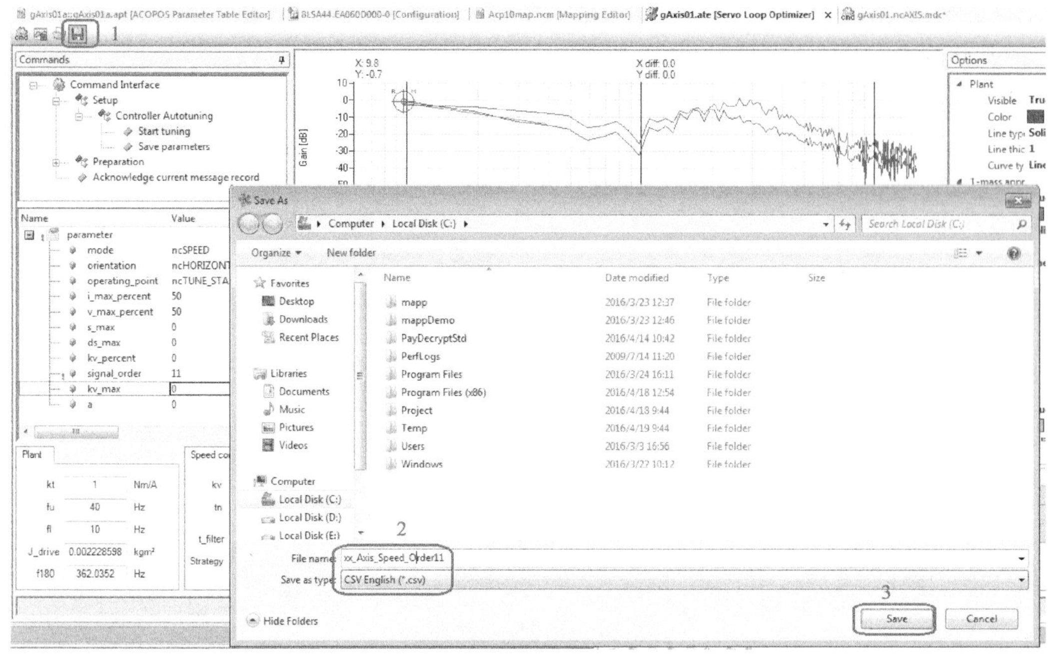

图 6-42　保存数据的步骤

速度环参数整定好之后，下一步是整定位置环。位置环的整定是基于速度环的，所以位置环整定前需要将速度环整定的参数通过 Test 执行 Controller init 命令，然后再进行位置环整定。在图 6-42 所示界面的步骤 1 处，将 mode 选择为 ncPosition，即可切换为位置整定模式。整定好后保存成 xx_Axis_Position_Order11.csv（图 6-42 中为速度环参数）文件。

6.5.4　实例分析

通过 SLO 进行系统频响分析，从而进行有效的参数调节和滤波器设计。为了改善系统输出跟随输入信号的能力，并减少可能的电机和负载机械抖动风险，这两点最终会体现在 Lagerror 这一指标上。好的控制器参数设计会使 lagerror 更小，位置跟踪效果更好。

为了更好地对上述理论分析进行说明，本节将用一个实际 demo（演示例子）来做验证，展示不同惯量比情况下系统频响特性变化，以及对应的 Lagerror 控制效果。该 demo 采用电机与机械负载通过联轴器直连的方式搭建，其时域运动参数如表 6-13 所示。控制器速度环为自整定 Kv，加 Notch 滤波；位置环为自整定 Kv，无滤波。

表 6-13　实验 demo 时域运动参数

1 圈（units）	1000
位移（units）	5000 （即旋转 5 圈）
速度（units/s）	5000
加速度（units/s^2）	50000

具体实验过程为：搭建硬件实验 demo，再通过 AS 的 SLO 功能读取 demo 的各项参数，然后将读取的参数输入至仿真模式；在仿真模式下，手动修改电机惯量使其遍历不同大小的值，通过观察对应的波特图和 Lagerror 变化来反映不同惯量比对伺服控制精度的影响。

根据图 6-30 打开 SLO，选择 ncSPEED 模式，单击 Start tuning 命令后可以得到控制对象的传递函数，即从电机转矩到电机角速度之间的传递函数，其传递函数波特图如图 6-43 所示。

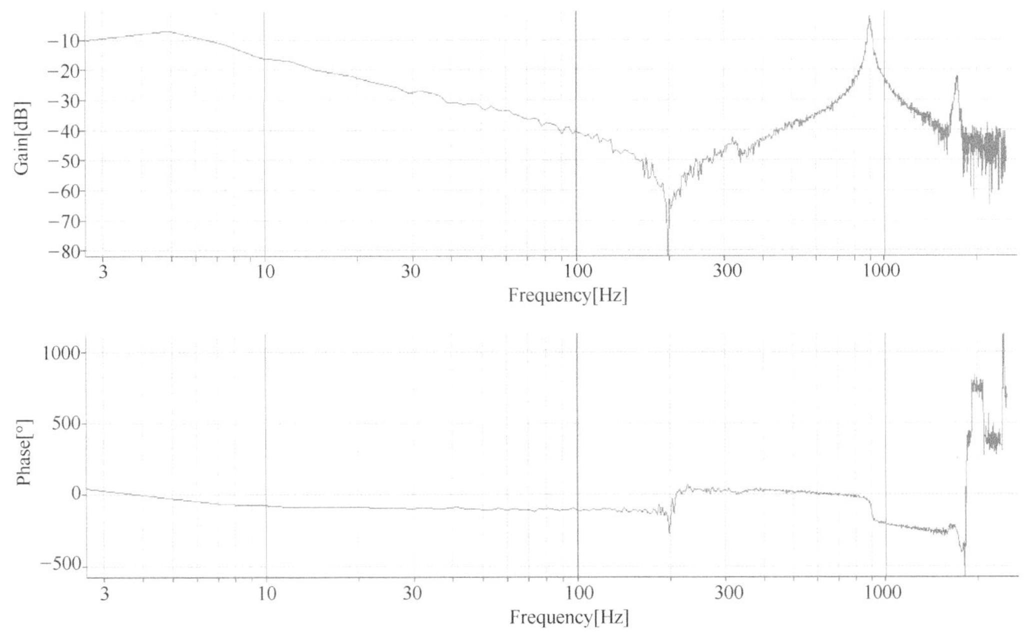

图 6-43 实验 demo 传递函数波特图

在 Plant 标签下，读出总转动惯量 J_drive 的值为 0.01931192kgm²。同时，在波特图中可读出共振频率和反共振频率分别为 891.5Hz 和 200.3Hz。在此基础上，根据以下公式，计算得到电机惯量 J_1、负载惯量 J_2、连接刚度 c_{stiff} 和阻尼 d_{damp}：

$$x=\left(\frac{f_{\text{ares}}}{f_{\text{res}}}\right)^2=\left(\frac{200.3}{891.5}\right)^2=0.05$$

$$J_1=x*J\_drive=0.05\times0.01931192=9.75e-4\text{kgm}^2$$

$$J_2=J_{\text{all}}-J_1=0.018337\text{kgm}^2$$

$$c_{\text{stiff}}=(2\pi*f_{\text{ares}})^2*(1-x)*J_{\text{all}}=(2\pi*200.3)^2*(1-0.05)*0.01931192=29058\text{Nm/rad}$$

$$d_{\text{damp}}=2*D*\sqrt{x*(1-x)*J_{\text{all}}*c_{\text{stiff}}}=2\times0.02\times5.163=0.2\text{Nms/rad}$$

为了体现在负载惯量不变、电机惯量变化时，控制器参数及控制性能的变化，手动设定电机惯量分别为 9.75e-4kgm²、0.00195kgm² 和 0.0039kgm²，并在三种情况下进行了仿真测试。图 6-44 和图 6-45 所示为电机惯量最小时（9.75e-4kgm²）对应的系统传递函数波特图以及相应的电机位置控制偏差 Lagerror。图 6-46 和图 6-47 所示为电机惯量中等时（0.00195kgm²）对应的系统传递函数波特图以及相应的电机位置控制偏差 Lagerror。图 6-48 和图 6-49 所示为电机惯量最大时（0.0039kgm²）对应的系统传递函数波特图以及相应的电机位置控制偏差 Lagerror。三种情况下的实验结果总结如表 6-14 所示。

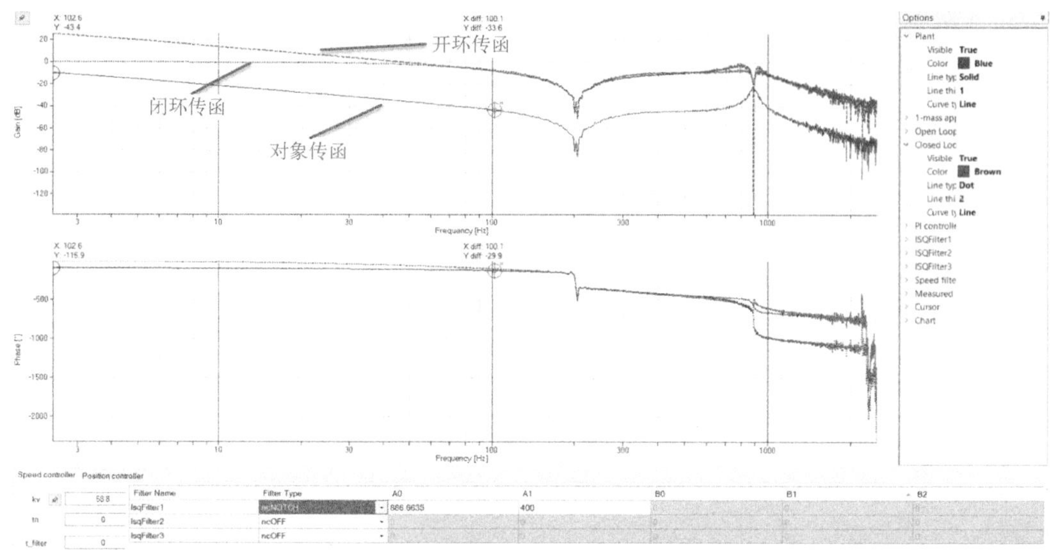

图 6-44 电机惯量最小时的传递函数波特图

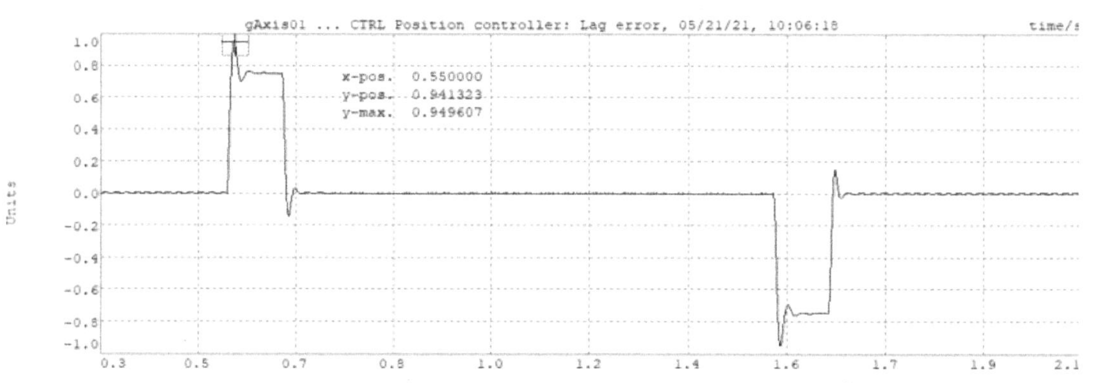

图 6-45 电机惯量最小时的 Lagerror

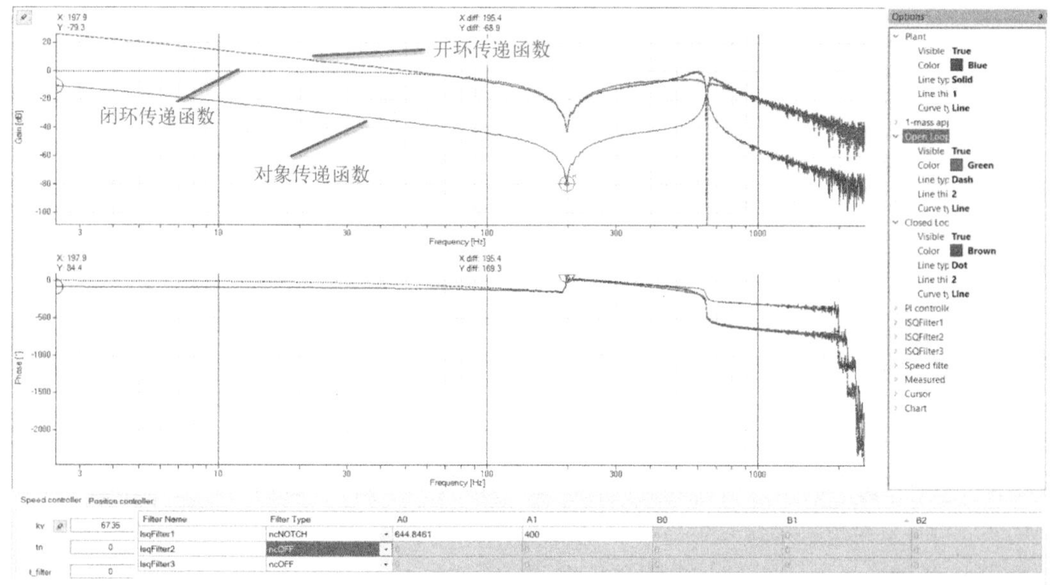

图 6-46 电机惯量中等时的传递函数波特图

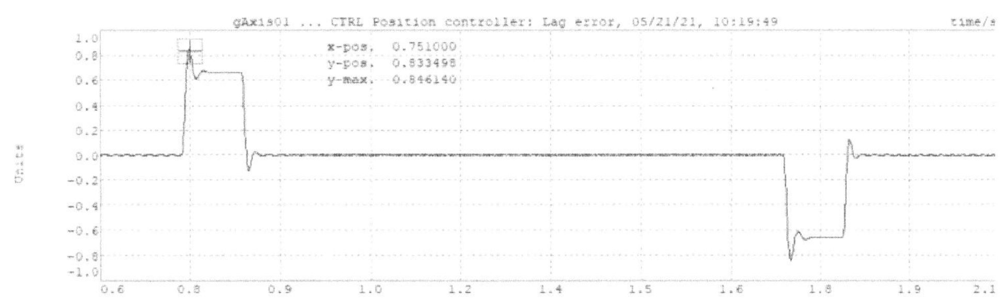

图 6-47　电机惯量中等时的 Lagerror

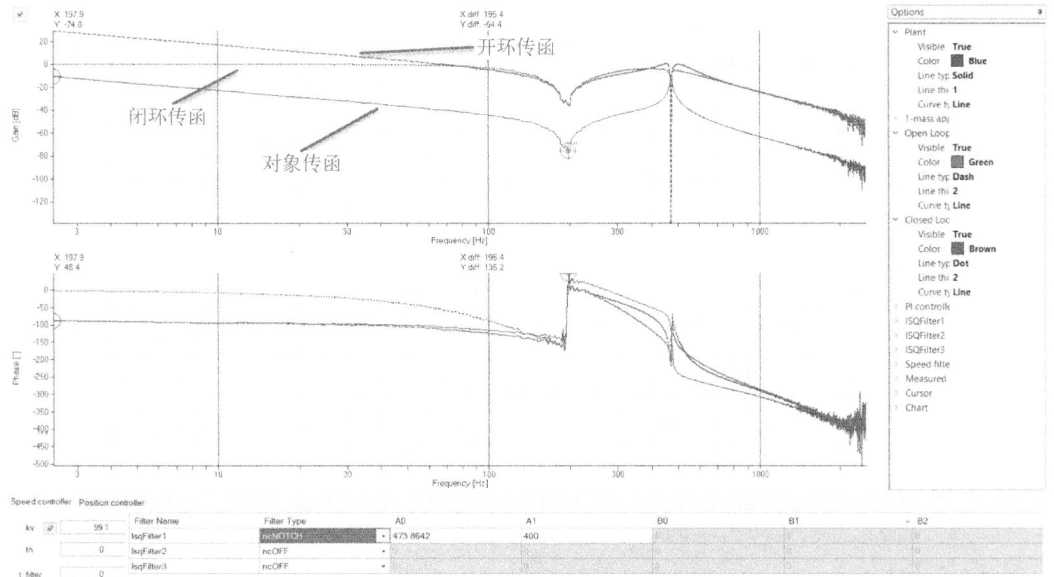

图 6-48　电机惯量最大时的传递函数波特图

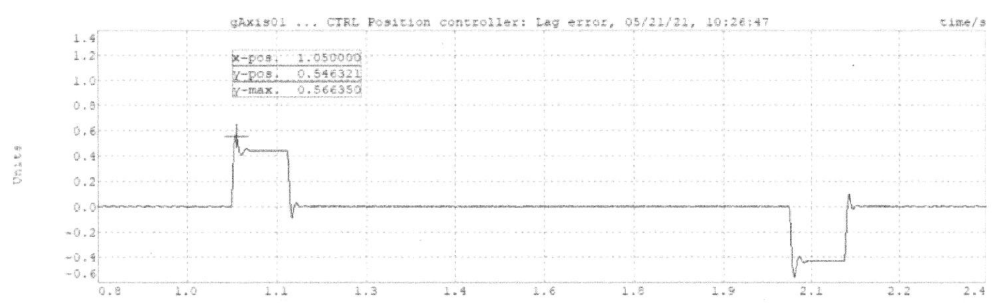

图 6-49　电机惯量最大时的 Lagerror

表 6-14　不同电机惯量下的实验结果对比

电机惯量 J1[kgm2]	9.75e-4	0.00195	0.0039
惯量比 J2/J1	18.8	9.4	4.7
反共振频率[Hz]	205		
共振频率[Hz]	886	645	474
速度环自整定 Kv	58.8	67.35	99.1
Lagerror 峰值[units]	0.95	0.85	0.57

从对比图表中可以看出，在负载不变的基础上，随着电机惯量的增加，反共振频率和幅值均不变（205Hz，-50db），共振频率有所降低，但是因为幅值变小变窄，加入 Notch 滤波后可以很好地将其过滤掉（对比传递函数波特图绿色和红色曲线的不同）。另外，由于电机惯量的增加，被控对象幅值曲线（蓝色）有所下移，使得可以设置的速度环 Kv 参数更大。因此 Lagerror 更小，意味着控制效果更好。

最后，总结一下利用 SLO 工具进行电机惯量匹配问题分析的步骤，具体如下。

1）打开 SLO 分析工具，在参数设置项中设置 signal_order 为 11。

2）参数设置项中设置 mode 为 ncSPEED，operating_point 选择 ncTUNE_STANDSTILL。

3）单击选择 Start tuning 命令按钮。

4）Tuning 结束后，Speed controller 标签下会自动绘制速度环相关波特图，保存该图形文件。

5）记录 Plant 项中 J_drive 的值。

6）与 TEST（测试）中自整定的惯量值进行比较，如果一致，说明惯量估计正确，如果不一致，有可能是 SLO 中加的激励不足。

7）修改参数设置项中的 i_max_percent 值，重新 Tuning，直至惯量值估计准确为止。（实际测试时，可以修改 i_max_percent 值多做几次测试，用来对比分析。注意 i_max_percent 的值不要太大，以免发生意外）。

8）在 Speed controller 标签下，尝试加入滤波，以改善速度环的性能。

9）如果认为已经找到了比较好的一组速度环参数，则将该组参数填入 TEST 下的控制器参数中。

10）在 TEST 下，初始化控制器参数（如果不初始化就开始位置环的整定，则整定好的速度环的参数在位置环整定时是不会被使用的）。

11）在参数设置项中设置 mode 为 ncPOSITION，双击 Start tuning 命令按钮整定位置环。

12）在 Position controller 标签下会自动绘制位置环的相关波特图，保存该图形文件。

13）调整位置环参数，并填入 TEST 下的控制器参数中。

14）整定完成。

第 7 章　HMI

贝加莱的 HMI 界面开发也是在集成的统一平台 AS 中完成的。贝加莱提供的上位机界面开发技术共有两种，一种是 VC4，另一种是 mappView。mappView 是最新一代基于 HTML5 网页开发的 HMI 设计与开发技术，其开发步骤比 VC4 略复杂，适用于对画面要求比较高、需要嵌入复杂人机交互动作的项目。而 VC4 作为传统的 HMI 界面开发技术，其开发步骤简单，对硬件要求较低，常用于一般或简单项目。

本节将分别介绍这两种 HMI 开发工具的开发流程、画面模板以及注意事项。

7.1 VC4

VC4 是贝加莱传统的 HMI 界面开发技术，由于其开发步骤简单、易上手、对硬件要求较低等优点，目前绝大部多数项目尤其是中小型项目普遍采用 VC4 技术进行上位机界面开发。

7.1.1 开发流程

1.5.3 节（如何快速添加上位机界面）中介绍了 VC4 的基本开发流程，即添加可视化对象（Visualization object）→画面编辑并关联变量→关联硬件→网络配置→编译下载调试。本节将在此流程上进行更详细的介绍，以便用户了解更多的 VC4 开发细节。

首先在 Logical View 中，参照图 1-36 所示步骤添加 VC4 Visualization 至文件树下，AS 会自动弹出图 7-1 所示的引导页。在引导页中可以对插入的 VC4 Visualization 对象进行命名（该名字在关联硬件时以及用 VNC Viewer 软件查看仿真效果时都会被用到），可以选择分辨率（分辨率越高对系统资源的占用就越多），还可以选择 VC4 模板等。这里的几个 VC4 模板的区别如下。

1）界面风格不同。类似于手机设置里的主题，选择了某一主题，其自带的图标风格会相应改变。

2）有些模板自带基础页面，如 StartPage（开始页）、MainPage（主页）、TrendPage（趋势页）、AlarmPage（报警页）、AlarmHistoryPage（历史报警页）、Setup（设置页）、SystemDiagnostics（诊断页）等；有些模板不带基础页面。除 Basic 版和 Empty 版之外，其他模板均带有上述基础页面。

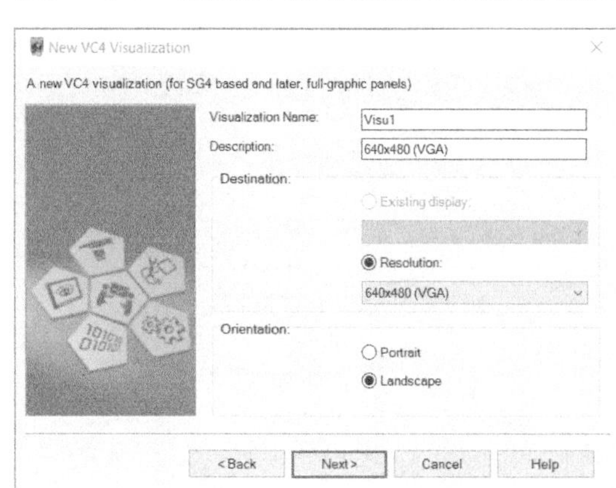

a)

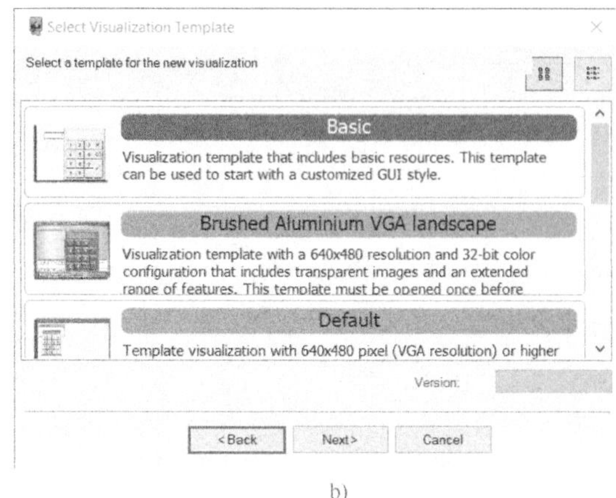

b)

图 7-1 添加新 VC4 对象的引导页

a) 命名和选择分辨率 b) 选择模板

若用户不想自己从头设计，也不想使用 AS 自带模板，而是想把其他项目的画面复制过来，在此基础上再去修改。可以单击选择图 7-2a 所示的 Import VC resources from other project 选项，在弹出的对话框选择目标项目文件夹，单击 Visu 选项，即可进入图 7-2b 所示的页面。在该页面中，用户可以选择将该项目中的哪一部分导入自己的项目，导出整个 Visualization 工程，也可以只导出某一个页面、某一张图片、某一个字体等。若用户单击 File 按钮之后看不到 Import VC resources from other project 这一选项，说明 AS 当前不在 VC4 设计环境中，需要先进入图 1-37 所示的 VC4 设计环境，然后才能在 File 下拉菜单中看到该选项。

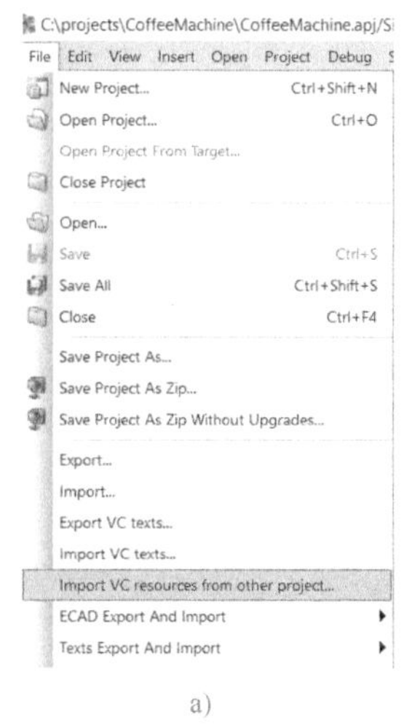

a)

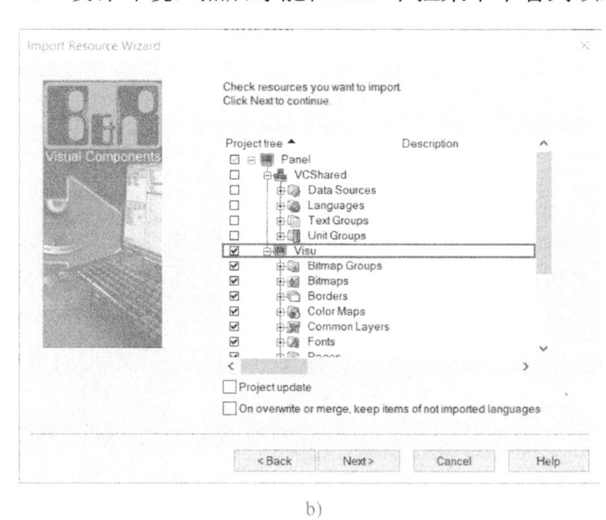

b)

图 7-2 导入其他项目的 VC4 画面

a) 选择导入 b) 选择要导入的画面元素

无论是从空白页开始或从自带模板开始，还是从其他项目页面开始，接下来都需要进行画面设计、编辑和变量关联工作。

VC4 设计的基本理念是分层+控件。首先介绍分层的概念。

我们所看到的每一幅上位机画面，大多是由多个图层叠加在一起形成的，类似于 PPT

中的图片层概念。例如，图 7-3 所示为 AS 的咖啡机例程中的一张画面（用户可在 AS 文件夹的 Samples 中打开该例程）。该画面由图 7-4 所示的 3 张画面组合而成。之所以以图层的形式来组合画面，主要的原因是为了将公共层和专属层区分开。通常将每张页面都会用到的共同画面部分放在公共层中，如一级导航栏、公司 Logo、产品名称、中英文切换按钮等，每张画面只需要引用该公共层，然后再添加专属的画面元素即可。这样既可以提高设计效率，省去重复制作的时间，还可以保证每张画面的共有部分的属性（如位置、颜色等）严格一致。除此之外，图层的另一个作用是为了实现弹出框效果，比如，单击 Language 按钮后弹出语言选择框。VC4 不像 mappView 有专门的弹出框功能块，而是通过图层显示和隐藏的方式间接实现弹出框的效果，通常建议用户将所有的弹出框都添加到公共层中。

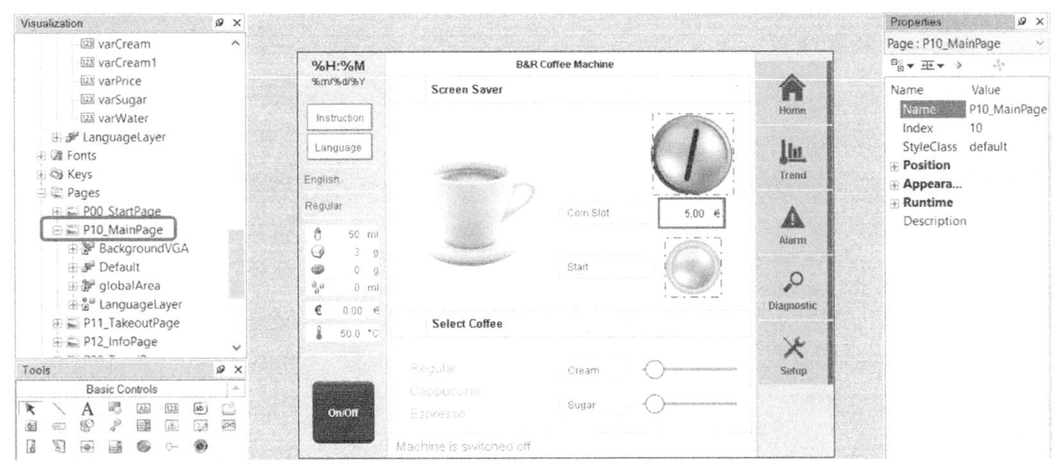

图 7-3 图层叠加之后的效果图

以图 7-3 和图 7-4 所示的咖啡机 MainPage 画面为例。该画面包含 3 个公共图层，即 BackgroundVGA、globalArea 和 LanguageLayer，以及 1 个专属图层，即 Default。每张图层的叠加顺序是通过 Z-Order 来控制的，0 代表最底层，数字越大，层级越高。右键单击 Common Layers，在弹出的快捷菜单中选择 Add Layer 命令即可添加公共图层，公共图层和专属图层的画面编辑方法完全相同。BackgroundVGA 代表背景画面，通常是指画面的基础底色；globalArea 中包括一级导航栏、语言切换按钮、开/关机按钮、所选咖啡的配方等；LanguageLayer 是指语言切换层；Default 中包括该页面的专属元素，非公共层。

下面以 LanguageLayer 为例介绍如何实现弹出框效果。图 7-5 所示的语言选择弹出框由 3 个元素构成，即 bmpTransparent、cmdLockBackground 和 1stLanguage。其中 bmpTransparent 是一张纯色透明位图，为了实现当语言选择框被弹出时，画面背景变浅以凸显语言选择框的视觉效果；cmdLockBackground 使用的是 HopSpot 控件（即虚拟按键），当按下框选的区域时，会执行 SetDataPoint 动作（给 openLanguage 变量置 1），本例中框选的区域为全屏，以此来实现当语言选择框被弹出时，单击屏幕任意区域可关闭语言选择框的视觉效果；1stLanguage 使用的是 ListBox 控件，该控件可实现在列表中进行选择的效果。如本例中，该控件的 Value Source 选择"Languages"这一提前定义好的文本组（即 TextGroup），选择该文本组之后，可以即时看到图 7-5 所示的效果。为了使该处选择的语言可在所有页面中生效，还需要将该控件的 IndexDatapoint 指定为 DataSource.gMainLogic.cmd.vis.newLanguage。当选择了英文，则把英文的 index（即 0）赋给该变量；当选择了中文，则把中文的 index（即 2）赋给该变量。然后在 Visu 的属性中，展开 Runtime→Language，在 Change Datapoint 中选择 DataSource.gMainLogic.cmd.vis.newLanguage 这一变量，这样即可实现全局语言随语言选择而实时切换。

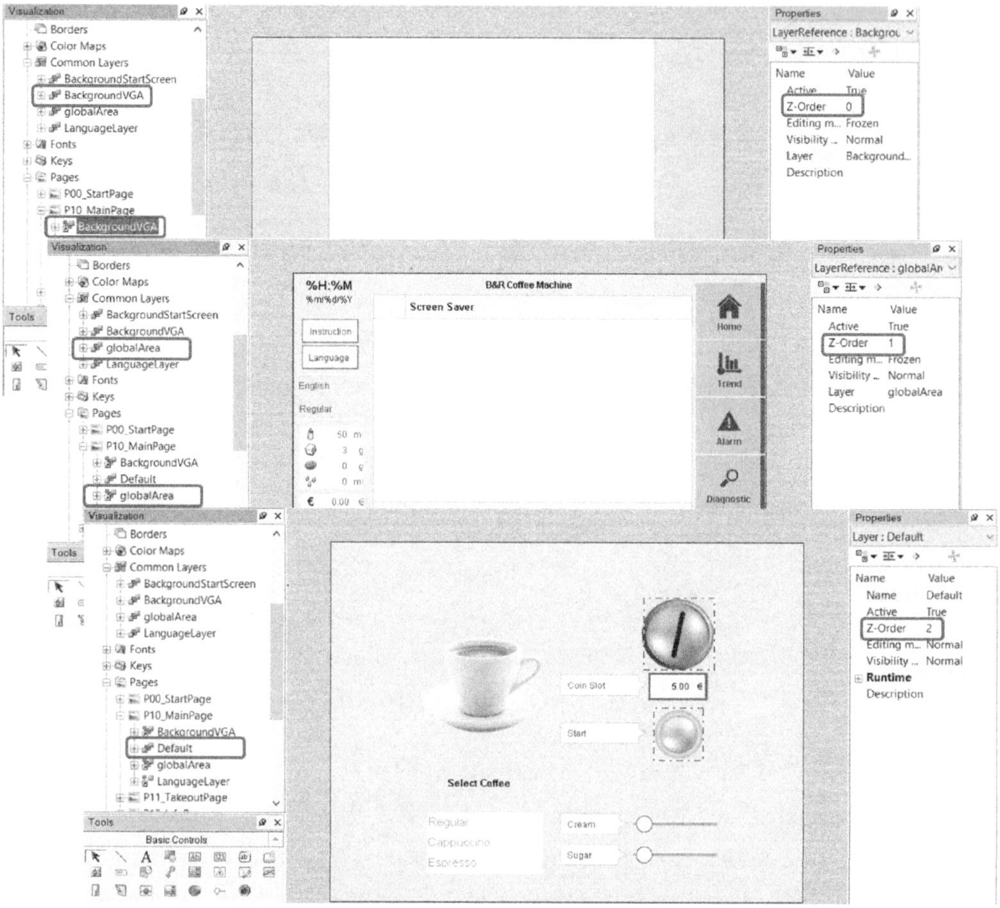

图 7-4　图层叠加

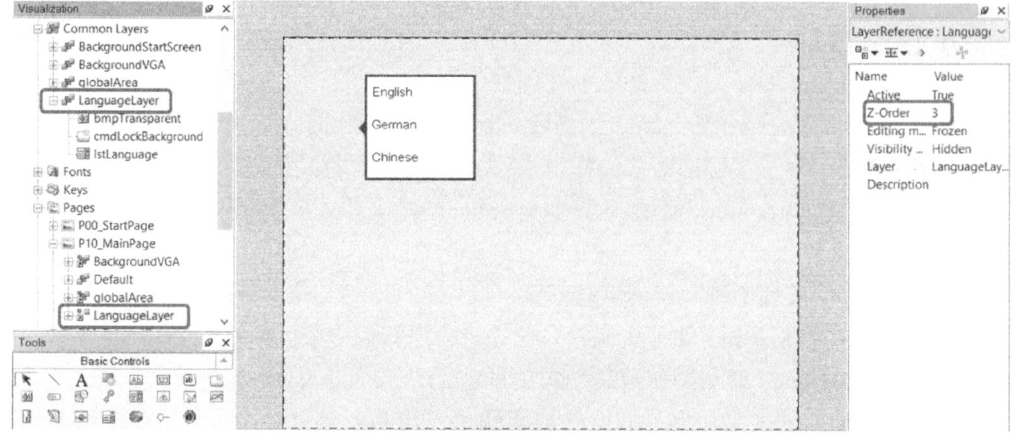

图 7-5　语言选择弹出框

Language Layer 这一公共图层设计完成后，在所有含 Language 这一按钮的页面都可直接引用该公共图层，无须重复设计。

如何显示文本？在 PPT 中，若要显示一段文本，方法是拖拽一个文本框至画面，然后在文本框中输入想要显示的文字。但是在 VC4 中，实现思路有所不同。VC4 中所有的文本显示，需要先在 Text Groups 中建立文本字段库，若需支持多语言切换，则同一字段的所有语言翻译也都在这里提前输入，如图 7-6 所示。在编辑每一张页面时，只需要引用相应字段即可。这样做的好处是方便集中对所有字段进行多语言管理，且当多张页面显示同一字段时，保证显示一致性，修改一处，多处同步。以图 7-7 所示的页面为例（该页面为公共图层中的 global area 层），想要新建一个 Setup 按钮，首先拖一个 Button 控件至页面相应位置。在 Button 控件的属性中，选择 TextSource 为 Single Text（Single Text 用于显示固定字段，不随操作而改变；而 Multiple Texts 因为含有多个字段，常用于显示随操作而切换的情况。如画面左侧的 Regular 显示的是普通咖啡，若操作人员在屏幕点选了其他种类的咖啡，这里会通过 DataSource.gMainLogic.par.coffeeType 这一变量，显示为 Cappuccino 或 Espresso）。选择完 Single Text 之后，在 Text Groups 中选择 Buttons_PageTexts（即图 7-6 所示的文本组）。然后在 Text 的下拉列表中，选择“2：Setup”选项。这样 Setup 字段的所有中/英/德三语内容可自动调出。

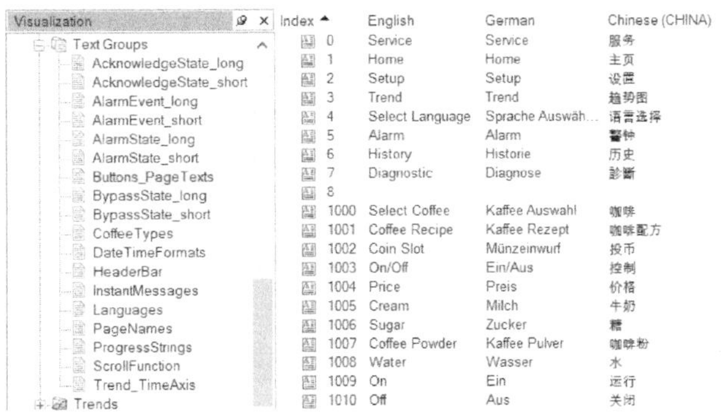

图 7-6 Test Groups 中每个字段的多语言翻译

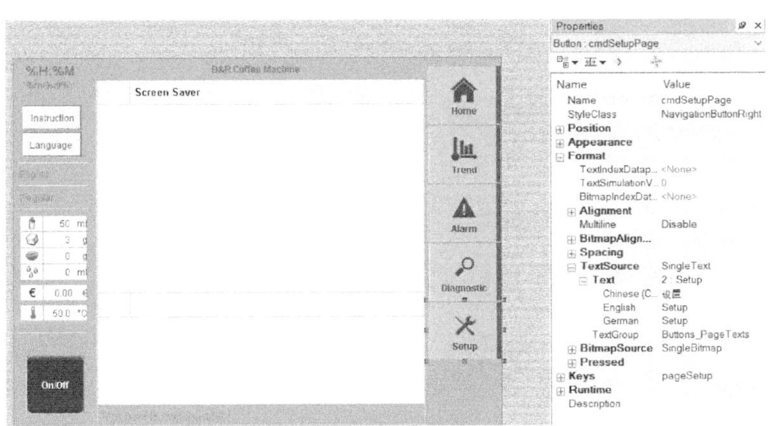

图 7-7 如何添加字段示例（以 global area 层为例）

如何显示数字？在 VC4 中，若显示的数字为固定不变的，可视为文本同上文中的方法处理。但大多数情况下，数字的显示是需要动态改变的，这时需要用到的控件为 Numeric。

接下来又分两种情况：有单位和无单位。对于无单位的数字，在 Numeric 控件的属性中，直接将 Datapoint 关联至 PLC 变量即可，Numeric 控件会自动实时显示该变量的值。对于有单位的数字，需要多几个步骤，以图 7-8 所示的 50ml 为例。该字段采用的是 Numeric 控件，其关联的变量为 DataSource.gMainLogic.par.recipe.milk，即配方中的牛奶含量，该数值随着咖啡种类的切换而不同。若要显示的不仅仅是 50，而是 50ml，还需要两个步骤：第一，在 Unit Groups 中创建一个新的单位组 Volume_ml，代表与容积相关的单位；第二，在图 7-9 所示的变量管理页面，将该变量的类型选为 Scaled，然后选择其单位为 Volume_ml。这样在显示该变量时，会将其单位一起显示。有一点需要特殊说明的是，Unit Groups 中的某一个单位组可以有多个单位，用于运行期间随用户需要进行切换。例如 Volume_ml 单位组中包括公制 ml 和英制 fl oz，如图 7-10 所示，其可以通过 DataSource.Visualisation.visCtrl.unitSystem 变量进行切换，默认为公制 ml，当该变量置 1 时，切换为英制 fl oz；再置 0 时，再切回公制。在本咖啡机例程中，公/英制可以通过设置页（即 Setup）中的相应区域进行任意切换，如图 7-11 所示。这里公制和英制的两个控件分别关联了 DataSource.Visualisation.visCtrl.unitImperial 和 DataSource.Visualisation.visCtrl.unitMetric 这两个变量。这两个变量与.unitSystem 变量之间的关系是通过简单的代码进行实现的，如图 7-12 所示（此处 1 个变量的值需要关联其他 4 个变量，无法通过图文编辑实现，因此只能通过代码来实现）。

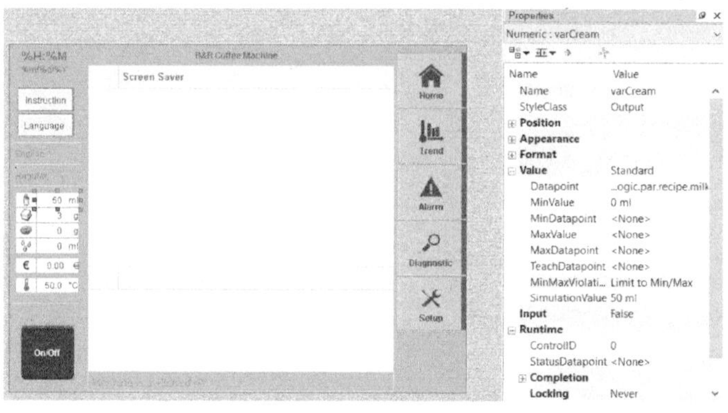

图 7-8 Numeric 控件设置

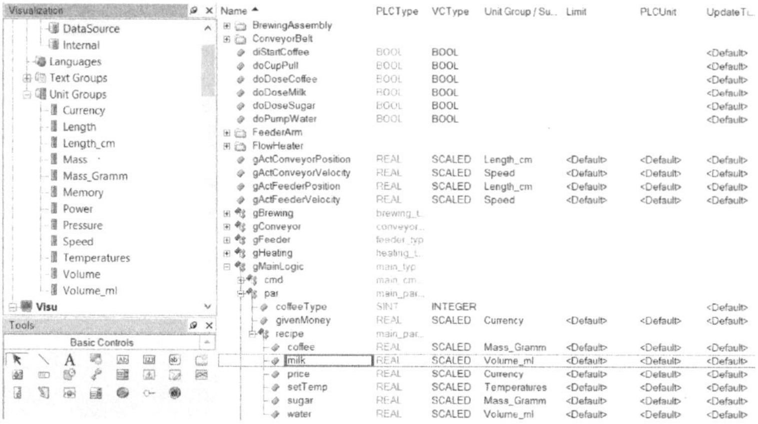

图 7-9 变量管理页面

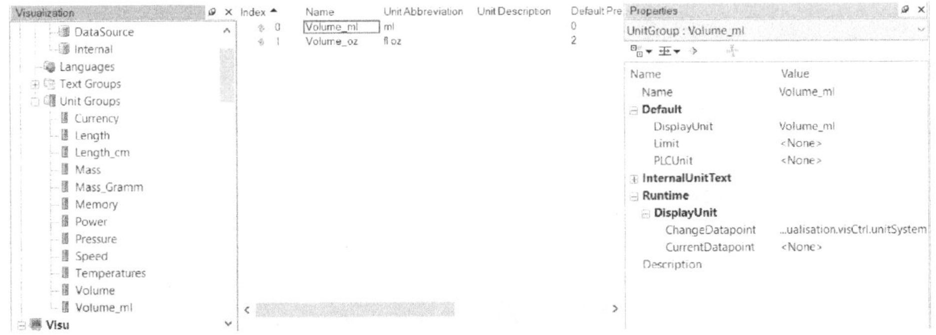

图 7-10 UnitGroups 中某一单位组可以有多个单位

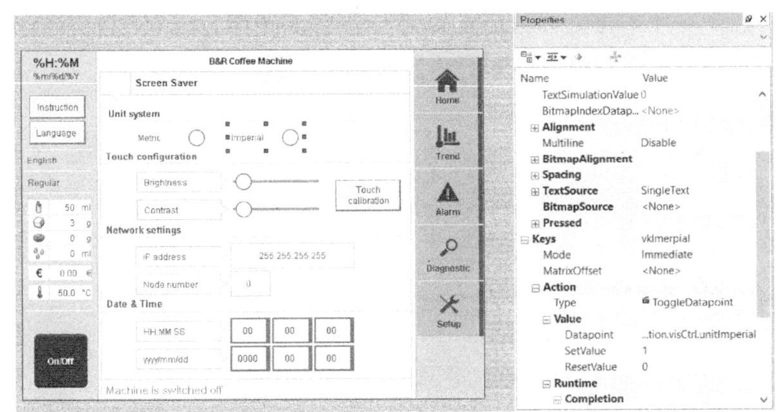

图 7-11 公/英制切换页面

图 7-12 实现公/英制切换的代码

7.1.2 开发模板

对于不想从头开发 HMI 画面的工程师来说，贝加莱提供了几个开发模板供用户使用。

1）AS 自带了几个开发模板，如图 7-1 所示。可以在新建 VC4 组件的时候，通过引导页进行选择，如 7.1.1 节所述。不同模板的主题风格不同，有些还自带了基础页面和图片。

2）在 9.4 节的基于标准化功能块的项目模板中，贝加莱中国技术团队提供了 3 种 10in 界面风格和 3 种 15in 界面风格的界面模板，以及主页面、报警页面、控制参数页面、用户管理页面等示例页面。

3）若用户不想自己从头设计，也不想使用 AS 自带模板，而是想把其他项目的画面复制过来，可以参考 7.1.1 节中图 7-2 所示的方法，将其他项目的画面导入自己的项目中。

7.1.3 如何进行本地及远程访问画面

VC4 画面可以通过 VNC 技术（Virtual Network Console，虚拟网络控制台）进行远程访问。本节将介绍 3 种情况，无论是哪种情况，都需要首先在计算机上安装“VNC Viewer”这一软件。读者可在图 1-26b 所示的“知识库 PC”中找到该软件。

本节的主要任务如下。

1）在工程师自己的计算机上仿真画面操作效果。

2）用工程师自己的计算机查看本地 PLC 上运行的画面。

3）用工程师自己的计算机查看一台异地机器上的运行画面。

1. 如何查看仿真画面

当工程师完成 VC4 画面设计和编程之后，通常需要在计算机上进行仿真，以查看画面设计效果和操作逻辑是否正确。此时，需要在 AS 的 Physical View 中，右键单击 ETH 选项，在弹出的快捷菜单中选择 Configuration 命令，即可进入图 7-13 所示的设置页面。在该页面中，设置 IP 地址和端口号。在 VC object name 中下拉选择要仿真的画面名称，并根据需要设置访问密码。

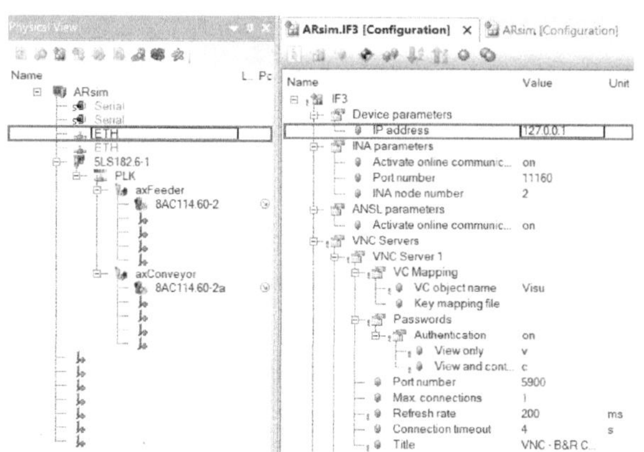

图 7-13 设置 VNC Server 的 IP 号和端口号

然后，双击打开 VNC Viewer 软件，输入刚才设置的 VNC Server 的 IP 号与端口号。以咖啡机例程为例，默认输入的 IP 为 127.0.0.1，端口号为 5900，如图 7-14 所示。单击 Connect 按钮即可进入仿真画面。

需要注意的是，在图 7-13 所示的设置页面中，还可以输入访问密码。以咖啡机例程为例，密码“v”可进入只读模式，密码“c”可进入可读可控模式。

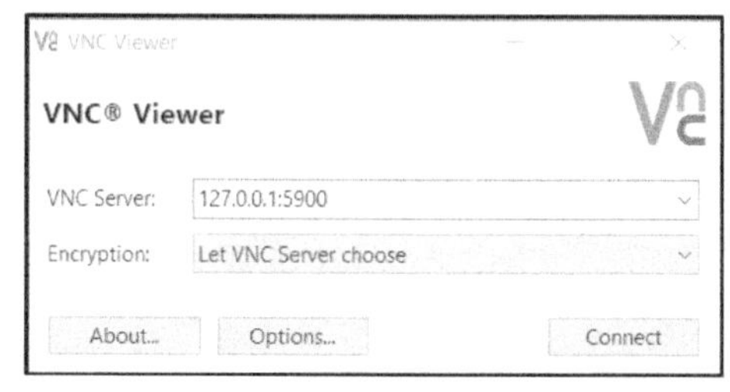

图 7-14 VNC Viewer 初始界面

2. 如何查看本地 PLC 上运行的画面

在办公室的硬件在环调试阶段，工程师会将程序下载至真实 PLC 中，然后将自己的计算机当作显示终端，来测试画面设计效果、动作逻辑和响应速度等指标。此时需要保证计算机 IP 与 PLC IP 位于同一网段（同一网段是指四段 IP 地址的前三段都一样，只有最后一段不同）。例如 PLC IP 设为 192.168.1.1，计算机 IP 设为 192.168.1.2，则计算机与 PLC 在同一网段，可以连接。

在 Physical View 中右击 ETH 选项，在弹出的快捷菜单中选择 Configuration 命令，进入 Configuration 页面，可以设置 IP 地址和端口号。

需要注意的是，PLC 的 IP 可以手动输入，也可以选择自动获取。但是由于自动获取的 IP 每次都不同，为了方便调试需要，通常是手动输入一个固定 IP。

3. 如何查看异地机器上的运行画面

当机器已在客户厂内运行，有时需要远程接入 PLC 进行画面修改调试，或查看参数修改效果。但计算机和 PLC 不在同一局域网内，无法直接连接。此时一般通过购买第三方 VPN 服务的方式，搭建虚拟局域网环境，将 PLC 和计算机部署在同一网段。

7.1.4 界面画图例程

该界面画图例程由贝加莱（中国）开发，在图 1-26 所示的“知识库 PC”中，找到贝加莱 AS 编程手册配套例程.zip，其中 10.5 Draw 即为该例程。

该例程用到的是 DrawBox 控件。它可以用来动态地绘制一些直线、曲线以及长方形、圆形、椭圆形等形状，并且可以显示贴图以及文本。相对于其他专门的控件，灵活性更好。随着任务中变量的变化，不断地更新 DrawBox 中的内容，可以给用户一种动态的视觉反馈。例程编译下载后可以通过 VNC 查看结果，如图 7-15 所示。

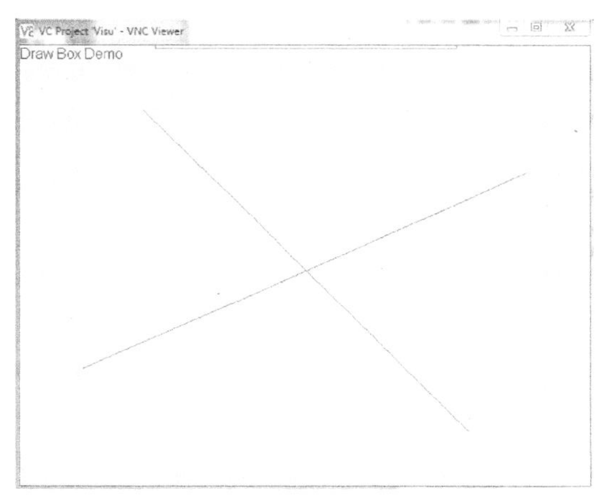

图 7-15 DrawBox

使用 DrawBox 控件需要搭配 VISAPI 库里的一些功能块。如 VA_Saccess 和 VA_SRelease 配合获取 VISAPI 功能块运行的许可权，VA_Attach 和 VA_Detach 配合使用将 VISAPI 功能块的操作对象变成 DrawBox 的适用范围，以及 VA_Line，VA_Rect 等画图功能块。例程里已将这些功能块集成，用户不需重新编程实现。

使用时有以下几点需注意。

1）画图函数坐标都是以像素为单位的，所以对于大多数应用都需要折算一下比例才可以画图。例如，模拟量画图 0～32767 需要对应到 0～DrawBox 高度。

2）画 x 轴时从左向右，画 y 轴时从上到下，所以（0，0）表示左上角。

7.2 mappView

mappView 是贝加莱 HMI 设计的最新技术，利用网页开发语言进行编程，基于 Web 浏览器呈现效果，GAT 的全部页面（10.4 节）都是基于 mappView 技术实现的。

本节将主要介绍 mappView 的一般性设计步骤，用户如需对 GAT 的标准画面进行修改，可参考该步骤。用户也可以在 AS 的安装目录下（C:\BrAutomation\AS48\Samples）找到 mvHighlight_5_8 项目，该项目属于贝加莱 mappView 的标准开发项目。

7.2.1 相关术语

首先，介绍一下在 mappView 设计过程中会用到的几个相关术语，这些术语之间的逻辑关系如图 7-16 所示。

1）Layout：布局，即一张页面包含多个区域，每个区域尺寸多少等。

2）Area：区域，一张页面通常包含多个区域，可按画面功能进行区域划分。

3）Page：页面，即一张 HMI 页面。

4）Widget：控件，如按钮、文本、饼图、输入框等。

5）Content：内容，这里不是指具体的显示内容，而是指存放显示内容的容器，后面会有详细说明。

6）Binding：关联，如将控件变量与 OPC UA 变量关联。

7）Eventbinding：事件关联，将事件（如按下按钮等）与动作（如弹出对话框等）关联。

8）Dialog：对话框，如报警对话框、登录成功对话框等。

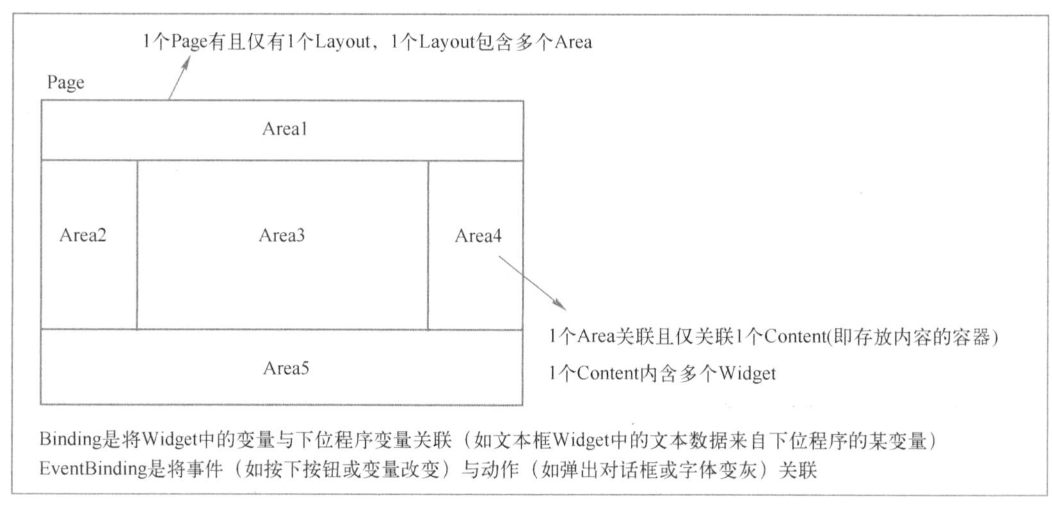

图 7-16 mappView 相关术语间的逻辑关系

7.2.2 开发窗口

mappView 的开发工作全部都在 AS 中完成，在开发过程中会用到的 AS 窗口如图 7-17 所示。其中：

1）Logical View 窗口所列的目录涉及所有页面的入口（包括布局编辑入口和内容编辑入口）、中英文词汇对照表（若需要 HMI 支持中英双语切换）、画面主题等。需要注意的是，要区分 Logical View 里的文件名和 ID 名。在 mappView 的整个设计过程中，元素间的相互索引是通过 ID 名而非文件名。文件名只是为了在 Logical View 里查找内容方便，ID 名才是关键。文件名和 ID 名可以一样，也可以不一样。如设计了一个新的布局，存为 Layout1.layout 文件，但其属性中的 ID 名可以叫 MainLayout，当某页面要引用这个布局时，应该引用 MainLayout，而不是 Layout1。

2）Configuration View 窗口是把 Logical View 中的所有设计元素，如布局、内容、控件、对话框等，按照实际页面的需要挑选整合在.vis 文件中。这样做的目的是为了把元素池和 HMI 画面设计分开，便于工程师更好地进行设计工作。每个项目会有 1 个或多个.vis 文件，如横屏显示、竖屏显示、手机端显示各 1 个.vis 文件。另外，Binding 和 Eventbinding 之后生成的.binding 文件也是存放在 Configuration View 窗口中，如图 7-17 所示。需要注意的是，对 mappView 5.13 及以上版本，Binding 文件是自动生成的，不需要手动添加。设置网络通信的端口号等也在该窗口完成。

3）Page/Content Editor 窗口是具体的布局编辑、内容编辑和程序编写等工作的编辑区。

4）Toolbar 工具栏在编辑 Widget 时会用到。

5）Widget Catalog 供用户选择需要的控件，直接从该区域拖拽到目标设计位置即可。

6）Properties Window 属性窗口很重要，无论是给元素命名（所有的 Layout、Area、Content 等都需要有 ID 号）、编辑，还是变量关联等，都是在该窗口完成。

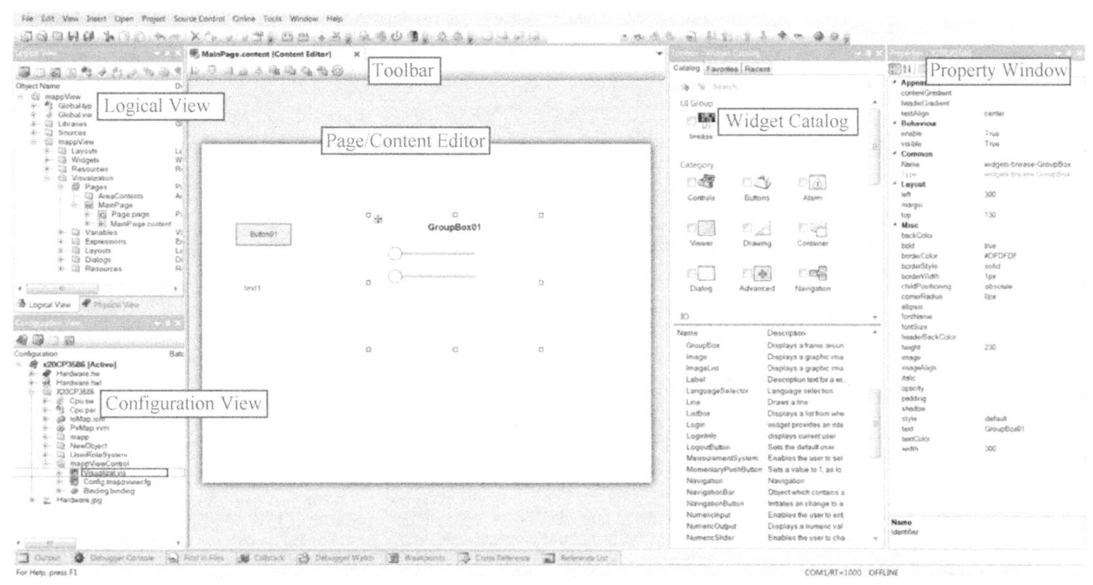

图 7-17　用于 mappView 开发的 AS 窗口

7.2.3　基本步骤

了解了 mappView 开发涉及的相关术语和用到的 AS 开发窗口之后，下面开始介绍开发的基本步骤，如图 7-18 所示。注意，这里只介绍基本步骤和注意事项，有些具体的操作事项，用户可参考《TM 合订本第二卷——人机界面部分》或通过 AS Help 了解每一步的操作详情。

在正式设计开始前，要做一些准备工作，如在 Logical View 窗口中添加 mappView Package，如图 7-19a 所示。然后在 mappView Package 下添加 Visualization Package，如

图 7-19b 所示。

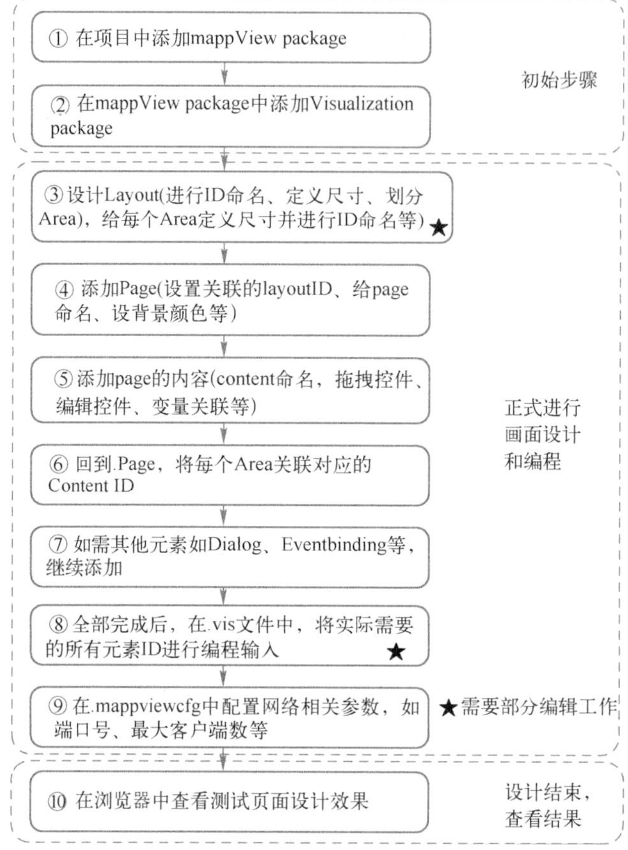

图 7-18　mappView 开发的基本操作步骤

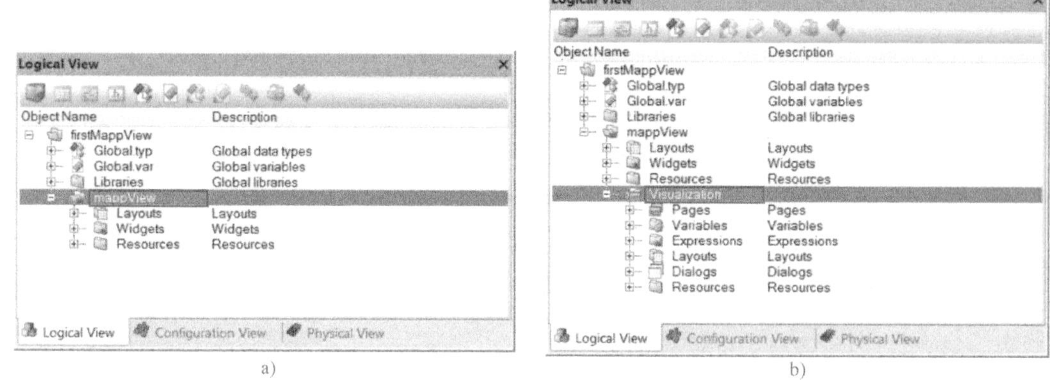

图 7-19　添加 mappView Package 和 Visualization Package

添加好之后，就可开始正式的画面设计工作了。无论什么项目，只要是页面设计，就有布局和内容两大要素。先说布局，mappView 的布局设计是在 Layout 中完成的，与其他元素不同的是，Layout 的设计需要用户进行编程，不是通过下拉菜单选择命令或拖拽按钮来实现的。但这里的编程不是从 0 开始，AS 会自动给出编程模板，用户只需要填空即可。例如，对于图 7-20a 所示的布局来说，其编程实现如图 7-20b 所示。黑色加粗字体为需要用户手动输入的部分，包括 Layout 的 ID（自定义，为了后面被 Page 引用）、Layout 的宽高尺寸、划分的每个 Area 的 ID（1 个 Layout 里的所有 Area ID 不能重名，不然会编译报错）、每个 Area 的宽高尺寸和坐标位置等。

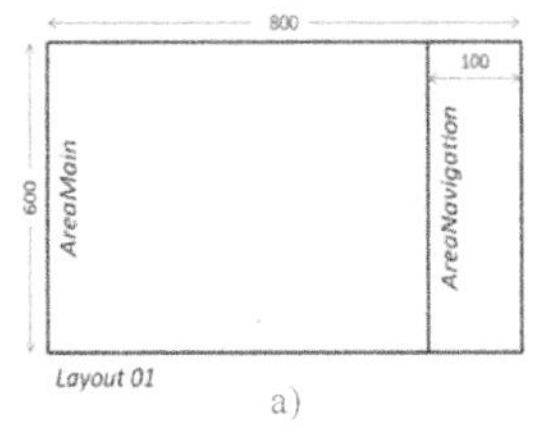

a)

```
<?xml version="1.0" encoding="utf-8"?>
<ldef:Layout id="Layout01" height="600" width="800" xmlns:ldef="http://www.br-automation.com/iat2015/layoutDefinition/v2">
        <Areas>
                <Area id="AreaMain" height="600" width="700" left="0" top="0" />
                <Area id="AreaNavigation" height="600" width="100" left="700" top="0" />
        </Areas>
</ldef:Layout>
```

b)

图 7-20　Layout 设计举例

a) 案例布局　b) 案例编程实现

Layout 设计好后，接下来是添加 Page。Page 可以理解为 HMI 显示的每一幅画面，如图 7-21 所示。它包含两个基本元素，一个是.page 文件（即布局相关），另一个是.content 文件（即内容相关）。注意事项如下。

1）在.page 文件中，除了设置背景颜色和背景图片之外，最重要的是这三件事：给当前 Page 命名（即 ID 号）、关联对应的 Layout ID 号、给每个 Area 关联对应的 Content ID 号（图 7-18 所示第 6 步），如图 7-22 所示。可以看出，虽然.page 是跟页面布局相关，但不是直接在这里设计布局，设计布局的工作是在 Layout 里完成，在这里只是引用设计完的 Layout ID 号。同理，每个 Area 中的内容设计也不是直接在这里完成，而是在.content 文件中完成，这里只是引用设计完的 Content ID 号。

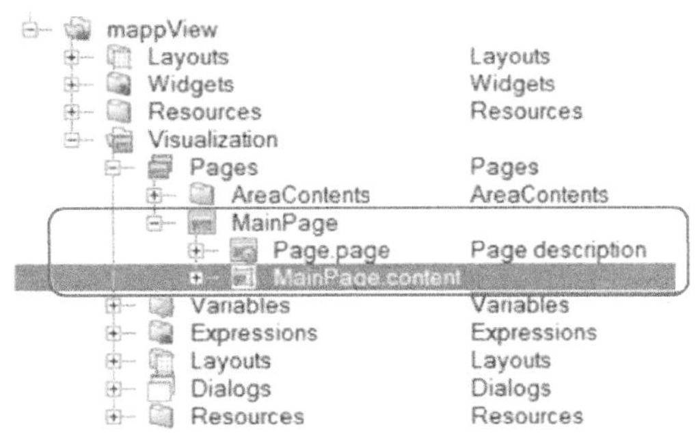

图 7-21　1 个 page 包含.page 和.content 两个文件

2）在.content 文件中，要做的第一件事情，是给 Content 命名（即 ID 号），这步很重要，不然无法对其引用。有了 Content ID 之后，需要回到.page 文件中对需要的 Content ID 进行引用（1 个 Area 只能引用 1 个 Content ID，1 个 Content ID 可以被多个 Area 引用）。

3）在.content 文件中，可以利用 Widget（即控件）进行具体的页面设计。所有的 Widget 都可以在右侧的 Toolbox 里找到，用户将需要的 Widget 拖拽到画面相应位置，然后对其进行属性设置即可。AS 中提供了上百种 Widget，充分利用好可以设计出既简约美观，又功能丰富、交互性好的 HMI。从 mappView 5.12 版本开始，用户可以针对某个特定行业或设备，自定义专属的 Widget 库。通过从现有控件（如线、框、按钮等）中挑选，再组合成更大更复杂的控件，自定义控件需要编译 Widget 之后才能使用。GAT 中并没有自定义 Widget 库。

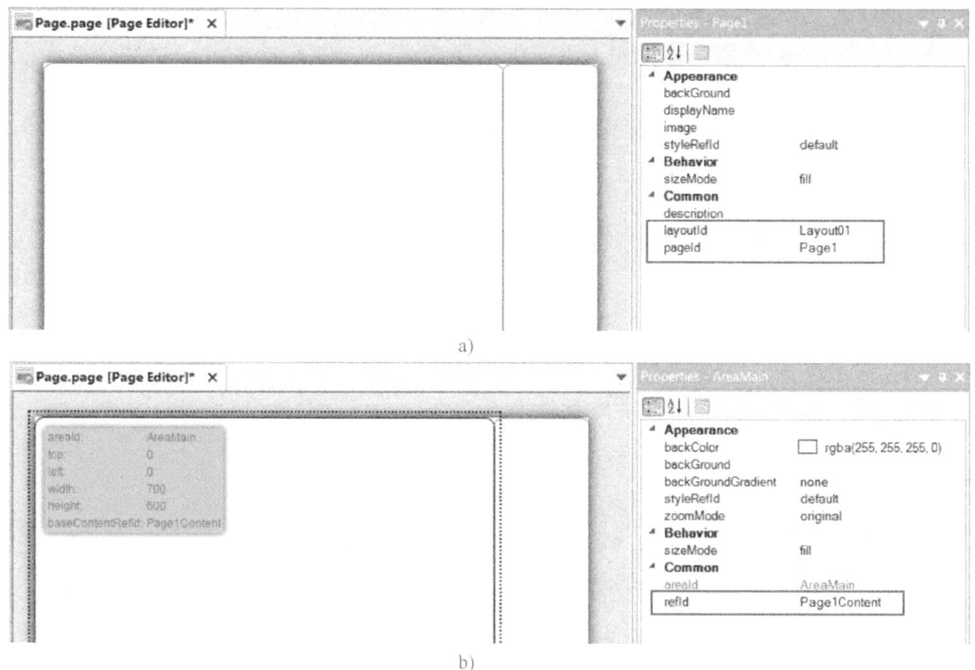

图 7-22 xx.page 文件的设置

a) 给 Page 命名并关联 Layout ID 号 b) Page 中的每个区域关联 Content ID 号

4）至此，画面基本外观已设计好，但还没有关联任何变量。mappView 的 Server（如 PLC）和 Client（如屏）之间的通信是通过 OPC UA 实现的。每幅页面中显示的数据需要实时通过 OPC UA 由 Server 发送给 Client，所以变量关联是很重要的一步，没有这一步，就没有下位机程序与上位机画面的数据交互。变量关联（也叫 Binding）也是在.content 文件中完成的，在 Widget 的属性窗口中可以找到 Binding 的入口，如图 7-23 所示。通过下拉菜单的方式选择需要关联哪个变量，对于 mappView 5.13 及以上版本，选择关联变量之后，会自动生成一个.binding 文件，存放在 Configuration View 的相应文件夹里，用户不需要自行写代码生成该文件。

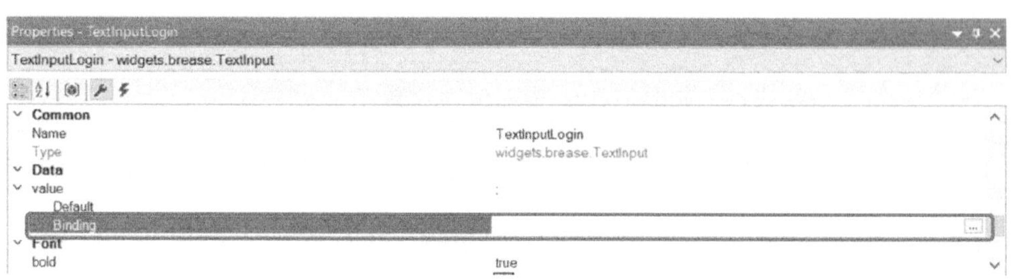

图 7-23 Binding 入口

5）在变量关联还有一点需要注意，虽然被关联的变量是通过 Binding 的下拉菜单来选择，但是在此之前需要将这些变量的 OPC UA 通信功能打开，如图 7-24 所示。使能之后，在 Binding 的下拉菜单中才可以看到这些变量，从而供用户选择。该功能的路径是 Configuration View→Connectivity→OPC UA→OpcUaMap.uad。

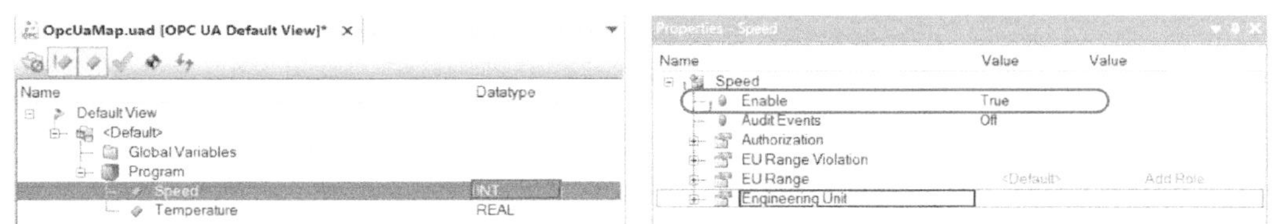

图 7-24　使能变量的 OPC UA 功能

至此，布局设计、内容设计和变量关联都已完成。对于有些项目，可能还需要其他的操作效果，例如 Dialog 对话框（如提示登录成功、修改确认、报警确认等）或 Eventbinding 事件关联（如温度高于某值弹出对话框或按下某按钮字体变灰色等），此时需要继续添加相关功能，具体如下。

1）Dialog 的编辑工作与前面的 Page 非常类似，都是在 Logical View 中设计的，布局通过引用 Layout ID 完成，内容通过引用 Content ID 完成。这里只是进行 Dialog 对话框的静态画面设计，实际使用时，一般要配合 Eventbinding 来实现（即触发某些条件才弹出对话框）。

2）eventbinding 是在 Configuration View 窗口中完成的，对于 mappView 5.10 及以上版本，Eventbinding 不需要任何编程，完全可以通过页面拖拽和下拉框选择的方式来完成。

在所有这些都完成之后，需要在 Configuration View 窗口的.vis 文件中，将所有最终需要使用的元素 ID 手动输入，包括 Page ID、Binding ID、Eventbinding ID、Dialog ID、Content ID 等，如图 7-25 所示。需要注意的是，这里引用的是 ID 名而非文件名。未添加到.vis 文件中的页面和功能将无法在浏览器中显示。

```
<?xml version="1.0" encoding="utf-8"?>
<vdef:Visualization id="mvHighlight" xmlns:vdef="http://www.br-automation.com/iat2015/visualizationDefinition/v2"
    <StartPage pageRefId="MainPage" />
    <Pages>
        <Page refId="MainPage"/>
        <Page refId="NavigationPage"/>
        <Page refId="WidgetPage"/>
        <Page refId="TablePage"/>

        <Page refId="ScreenSaverPage" />
    </Pages>
    <Navigations>
        <Navigation refId="SwipeNavigation" />
    </Navigations>
    <BindingsSets>
        <BindingsSet refId="ContentHeaderNavigation_binding" />
        <BindingsSet refId="ContentMainPage_binding" />
        <BindingsSet refId="ContentNavigation_binding" />
        <BindingsSet refId="ContentUnitsPage_binding" />

        <BindingsSet refId="ContentUserLimit_binding" />
        <BindingsSet refId="ContentClientInfo_binding" />
        <BindingsSet refId="ContentEventPage_binding" />
        <BindingsSet refId="ContentTablePage_binding" />
        <BindingsSet refId="ContentExpressions_binding" />
        <BindingsSet refId="ContentVarList_binding" />
        <BindingsSet refId="ContentStylePage_binding" />
        <BindingsSet refId="ContentKeyboard_binding" />
```

图 7-25　在.vis 文件中引用需要的元素 ID

最后，因为 mappView 画面需要通过浏览器进行显示，因此需要对其进行网络的相关设置，如端口号、最大客户端数量，以及 OPC UA 采样率等，如图 7-26 所示。

为了在浏览器中查看设计效果，可以参考图 10-6 所示地址。在浏览器中（推荐 Chrome 浏览器）输入地址（如 http://127.0.0.1:81/index.html?visuId=FirstVisu 或 http://localhost:81/index.html? visuId=MyVisu），其中 visuId 需要与图 7-25 所示.vis 文件中的 ID 号

保持一致（如 mvHighlight），端口号需要跟图 7-26 所示的设置值保持一致。

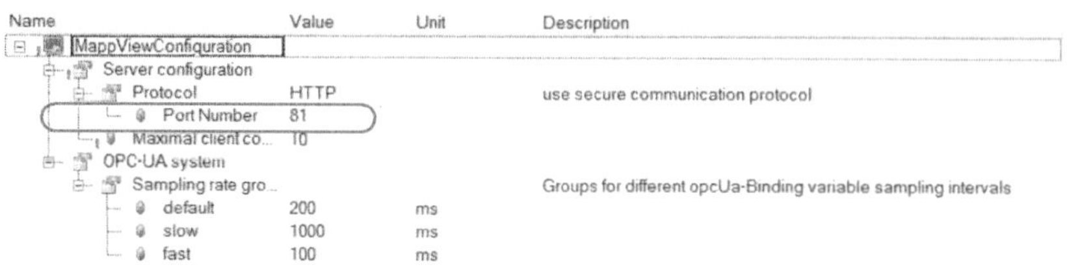

图 7-26　mappView Server 网络设置

7.2.4　其他事项

除了前面几节介绍的常用术语和基本步骤，在 Logical View 窗口中还可以看到 Resources 这个文件夹，如图 7-27 所示，该文件夹代表开发资源。具体来说，它包含 Texts（文本）、Snippets（片段）、Themes（主题）、Media（媒体）四部分内容。

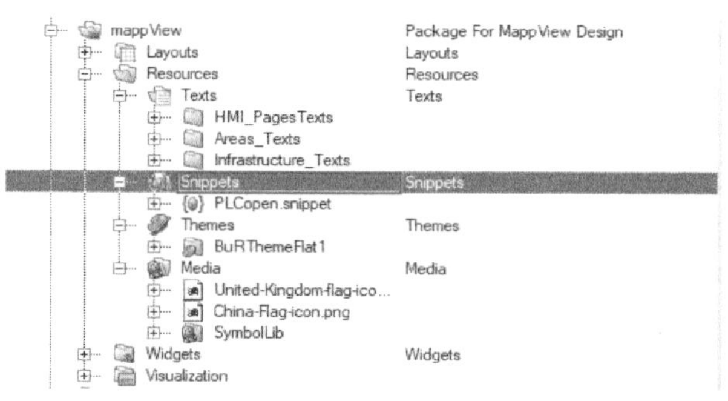

图 7-27　Resources（资源）目录（文件夹）

1）Texts（文本）：如果画面显示需要支持多语言切换，如中英文切换，则需要在 Texts 文件里输入每个要显示字段的中文和英文。

2）Snippets（片段）：与 VC4 里面的 TextGroup 类似，比如一个文本框 Widget 中需要显示字符常量加数字变量（如当前温度为 25℃），25 要通过 PLC 变量实时传上来，其余文字固定不变，这时需要用到 Snippets 功能。

3）Themes（主题）：与手机的显示主题类似，不同的主题有不同的按钮、文字形状、颜色和背景等。在.vis 文件里会有主题的声明，主题也可以在运行时切换。

4）Media（媒体）：项目用到的图片和视频放在这里，比如页面背景、公司 Logo、设备照片、设备操作视频等。

最后要说明的是，贝加莱 mappView 是一项业界先进的 HMI 开发技术。随着 mappView 版本的不断升级迭代，会陆续添加更多强大的功能。同时优化设计步骤，逐渐省去手动编程的工作，使设计过程更加简化、操作更加友好。

第 8 章　工业网络

在工业自动化应用场景中，控制系统经常需要与不同的对象进行数据通信。在设备层和控制层，控制器通常需要与传感器、执行器、运动控制系统、机器人或其他现场设备进行互联。此外控制系统之间也需要进行数据交换。这些交换的数据会直接或间接参与控制，而且相应的布线会在电磁兼容性环境较为复杂的现场进行。由于这类场景对通信的实效性和稳定性要求很高，通常会采用抗干扰能力强、可靠性及实时性较好的现场总线技术来满足设备层及控制层的通信需求。

此外，随着数字化和工业物联网技术的发展，设备监控、生产管理和企业管理信息系统中的 SCADA、MES 和 ERP 也对设备及控制系统有着越来越高的数据通信需求。这类通信通常对实时性的要求并不高，但是要求较大的数据流量、支持复杂的数据结构和较好的互操作性。

贝加莱的控制器，自其开发出来就有很强的通信扩展性。对于传统的现场总线，如 PROFIBUS、CAN、DeviceNet 等，以及近些年走向主流地位的工业以太网现场总线技术，如 PROFINET、EtherNet/IP、SERCOS III 等都有支持能力。总线的支持包括了在硬件层面的接口模块配置，在软件层面则体现为在 AS 中对于网络的配置和诊断，以及为一些特殊的自定义网络编写通信协议。在本章，将对常用的现场总线技术如 CAN、PROFINET、Modbus 和 PROFIBUS 进行介绍和 AS 中的配置说明。此外，还将介绍在监控和管理信息系统中常见的以太网 TCP/IP 通信、OPC UA 技术。

8.1 设备与控制层常用的现场总线

8.1.1 CAN

CAN（Controller Area Network）是控制器局域网的简称，是由以研发和生产汽车电子产品著称的德国 BOSCH 公司开发的，并最终成为国际标准（ISO 11898），是国际上应用最广泛的现场总线之一。

在贝加莱，20 世纪 90 年代的控制器即支持 CAN 总线，1997 年推出的 ACOPOS 系列伺服驱动器也支持 CAN 总线，是比较早支持 CAN 总线的自动化厂商之一。

1．CAN 总线介绍

CAN 总线采用双线差分信号，由 CAN High（CAN-H）与 CAN Low（CAN-L）电平构成。这种设计可以提供更好的抗干扰特性，并且 CAN 协议本身对节点数量并没有限制，总线上的节点数可以动态改变。由于采用了广播帧，因此，报文可以被所有节点同时接收。由图 8-1 可以看出，CAN 总线采用差分电压方式，仅包括物理层、数据链路层和应用层三层架构，大部分工业网络通常采用 ISO/OSI 三层架构，以提供高实时性传输能力。

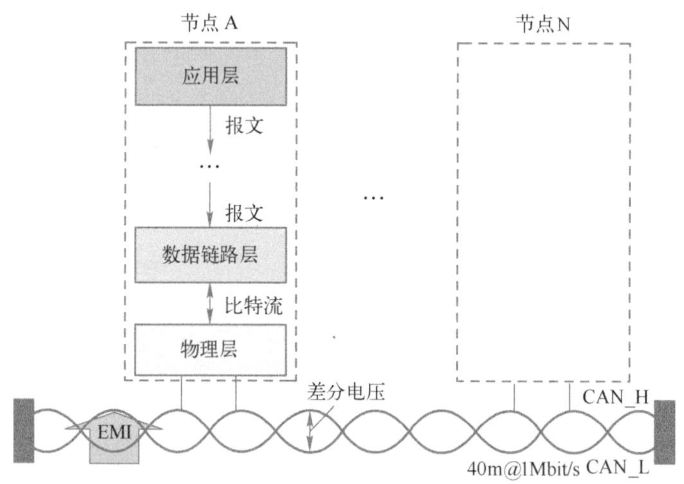

图 8-1　CAN 总线原理图

CAN 总线网络采用广播帧传输机制，每个节点都可以收到来自网络的任一节点的报文。并对比是否为发送给自己的，对于非自己的则丢掉。这使得 CAN 可以支持交叉通信，可以实现较为灵活的拓扑结构，如图 8-2 所示。

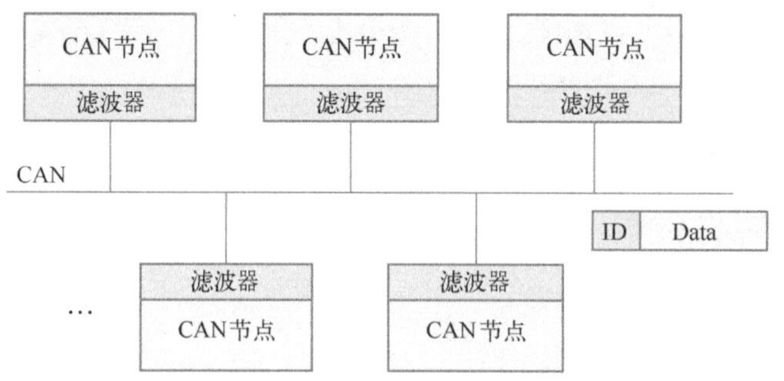

图 8-2　CAN 总线采用广播帧报文传输

CAN 总线采用了一套复杂的错误检测与处理机制，如 CRC 校验、接口电路的抗干扰能力设计、错误报文自动重发、临时错误的恢复、永久错误的关闭等。这一切都使得 CAN 拥有非常强的数据可靠传输能力。因此，被广泛应用于汽车车载网络、工程机械类车载网络，以及工业通信总线中。

CAN 总线的介质通常采用较为常见的双绞线，其通信能力与传输距离关系如图 8-3 所示。CAN 总线在 40m 内可达到 1Mbit/s 的传输速率。而对于 CAN 2.0 版，则可以达到 10Mbit/s 的传输速率。

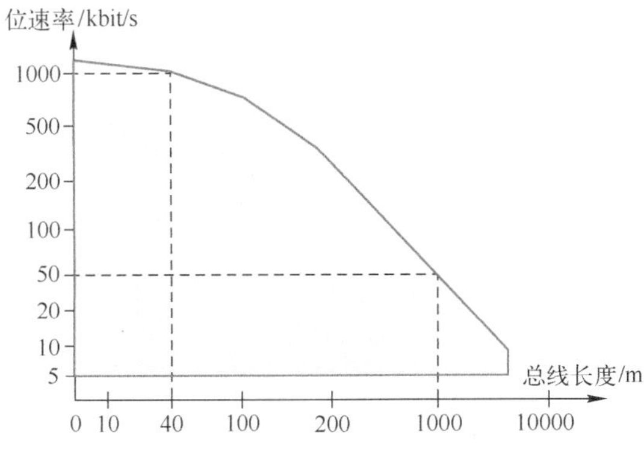

图 8-3 CAN 总线速率与距离关系

CAN 标准只是定义了物理层和数据链路层，并没有规范应用层。对于不同的组织来说，均定义了自身的应用层，如图 8-4 所示。在 CiA（CAN in Automation）定义了 CANopen 作为应用层，而在汽车工业则定义了 SAE J1939，在 ODVA 组织定义了 DeviceNet。从图 8-4 也可以看到其物理层与数据链路层（含 MAC）的定义。

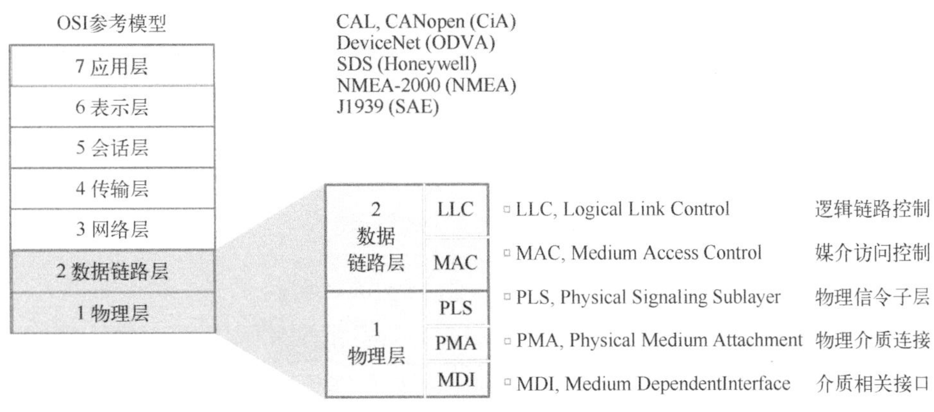

图 8-4 CAN 总线各层定义

CAN 2.0 分为 CAN 2.0A 和 CAN 2.0B，其中 CAN 2.0A 将 29 位的 ID 视为错误，CAN 2.0B 被动版忽略 29 位 ID 报文，CAN 2.0B 主动版可处理 11 位和 29 位两种报文，图 8-5 所示为 CAN2.0 不同版本的帧长度定义。

CAN版本/ID位数	11位ID数据帧	29位ID数据帧
CAN 2.0B Active	OK	OK
CAN 2.0B Passive	OK	容纳
CAN 2.0A	OK	总线错误

图 8-5 CAN 2.0 版本的修订

按照 CAN 总线标准，CAN 帧分为标准帧（COB-ID 为 11 位）和扩展帧（COB-ID 为 29 位）。图 8-6 所示为 CAN 的数据帧，可以看到其包括了位检测、CRC 检测、格式检测、

ACK 检测等多个数据质量保证的方法。这使得 CAN 总线是一个可靠的网络，也是其因何可以占据车载网络主流的原因。

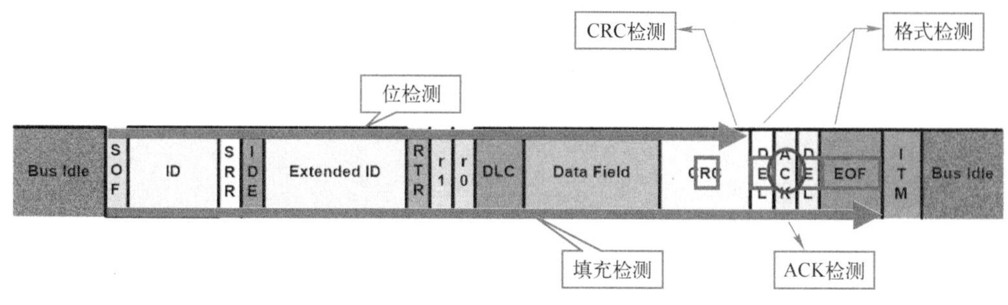

图 8-6　CAN 数据帧

2. 贝加莱硬件支持

贝加莱的 CAN 通信模块包括 X20 系列的通信模块，以及用于 APC 和 PPC 上的通信卡。本节主要介绍常用的 X20 系列模块。

贝加莱的 CAN 总线常用 X20 系列模块如表 8-1 所示。这些模块可分为两类：型号中带有 IF 标识的是可插入在 X20 标准型或紧凑型 CPU 通信插槽的 CAN 通信接口卡；而型号中带有 CS 标识的则与 X20 的常规电气模块类似，插在底板模块 X20BM11 上后，可在 X20 的 CPU 模块或总线控制器后扩展。表 8-1 中还有标记为 X20cIF 的模块。这里的 c 代表 coating，意味着这些 CAN 模块电路板采用纳米涂层技术，适用于严苛环境（如海边的盐雾腐蚀、凝露等）使用。

表 8-1　CAN 总线常用 X20 系列模块

模块型号	简介
X20IF1072	CAN 接口，1Mbit/s（max），电气隔离
X20cIF1072	CAN 接口，涂层处理，1Mbit/s（max），电气隔离
X20IF2772	2xCAN 接口，1Mbit/s（max），电气隔离
X20CS1070	CAN 接口，1Mbit/s（max），发送与接收端含对象缓冲
X20CS2770	2xCAN 接口，1Mbit/s（max），发送与接收端含对象缓冲

3. AS 配置实现 CAN 通信

下面以常用的 X20 系列模块为例，介绍如何应用 CAN_lib 库实现 CAN 通信。

（1）AS 配置注意事项

CAN 通信模块 X20IF1072 和 X20IF2772 可支持 11 位或 29 位数据帧，可在 AS 的 io configuration 中修改，如图 8-7 所示。

而对于 X20CS1070 和 X20CS2770，在 configuration 中有以下几个关键的问题需要注意。

1）Function model

如图 8-8 所示，默认为 flat 模式。该模式下，不需要通过调用 CAN_lib 库即可实现通信，通信数据通过 I/O Mapping 可以获取。如果使用 CAN_lib 库，通过编写代码方式实现 CAN 通信，则需要把 Function model 改为 stream 或者 cyclic stream 模式。其中 cyclic stream

模式必须是 X20CPx58x 配合 X20CS1070 最新的 firmware 才有这个选项，在 X20CPx48x 系列 CPU 下不支持。这个模式可以解决某些应用中，CAN 模块报出 overrun 的报警（如图 8-9 所示），同时模块的 e 灯会闪红灯（指示 CAN 总线报警）的问题。

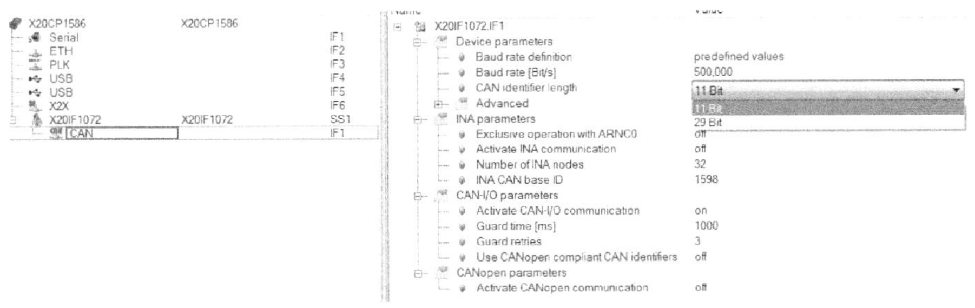

图 8-7　在 AS 中配置 CAN 通信

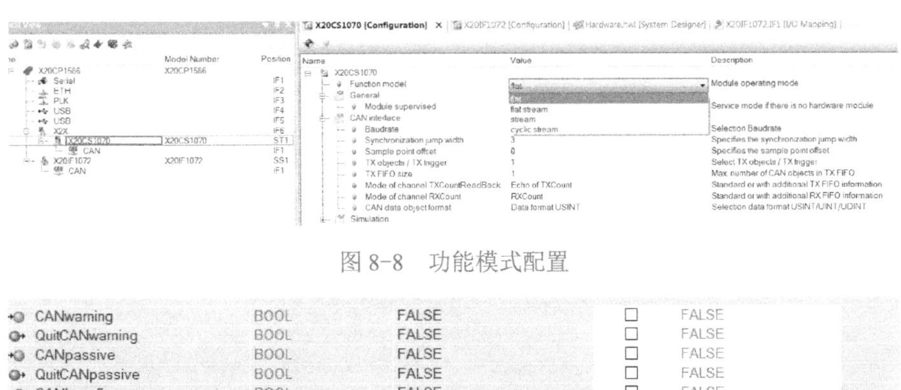

图 8-8　功能模式配置

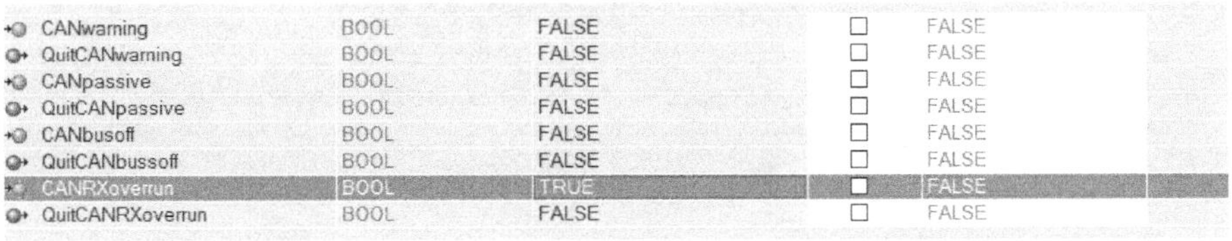

图 8-9　CAN 报错

2）总线诊断信息

在 configuration 中打开 Extended error status information，如图 8-10 所示。可以在 I/O Mapping 中看到 CAN bus 的相关诊断信息，如图 8-11 所示。

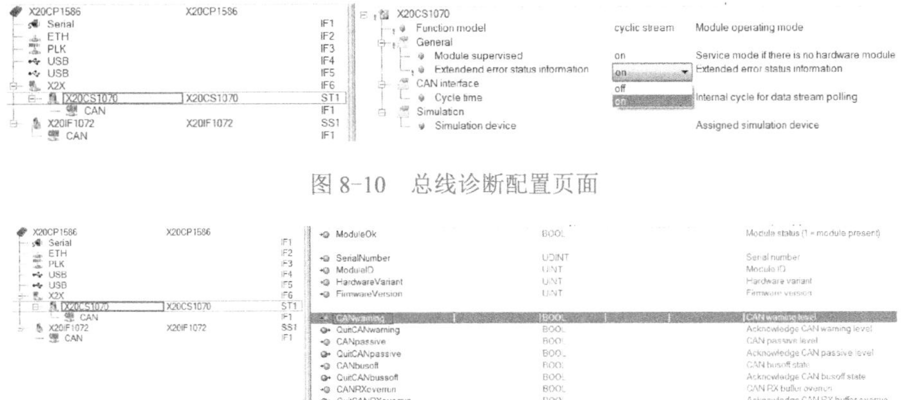

图 8-10　总线诊断配置页面

图 8-11　总线的相关诊断信息

3）标准帧和扩展帧

X20CS1070 和 X20CS2770 同样支持标准帧和扩展帧（11/29 位），配置页面如图 8-12 所示。

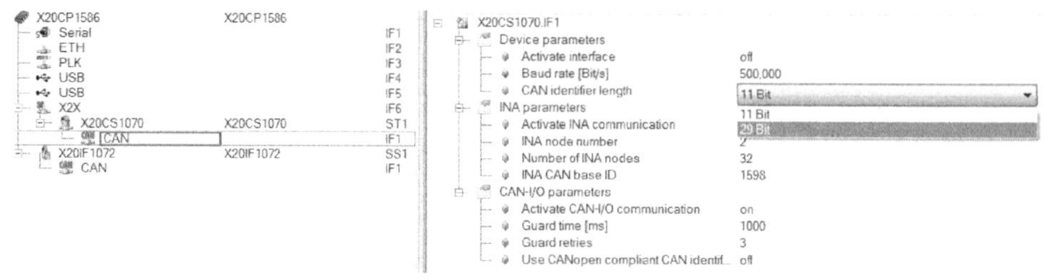

图 8-12　X20CS1070 的标准帧与扩展帧的配置页面

（2）CAN_lib 库使用基础

CAN_lib 库的具体使用方法见帮助，这里只介绍特别注意事项。实现一个基本 CAN 通信，只需调用 3 个基本的功能块函数即可：CANopen()、CANread()、CANwrite()，以下两点需注意。

1）尽量在初始化程序中调用 CANopen()，如果在 cyclic 程序中打开多个 CAN 口，会出现任务超时进 Service 的问题，如图 8-13 所示。

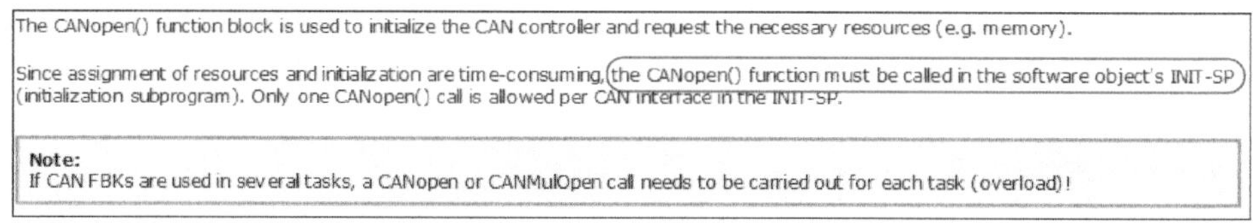

The CANopen() function block is used to initialize the CAN controller and request the necessary resources (e.g. memory).

Since assignment of resources and initialization are time-consuming, the CANopen() function must be called in the software object's INIT-SP (initialization subprogram). Only one CANopen() call is allowed per CAN interface in the INIT-SP.

Note:
If CAN FBKs are used in several tasks, a CANopen or CANMulOpen call needs to be carried out for each task (overload)!

图 8-13　任务超时报警

2）CAN 总线显著的特征是 COB-ID 的唯一性。所以，在应用过程碰到一些使用同一个 COB-ID 进行读写的设备时需特别注意。如果有第三方设备使用同一个 COB-ID 进行读写操作，必须在不同时刻调用 CANread()和 CANwrite()。同时在调用新的函数前，将原有的 CANread()和 CANwrite()的 Enable 参数置为 False，并且调用一次，以清除 BR 系统中已经定义的 COB-ID，不然系统会报错。这一点在 CANread()和 CANwrite()的 Enable 参数中有说明，如表 8-2 所示。

表 8-2　CANread 参数说明

I/O	参数	数据类型	描述
IN	Enable	BOOL	Pos.edge(0->1)：定义被 CAN 识别的 COR Neg.edge(1->0)：删除 COB Enable=1：从控制器接收数据
IN	us_ident	UDINT	用户从 CANopen()功能识别数字
IN	CAN_id	UDINT	CAN 识别器
IN	data_adr	UDINT	读取到的数据地址存放在 data_mdr，一帧数据最长 8 个字节
OUT	data_ing	USINT	数据长度
OUT	Status	UNINT	状态描述 0：　　数据被成功读取 xxxx：　　错误号被输出到状态输出

8.1.2 CANopen

CANopen 是一种在 CAN 上的高层通信协议，包括通信子协议及设备子协议，常在嵌入式系统中使用，也是工业控制常用到的一种现场总线。CANopen 协议是 CANinAutomation(CiA)定义的标准之一。在发布后不久就获得了广泛的应用，尤其是在欧洲，CANopen 协议被认为是在基于 CAN 的工业系统中占领导地位的标准。

CANopen 的核心概念是设备对象字典（Object Dictionary，OD），在其他现场总线（如 PROFIBUS 和 Interbus-S）系统中也使用这种设备描述形式，依靠 CANopen 协议的支持，可以对不同厂商的设备通过总线进行配置。

1. CANopen 总线介绍

一个标准的 CANopen 节点，在数据链路层之上，添加了应用层。该应用层一般由软件实现，和控制算法共同运行在实时处理单元内。CANopen 协议不针对某种特别的应用对象，具有较高的配置灵活性、高数据传输能力和较低的实现复杂度。同时，CANopen 完全基于 CAN 标准报文格式，而无须扩展报文的支持，最多支持 127 个节点，并且协议开源。

典型的 CANopen 网络拓扑结构如图 8-14 所示。

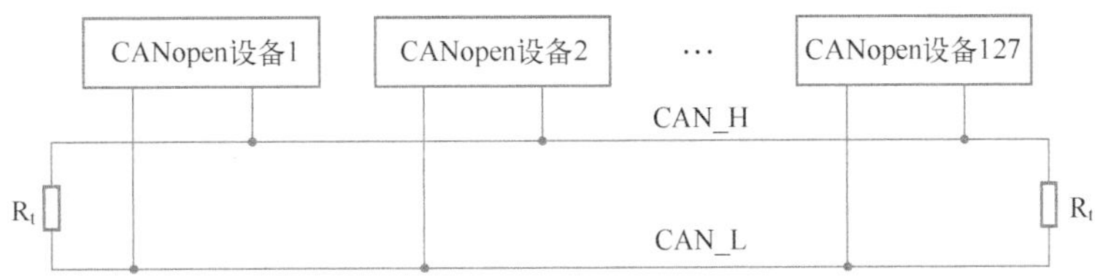

图 8-14 典型的 CANopen 网络拓扑结构

2. 贝加莱硬件支持

贝加莱 CANopen 常用通信模块如图 8-15 所示，其中分为 CANopen 主站和 CANopen 从站模块。X20IF 是以插入式模块方式集成到 X20 系列控制器的，而 X20BC 模块则以扩展方式（从站）扩展分布式 I/O 站或驱动系统（如第三方变频器）的方式集成的。CANopen 主从站，可以在 AS 中配置。

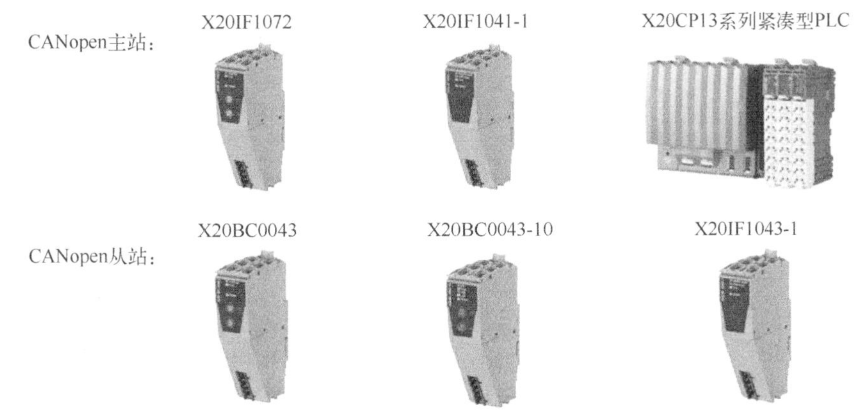

图 8-15 常用的 CAN 通信模块

3. CANopen 主站配置

（1）X20IF1072

第一步，如图 8-16 所示，在 Vector 公司的 CANeds 软件中选择 Check→Check File 命令，获取 CANopen 从站的 EDS 文件，即 Electronic Data Sheets。它是 CANopen 所用的数据对象字典，用于 CPU 对参数进行地址、参数名称、数据类型、属性的定义，便于任务对数据进行各种操作。

第二步，在 AS 中可以导入该 EDS 文件，如图 8-17 所示。

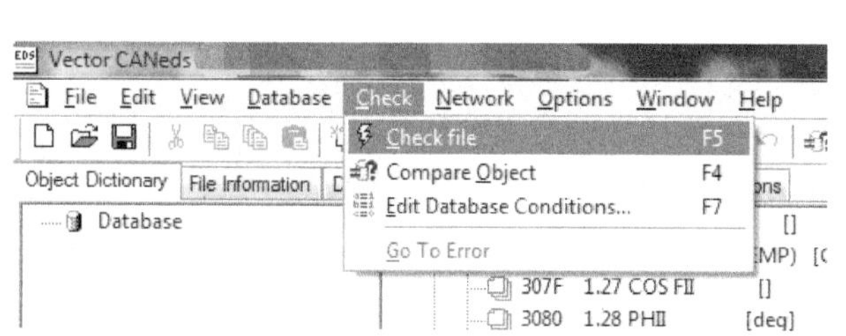

图 8-16 获得从站 EDS 文件

图 8-17 在 AS 中导入 EDS 文件

第三步，在系统的硬件树中添加 CANopen 主站，并设置从站号，如图 8-18 所示。

第四步，右击 CAN，从弹出的快捷菜单中选择 Configuration 命令，如图 8-19 所示，进行主站配置。

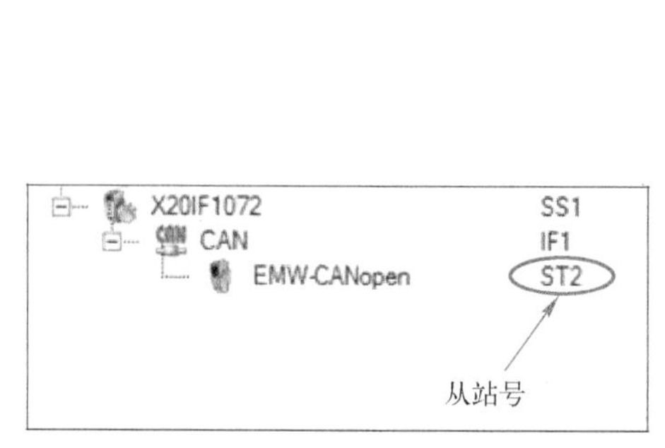

图 8-18 设置从站号

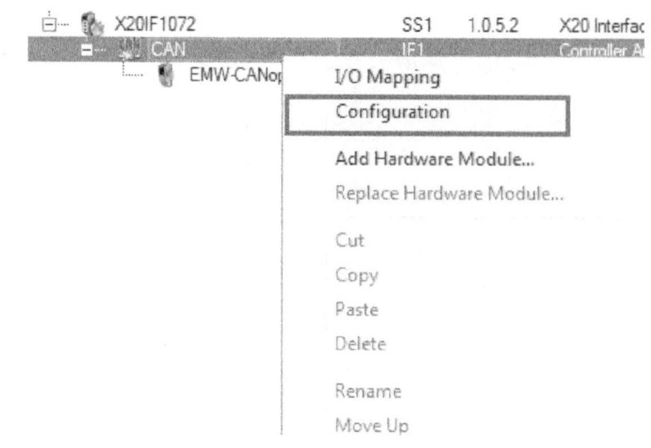

图 8-19 配置 CANopen 主站

图 8-20 框选部分为配置 CANopen 主站的各个主要参数，包括波特率、激活 CANopen 通信、心跳（Heart Beat）、激活同步、通信循环周期和同步窗口长度等。

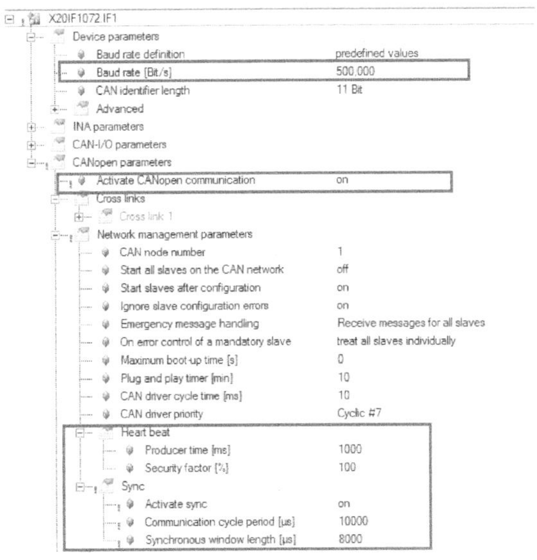

图 8-20　CANopen 配置页面

第五步，在图 8-21 中，进行 CANopen 从站 PDO 参数通道配置，PDO（Process Data Object，过程数据对象）是针对于高实时性要求的数据而配置的，添加从站的 PDO 通道参数，右击从站，从弹出的快捷菜单中选择 Configuration 命令，并进行图 8-22 所示配置 PDO 的传输类型。

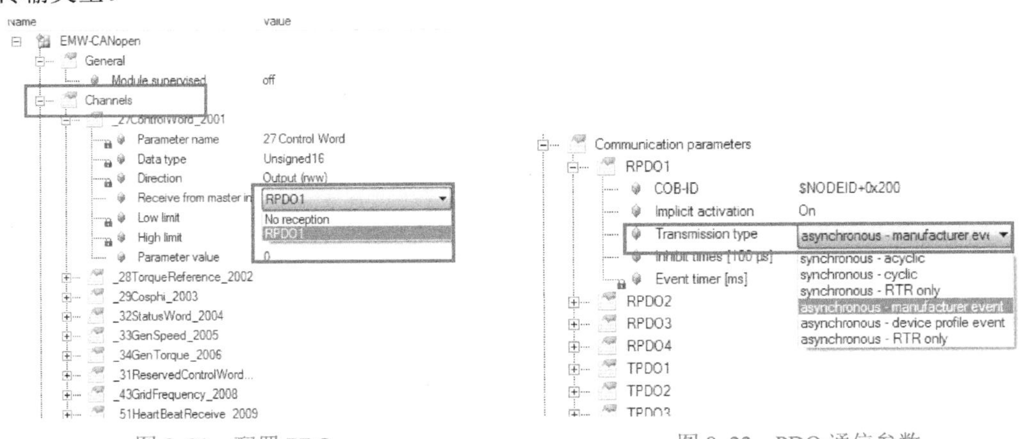

图 8-21　配置 PDO　　　　图 8-22　PDO 通信参数

第六步，通过 I/O Mapping 连接变量，右击从站，从弹出的快捷菜单中选择 I/O Mapping 命令，可以看到主站与从站通信正常标志位状态，如图 8-23 所示。

主站与该从站通信正常标志位

ModuleOk		BOOL
NodeStatus		UINT
_27ControlWord_2001	::gMainLogic.cmd.vis.euro2hidden	UINT
_28TorqueReference_2002	::atTorque	INT
_29Cosphi_2003	::aoCosphi	INT
_32StatusWord_2004	::gFeeder.status.axisErrorNumber	UINT
_33GenSpeed_2005	::gFeeder.status.axisSpeed	INT
_34GenTorque_2006	::gFeeder.status.axisTorque	INT

图 8-23　I/O 映射配置

第七步，程序实现 SDO 的读写，如图 8-24 所示。

Library	Function Block
AsCANopen	CANopenSDORead8
	CANopenSDOWrite8

图 8-24　程序实现 SDO 读写

（2）X20IF1041-1

对于 X20IF1041-1，其处理流程与 X20IF1072 相同，即获取 CANopen 从站的 EDS 文件、AS 中导入 EDS 文件、硬件树中添加 CANopen 主站，并设置从站站号。

配置主站的入口如图 8-25 所示，右击 CANopen(DTM)，从弹出的快捷菜单中选择 Device Configuration 命令，其中 DTM 是指 Data Tool Manager（数据工具管理器），是 FDT/DTM 机制的配置方式。

CAN 主站的基本配置包括 Node ID、波特率、COB-ID，以及循环周期定义等，如图 8-26 所示。

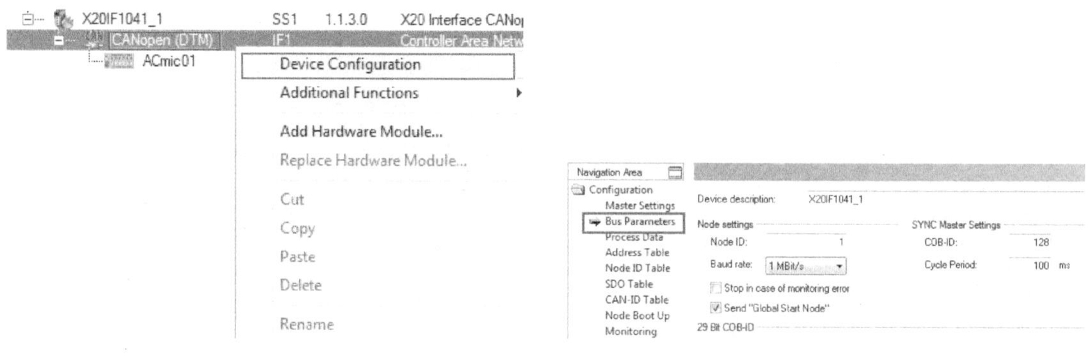

图 8-25　CANopen 主站配置　　　　图 8-26　主站配置参数

配置从站的入口如图 8-27 所示，右击从站，从弹出的快捷菜单中选择 Device Configuration 命令。

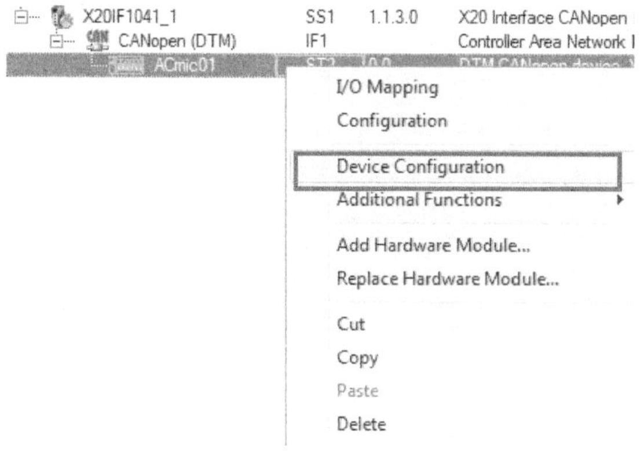

图 8-27　CANopen 从站配置

图 8-28 则显示了 CANopen 的 I/O 映射配置。

通过 I/O Mapping 连接变量（映射配置），右击从站，从弹出的快捷菜单中选择 I/O Mapping 命令，在图 8-29 中可以看到主站与从站通信正常标志位状态。

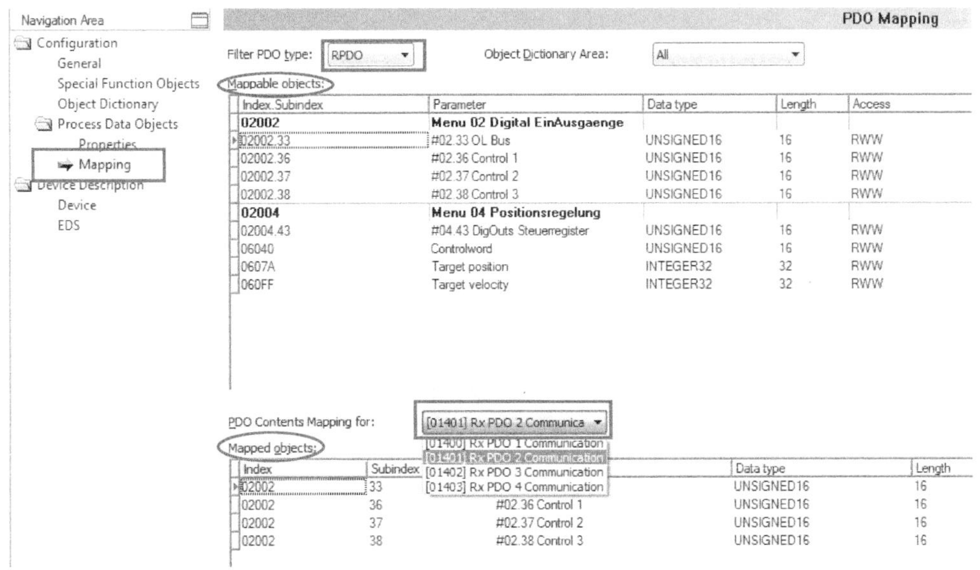

图 8-28 I/O 映射配置

图 8-29 通信标志位

配置程序实现 SDO 的读写，如图 8-30 所示。

Library	Function Block
AsNxCoM	nxcomSdoWrite
	nxcomSdoRead

图 8-30 SDO 读写

4. CANopen 从站配置

首先，提供从站 X20 IF1043-1 的 EDS 文件给主站方，在 AS 项目硬件树中加入 X20 IF1043-1 模块，与主站统一从站地址、波特率等。

接着右击 CANopen(DTM)选择 Device Configuration，如图 8-31 所示。CANopen 从站配置参数页面，如节点号和波特率等，如图 8-32 所示。

通过 I/O Mapping 连接变量，如图 8-33 所示。配置完成后，可在图 8-34 中可以看到主站与从站通信正常标志位状态。

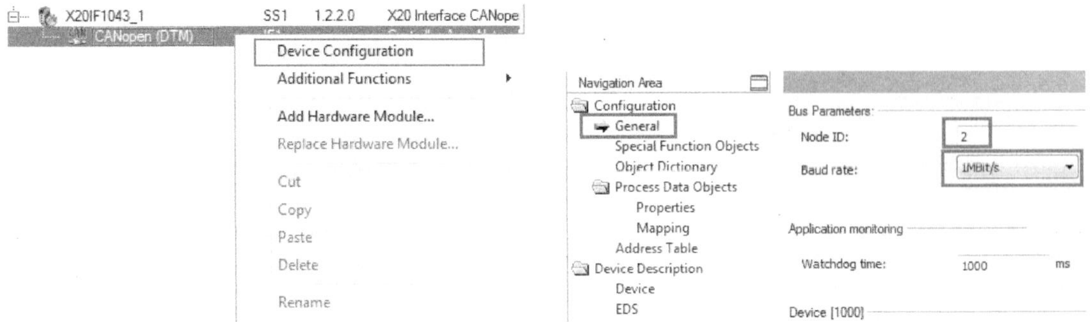

图 8-31 X20IF1043 模块的 CANopen 从站配置

图 8-32 X20IF1043 模块的 CANopen 从站配置通信参数

Navigation Area
- Configuration
  - General
  - Special Function Objects
  - Object Dictionary
  - Process Data Objects
    - Properties
    - Mapping
  - Address Table
- Device Description
  - Device
  - EDS

Filter PDO type: RPDO　　Object Dictionary Area: All

Mappable objects:

Index.Subindex	Parameter	Data type	Length
02200	**Bytes Out (1)**		
02200.01	1 Byte Out (1)	UNSIGNED8	8
02200.02	1 Byte Out (2)	UNSIGNED8	8
02200.03	1 Byte Out (3)	UNSIGNED8	8
02200.04	1 Byte Out (4)	UNSIGNED8	8
02200.05	1 Byte Out (5)	UNSIGNED8	8
02200.06	1 Byte Out (6)	UNSIGNED8	8
02200.07	1 Byte Out (7)	UNSIGNED8	8
02200.08	1 Byte Out (8)	UNSIGNED8	8
02200.09	1 Byte Out (9)	UNSIGNED8	8
02200.0A	1 Byte Out (10)	UNSIGNED8	8
02200.0B	1 Byte Out (11)	UNSIGNED8	8
02200.0C	1 Byte Out (12)	UNSIGNED8	8

PDO Contents Mapping for: [01400] RxPDO_01

Mapped objects:

Index	Subindex	Parameter	Data type	Ler
02200	01	1 Byte Out (1)	UNSIGNED8	8
02200	02	1 Byte Out (2)	UNSIGNED8	8
02200	03	1 Byte Out (3)	UNSIGNED8	8

图 8-33 X20IF1043 模块的 CANopenIO 映射配置

RPDO01_1_Byte_Out_1	::Switch:indexPitch[0]	USINT
RPDO01_1_Byte_Out_2	::Switch:indexPitch[1]	USINT
RPDO01_1_Byte_Out_3	::Switch:indexPitch[2]	USINT
RPDO01_1_Byte_Out_4	::Switch:indexPitch[3]	USINT
TPDO01_1_Byte_In_1	::Switch:lifeListPitch.node[0]	USINT
TPDO01_1_Byte_In_2	::Switch:lifeListPitch.node[1]	USINT
TPDO01_1_Byte_In_3	::Switch:lifeListPitch.node[2]	USINT
TPDO01_1_Byte_In_4	::Switch:lifeListPitch.node[3]	USINT

图 8-34 连接变量

有时在实际项目应用中，会出现 X20IF1072 模块做主站与第三方 CANopen 变流器从站通信不上的情况，相同配置更换为 X20IF1041-1 模块可正常通信。主要原因是 X20IF1072 模块进行 CANopen 通信前的校验非常严格，需进行两项校验操作：一是 SDO 配置信息读写操作；二是对对象字典中所有通信变量进行 SDO 读写操作。当发生这样的问题，处理措施如下。

1）要求 CANopen 从站厂商补全所有的通信变量。

2）将 X20IF1072 模块更换为 X20IF1041-1 模块。

8.1.3 PROFINET

本节将介绍贝加莱对 PROFINET 总线的硬件和软件支持。

1. PROFINET 总线介绍

PROFINET 由 PROFIBUS 国际组织（PROFIBUS International，PI）推出，是基于工业以太网技术的自动化总线标准之一。根据响应时间的不同，PROFINET 支持下列三种通信方式：

1）TCP/IP 标准通信：PROFINET 是基于工业以太网技术，使用 TCP/IP 和 IT 标准。TCP/IP 是 IT 领域关于通信协议方面的标准，尽管其响应时间大概属于 100ms 量级，不过对于工厂控制级的应用来说，这个响应时间已经足够了。

2）实时通信（RT）：对于传感器和执行设备之间的数据交换，系统对响应时间的要求更为严格，大概需要 5～10ms 的响应时间。目前，可以使用现场总线技术达到这个响应时间，如 PROFIBUS DP。对于基于 TCP/IP 的工业以太网技术来说，使用标准通信栈来处理过程数据包需要较长的时间。因此，PROFINET 提供了一个优化的、基于以太网第二层（Layer 2）的实时通信通道。通过该实时通信通道，极大地减少了数据在通信栈中的处理时间。因此，PROFINET 可以获得等同，甚至超过传统现场总线系统的实时性能。

3）同步实时（IRT）通信：在现场级通信中，对通信实时性要求较高的是运动控制（Motion Control）。PROFINET 的同步实时（Isochronous Real-Time, IRT）技术可以满足运动控制的高速通信需求，在 100 个节点下，其响应时间要小于 1ms，抖动误差要小于 1μs，以此来保证及时和确定的响应。在图 8-35 中，可以看到 PROFINET、PROFINET RT 和 PROFINET IRT 分别对应的不同响应能力范围。

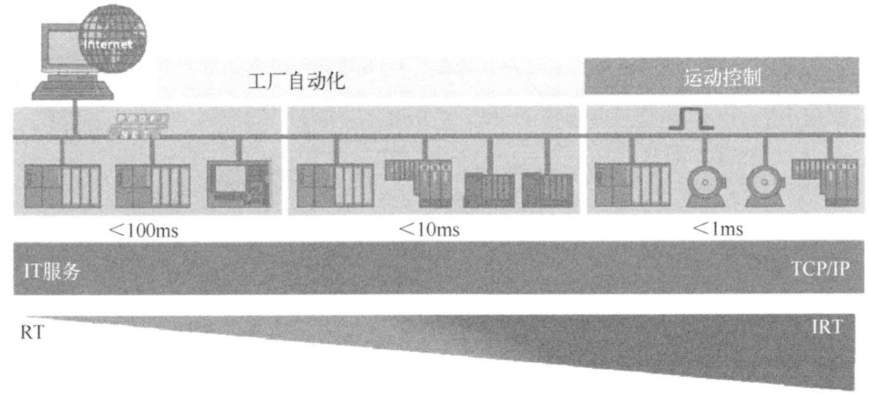

图 8-35 PROFINET 网络的分类

其中 PROFINET 即 PROFIBUS over Ethernet，应用层保持 PROFIBUS 原有的应用层，而在物理层和数据链路层采用了以太网，其开放性好。但实时性相对较弱，需要 PROFINET IRT 的扩展，以应对运动控制的严格时间敏感任务要求。

由图 8-36 可以看到，PROFINET IRT 数据帧是基于标准以太网帧并进行了自定义的扩展，在标准以太网帧增加了 PROFINET IRT 自定义的帧 ID（用于区别不同数据帧，如循环传输和事件触发）、过程数据的通信负载、设备状态信息（设备和数据状态，如停止、运行、错误等)。这是 IRT 数据帧与标准以太网帧不同的地方，而前面的部分及 FCS 都是一致的，IRT 采用了专用的 ASIC 芯片，及更为严格的时钟同步机制。

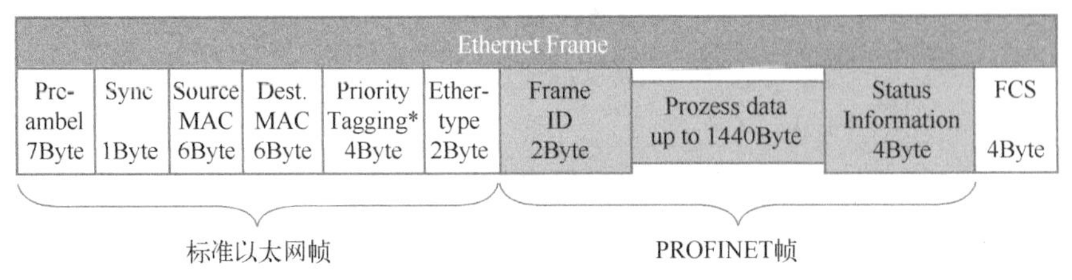

图 8-36　PROFINET IRT 数据帧

2. 贝加莱硬件支持

目前贝加莱可以提供的模块主要是 PROFINET-RT 模块，包括 X20IF10E1-1、X20(c)IF10E3-1 以及 APC-910 系列 PCI 通信卡，其中：

1）主站模块：在标准的 X20 CPU 的通信插槽中，可以插入 X20IF10E1-1，而在贝加莱 APC 系列工控机的 aPCI 插槽中则可以插入 5APCI.XPNN-00 的通信卡。

2）从站模块：在 X20 CPU 的通信插槽中可以插入 X20IF10E3-1 或 X20(c)IF10E3-1，后者为带有纳米涂层，用于海装防盐雾等恶劣环境。而一般现场则用 X20 IF10E3-1 即可。在工业 PC 上则采用 5APCI.XPNS-00 的 PROFINET RT 从站的 aPCI 通信卡，可以基于 DTM 方式配置。

3. PROFINET 主站配置

要配置 PROFINET 主站，需要导入 GSDML 文件。可以从 SIEMENS 的官网下载获得其型号对应的 GSDML，然后通过 DTM 方式进行配置，如图 8-37 所示。

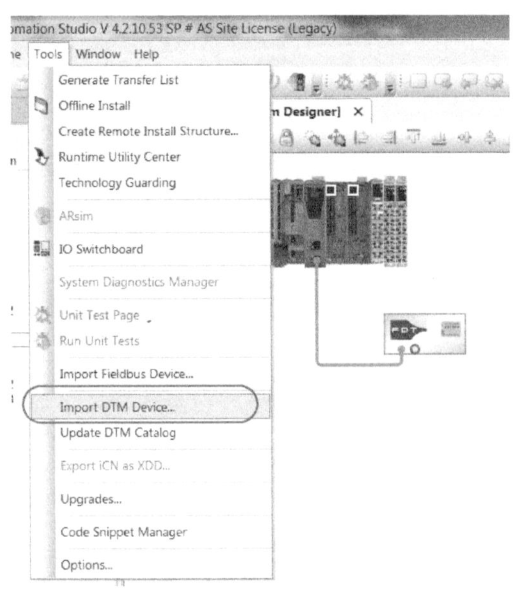

图 8-37　导入 DTM 设备

在 AS 的 Physical View 页面中可以插入第三方 PROFINET 设备，如图 8-38 所示。贝加莱的 PROFINET 主站需要有对应可被连接的 PROFINET 从站设备。

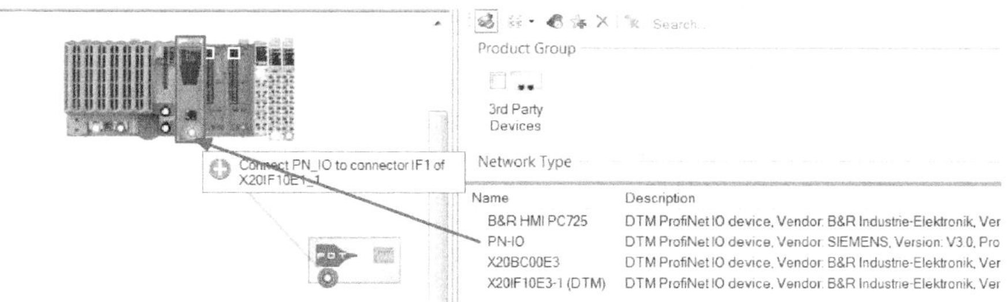

图 8-38　插入 PROFINET 从站

在插入从站后，可以对主站进行配置，右击主站，在弹出的快捷菜单中选择 Device Configuration 命令，如图 8-39 所示。

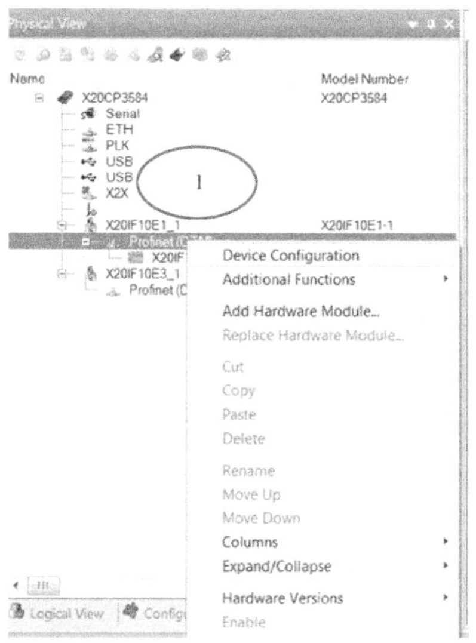

图 8-39　对 PROFINET 主站进行配置

如图 8-40 所示，对主站的 IP 地址进行设置，然后在主站对应的从站中，对其 PROFINET 从站的 IP 地址进行配置，如图 8-41 所示。

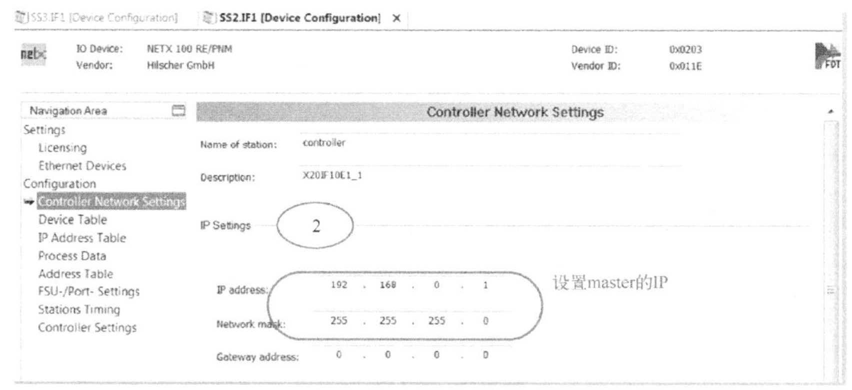

图 8-40　对 PROFINET 主站进行网络配置

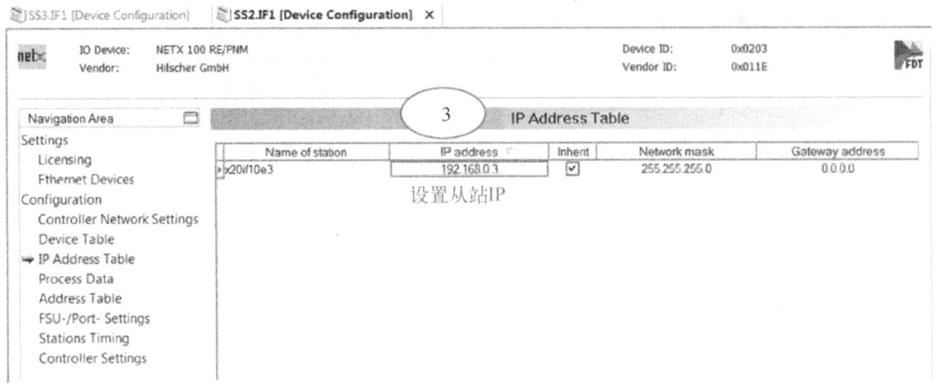

图 8-41　对 PROFINET 从站进行 IP 地址配置

此外，还需要对每个不同的从站配置更新时间，如图 8-42 所示。

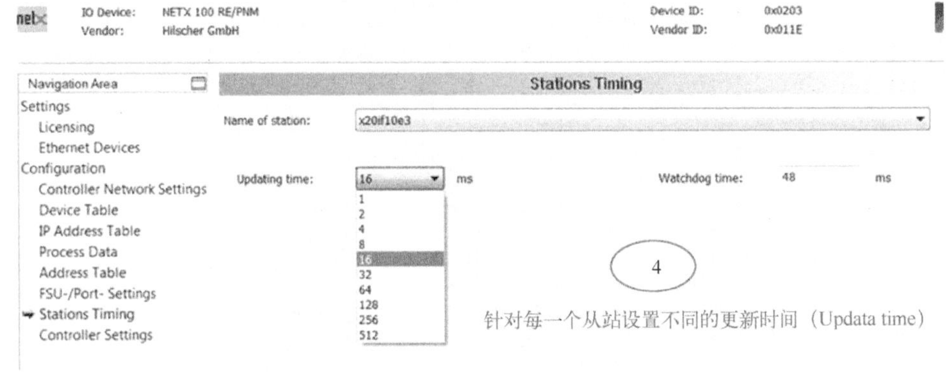

图 8-42　PROFINET 从站的刷新时间配置

接着，通过图 8-43 所示入口，对 I/O 模块进行配置，配置页面如图 8-44 所示，可以对每个 I/O 通道进行配置。

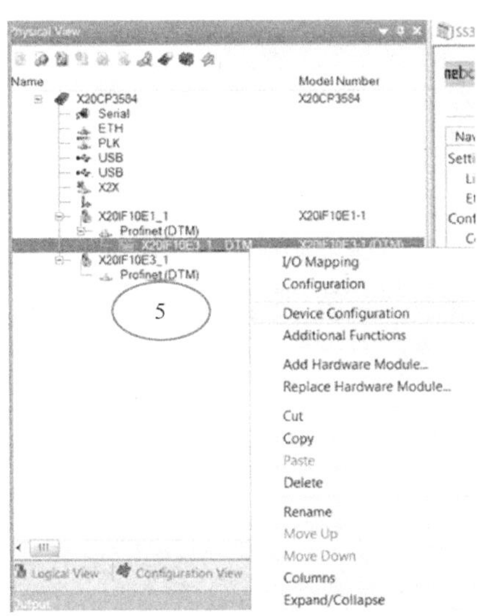

图 8-43　对 IO 进行配置（一）

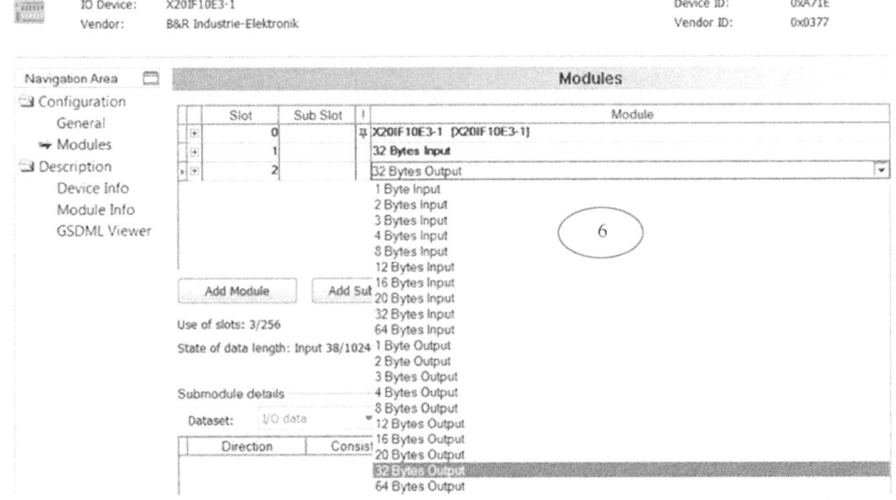

图 8-44　对 I/O 进行配置（二）

接下来的步骤是 I/O Mapping，如图 8-45 和图 8-46 所示，可以使用 Configuration 命令将通信模块根据实际不同变量类型进行预先解析，直接 Mapping 到实际变量上。也可以先将 I/O 模块统一 Mapping 到一个 Usint 或者 Uint 数组上，然后在程序中进行解析。

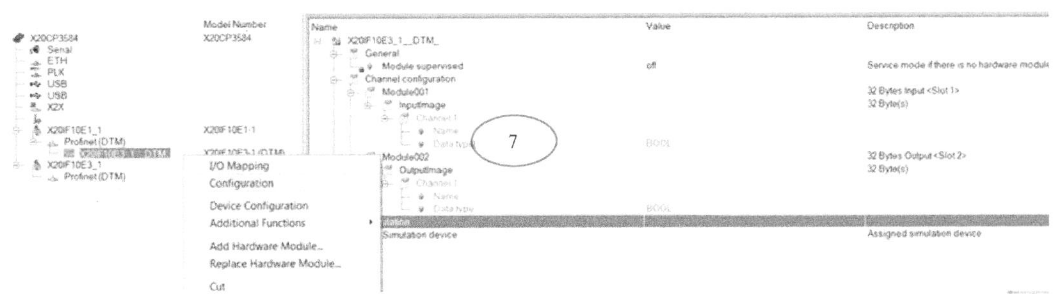

图 8-45　对配置进行解析映射

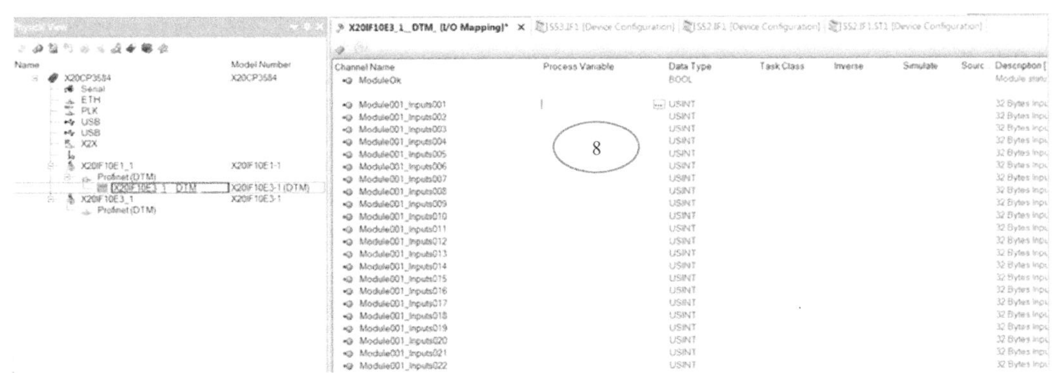

图 8-46　映射后的 I/O

注意，在跟多个西门子扩展从站模块 CP343 进行通信的时候，如果碰到过通信不稳定的情况，需要在西门子 CP343 模块的设置中勾选 high performance 复选框及相关选项。

4. PROFINET 从站配置

对于 PROFINET 从站，同样需要配置 GSDML 文件。这是一个基于 XML 写的配置文件，该文件可以从贝加莱官网下载，如图 8-47 所示。

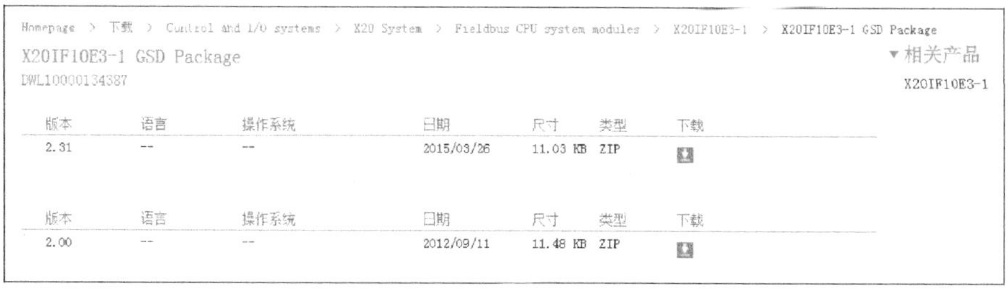

Homepage > 下载 > Control and I/O systems > X20 System > Fieldbus CPU system modules > X20IF10E3-1 > X20IF10E3-1 GSD Package

X20IF10E3-1 GSD Package ▾相关产品

DWL10000134387 X20IF10E3-1

版本	语言	操作系统	日期	尺寸	类型	下载
2.31	--	--	2015/03/26	11.03 KB	ZIP	

版本	语言	操作系统	日期	尺寸	类型	下载
2.00	--	--	2012/09/11	11.48 KB	ZIP	

图 8-47 GSDML 文件的官方下载

如果是在工业 PC 上使用基于 PCI 卡的 PROFINET 连接，需先升级至最新的 Firmware（固件）。同样可以到官网的产品→网络和现场总线模块→PROFINET 中进行下载，如图 8-48 所示。

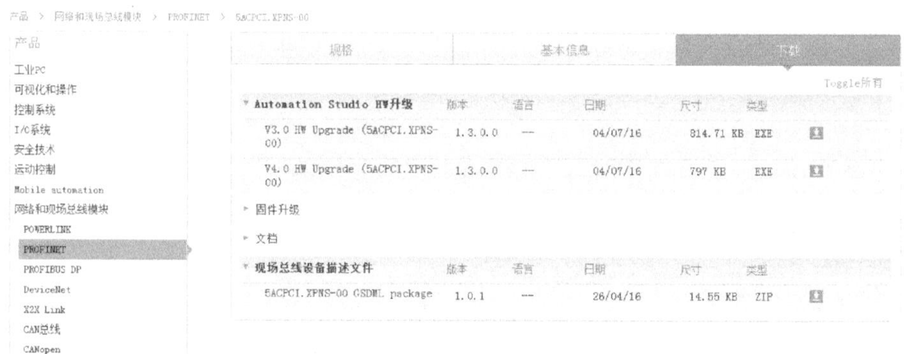

图 8-48 基于 PCI 的 PROFINET 卡固件升级

下载后打开模块的 Device Configuration（DTM），如图 8-49 所示。若是跟西门子主站通信，Name of station 选择默认即可。

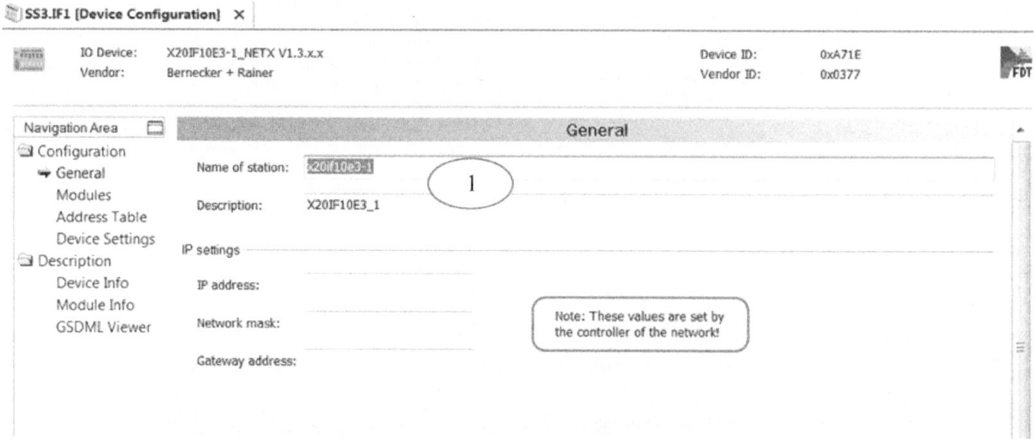

SS3.IF1 [Device Configuration]

IO Device: X20IF10E3-1_NETX V1.3.x.x Device ID: 0xA71E

Vendor: Bernecker + Rainer Vendor ID: 0x0377

Navigation Area: Configuration (General, Modules, Address Table, Device Settings), Description (Device Info, Module Info, GSDML Viewer)

General

Name of station: x20if10e3-1 ①

Description: X20IF10E3_1

IP settings

IP address:

Network mask:

Gateway address:

Note: These values are set by the controller of the network!

图 8-49 PROFINET 配置

然后，配置 I/O 模块，如图 8-50 所示。

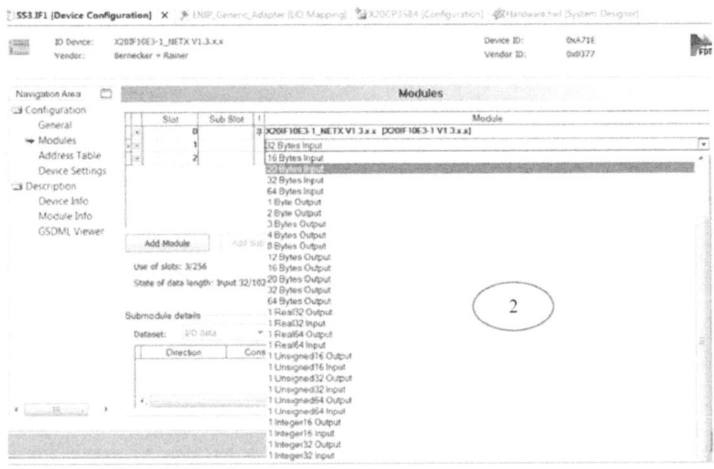

图 8-50　配置 PROFINET 的 I/O 模块

配置通信通道，可以根据实际通信变量类型，在模块的配置页面，预先进行配置，如图 8-51 所示。也可以保持默认通道类型，统一 Mapping 到 Usint 或者 Uint 数组上，然后在程序中解析。

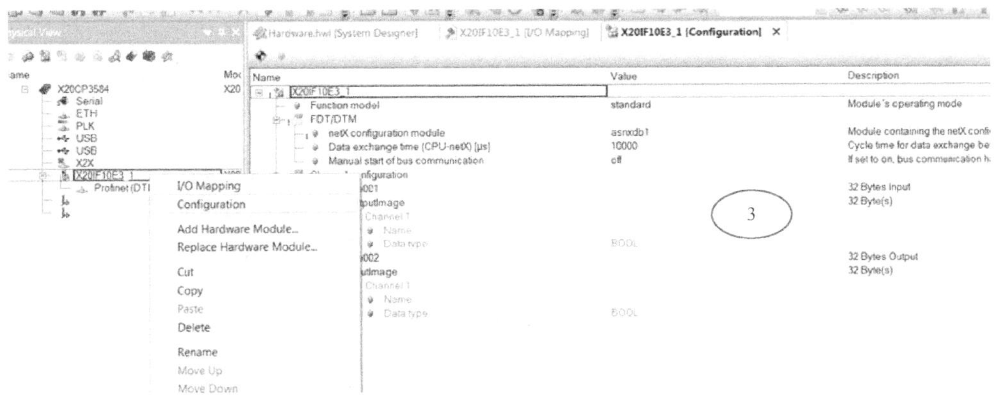

图 8-51　PROFINET 映射配置

完成 I/O Mapping 后，可以在图 8-52 所示页面中查看结果。

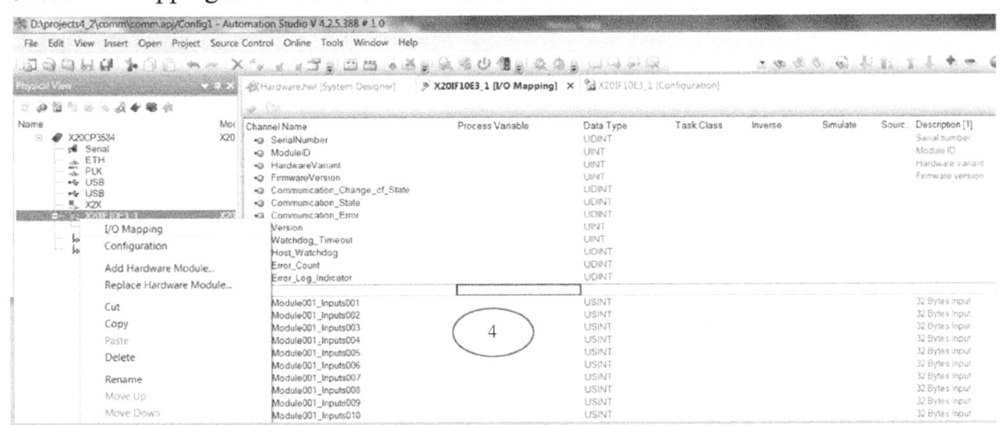

图 8-52　完成 I/O 映射

8.1.4 Modbus-TCP

Modbus 通信协议是 Modicon PLC 所指定的资料交换通信接口标准，于 1979 年首先制定串行通信标准（含 Modbus 异步及 Modbus Plus 同步通信标准，在本节只讨论 Modbus 异步通信标准），于 1997 年制定网络通信标准（Modbus/TCP）。Modbus 通信协议属于 OSI 所定义的通信层中的第七层应用层（Application Layer），其通信形式为 Client/Server 或者称为 Master/Slave（主/从）。

由于 Modbus 协议只在 OSI 的应用层中做出定义，因此，Modbus 既可运行在 RS232、RS485、RS422 上，也可运行在以太网上。本节将介绍在贝加莱系统平台上如何实现 Modbus 通信。

1. Modbus-TCP 总线介绍

Modbus 的通信方式是 Master/Slave 方式。在串行总线上，Modbus 只能以单主多从的方式进行通信，而在以太网上，Modbus 的通信方式可以支持多主多从。

在 Modbus 网络中，一定要有一方扮演 Master（主站），并主动发送 Query Message（查询消息）给对应的 Slave 方（从站）。Slave 一旦收到消息后，马上根据 Query Message 中的内容准备 Response Message（响应消息）并回送给 Master。Master 是以地址号来区分不同 Slave 的，因此在同一个 Modbus 网络中不允许存在拥有相同地址号的 Slave。

一般情况下，当 PLC 和仪表、执行机构等设备通信时，PLC 可作为 Master；而当 PLC 与 HMI 设备（触摸屏）或者上位计算机进行通信时，PLC 通常作为 Slave。

2. 贝加莱硬件支持

Modbus TCP 可以运行在任何带有以太网口的 CPU 或通信卡上。在同一个以太网口上，Modbus TCP 可以与其他以太网通信协议共存。例如，在同一个通信口上可以实现 PVI、IMA 和 Modbus TCP 的通信，但是通信效率会受影响。

3. Modbus TCP 主站配置

选择需要用来通信的以太网口（如 IF2），并进入以太网口的配置界面。在图 8-53 所示的配置界面中，将“Active Modbus communication”功能激活，并单击“保存”按钮。

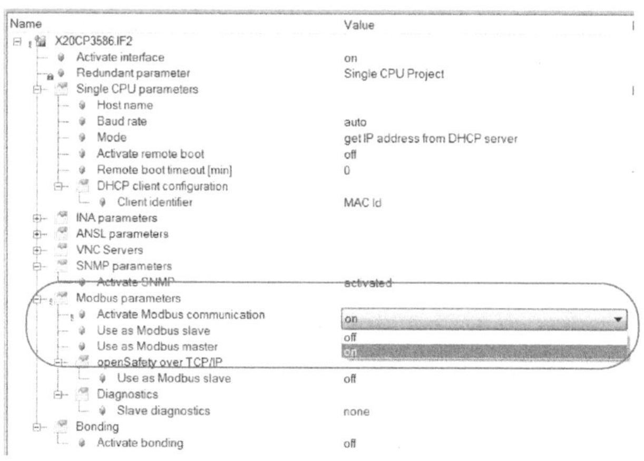

图 8-53 Modbus TCP 主站功能激活

在 Physical View 的以太网接口下插入 Modbus TCP 从站，如图 8-54 所示。

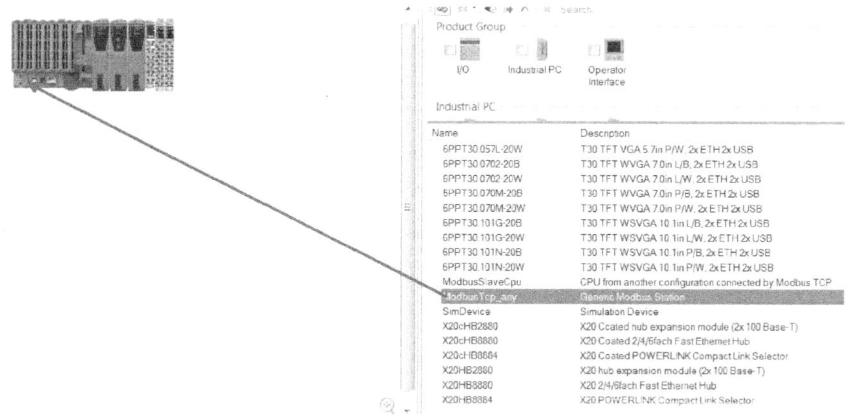

图 8-54　Modbus TCP 从站配置

在图 8-55 所示页面中，设置从站号，默认为 1，可以修改。并设置设备地址，以便后续程序读取。

插入 Modbus TCP 从站后，选择该设备，右击，在弹出的快捷菜单中选择 Configuration 命令，以打开该设备的 I/O Configuration 配置页面，如图 8-56 所示。

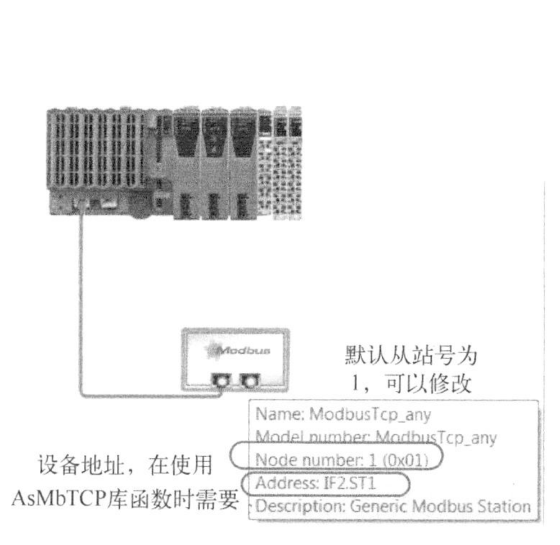

图 8-55　设置设备地址

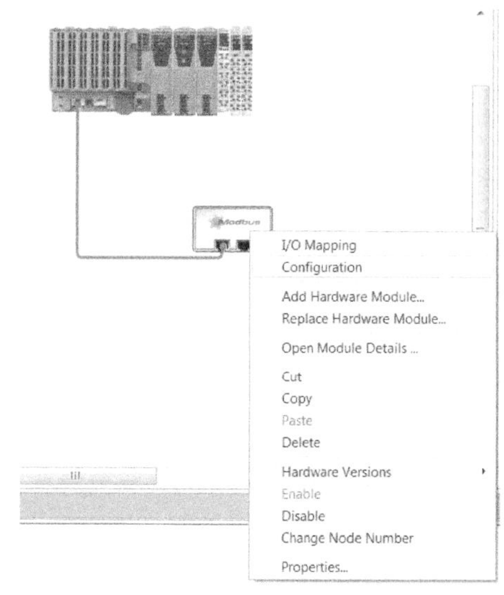

图 8-56　Modbus/TCP 的 I/O 配置

在图 8-57 所示的配置页面中，需要配置如下参数。

1）IP address：Modbus TCP 从站（即目标从站）的 IP 地址。

2）Function code：每个 Block 中包含一条 Modbus 指令，用户可在 Function code 中配置需要的 Modbus 指令。

3）Refresh time：本条指令的发送间隔时间。

4）Block send mode：指令发送的方式，有如下 3 种方式。

① cyclic：指令循环重复发送。

② non cyclic：用户可以通过一个变量来控制是否重复发送当前指令。设为 non cyclic 模式后，可在 I/O Mapping 处见到图 8-58 所示的 I/O 通道。当 DisableBlock01 通道值为 TRUE 时，该 Block 的 Modbus 指令将不会被发送；否则，循环发送。

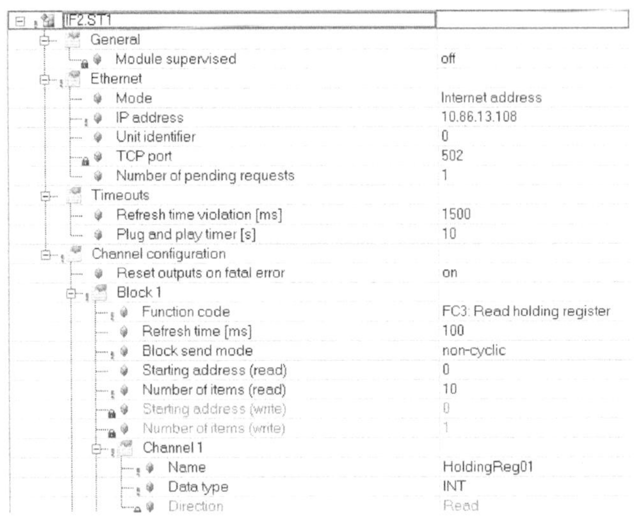

图 8-57 Modbus TCP Slave 配置

③ once：指令只发送一次，配置成 once 模式后，在 I/O Mapping 处见到图 8-59 所示 I/O 通道。若捕捉到 BlockSendOnce01 通道值的上升沿，本条指令将会被发送一次，成功发送后 BlockSendOnceAck01 通道将自动置为 True。一旦检测到 BlockSendOnceAck01 为 True 后，用户需要在程序中将 BlockSendOnce01 置为 False，以便为下一次指令的发送做准备。这一机制只对 05、06、15 以及 16 指令有效，对于其他基本指令（如 01、02、03、04），即使设置为 once，该指令也会被不停循环发送。

DisableBlock01	BOOL
HoldingReg01	INT

图 8-58 non-cyclic 模式下的 I/O 通道

BlockSendOnce01	BOOL
BlockSendOnceAck01	BOOL
HoldingReg01	INT

图 8-59 once 模式下的 I/O 通道

5）配置 I/O 通道：配置通道名称及其数据类型，以便将 Modbus 寄存器与 PLC 变量相连接。

6）I/O 通道映射：配置完上一步的 I/O 通道后，再次选择 Modbus TCP 从站设备时，在 I/O Mapping 中即可看到 I/O 通道映射的配置入口，在这可以对其添加 PLC 变量，如图 8-60 所示。

图 8-60 I/O 通道映射

同 PROFINET 一样，Modbus TCP 的 I/O Mapping 除了可以通过 Configuration 命令完成，也可以通过程序代码实现。这个一般用在比较复杂的应用中，比如需要读写几百个寄存器变量，而且不是连续的时，如果使用 Configuration 的方式，就不够灵活。在 AS 中一旦配置好，再去修改比较麻烦。这种情况下，建议使用代码来实现。用到的库是 AS 标准库

AsMbTCP，注意 AsMbTCP 库只是提供了主站功能，使用的前提是在 AS 中配置了从站，设备地址如图 8-55 所示，一般为 IF2.STxx。

4．Modbus TCP 从站配置

对于 Modbus TCP 的从站配置，首先打开以太网口的 Configuration，如图 8-61 所示，配置为 Modbus TCP salve。注意，CPU 集成的从站功能，各类寄存器起始地址有严格规定，并不是从 0 或者 1 开始。

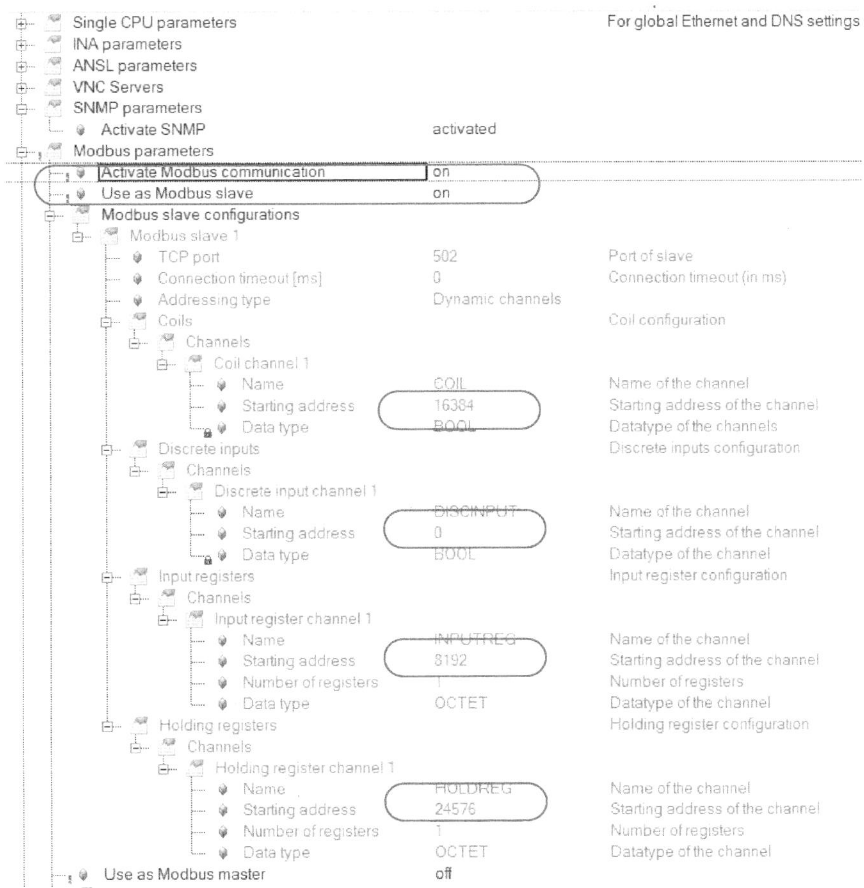

图 8-61　Modbus TCP 从站通信配置

配置 I/O Mapping 时，有两个模式可选，如图 8-62 所示。

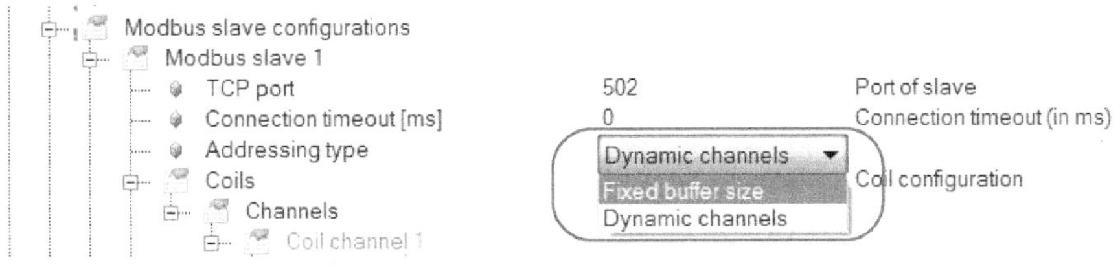

图 8-62　配置 IO mapping 的两个模式

1）如果选择 Fixed buffer size，则必须使用 AS 标准库 AsMbTCPS 相关的函数来实现寄存器读写，具体说明如图 8-63 所示。

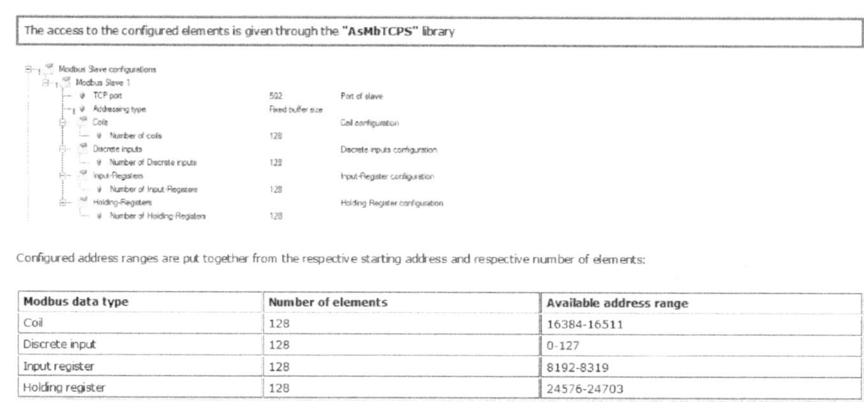
The access to the configured elements is given through the "AsMbTCPS" library

Configured address ranges are put together from the respective starting address and respective number of elements:

Modbus data type	Number of elements	Available address range
Coil	128	16384-16511
Discrete input	128	0-127
Input register	128	8192-8319
Holding register	128	24576-24703

图 8-63　使用 AsMbTCPS 函数来实现 Fixed buffer size

2）如果使用 Dynamic channels 方式，则可以通过 I/O Mapping 方式实现通信。如图 8-64 所示，配置了一个 COIL01 的寄存器，则在 ETH 的 I/O Mapping 中会出现相应的通信通道，如图 8-65 所示，只需连接到程序变量上即可完成通信。

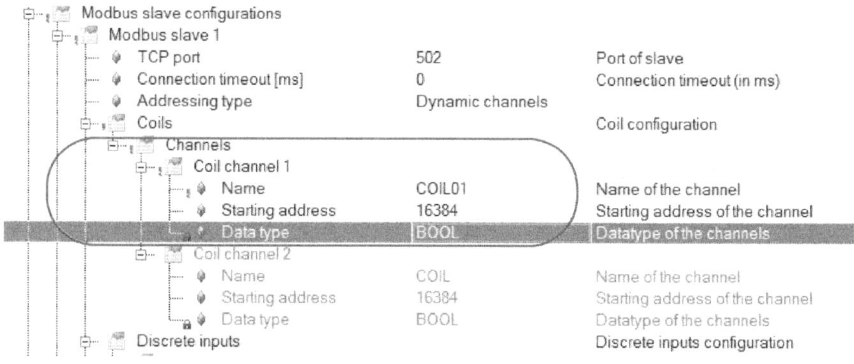

图 8-64　Dynamic channels 模式

Channel Name	Process Variable	Data Type	Inverse	Simulate	Description [1]
NodeSwitch		USINT			Node switch
ActualNumberOfClients_1		UINT			
PacketCount_1		DINT			
ErrorCount_1		DINT			
TimeSinceLastRequest_1		DINT			
COIL01		BOOL			

图 8-65　I/O Mapping 中会出现相应的通信通道

使用时请注意，在使用 Dynamic channels 方式时，由于 I/O Mapping 通道属性只有只读或只写属性，所以 Holding register 失去了 RW（既可读又可写）属性。相对来说，在实现 Modbus 从站配置时，使用 Modbus TCP 中相关函数更为灵活。

8.1.5　PROFIBUS DP

PROFIBUS DP 用于分散外设间的高速传输，适合于加工自动化领域的应用，支持主—从系统、纯主站系统、多主多从混合系统等传输方式。传输介质一般为双绞线或者光缆，最多可挂接 127 个站点。本节将介绍贝加莱对 PROFIBUS DP 的硬件和软件支持。

1. PROFIBUS DP 总线介绍

PROFIBUS DP 使用了物理层和数据链路层，这种精简的结构保证了数据的高速传送，特别适合可编程控制器与现场分散的 I/O 设备之间的通信。

主站周期地读取从站的输入信息并周期地向从站发送输出信息，总线循环时间必须要比主站（PLC）程序循环时间短。除周期性用户数据传输外，PROFIBUS DP 还提供智能化设备所需的非周期性通信以进行组态、诊断和报警处理。

1）传输技术：RS-485 双绞线，双线电缆或光缆，波特率从 9.6kbit/s 到 12Mbit/s。

2）总线存取：各主站间令牌传递，主站与从站间为主一从传送。

3）通信：点对点（用户数据传送）或广播（控制指令）方式，循环主一从用户数据传送，和非循环主一主数据传送。

4）运行模式：运行、清除、停止。

5）同步：控制指令允许输入和输出同步。同步模式：输出同步；锁定模式：输入同步。

6）功能：在 DP 主站和 DP 从站间循环传输用户数据，各 DP 从站的动态激活，DP 从站组态的检查。该总线具有完善的诊断功能，实现了主从站同步，通过总线给 DP 从站赋予地址，通过布线对 DP 主站（DPM1）进行配置，每个 DP 从站的输入和输出数据最大为 246 字节。

7）可靠性和保护机制：所有信息的传输按海明距离 HD=4 进行。DP 从站带看门狗定时器（Watchdog Timer），对 DP 从站的输入/输出进行存取保护。DP 主站上带可变定时器的用户数据传送监视。

8）设备类型：第一类 DP 主站（DPM1）是中央可编程控制器，如 PLC、PC 等；第二类 DP 主站（DPM2）是可进行编程、诊断的设备。DP 从站是带二进制值或模拟量输入/输出的驱动器、阀门等。

PROFIBUS DP 使用 NRZ（None Return to Zero）编码传输数据。PROFIBUS DP 中的每个字符由 11 位组成：1 个起始位、8 个数据位、1 个奇偶校验位、1 个停止位，如图 8-66 所示。

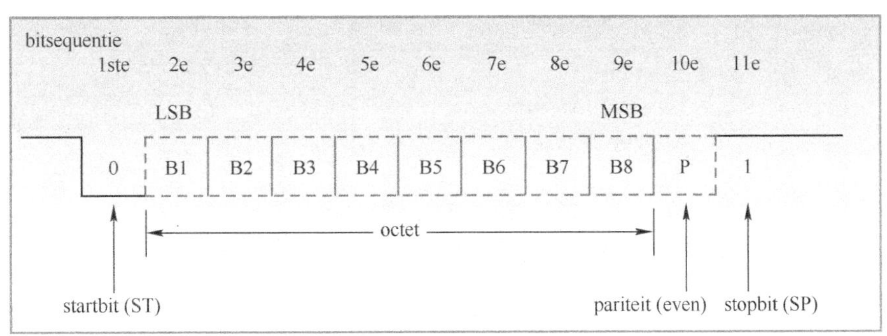

图 8-66 PROFIBUS DP 的结构

2. 贝加莱硬件支持

贝加莱使用 PROFIBUS DP 方式通信，需要图 8-67 所示的 DP 通信模块，其中 X20IF1061 和 X20IF1061-1 为主站模块，X20IF1063 和 X20IF1063-1 为从站模块。

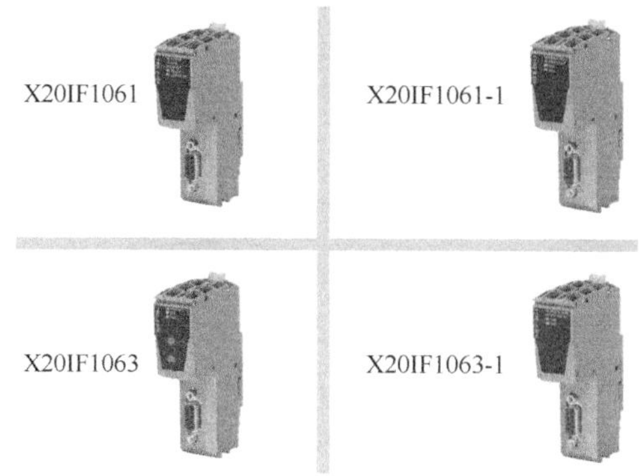

图 8-67　贝加莱的 PROFIBUS DP 模块

3. PROFIBUS DP 主站配置

无论是采用 X20IF1061 还是 X20IF1061-1，配置一开始都需要导入 GSD（General Station Description）文件，如图 8-68 所示。

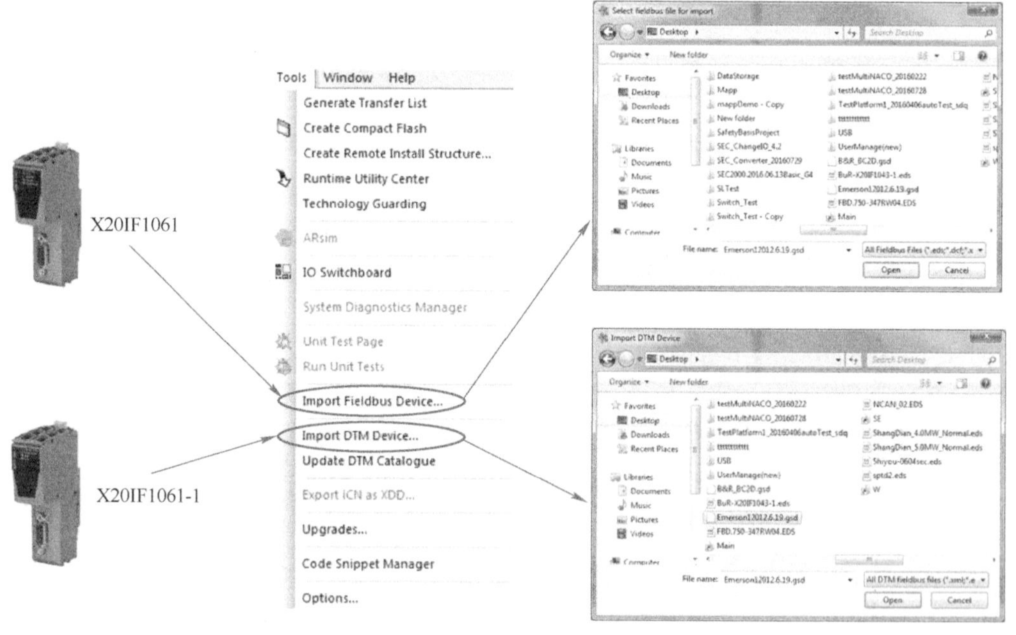

图 8-68　导入 GSD 文件

（1）X20IF1061

第一步，设置通信参数。如图 8-69 所示，右击 Profibus，从弹出的快捷菜单中选择 Configuration 命令进入配置页面，在图 8-70 所示的配置页面中进行通信参数的修改。

第二步，修改从站号，如图 8-71 所示。

第三步，右击从站，选择 Configuration，如图 8-72 所示。

第四步，在从站配置页面中，添加 Module、Block 和 Channel，如图 8-73 所示。

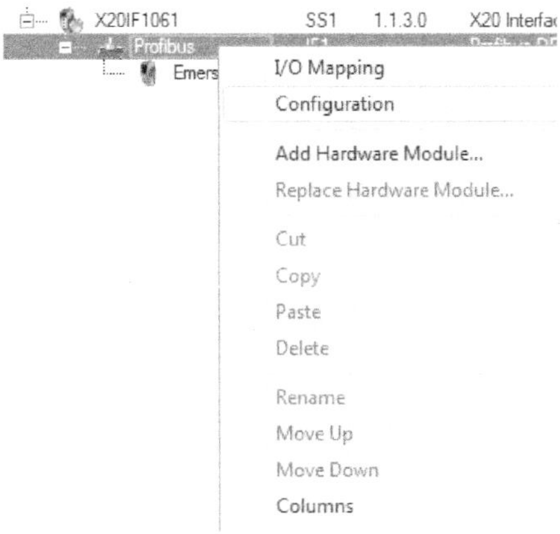

X20IF1061 SS1 1.1.3.0 X20 Interfac
Profibus
Emers
I/O Mapping
Configuration
Add Hardware Module...
Replace Hardware Module...
Cut
Copy
Paste
Delete
Rename
Move Up
Move Down
Columns

图 8-69　进入 PROFIBUS 的配置页面

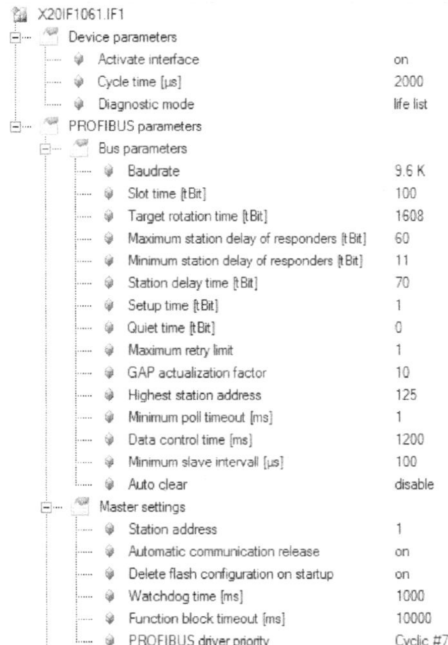

图 8-70　PROFIBUS 配置页面

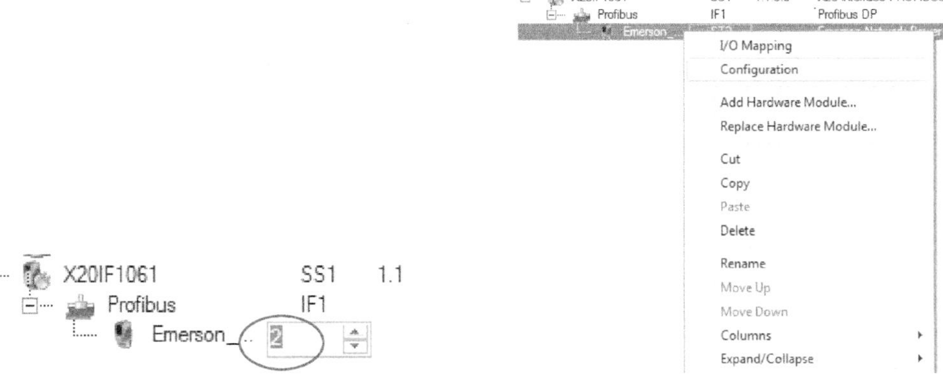

图 8-71　修改从站号

图 8-72　进入从站配置页面

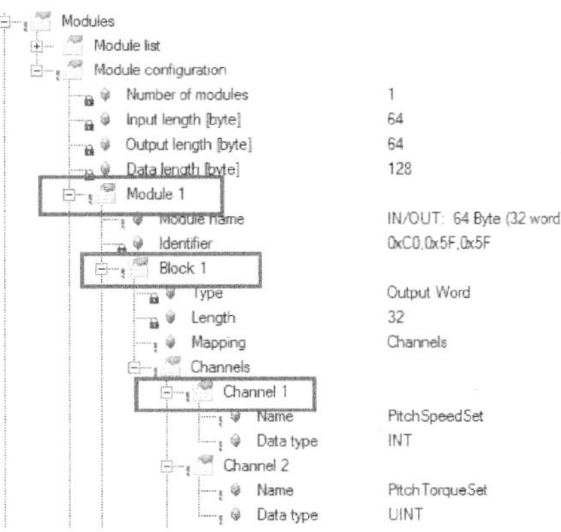

图 8-73　添加 Module、Block 和 Channel

第五步，双击从站，打开 I/O Mapping，如图 8-74 所示。

PitchSpeedSet	DP:main2pitch.PitchSpeedSet	INT
PitchTorqueSet	DP:main2pitch.PitchTorqueSet	UINT
PitchSpeedFB	DP:pitch2main.PitchSpeedFB	INT
PitchTorqueFB	DP:pitch2main.PitchTorqueFB	UINT
PitchHeart	DP:pitch2main.PitchHeart	BOOL

图 8-74 I/O Mapping

（2）X20IF1061-1

第一步，设置通信参数。如图 8-75 所示，右击 Profibus（DTM），从弹出的快捷菜单中选择 Device Configuration 命令，以进入通信参数配置页面。在图 8-76 所示的配置页面中，修改相应的通信参数。

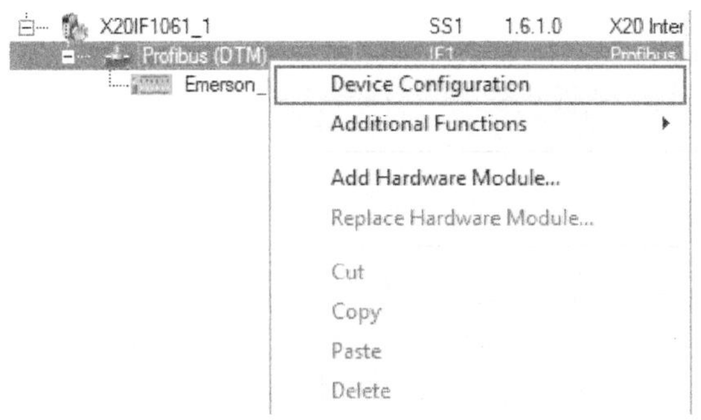

图 8-75 进入通信参数配置页面

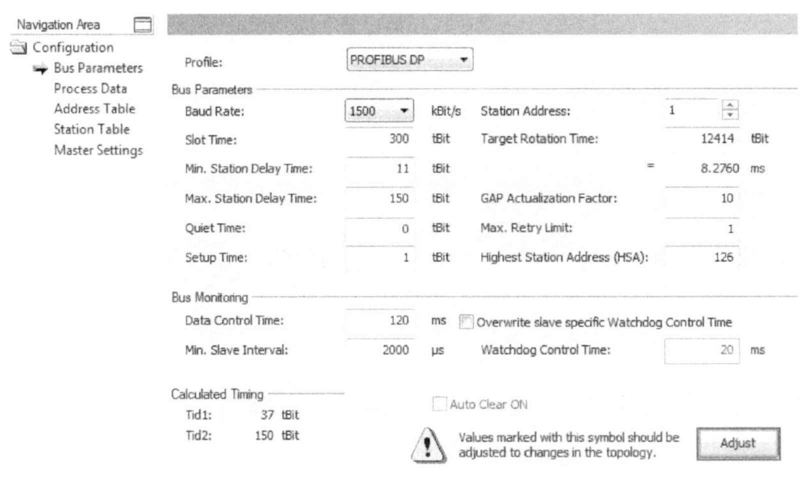

图 8-76 通信参数配置页面

第二步，修改从站号，如图 8-77 所示。

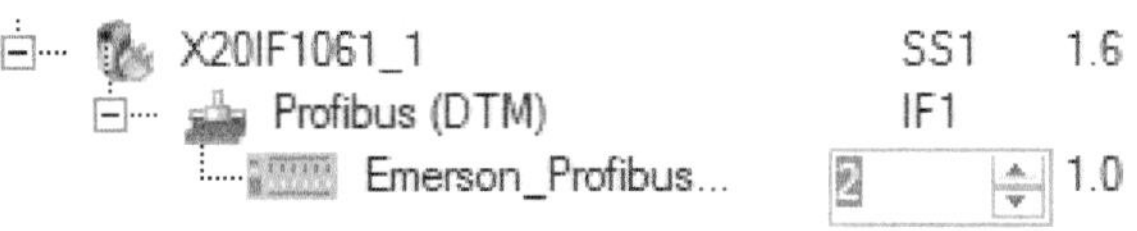

图 8-77 修改从站号

第三步，右击从站，从弹出的快捷菜单中选择 Device Configuration 命令，如图 8-78 所示。

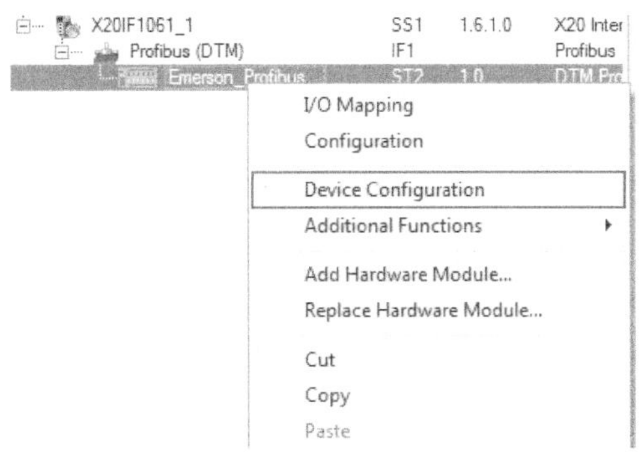

图 8-78　进入从站设备配置页面

第四步，在配置页面中，添加 Modules，配置步骤如图 8-79 所示，并进行相应的信号配置，如图 8-80 所示。

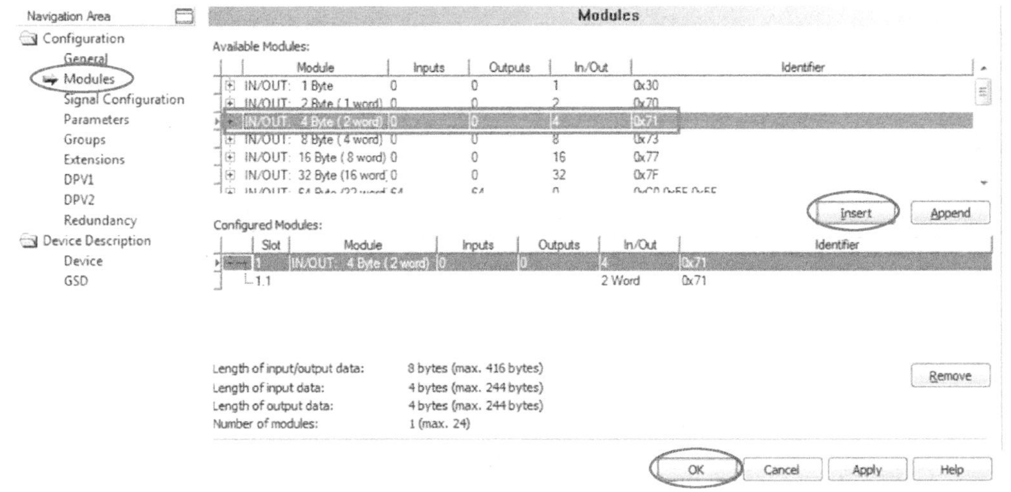

图 8-79　添加 Modules

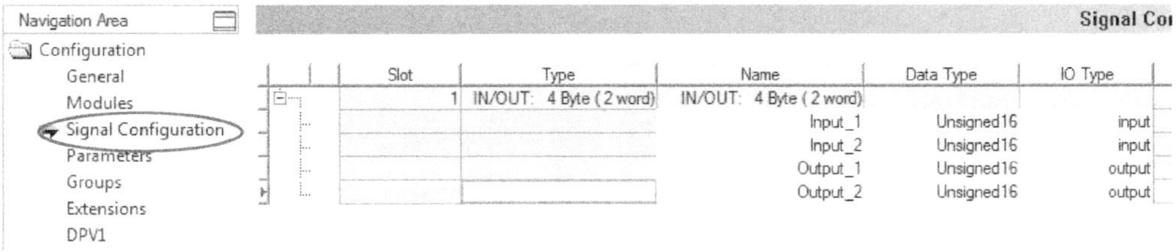

图 8-80　信号配置

第五步，配置通道（Channel）。右击从站，从弹出的快捷菜单中选择 Configuration 命令，以进入从站配置页面，如图 8-81 所示。然后，在图 8-82 所示页面进行通道配置。

第六步，双击从站，打开 I/O Mapping，如图 8-83 所示。

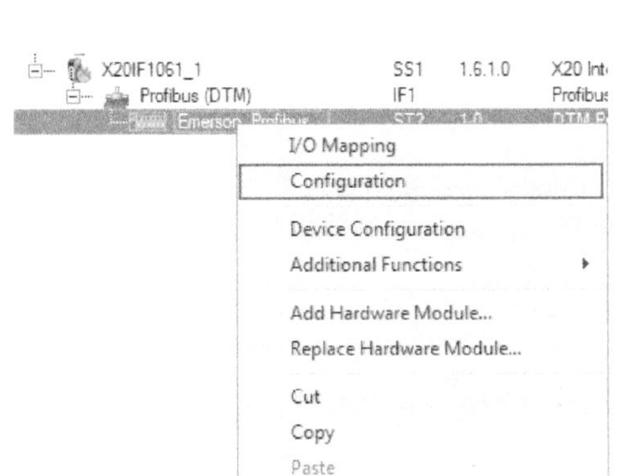

图 8-81 进入从站配置页面

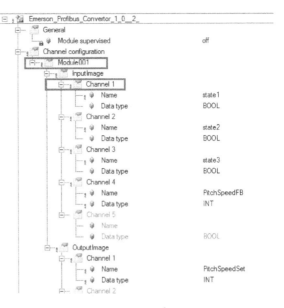

Emerson_Profibus_Convertor_1_0_2_	
General	
Module supervised	off
Channel configuration	
Module001	
InputImage	
Channel 1	
Name	state1
Data type	BOOL
Channel 2	
Name	state2
Data type	BOOL
Channel 3	
Name	state3
Data type	BOOL
Channel 4	
Name	PitchSpeedFB
Data type	INT
Channel 5	
Name	
Data type	BOOL
OutputImage	
Channel 1	
Name	PitchSpeedSet
Data type	INT
Channel 2	

图 8-82 通道配置

Channel Name	Process Variable	Data Type
ModuleOk		BOOL
state1	::Program:bInStatus[0]	BOOL
state2	::Program:bInStatus[1]	BOOL
state3	::Program:bInStatus[2]	BOOL
PitchSpeedFB	::Program:gSpeedFeedBack	INT
PitchSpeedSet	::Program:gSpeedSet	INT

图 8-83 I/O Mapping

4. PROFIBUS DP 从站配置

(1) X20IF1063

第一步，通过模块拨码（图中圆圈处）来设置从站号，如图 8-84 所示。

第二步，由程序功能块 L2DPSlave 实现从站配置，如图 8-85 所示。

图 8-84 X20IF1063

```
PROGRAM _CYCLIC

    L2DPSlave_0.enable := 1;
    L2DPSlave_0.device := ADR('SS1.IF1');
    L2DPSlave_0.L2DPid := 2;
    L2DPSlave_0.outbuf := ADR(outbuffer);
    L2DPSlave_0.outlen := SIZEOF(outbuffer);
    L2DPSlave_0.inbuf := ADR(inbuffer);
    L2DPSlave_0.inlen := SIZEOF(inbuffer);
    L2DPSlave_0.outcopy := ADR(bOutStatus);
    L2DPSlave_0.incopy := ADR(bInStatus);
    L2DPSlave_0;

END_PROGRAM
```

图 8-85 通过功能块 L2DPSlave 实现从站配置

在配置时需注意输入与输出的数据长度需保持一致，如图 8-86 所示。

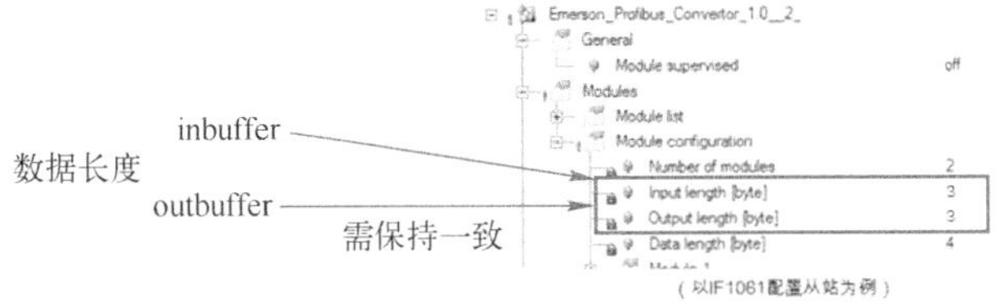

图 8-86　输入与输出数据长度需保持一致

（2）X20IF1063-1

第一步，右击 Profibus(DTM)，从弹出的快捷菜单中选择 Device Configuration 命令，以进入从站设备配置页面，如图 8-87 所示。

第二步，修改从站号，如图 8-88 所示。

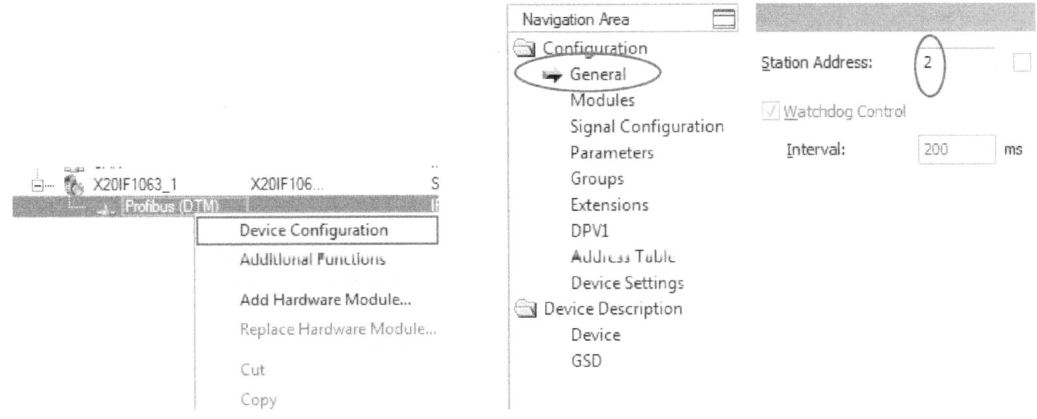

图 8-87　进入从站设备配置页面　　　　图 8-88　修改从站号

第三步，添加 Modules，如图 8-89 所示。注意，添加 Modules 的类别和顺序务必与 DP 主站（图 8-79 所示）一致。并进行相应的信号配置，如图 8-90 所示。

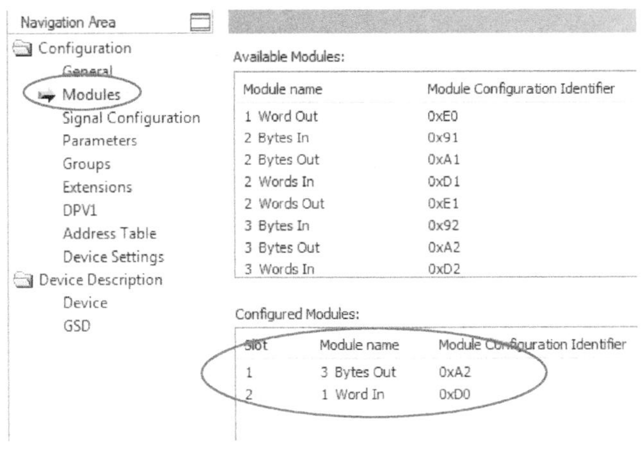

图 8-89　添加 Modules

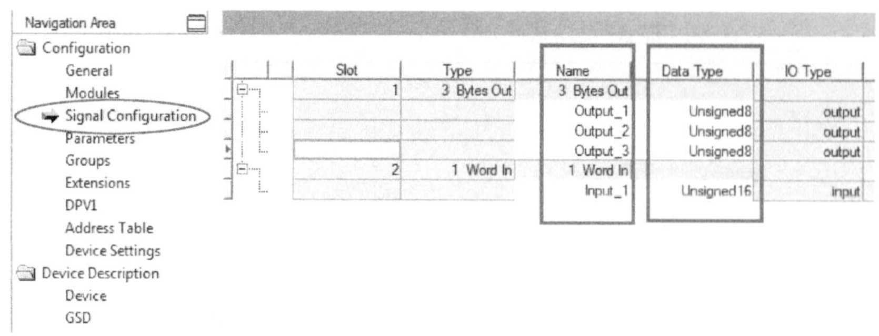

图 8-90　信号配置

第四步，配置通道。右击从站，从弹出的快捷菜单中选择 Configuration 命令，进入图 8-91 所示的配置页面。

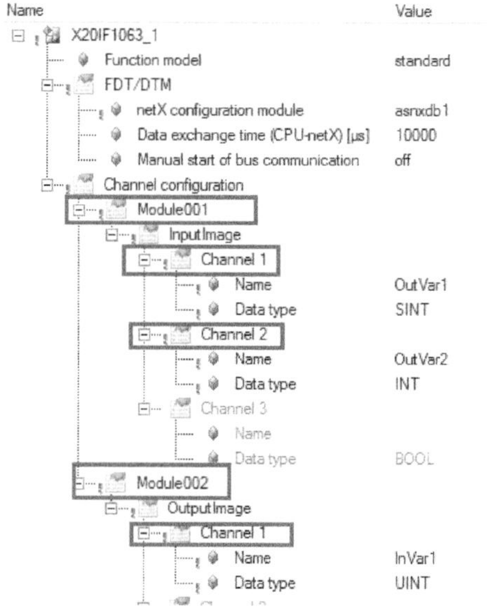

图 8-91　通道配置

第五步，双击从站打开 I/O Mapping，如图 8-92 所示。

Channel Name	Process Variable	Data Type
SerialNumber		UDINT
ModuleID		UINT
HardwareVariant		UINT
FirmwareVersion		UINT
Communication_Change_of_State		UDINT
Communication_State		UDINT
Communication_Error		UDINT
Version		UINT
Watchdog_Timeout		UINT
Host_Watchdog		UDINT
Error_Count		UDINT
Error_Log_Indicator		UDINT
OutVar1	::DP:PitchAngel	SINT
OutVar2	::DP:PitchSpeed	INT
InVar1	::DP:PitchTorqueSet	UINT

图 8-92　I/O Mapping

8.2 监控及管理常用的通信方式

本节将介绍监控与管理常用的两种通信方式：TCP/IP 和 OPC UA。

8.2.1 TCP/IP

1. TCP/IP 简介

协议是用于允许机器和应用程序交换信息的消息格式和过程的规则集，参与通信的每台机器都必须遵循这些规则，以便接收主机信息并理解消息。TCP（Transmission Control Protocol）和 UDP（User Datagram Protocol）属于传输层协议。其中 TCP 提供 IP 环境下的数据可靠传输，通过面向连接、端到端和可靠的数据包发送，它可以提供包括数据流传送、可靠性、有效流控、全双工操作和多路复用等服务。通俗地说，它是事先为所要发送的数据开辟出连接好的通道，然后再进行数据发送；而 UDP 则不为 IP 提供可靠性、流控或差错恢复功能。一般来说，TCP 对应的是可靠性要求高的应用，而 UDP 对应的则是可靠性要求低、传输经济的应用。TCP 支持的应用层协议主要有 Telnet、FTP、SMTP 等； UDP 支持的应用层协议主要有 NFS（网络文件系统）、SNMP（简单网络管理协议）、DNS（主域名称系统）、TFTP（通用文件传输协议）等。TCP/IP 协议与底层的数据链路层和物理层无关，这也是 TCP/IP 的重要特点之一。

TCP/IP 套件可以从层（或级别）的角度来理解。图 8-93 描绘了 TCP/IP 的各个层，从顶部开始，依次是应用层、传输层、网络层、网络接口层和硬件。

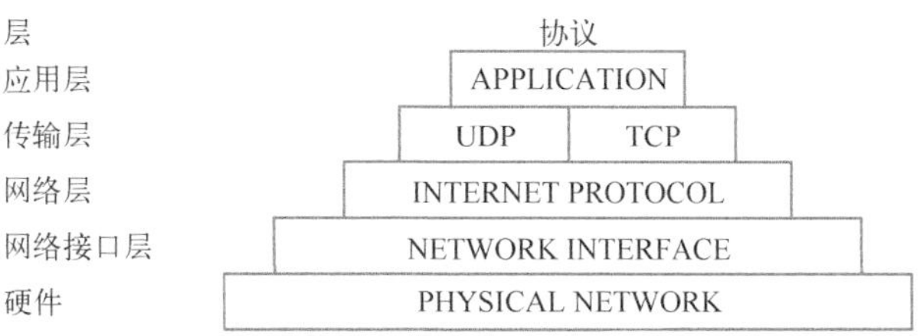

图 8-93　TCP/IP 的各层

TCP/IP 详细定义了信息如何从发送方传递到接收方。首先，应用程序将消息或数据流发送到传输层协议之一，即用户数据报协议（UDP）或传输控制协议（TCP）。这些协议从应用程序接收数据，将其分成较小的数据包，添加目标地址，然后将数据包传递到下一个协议层，即网络层。

网络层将数据包封装在 Internet 协议（IP）数据报中，加入数据报报头和报尾，决定将数据报发送到何处（直接发送到目的地或网关），并将数据报传递到网络接口层。

网络接口层接受 IP 数据报并将它们作为帧通过特定的网络硬件（例如以太网或令牌环网络）传输。图 8-94a 显示了信息从应用程序到网络硬件的传输过程和 TCP/IP 协议层的信息流。而主机接收的帧反向通过协议层，每一层都剥离相应的头信息，直到数据回到应用层。图 8-94b 显示了信息从网络硬件到应用程序的传递及 TCP/IP 协议层上的信息流。

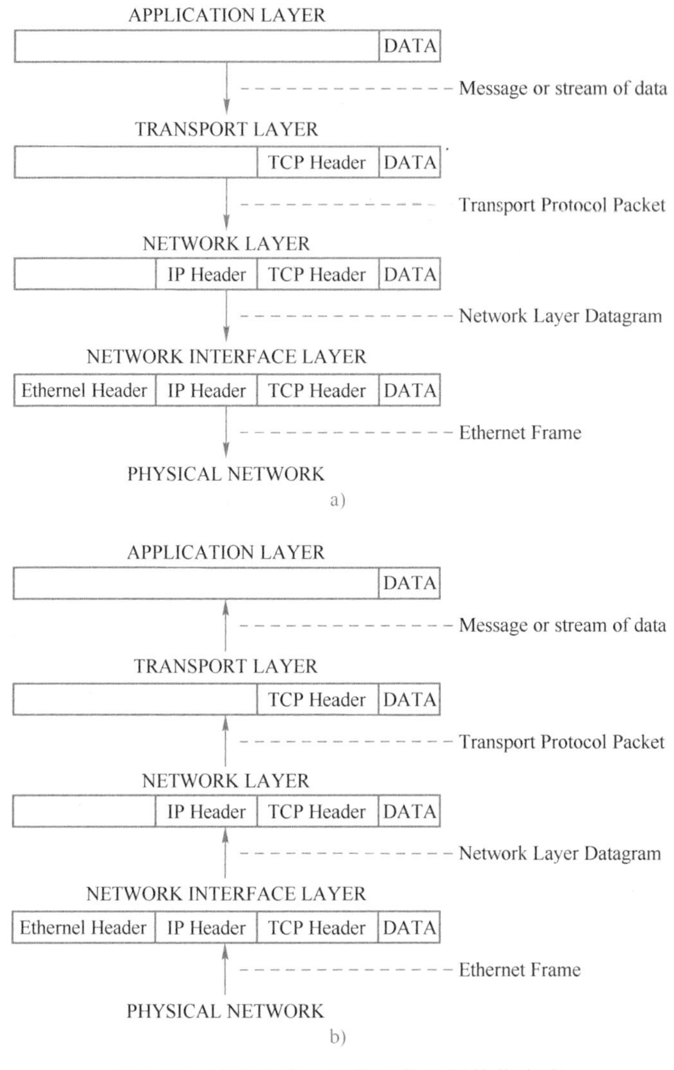

图 8-94　应用程序与网络硬件之间的信息流

a) 从应用程序到网络硬件　b) 从网络硬件到应用程序

帧由网络接口层（如以太网适配器）接收。网络接口层剥离以太网报头，并将数据报向上发送到网络层。在网络层，互联网协议剥离 IP 表头并将数据包向上发送到传输层。在传输层，TCP 剥离 TCP 表头并将数据向上发送到应用层。

2. AsTCP 库介绍

在 AS 中自带了 AsTCP 库，在 AS 帮助中的 Programming→Libraries→Communication 可以找到 AsTCP 库。该库可让 AS 使用 TCP/IP 与其他设备进行通信，可用于控制器之间或者控制器与监控管理系统之间的 TCP/IP 通信。在 AS 中最多可以同时打开 128 个 TCP 套接字，因此一次最多可以有 128 个客户端或服务器连接处于活动状态。如果系统中的其他地方需要大量套接字（如通过 FileIO 库访问网络文件等），则可用的 TCP 套接字可能少于 128 个。

该库包含的重要功能块如下。

- TcpOpen()：打开 TCP 套接字。
- TcpClose()：关闭 TCP 套接字。
- TcpServer()：打开 TCP 服务端。
- TcpClient()：与 TCP 服务端建立连接。
- TcpSend()：发送数据。
- TcpRecv()：接收数据。
- TcpIoctl()：进行特殊设定。

下面介绍简单的 TCP Client/Server（即客户端/服务器）通信示例——数据通过以太网接口在两个控制器之间进行交换。首先，按照图 8-95 所示步骤，添加 AsTCP 例程。

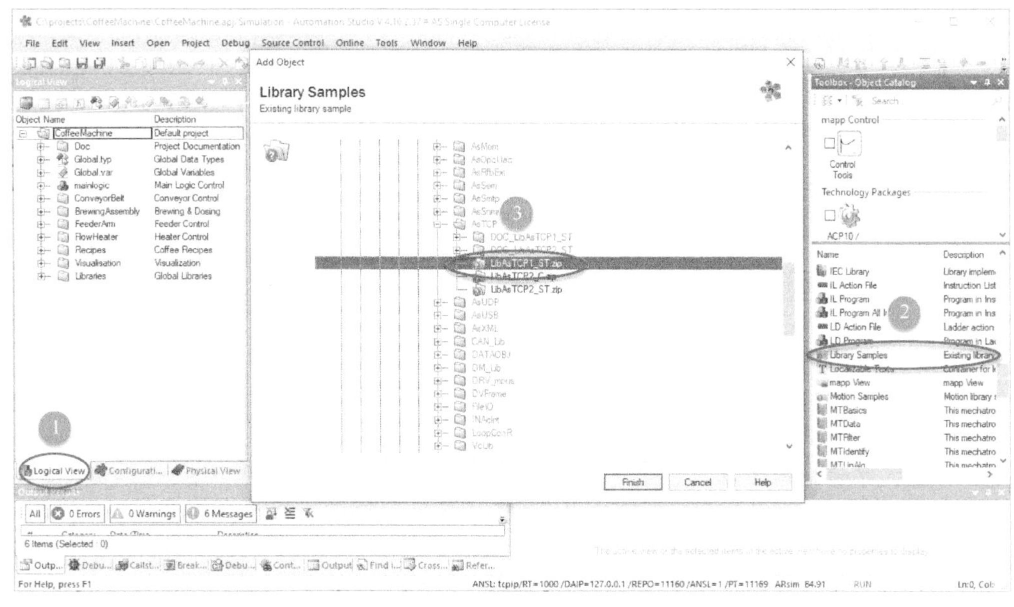

图 8-95　添加 AsTCP 例程

1）打开 AS 自带的例子项目 CoffeeMachine，在 Logical View 中单击 CoffeeMachine 目录。

2）在右侧的 Toolbox 中选择 Library Samples。

3）在 AsTCP 目录下选择 LibAsTCP1_ST.zip，并完成添加。

添加成功后，会在 Logical View 的项目中增加一个 LibAsTCP1_ST 的程序包，其中包含了 Server（服务器端示例代码）和 Client（客户端示例代码）两个任务，如图 8-96 所示。将 Server 和 Client 两个任务加入循环任务列表，本例中加入了循环任务 3#，如图 8-97 所示。

本例中为了测试和演示的效果，将两个任务放在同一个控制器上运行，实际在真实硬件上测试时，也可以放在两个不同的控制器上运行。本例程默认情况下通信配置为"Localhost"即 127.0.0.1，真实硬件上测试时，需根据以太网接口的 IP 地址进行相应修改。

关于 Server 程序，本例服务器端的监听端口设定为 12000，如图 8-98 所示，而真实使用时则需修改成相应的端口。服务器端在循环程序部分从变量 Server.data_buffer 接收来自客户端的数据，并将它们返回客户端。

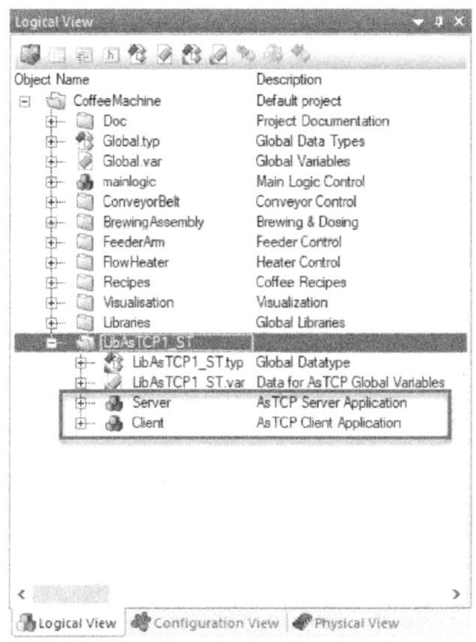

图 8-96　添加 AsTCP 例程之后增加的程序包

Object Name	Version	Transfer To	Size (bytes)	Date	Source	Source File	Description
<CPU>							
Cyclic #1 - [2 ms]							
mainlogic	1.00.0	UserROM	6320	7/25/20...	mainlogic	T50_X20C...	Main Logic Control
feeder	1.00.0	UserROM	21524	7/25/20...	FeederArm.feeder	T50_X20C...	feeder logic control
conveyor	1.00.0	UserROM	21864	7/25/20...	ConveyorBelt.conveyor	T50_X20C...	Conveyor Logic Control
brewing	1.00.0	UserROM	5516	7/25/20...	BrewingAssembly.brewing	T50_X20C...	Brewing Logic Control
heating	1.00.0	UserROM	19960	7/25/20...	FlowHeater.heating	T50_X20C...	Heating PID
Cyclic #2 - [20 ms]							
Cyclic #3 - [50 ms]							
Server	1.00.1	UserROM	0		LibAsTCP1_ST.Server	T50_X20C...	AsTCP Server Application
Client	1.00.1	UserROM	0		LibAsTCP1_ST.Client	T50_X20C...	AsTCP Client Application
Cyclic #4 - [100 ms]							
visCtrl	1.00.0	UserROM	8760	7/25/20...	Visualisation.visCtrl	T50_X20C...	Visualization Control
visAlarm	1.00.0	UserROM	5668	7/25/20...	Visualisation.visAlarm	T50_X20C...	Alarm Control
visTrend	1.00.0	UserROM	3860	7/25/20...	Visualisation.visTrend	T50_X20C...	Trend Control

图 8-97　将 Server 和 Client 两个任务加入循环任务列表

```
PROGRAM _CYCLIC

    CASE Server.sStep OF

        0:  (* Open Ethernet Interface *)
            Server.TcpOpen_0.enable := 1;
            Server.TcpOpen_0.pIfAddr := 0;  (* Listen on all TCP/IP Interfaces*)
            Server.TcpOpen_0.port := 12000;  (* Port to listen*)
            Server.TcpOpen_0.options := 0;
            Server.TcpOpen_0;  (* Call the Function*)

            IF Server.TcpOpen_0.status = 0 THEN  (* TcpOpen successfull*)
                Server.sStep := 5;
            ELSIF Server.TcpOpen_0.status = ERR_FUB_BUSY THEN  (* TcpOpen not finished -> redo *)
              (* Busy *)
            ELSE  (* Goto Error Step *)
                Server.sStep := 100;
            END_IF
```

图 8-98　Server 程序

关于 Client 程序，本例客户端的连接端口为 12000，服务器端 IP 地址为 127.0.0.1，如图 8-99 所示，而真实使用时则需修改成相应的端口。变量 LibAsTCP1_ST.send_data 的数据在程序的循环部分发送到服务器端，然后通过变量 LibAsTCP1_ST.receive_data 接收。

```
10: (* Connect to the other Station *)
    Client.TcpClient_0.enable := 1;
    Client.TcpClient_0.ident := Client.TcpOpen_0.ident;  (* Connection Ident from AsTCP.TCP_Open *)
    Client.TcpClient_0.portserv := 12000;  (* Port on server side to use *)
    Client.TcpClient_0.pServer := ADR('127.0.0.1');  (* Server Address *)
    Client.TcpClient_0;  (* Call the Function*)

    IF Client.TcpClient_0.status = 0 THEN  (* Open ok -> Send Data *)
        Client.sStep := 20;
    ELSIF Client.TcpClient_0.status = ERR_FUB_BUSY THEN  (* TcpClient not finished -> redo *)
      (* Busy *)
    ELSIF Client.TcpClient_0.status = tcpERR_INVALID THEN  (* Port error -> Close actual connection, and reopen a new one *)
        Client.sStep := 40;
    ELSE  (* Goto Error Step *)
        Client.sStep := 100;
    END_IF
```

图 8-99　Client 程序

关于运行结果，可观察服务器端变量 server.data_buffer[0]，如图 8-100 所示。该变量会接收客户端 LibAsTCP1_ST.send_data[0]的数值，并且服务器端将 server.data_buffer[0]发还给客户端。在 Watch 窗口中可观察到 server.data_buffer[0]递增 2 的状态，这是由于客户端变量 LibAsTCP1_ST.send_data[0]每个循环任务周期都会递增 1，但是客户端执行时接收（TcpRecv()）和发送（TcpSend()）会交替执行，故每次发送给服务器端的数据都是上一次发送的数值加 2。

Name	Type	Scope	Force	Value
Server	Server_typ	local		
sStep	UINT			30
client_address	STRING[20]			'127.0.0.1'
TcpOpen_0	TcpOpen			
TcpServer_0	TcpServer			
TcpRecv_0	TcpRecv			
TcpSend_0	TcpSend			
TcpClose_0	TcpClose			
TcpIoctl_0	TcpIoctl			
data_buffer	UDINT[0..100]			
data_buffer[0]	UDINT			6374

图 8-100　观察服务器端变量 server.data_buffer[0]

客户端变量 LibAsTCP1_ST.receive_data[0]接收从服务器端发送的 server.data_buffer[0]值，故每次递增 2 且慢于 LibAsTCP1_ST.send_data[0]一个循环周期（见图 8-101）。

Name	Type	Scope	Force	Value
Client	Client_typ	local		
LibAsTCP1_ST	LibAsTCP1_ST_	global		
receive_data	UDINT[0..100]			
receive_data[0]	UDINT			9960
send_data	UDINT[0..100]			
send_data[0]	UDINT			9961

图 8-101　观察客户端变量 LibAsTCP1_ST.receive_data[0]

8.2.2　OPC UA

OPC UA（OPC Unified Architecture，OPC 统一架构）是 OPC 基金会（OPC Foundation）于 2008 年发布的新一代工业通信规范。它将所有传统 OPC 功能集成于一个可扩展平台，是一个独立于平台的、面向服务的架构。

它在自动化的金字塔结构中实现了纵向（即设备控制器和 MES/ERP 之间）和横向（即

设备控制器之间）的信息交换，提供了语义交互性。

1. OPC UA 的概念

OPC UA 由以下几部分组成。

- 传输机制：优化的二进制 TCP 协议。
- 元模型：对基本信息建模的规则。
- 服务：提供信息模型的服务器端和使用信息模型的客户端之间接口使用的传输机制。
- OPC UA 基本信息模型：包含相关类型系统的通用对象模型。
- OPC UA 扩展信息模型：基于 OPC UA 信息模型的生产商的特定信息模型。

由于篇幅限制，OPC UA 的基本通信原理将不再介绍，读者可参考《贝加莱标准化功能块》的 OPC UA 部分进行详细了解。

2. 配置 OPC UA 服务器

（1）激活 OPC UA 系统

为了使 OPC UA 的客户端能够访问到 AR 系统，必须要激活目标系统的 OPC UA 服务器。如果 PLC 作为客户端，那么为了使用 AsOpcUac（OPC UA 的客户端库），也必须要激活 PLC 的 OPC UA 系统。激活方式如图 8-102 所示，在 Physical View 中，右击 PLC 并在弹出的快捷菜单中选择 Configuration 命令，将 OPC-UA System 这一项中的“Active OPC-UA System”选为 on。

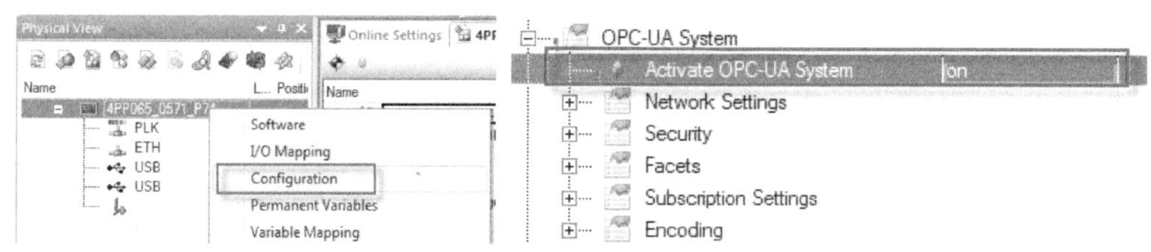

图 8-102　激活 OPC UA 系统

如果简单使用，这样设置就可以了，其他参数不需要改动（如果使用 ARsim 测试，Network Settings 里面的端口号要改为 4841）。如果想了解每个参数的具体含义，请参考表 8-3，其中具体解释了各个参数。

表 8-3　OPC UA 配置参数

Network settings（网络设置）	
Port number	用来访问 OPC UA 服务器的网络端口号（默认为 4840）。如果该端口号已经被其他服务器占用，那么 BR 服务器会取消 OPC UA 启动，并报错 35900。该问题可能会发生在使用 ARsim 时，因为安装了 OPC UA 的核心组件而运行 Discovery 服务器，或者是因为安装其他工具时安装了 Demo 服务器并运行了该服务器
Subscription settings（订阅设置）	
Maximum sample-queue size	监控变量的采样队列的最大存储个数（默认为 100）。采样队列的实际大小是由客户端在生成监控项时指定的，但是受该设置的限制。客户端预定义的采样周期和发布周期会影响值变化累积的速度和数量，因此会引起目标系统上非预期的大量内存的使用，这时可以通过这个设置来限制。 监控 UDINT 类型的 ARRAY[1..1000]的 100 次变化值，在相同的发布周期下，将占用 DRAM 中 400000 个字节

（续）

Event settings（事件设置）		
Auditing server facet（A4.25） Enable audit events（A4.23）	On	使能事件记录服务，使 OPC UA 服务器为以下动作生成记录事件： ● 安全通道服务集动作（变更为安全连接，如证书错误）。 ● 会话服务集动作（如用户登录和退出）。 ● 具体节点动作（如变量值）。该节点必须在“Default View Editor”中使能“Audit Events”设置，才能生成事件记录
	Off（默认）	关闭事件记录服务，OPC UA 服务器不会生成记录事件
Security settings（安全设置）		
Security admin（A4.25）	选择被授予管理权限的角色，用户角色系统中定义的角色可供选择。安全管理员的权限为： ● 记录事件的通知	
Encoding（编码）		
String encoding（C4.25）	定义了服务器端和客户端功能块如何处理 STRING 数据类型： ● UTF-8：读取和写 STRING 类型数据都保持 UTF-8，该方式的优点是 STRING 类型可以用来传输扩展字符集。 ● ISO 8859（默认）：标准和扩展 ASCII 字符集，含有不能转换字符的字符串，会因为 Bad_TypeMismatch 而被拒绝。 使用 UTF-8 时，字符串操作的标准功能有可能不可用或限制使用。如多字节的 UTF-8 字符串使用 strlen()不会返回希望的结果	

注意：在 AR 版本低于 A4.23 时，OPCUA 的参数与表 8-3 略有不同，其参数说明详见表 8-4。

表 8-4　OPC UA 配置参数（AR 版本低于 A4.23）

OPC UA Server	说明	
Authentication（读写权限）		
Allow anonymous access	On（默认）	指定了匿名访问的访问权限（如读、读写）
	Off	禁止匿名访问
Anonymous access rights	Read	只读
	Read/Write	可读可写
User	根据客户端登录数据进行检查的用户名和密码	

（2）OPC UA 的默认视图编辑器

按上述步骤使能 OPC UA 服务器后，需要在默认视图编辑器（在 Configuration View 中打开，如图 8-103 所示）中使能需要提供给 OPC UA 客户端的数据。另外，还必须指定每个通信变量的每个角色下的访问权限。具体使能和访问权限的设置方法在后续步骤 3 和 4 中说明。

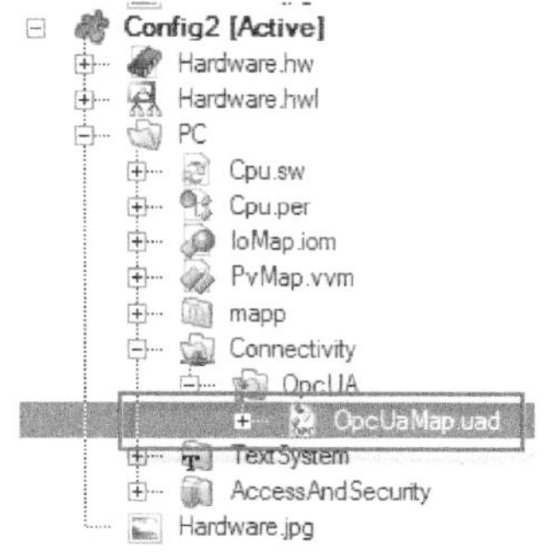

图 8-103　进入 OPC UA 默认视图编辑器

（3）使能 OPC UA 变量

选中需要使能的变量，有两种方式来使能已选变量，如图 8-104 所示。

1）通过单击工具栏上的✔按钮。

2）通过在属性窗口中，设置“Enable”属性为“True”。

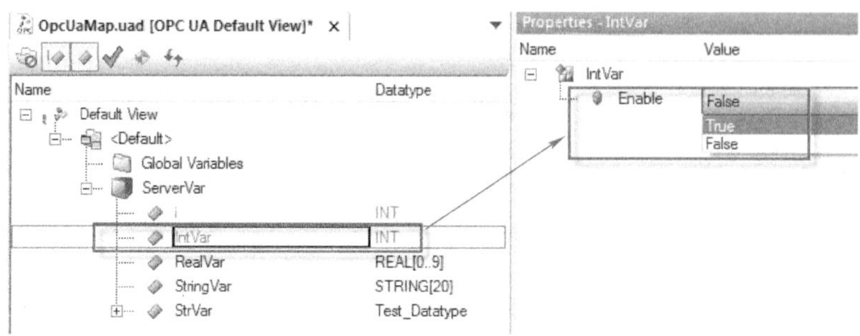

图 8-104 使能 OPC UA 变量

变量使能之后，就不再显示为灰色了，也可以进行其他设置，如图 8-105 所示。

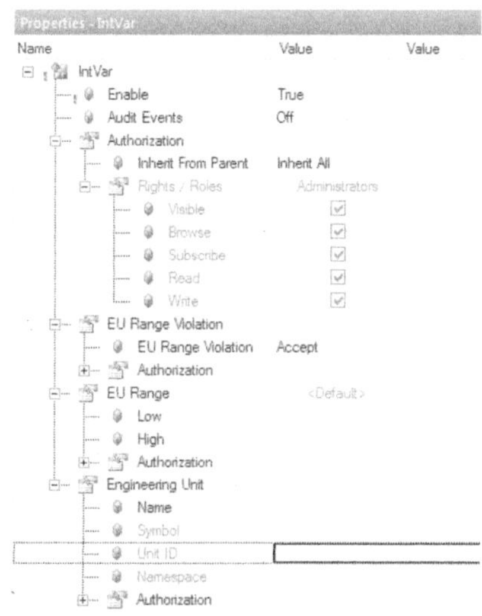

图 8-105 变量使能之后（以 IntVar 为例）

（4）授权

可以设置每个 OPC UA 变量在不同用户（即不同角色）下的使用权限。首先，要给整体 OPC UA 系统添加角色，否则在具体的变量中是无法添加角色的。如图 8-106 所示，选中“Default View”，在属性中单击“Add Role”会出现下拉列表框，可以选择需要的角色。

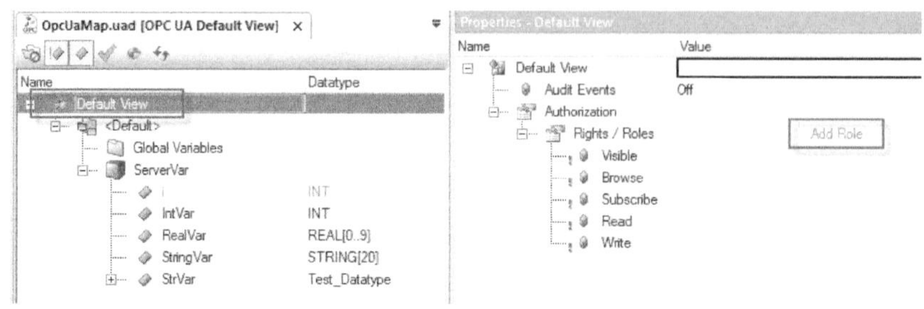

图 8-106 添加角色

选中一个角色后，可以为该角色设置权限，如图 8-107 所示。可以设置的权限有 5 种，具体说明见表 8-5。

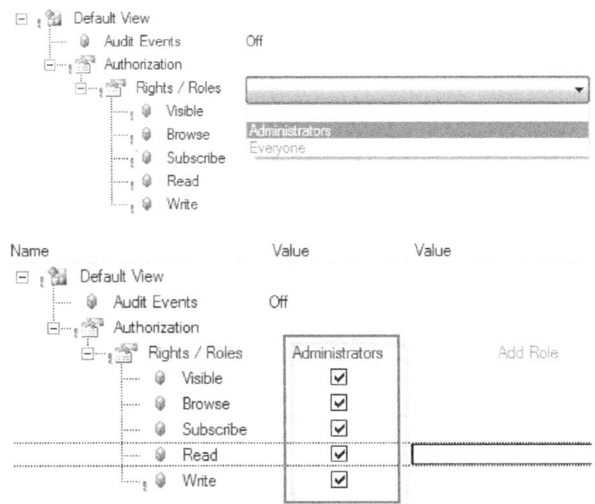

图 8-107　为角色设置权限

表 8-5　5 种权限说明

权限	说明
Visibility（可见）	OPC UA 变量是否在 OPC UA 服务器中可见，默认为 True
Browser（浏览）	OPC UA 变量的子成员在 OPC UA 服务器中是否可浏览，默认为 True
Monitoring（监控）	OPC UA 变量是否在 OPC UA 服务器中可监控，默认为 True
Read（读）	OPC UA 变量的值是否在 OPC UA 服务器中可读，默认为 True
Write（写）	OPC UA 变量的值是否在 OPC UA 服务器中可写，默认为 True

继续单击新出现的“Add Role”可以添加其他角色，并为角色设置权限。注意，默认情况下，Everyone 的权限是只读，不能写的，如图 8-108 所示。

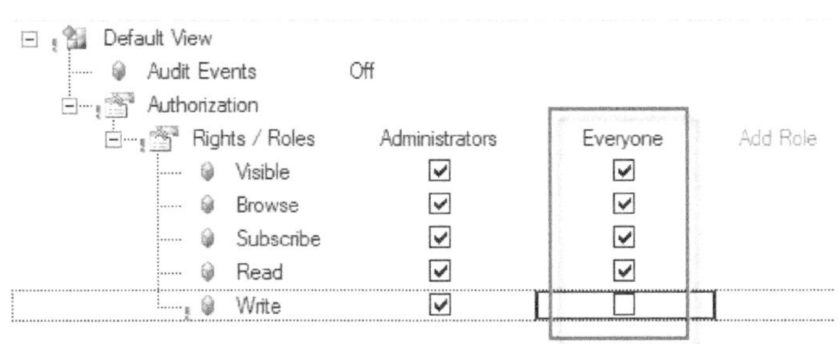

图 8-108　继续添加其他角色

接下来，单独设置具体变量在角色下的权限。选中一个变量，在它的属性窗口中可以设置其权限。默认情况下，权限是继承上一级节点的设置，如果想要修改权限设置，需要首先将继承属性设置为 None，如图 8-109 所示。选为“Inherit None”之后，“Rights/Roles”就可以按照需要修改了。

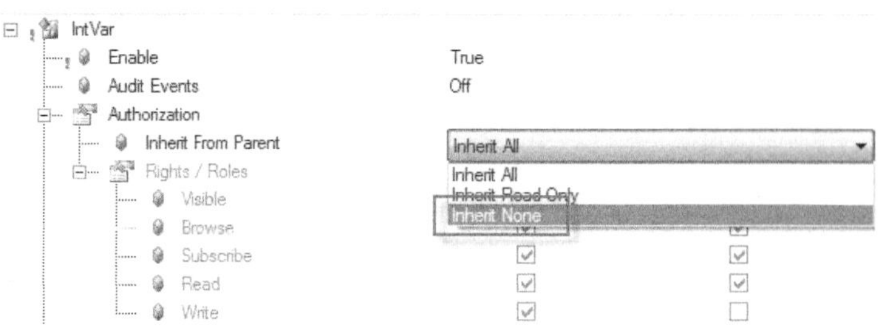

图 8-109 修改继承属性

（5）EU Range

该部分可以对变量（仅限数据类型变量）设置一个范围（Low 为下限值，High 为上限值。如果不设置，那么会自动设置为数据类型的上下限）。当变量被写入的时候，会检查写入值是否处于设定的范围。如果不在范围内，则按照“EU Range Violation”中的设置继续操作（Accept：接受写入；Rejected：拒绝写入；Limit：以离得近的限位值代替写入值），如图 8-110 所示。

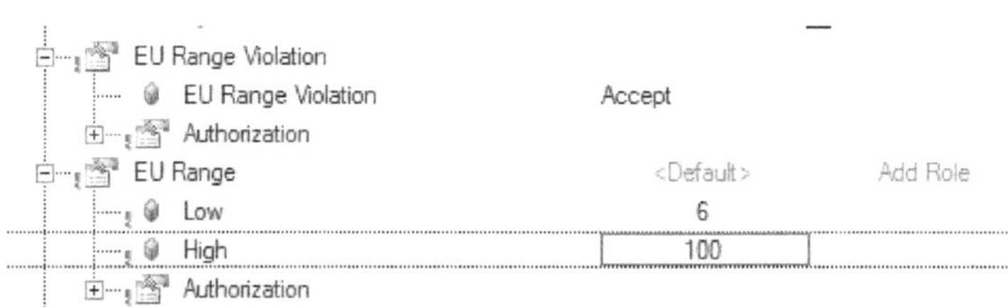

图 8-110 EU Range 设置

（6）UaExpert 测试

UaExpert 是一个通用的测试客户端，支持 OPC UA 功能，如数据访问、警报和状态、历史趋势和 UA 方法调用，用于检测 OPC UA 服务器（如贝加莱 PLC）是否正常通信。通常在项目中，会先使用 UaExpert 将 OPC UA 服务器测通，然后再接入真实 OPC UA 客户端进行调试。免费版 UaExpert 附带以下插件。

- OPC UA 数据访问视图。
- OPC UA 警报和条件视图。
- OPC UA 历史趋势视图。
- 服务器诊断视图。
- 简单的数据记录器 CSV 插件。
- OPC UA 性能插件。
- GDS 推送模型插件。
- XMLNodeSet-Export View（需要许可证）。

UaExpert 可以在 AS 安装包中找到，或者在 https://www.unified-automation.com/网站上下载最新版本。

首先打开 UAExpert，添加一个服务器，如图 8-111 所示。

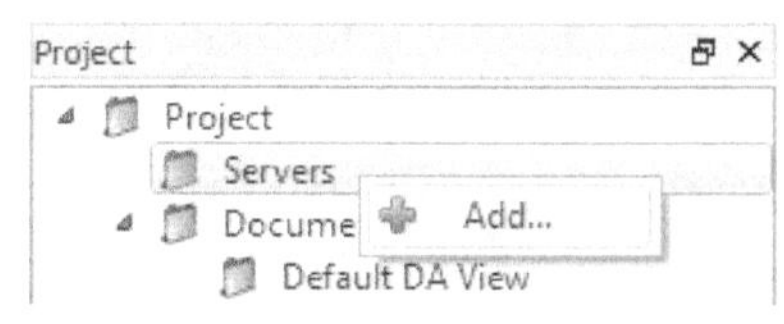

图 8-111 添加服务器

在打开的对话框中，选择“Advanced”选项卡，添加 OPC UA 服务器的地址，如图 8-112 所示。通常，实际硬件的端口号设置为 4840，仿真器的端口号设置为 4841（和 AS 中的设置要对应）。

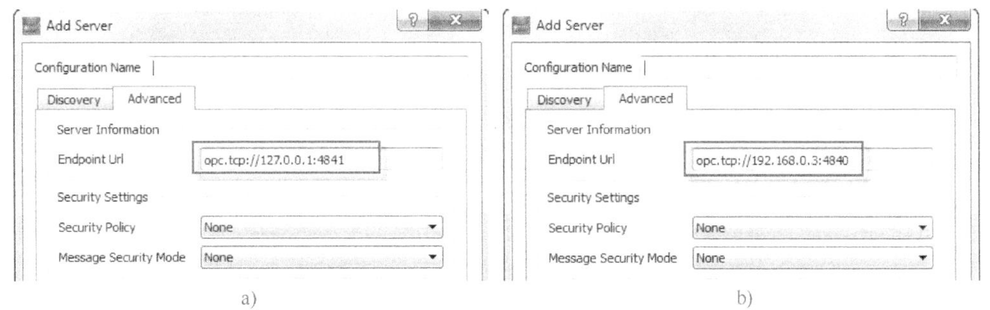

图 8-112　添加 OPC UA 服务器的地址

a) 仿真器端口号 4841　b) 实际硬件端口号 4840

如果能够连接服务器，此时会显示为已连接状态；如果连接不上服务器，则显示为断开状态，如图 8-113 所示。

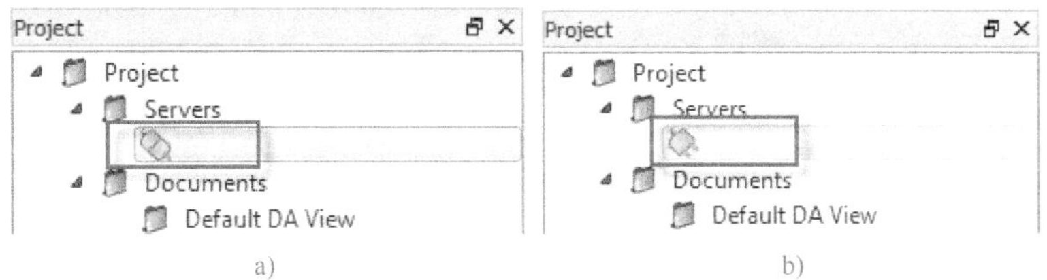

图 8-113　连接状态显示

a) 已连接状态　b) 断开状态

连接之后，就可以在 Address Space 视窗中找到设置好的变量，如图 8-114 所示。

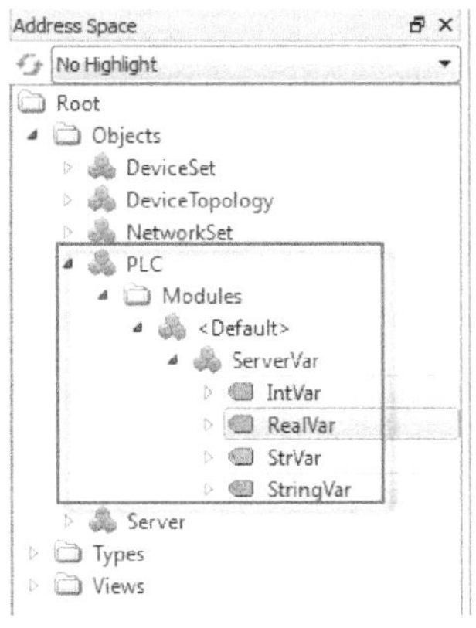

图 8-114　Address Space 视窗

选中需要监控的变量，然后拖拽到右边的窗口中，就可以监控变量的运行状态了，如图 8-115 所示，图中可以看到变量的值以及通信状态。如果变量的权限设置为可写的话，还可以在这里修改变量的值。

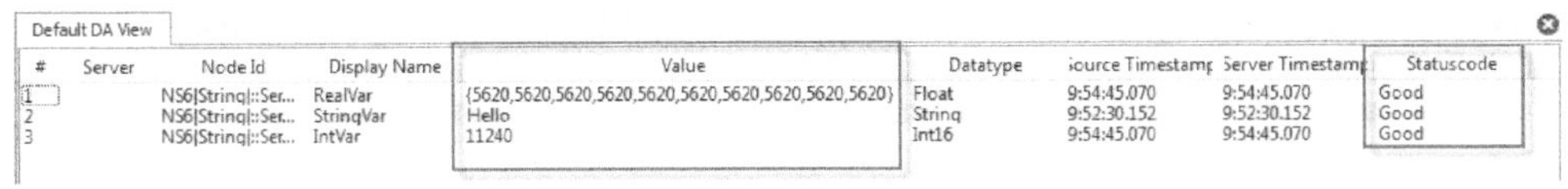

图 8-115 监控通信结果

需要注意的是，在 Ua Expert 中，结构体不能作为一个整体进行通信，需要单个添加结构体中的变量。

（7）审计（Audit）

可以为 OPC UA 的变量设置 Audit（审计）属性。当客户端改写了变量时，服务器可以记录变量的变化，并有相应的事件号来表示是通过 OPC UA 客户端改写的，设置步骤如下。

第一步，在 MpAuditEvent 中使能 19 号事件，可以通过 MpAuditTrailConfig 功能块中的 Config 变量来设置，如图 8-116 所示。

第二步，要进行 OPC UA 的系统设置。有两个地方需要设置，一是必须设置安全管理员为 Administrators，另一个是把 Auditing Server Facet 设置为 on，如图 8-117 所示。

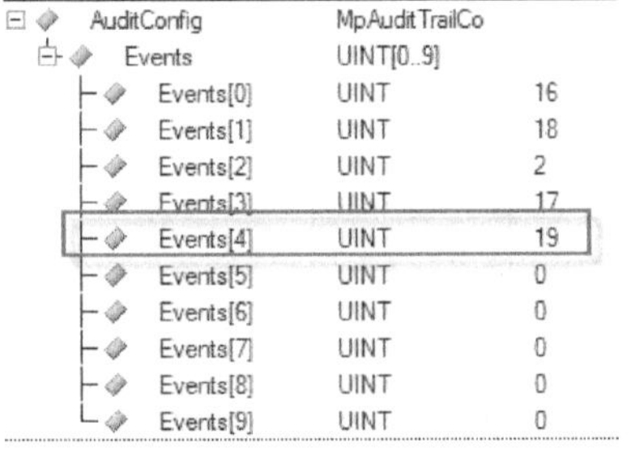

图 8-116 开启 Audit 功能的第一步

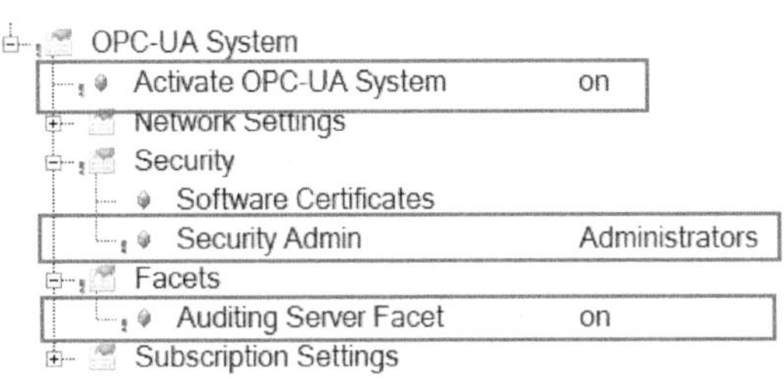

图 8-117 开启 Audit 功能的第二步

第三步，在 OPC UA 的编辑器中，使能变量的 Audit 属性。可以在根目录下使能全部，或者单独使能某一个变量的 Audit 属性，操作步骤如图 8-118 所示。

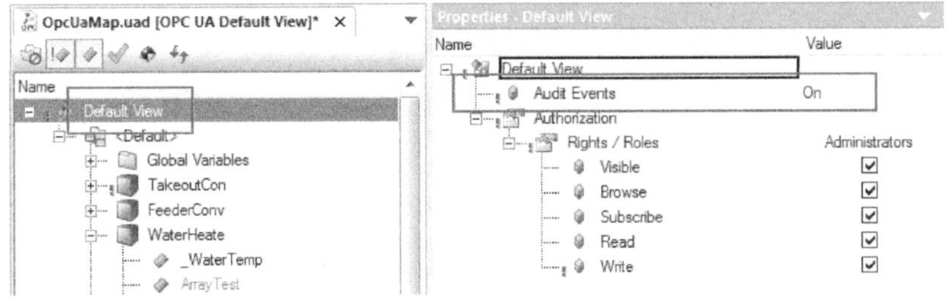

图 8-118 开启 Audit 功能的第三步

设置完成后，如果在客户端修改了变量的值，服务器端会生成 Audit 事件（ID19）。如果从服务器端修改该变量的值，则会生成 ID16 的事件（如果在 MappAudit 中没有配置该变量，则不会生成事件）。

（8）其他限制

1）Ua Expert 软件最多 50 个会话（session）。

2）每个会话最多 100 个订阅。

3）每个订阅最多 1000 个监控项。

4）最小采样周期为 10ms。

第 9 章　基于标准化功能块的项目模板

本章主要针对基于标准化功能块的项目模板如何使用及使用注意事项进行详细阐述。

9.1 标准化功能块

除贝加莱官方提供的标准库之外，贝加莱（中国）在过去二十几年积累的本土项目开发经验的基础上，针对一些典型功能设计开发了模块化程序包，称为标准化功能块。标准化功能块里提供了丰富的例程，例如温度控制、轴运动控制、报警功能、配方管理等。这些例程全部开源，可以通过 1.4 节中的网址访问贝加莱微信公众号或贝加莱企业网盘免费下载。在实际项目开发中，这些例程可根据项目需要，以模块化的形式在程序中自由增减。本节将介绍如何在程序中添加需要的标准化功能块例程，以轴控为例（AS 采用 4.2 版本）。

第一步，从标准化功能块中下载例程，如图 9-1 所示。下载好的例程是以压缩包文件.zip 的形式存于用户指定文件夹中。

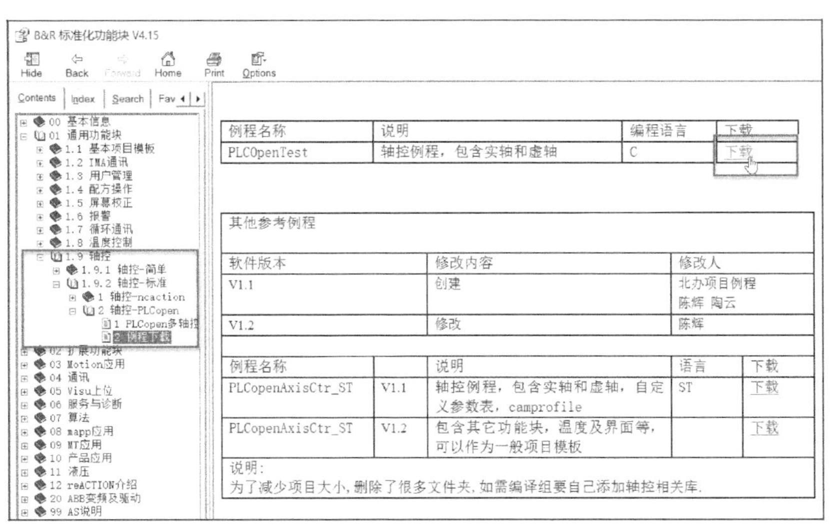

图 9-1　从标准化功能块中下载例程

第二步，在 AS 中打开需要导入的项目。在 Logical View 页面，右击根目录后单击选择“Add Object”选项，如图 9-2 所示。

第三步，在右侧 Object Catalog 下，选择“Library Samples”选项，双击打开，如图 9-3 所示。

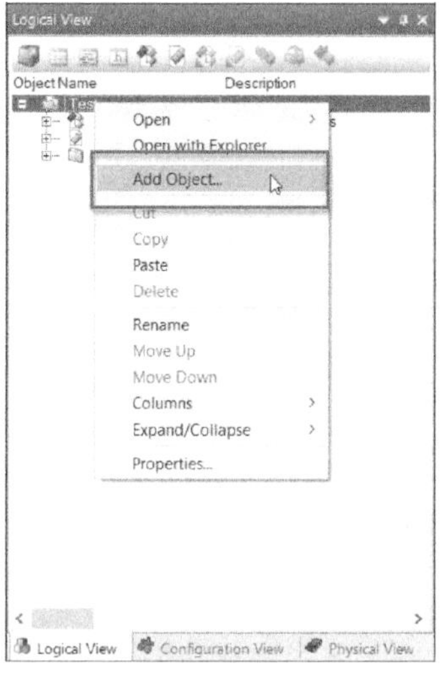

图 9-2 添加对象

图 9-3 选择 Library Samples

第四步，在弹出的“Library Samples”窗口中，选择刚才保存轴控例程的目录，然后选中对应的压缩文件，如图 9-4 所示。

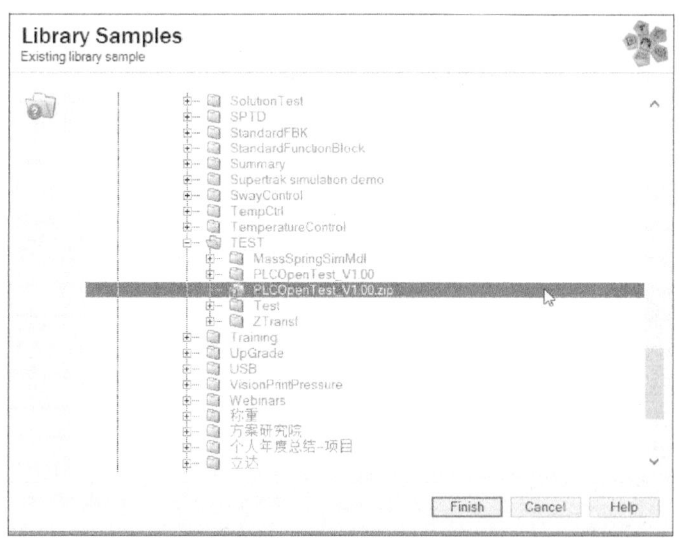

图 9-4 选择功能块保存位置

第五步，单击“Finish”按钮，在弹出的窗口中单击“Yes to All”按钮，完成安装，如图 9-5。

通过以上 5 个步骤即可完成例程的导入。导入完成后，在 Logical View 页面增加了图 9-6 所示的内容。

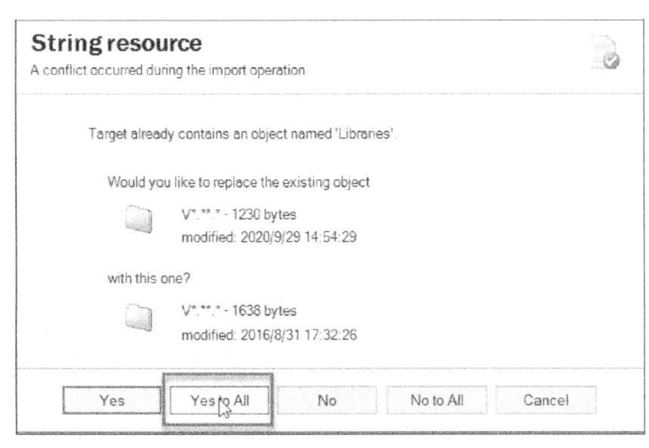

图 9-5　完成安装

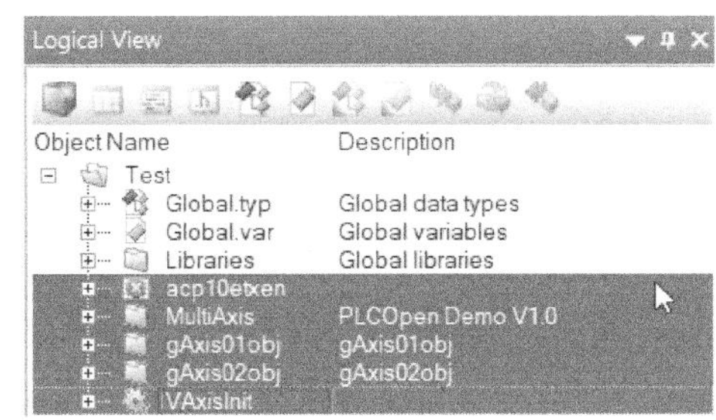

图 9-6　例程导入完成后在 Logic View 里增加的内容

9.2 项目模板简介

该模板由表 9-1 所示的标准化功能块搭建而成。除此之外，该模板还提供了 3 种 10in 界面风格和 3 种 15in 界面风格，供编程人员参考，以加快项目前期准备，减少重复工作。

项目模板存放于“贝加莱标准化功能块”中。该“贝加莱标准化功能块”为 chm 格式文件，可以在图 1-26 所示的“知识库 PC”中下载得到，将其打开之后的视图如图 9-7 所示。打开“贝加莱标准化功能块”之后，可以通过以下步骤调用项目模板。

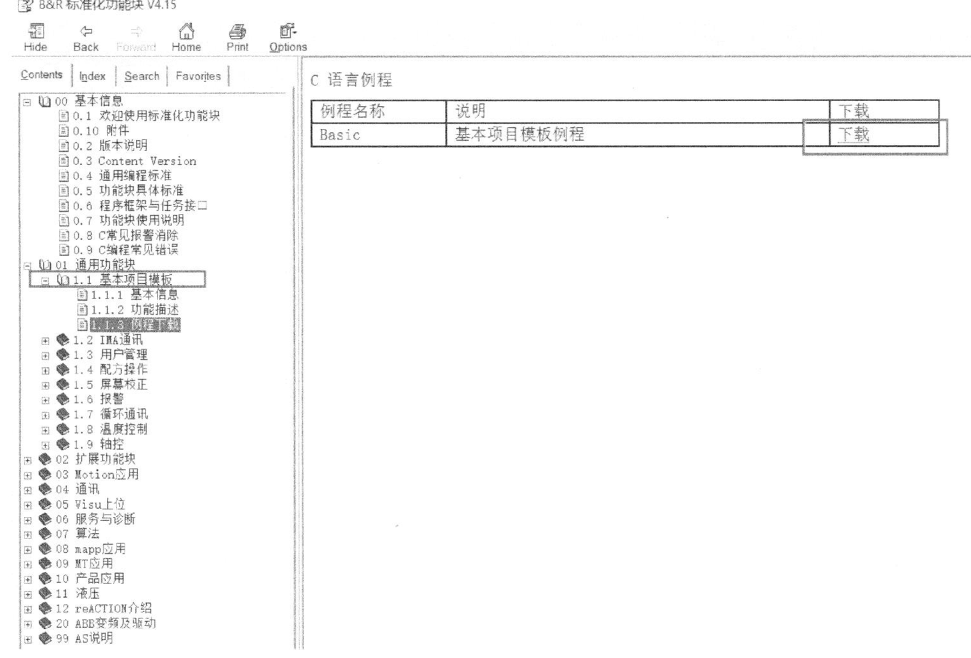

图 9-7　下载项目模板

第一步：在“通用功能块→基本项目模板→例程下载”中，单击下载，如图 9-7 所示。

第二步：解压缩。

第三步：双击图 9-8 所示的“Basic”图标，即可在 AS 中打开项目模板。

图 9-8　双击“Basic”图标打开模板

该模板包含的基本内容如表 9-1 所示。若用户需要添加其他功能块，可参考 9.3 节所述步骤。模板在 AS 中打开后的视图如图 9-9 所示。

表 9-1　模板中包含的标准化功能块

功能块名称	说明
屏幕校正	通过连续触摸初始页面实现屏幕校正
IMA 通信	包含上下位机时间设定任务
用户配方	标准版，支持多组多结构体
设备配方	单组单结构体
用户管理	标准版，用户可以自己添加修改

图 9-9　基于标准化功能块的项目模板视图

9.3 添加其他功能块

除了表 9-1 所示的几个基本功能，如果用户需要更多功能可以手动添加相应的功能块，具体步骤如下所述。

步骤 1：下载例程。参考 9.1 节的“第一步”下载目标例程（所有的功能块都是存放在相应的例程中，在目标例程里可以找到目标功能块）。

步骤 2：添加功能块。例程下载并解压后，在 AS 的工具窗口选择添加“Package”，然后根据提示选择例程中要添加的文件包（即功能块，所有例程中的功能块都以文件包的形式存放），如图 9-10 所示。

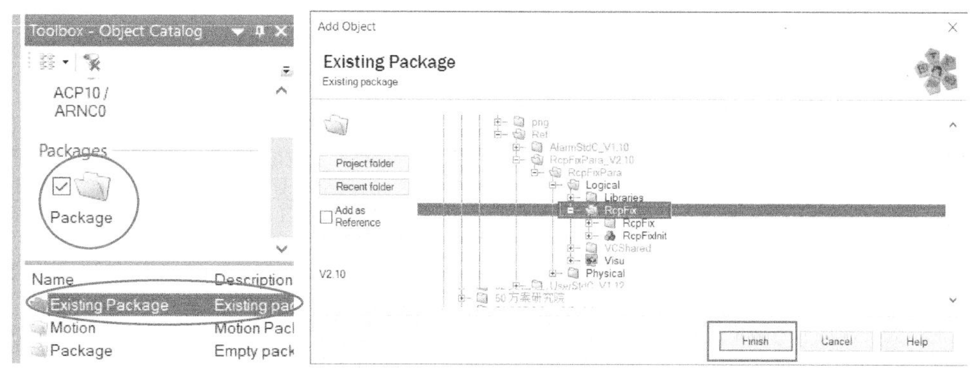

图 9-10　添加功能块

步骤 3：添加库。功能块需要配合某些库才能使用，不同功能块所需配合的库不同，具体需要哪些库在编译时系统会自动提示，可根据提示添加。添加方法为：在工具中选择“library”，然后选择“贝加莱 Libraries”，从中选择需要的库进行添加，如图 9-11 所示。

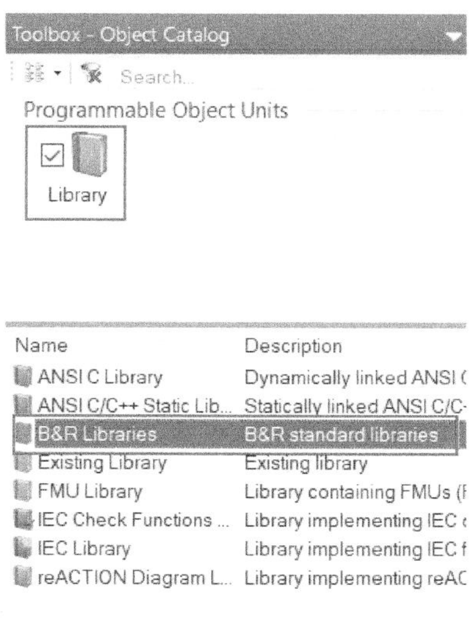

图 9-11　添加库

步骤 4：确定常量是否正确。打开文件包中*.Var 文件，确定里面常量定义是否正确，例如保存文件的默认文件名、文件名称的长度等，如图 9-12 所示。

MAX_USER	USINT	☐	☑	☐	☐	10
MAX_USER_MINUS_ONE	USINT	☐	☑	☐	☐	MAX_USER-1
MAX_USER_NAME_LENGTH	USINT	☐	☑	☐	☐	8
MAX_PASSWORD_LENGTH	USINT	☐	☑	☐	☐	12
USER_ADMIN_PASSWORD	STRING[...	☐	☑	☐	☐	'123456'
PASSWORD_DATA_NAME	STRING[1...	☐	☑	☐	☐	'user_dat'

图 9-12 确定常量是否正确

步骤 5：编译。单击 AS 中编译按钮，如图 9-13 所示。

图 9-13 编译

步骤 6：刷新上位机数据源。在添加完下位机的功能块程序后，需要建立上位机界面与下位机程序的连接。打开上位机界面，右击“Data Source”，在弹出的快捷菜单选择“Refresh Datasource”命令，如图 9-14 所示。进行该操作后，被添加的下位机程序的变量才能被上位机界面访问。

步骤 7：导入所选功能块的界面，并确认变量是否已经连接好。很多功能块在开发时都一并开发了配合使用的上位机界面，在“File”菜单中选择“Import VC resources from other project”命令，根据提示选择要导入的页面，如图 9-15 所示。注意：导入界面的菜单只有在打开上位机界面的情况下，单击“File”菜单才会出现。

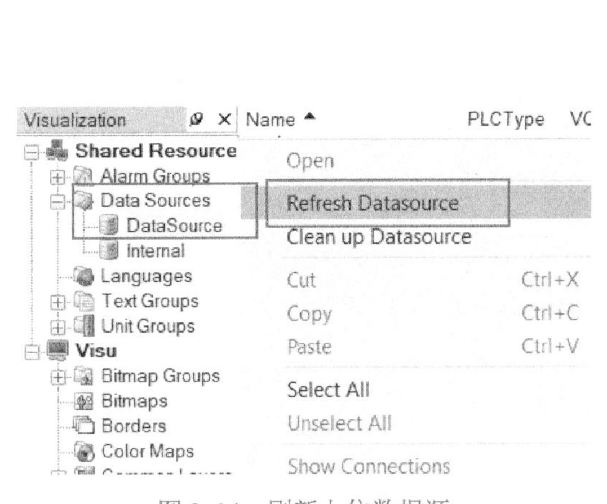

图 9-14 刷新上位数据源

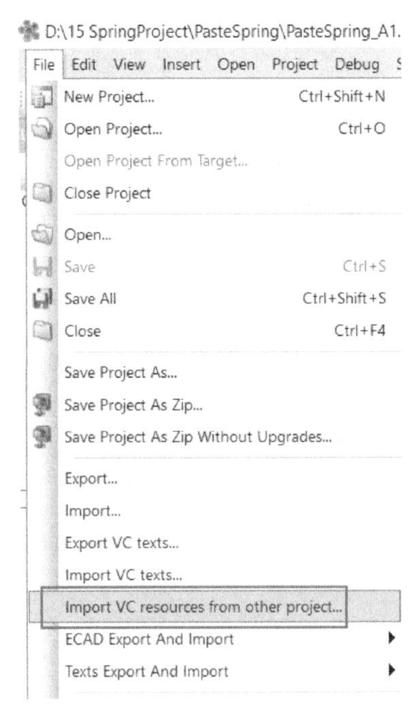

图 9-15 导入所选功能块的界面，并确认变量是否已经连接好

步骤 8：重新编译，测试。

综上所述，在使用基于标准化功能块的项目模板进行新项目开发时，可参考图 9-16 所示的基本流程进行。

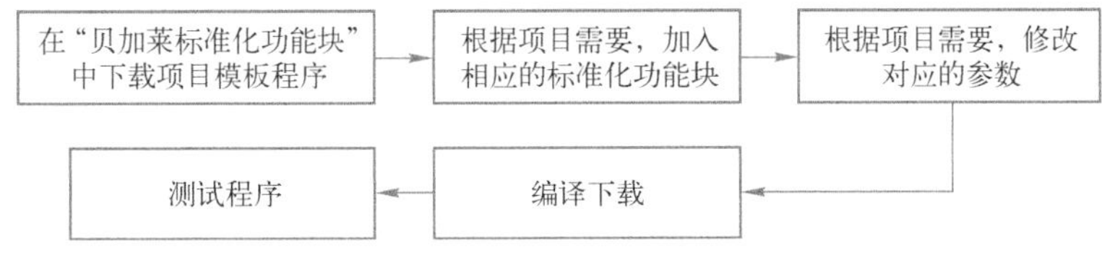

图 9-16　基于标准化功能块的项目模板开发流程

9.4 模板界面风格

该模板除了提供表 9-1 所示的功能之外，还另外提供了 3 种 10in 界面风格和 3 种 15in 界面风格，供编程人员参考。通常在设计人机交互界面时，会有 3 种基本方式，具体如下。

1）只有 1 级页面，通常用于项目简单，且页面比较少的情况，每个按钮只对应一个页面。这种方式适用于小屏幕（如小于 10in）。

2）有 2 级页面，但是页面按钮共用同一块位置，通常都是在屏幕最下方。这样的项目一定要有一个主页面，用来做 2 级页面的返回页面。当进入 2 级页面后按主页面按钮可返回，如图 9-17a 所示。这种方式偏向于中等尺寸屏幕（如 10in）。

3）有 2 级页面，2 级页面的按钮分别有属于自己的区域。通常 1 级页面按钮在屏幕下方，2 级页面按钮在屏幕上方或右侧。这种情况不需要主页面，每一个 1 级页面按钮都可以有自己的 2 级页面。1 级页面按钮在所有页面都不变，2 级页面按钮根据页面改变，如图 9-17b 所示。这种方式适用于大尺寸屏幕（如大于 10in）。

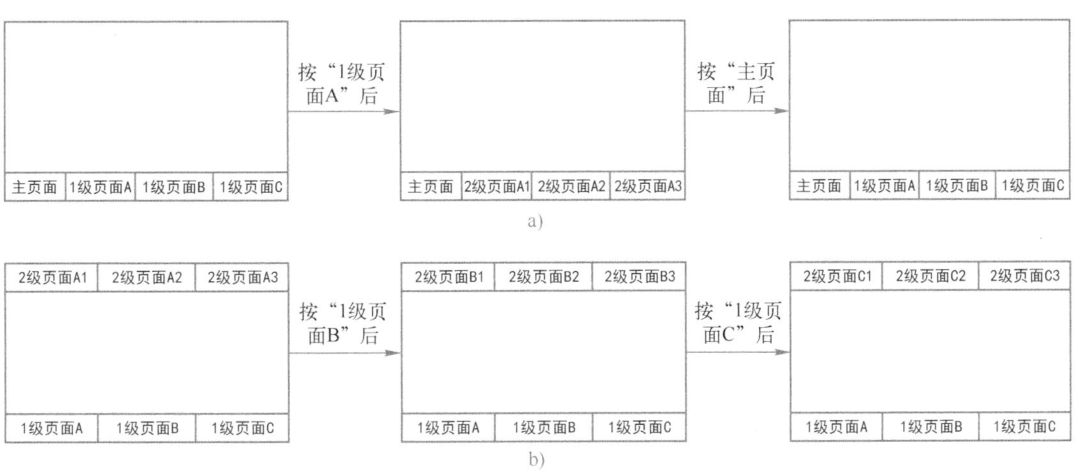

图 9-17　人机交互界面的第 2 和第 3 种方式（有 2 级页面）
a) 1 级和 2 级页面共用屏幕最下方区域　b) 1 级和 2 级页面分别用屏幕最下方和最上方区域

本章介绍的模板所提供的参考界面主要采用了第 2 和第 3 种方式，即图 9-17 所示的两种方式。其中图 9-17a 所示的方式用于 10in 屏幕设计，图 9-17b 所示的方式用于 10in 以上屏幕设计。该模板对每一种尺寸都提供了 3 种界面风格，如图 9-18 所示。

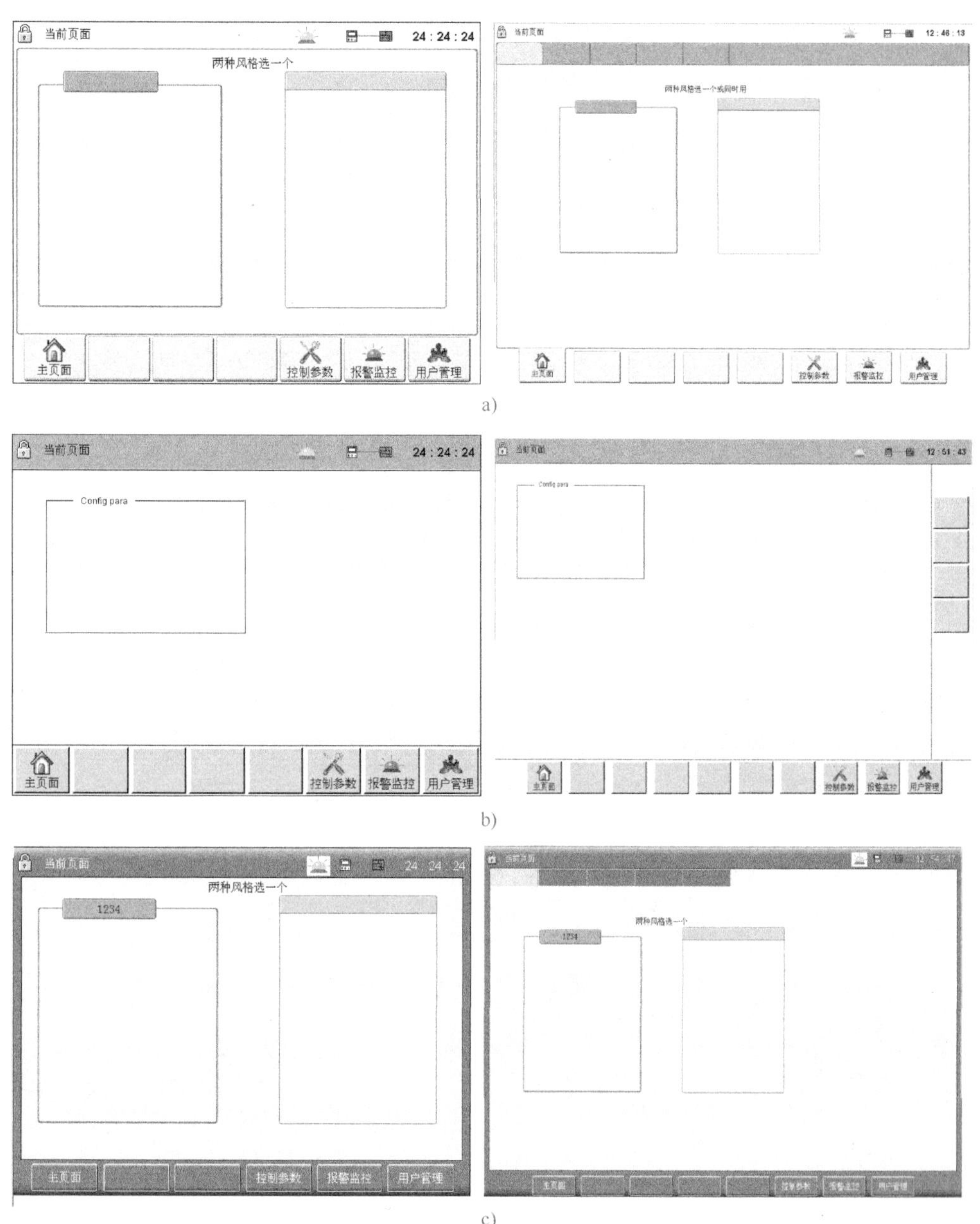

图 9-18　模板提供的 3 种界面风格
a) 风格 1　b) 风格 2　c) 风格 3

用户可通过以下步骤来选择自己需要的界面。

步骤 1：将选择的界面拖到对应 CPU 的“Visualisation”中（见图 9-19）。

步骤 2：保存后，才可以在“VC Object”中选择（见图 9-20）。

步骤 3：修改“Locked”时控件的颜色（见图 9-21）。

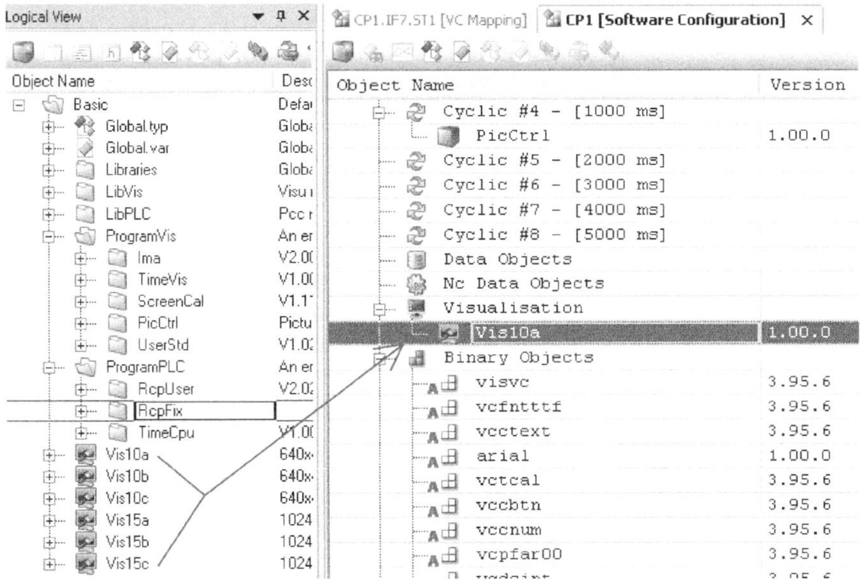

图 9-19　选择模板界面步骤 1

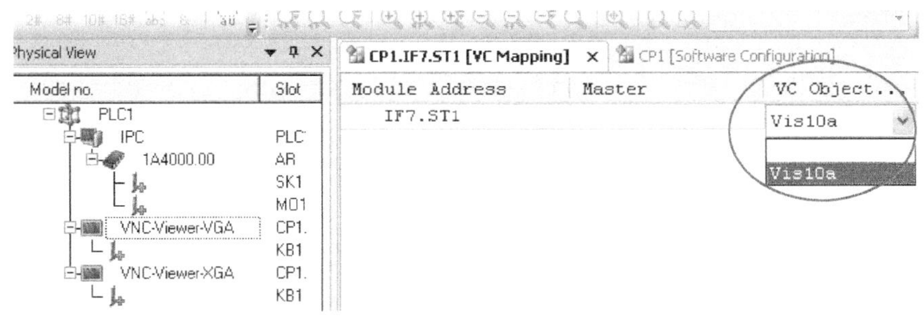

图 9-20　选择模板界面步骤 2

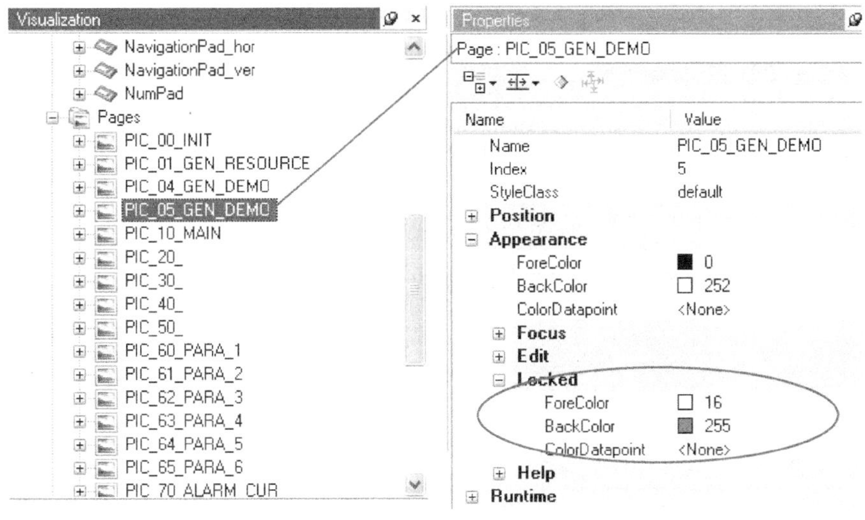

图 9-21　选择模板界面步骤 3

在使用模板界面时需要注意以下几点。

1）选好界面风格后，请修改屏幕校正任务全局常量，并定义界面名称常量，否则屏幕校正无法工作。

2）在“设备配方”操作中，需要等待 gRcpUserCtrl.monitor.initOK 和 gRcpFixCtrl.monitor.initOK 两个变量为 1 时才表明数据初始化成功，所以其他任务要先判断这两个变量是否初始化成功，否则可能发生参数没有被初始化就调用，造成编译报错。也可以修改为在任务初始化阶段执行变量初始化的工作，这样保证在任务循环中用到的变量已经被初始化，这种方式下就不需要判断以上两个变量了。

3）为了美观，字体采用 NsimSun。

4）项目中所有按钮均设置为全局属性，目的是为了保证从一个页面复制到另一个页面也可用。

5）页面切换按钮都没有连接 key，请使用者自己连接。

6）页面 0 为初始页面，页面 1～9 为演示页面（供参考），页面 10～60 为用户自己定义页面。每 10 个为一组，即每个一级页面中最多可以有 10 个二级页面。

7）全局颜色及内部按钮风格可以根据自己喜好或者客户要求修改。

9.5 配方功能块

本节将对该模板中的配方功能块进行详细介绍。

9.5.1 功能描述

该功能块由贝加莱（中国）技术团队编写，提供了最简单的配方管理，没有上下翻页，只有保存、另存、提取、删除和复位 5 个功能，只保存一个结构体 gRcpUser，如表 9-2 所示。考虑到人机交互，每个操作后会给出操作正常或不正常的提示。为防止修改结构体时出错，该功能块会自动对数据模块和结构体大小进行检测比较。

表 9-2 配方功能块的 5 个功能介绍

按钮	功能描述	具体实现过程
保存	保存当前配方参数	1）若当前配方为初始配方则此按钮无效，因为初始配方是程序所写不能保存。 2）如果没有将配方参数保存到 permanent 中，那么此按钮可以配合 complete 属性使用，每次自动保存配方。 3）可以通过另存按钮实现保存功能，不过需要两步操作：首先输入当前配方的名字，然后选择当前配方的位置，单击另存按钮
另存	将当前配方参数另存一个配方	1）首先输入要保存的配方名。 2）选择保存位置。 a．如果名字与当前配方一样，并且选择的位置也是当前配方的位置，则覆盖当前配方，相当于单击保存按钮。 b．如果名字与当前配方一样，选择的位置没有配方，则保存到该位置。该操作说明配方列表允许重名
提取	读取配方	根据需要读取
删除	删除配方	根据需要删除
复位	清除错误	根据屏幕提示操作

通常，配方可以分成 3 类，分别如下。

1）设备参数配方：该配方描述设备参数，如硬件配置、电机参数等。一台机器只有一组设备参数配方，通常情况下在初次上电后更改。

2）控制参数配方：该配方描述控制参数，如 PID 参数、各函数需要的参数、轴控速度、加速度等。一台机器通常有几组或几十组控制参数配方，对应不同的生产工况。

3）用户参数配方：该配方描述生产订单相关的参数，如版周长、标形、标序等，一台机器通常有几十组甚至更多的用户参数配方，对应不同的生产订单。

对于不同的设备可能需要的配方组合不同，比如简单的设备可能只需要用户参数配方，所有参数都存放在一个配方数据结构体中；有的设备可能只需要设备参数配方；有的复杂设备可能 3 种配方同时存在等。

9.5.2　输入和输出

配方功能块的输入和输出接口如图 9-22 所示，分为常量输入、操作对象输入、控制接口输入和控制接口输出 4 大类。以设备参数配方为例，其具体的输入和输出变量说明如表 9-3 所示，其余控制参数配方和用户参数配方的输入和输出接口可参考“贝加莱标准化功能块”。

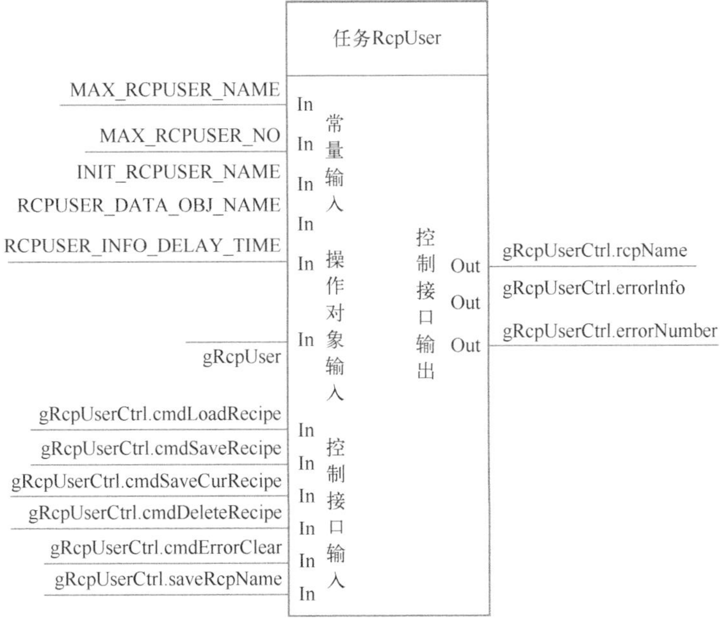

图 9-22　配方功能块的输入和输出接口

表 9-3　配方功能块的变量说明（以设备参数配方为例）

I/O	名称	类型	描述
In	MAX_RCPUSER_NAME	UINT(constant)	配方名字最大长度
In	MAX_RCPUSER_NO	UINT(constant)	数据模块中总的配方数量
In	INIT_RCPUSER_NAME	UINT(constant)	首次上电配方参数初始名称
In	RCPUSER_DATA_OBJ_NAME	UINT(constant)	配方数据模块名称
In	RCPUSER_INFO_DELAY_TIME	UINT(constant)	提示信息延迟时间
In	cmdRefreshName	USINT	刷新列表（读取列表 RcpUserGeneral），将名称和浏览数据提取出来，赋给 rcpName，刷新序号
In	cmdLoadRecipe	USINT	读取配方

（续）

I/O	名称	类型	描述
In	cmdSaveRecipe	USINT	保存配方
In	cmdSaveCurRecipe	USINT	保存当前配方
In	cmdDeleteRecipe	USINT	删除配方
In	cmdErrorClear	USINT	清除错误
In	focusIndex	UINT	焦点序号
In	saveRcpName		保存配方名称
Out	rcpName	STRING[ ][ ]	当前列表配方名称
Out	errorInfo	UINT	错误信息
Out	errorNumber	UINT	错误号码

9.6 报警功能块

本章介绍的项目模板中并没有包含报警功能块，如需要可以通过采用 9.3 节介绍的方法去添加。由于报警功能很常见，且实现过程中有些需要特别注意的地方，所以本节将对报警功能块进行详细介绍。

9.6.1 功能描述

报警的显示和处理是所有设备必须要有的功能，而且这部分功能非常重要。报警要尽量全面、描述要尽量准确。报警处理要条理清晰，这里一定不能存在软件漏洞，否则会给机器的使用造成很大的障碍。

按照显示方式分类，报警分 5 种：只有一个报警灯、只有一行的当前报警、当前报警列表、历史报警列表和伺服报警，详细说明如表 9-4 所示。

表 9-4 报警按显示方式分类

	报警种类	说明
1	只有一个报警灯	显示报警状态，提示用户有报警。用在全局页面
2	只有一行的当前报警	显示报警状态和报警信息，可以用控件或者 textGroup 设计，如有多条报警，可以滚动显示。用在全局页面
3	当前报警列表	显示当前报警的报警信息和报警时间（时分秒），一级菜单进入，使用控件。用在报警页面
4	历史报警列表	显示历史报警的报警信息和报警时间（年月日时分秒），由二级菜单进入，可以上下翻页，使用控件。用在报警页面
5	伺服报警	显示伺服报警代码及错误确认。通常与当前报警在一起显示，或者使用单独页面，由二级菜单进入。用在报警页面

按照复位方式分类，报警分 2 种：自复位报警和手动复位报警，详细说明如表 9-5 所示。工程师可以根据客户需要决定使用自复位或手动复位报警。

表 9-5 报警按复位方式分类

	报警种类	说明
1	自复位报警	当报警的触发条件清除后，报警自动复位，不需要报警确认命令 alarmRequest = xxx
2	手动复位报警	当报警的触发条件清除后，报警不复位，需要用户确认后复位，需要报警确认命令 alarmRequest = PosEdge(xxx)

按照响应方式分类，报警分 5 种：急停、停止、延时停、相位停和无响应，详细说明如表 9-6 所示。

表 9-6　报警按响应方式分类

	报警种类	说明
1	急停	触发该报警后急停
2	停止	触发该报警后停止
3	延时停	触发该报警后延时停
4	相位停	触发该报警后相位停
5	无响应	触发该报警后无响应（此时报警应当称为警告或提示）

按照报警内容分类，报警分 3 种：Alarm、Warning 和 Info，详细说明如表 9-7 所示。

表 9-7　报警按报警内容分类

	报警种类	说明
1	Alarm	报警，通常执行停机操作
2	Warning	警告，通常不执行停机操作，如温度过高、速度过快等，通常自复位
3	Info	提示，不执行停机操作，告知用户动作条件不满足，延迟自动消除

9.6.2　轴报警

轴报警作为报警中比较特殊的一种，应当做到以下几点。

1）用户可以通过当前报警看到报警代码，历史报警应当记录所有报警代码。

2）用户可以选择出现错误的轴，查看详细中文或英文报警信息。

3）轴控程序应当做好错误处理，防止错误不停机或状态跳转不出（具体可参考“贝加莱标准化功能块”中的轴控任务）。

为了便于程序管理，功能块将报警相关内容放在一个全局结构体中。表 9-8 和表 9-9 分别给出了简单应用场景和复杂应用场景下轴报警结构体的使用说明。

表 9-8　简单应用场景

主结构体	子结构体或元素	子结构体或元素	说明
gAlarmCtrl	cmdAcknowledge	-	报警确认命令
	eStop	-	报警需要设备急停
	request[0..X]	-	报警数组连接到报警控件

表 9-9　复杂应用场景

主结构体	子结构体或元素	子结构体或元素	说明
gAlarmCtrl	Cmd	acknowledgeAll	确认所有报警
		ackActiveAxis	确认激活轴报警
	Action	eStop	报警需要急停

（续）

主结构体	子结构体或元素	子结构体或元素	说明
gAlarmCtrl	Action	stop	报警需要停机
		delayStop	报警需要延时停
		autoReset	警告自复位
		delayReset	提示延迟复位
	Monitor	alarmRequest[0..X]	报警数组
		warningRequest[0..X]	警告数组
		infoRequest[0..X]	提示信息数组
	Config	Alarm[0..X]	报警行为配置
		warning[0..X]	警告行为配置
		Info[0..X]	提示行为配置
	Axis	activeAxisErrorNb	激活轴报警号
		activeAxisErrorString	激活轴报警字符串
		axisErrorNumber[0..x]	轴报警号
		axisErrorString[0..x]	轴报警字符串

在处理轴报警时，建议将轴报警的故障代码显示到当前报警中，这样可以保存历史报警，方便以后查找问题。具体可以通过 Text Snippets 方式，参考如下实现步骤。

步骤 1：新建 Text Snippets 连接到轴报警号变量上，如图 9-23 所示。

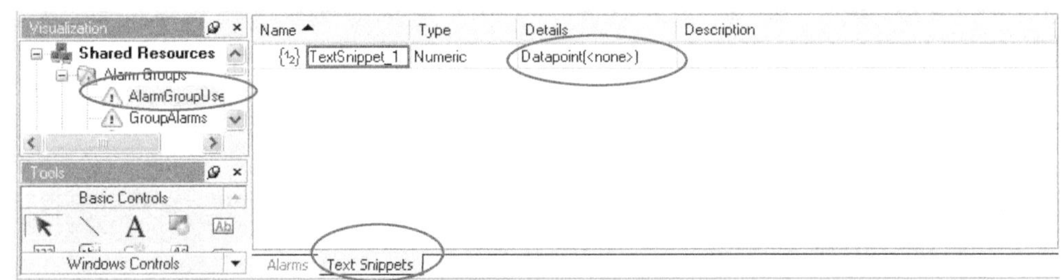

图 9-23　将 Text Snippets 连接到轴报警变量

步骤 2：在报警中插入 Text Snippets，如图 9-24 所示。

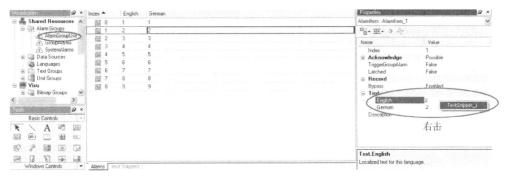

图 9-24　在报警中插入 Text Snippets

步骤 3：将轴报警 Record/Reset 属性设置为 None，即当报警复位的时候不记录到历史报警中，如图 9-25 所示。

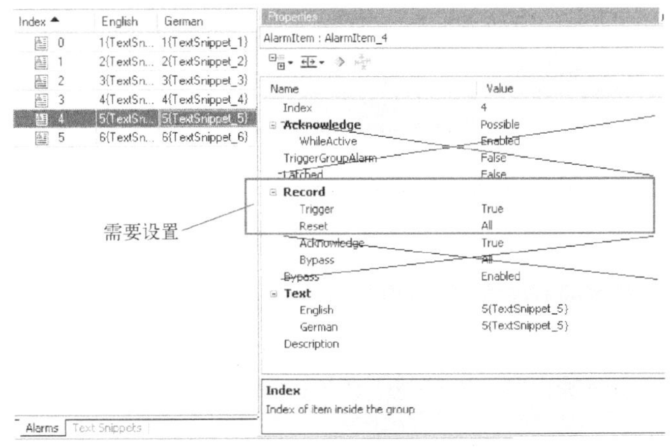

图 9-25　轴报警属性设置

当报警触发（上升沿）的时候，报警控件记录 Text Snippets 值，并显示给用户。在报警激活状态下（保持），Text Snippets 值改变无效，即显示的报警 Text Snippets 值不变。在报警复位（下降沿）的时候，报警控件记录 Text Snippet 值，并显示给用户。通常轴报警都不需要记录报警复位，可以通过修改报警属性 Record/Reset 为 None 不记录报警复位。

在伺服项目中，通常会出现连续几个报警。我们期望的报警显示效果是，屏幕上先出现第一个报警号，人工单击确认按钮之后，屏幕出现第二个报警号，然后再确认，再显示，直至所有报警信息都成功显示并记录在系统中。但是，在实际项目中，经常会碰到屏幕上只出现第一个报警号，确认之后，报警号会变成 0，没有成功显示出后续的所有报警号。出现这种情况的原因是，上位机报警号显示所使用的的控件是在触发信号的上升沿抓取报警号数据。由于上下位机程序循环时间不同，可能会出现在上升沿时刻，第二个报警号尚未生成，这样上升沿抓到的就是 0（即还处于复位状态）。为了解决这一问题，可以通过程序处理一下。将报警触发信号复位之后延迟 0.2s 再置 1，这样可以确保上升沿时刻抓到的是正确的报警号。程序如图 9-26 所示。

```
/* TODO: Add code here */
/*轴报警处理-新报警产生时轴报警复位，延迟0。2秒再设定报警。
使得新报警同报警号一起进入报警列表*/
/*User axisErrNb[i] as text snippets*/
/*User gAlarm.request[i] as alarm image variable*/
for(i=0;i<NB_AXIS;i++)
{   /*Get axis alarm number in your code*/
    /*axisErrNb[i] = pAxDat->message.record.number;*/

    /*pos edge - reset error*/
    if((axisErrNb[i] != axisErrNbOld[i]) && (axisErrNb[i]!=0))
    {
        gAlarm.request[ALARM_ACOPOS_ERROR_START + i] = 0;
        axisAlmDelayCont[i] = 0;
    }

    /*second time - delay 200ms set alarm*/
    if((axisErrNb[i] == axisErrNbOld[i]) && (axisErrNb[i]!=0))
    {
        if(axisAlmDelayCont[i] > 200)        /*0.2s delay*/
        {
            gAlarm.request[ALARM_ACOPOS_ERROR_START + i] = 1;
        }
        else
        {
            axisAlmDelayCont[i]+=cycT;
        }
    }

    /*reset alarm*/
    if(axisErrNb[i]==0)
    {
        gAlarm.request[ALARM_ACOPOS_ERROR_START + i] = 0;
    }
    axisErrNbOld[i] = axisErrNb[i];
}
```

图 9-26　记录伺服的连续报警号的程序

9.7 用户管理功能块

本节将对该模板中的用户管理功能块进行介绍。

9.7.1 功能描述

该功能块除了常规的密码管理、用户名输入、用户等级设置等功能外，还提供一个功能，即根据密码确认用户等级（不需要输入用户名，只根据密码即可自动确定用户等级），将输入的密码保存到数据模块中。用户共分 4 级，每级一个密码，附带一个超级密码，通过宏定义可以修改。

9.7.2 输入和输出

用户管理功能块的输入和输出接口如图 9-27 所示，其具体的输入和输出变量说明如表 9-10 所示。该功能块的使用较为简单，详情可参考“贝加莱标准化功能块”。

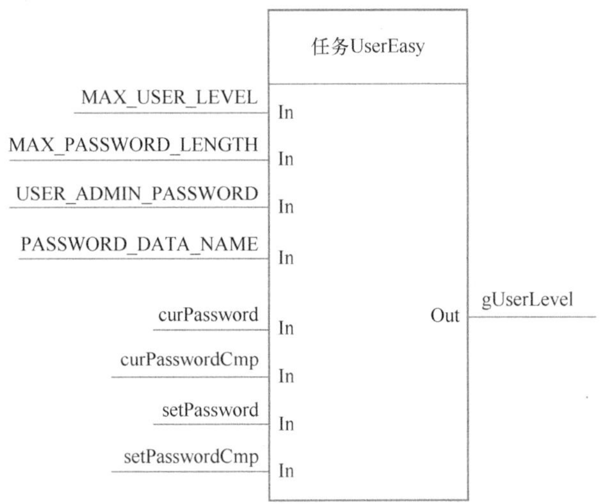

图 9-27　用户管理功能块的输入和输出接口

表 9-10　用户管理功能块的变量说明

I/O	名称	类型	描述
In	MAX_USER_LEVEL	USINT	密码最高等级
In	MAX_PASSWORD_LENGTH	USINT	最大密码长度
In	USER_ADMIN_PASSWORD	STRING	系统管理员密码
In	PASSWORD_DATA_NAME	STRING	保存数据模块名称
In	curPassword	STRING	当前输入密码
In	curPasswordCmp	STRING	输入密码完成
In	setPassword	STRING	设定密码
In	setPasswordCmp	STRING	设定密码输入完成

（续）

I/O	名称	类型	描述
Out	userLevel	USINT	用户等级（局部）
Out	gUserLevel	USINT	用户等级（全局）

9.8 温度控制功能块

本章介绍的项目模板中并没有包含温度控制功能块，如需要可以通过采用 9.3 节介绍的方法去添加。由于温度控制功能在很多机型中较为常见，所以本节将对该功能块进行专门介绍。

9.8.1 功能描述

该功能块专门针对温度控制，使用 LoopConR 库中的 LCRTempPID 和 LCRTempTune 功能块编写标准温控程序，具有控制参数优化功能和参数保存功能。可以实现多温区的同步加热和参数优化，降低相邻温区间的热耦合影响。另外，该功能块含有关于温控的上下位机间的 IMA 通信，相应的上位机界面请参考“贝加莱标准化功能块”，并且添加了仿真的温控对象，可以测试温控功能。

9.8.2 输入和输出

温度控制功能块的输入和输出接口如图 9-28 所示，其具体的输入和输出变量说明如表 9-11～表 9-17 所示。表 9-11 为常量说明（共 3 个常量）；表 9-12 为 gTempCtrl.Fix 的变量说明，主要是机器配置和 PID 参数配方；表 9-13 为 gTempCtrl.Par 的变量说明，主要是生产相关参数；表 9-14 为 gTempCtrl.Cmd 的变量说明，是单个温区的控制命令，不需要存取；表 9-15 为 gTempCtrl. GrpCmd 的变量说明，是多温区组的控制命令，不需要存取；表 9-16 为 gTempCtrl.Status 的变量说明，主要是温区状态，包含各温区报警，不需存取；表 9-17 gTempCtrl. IO 的变量说明，包括温度输入及加热冷却输出。

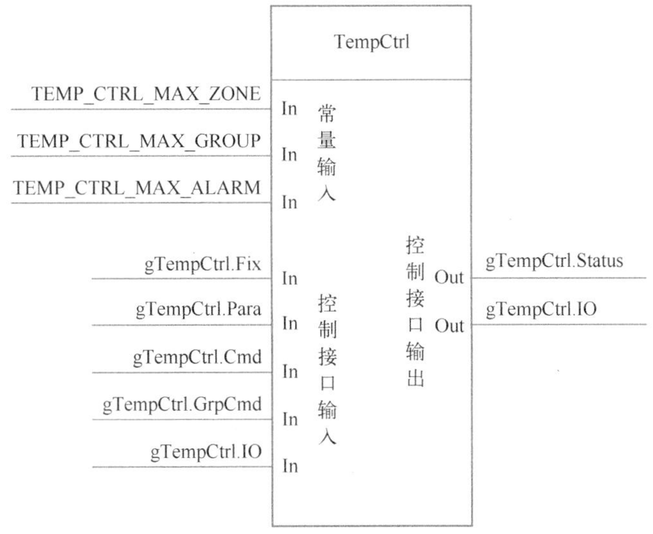

图 9-28　温度控制模块的输入和输出接口

表 9-11 常量说明

名称	类型	描述
TEMP_CTRL_MAX_ZONE	USINT	最多使用的温区个数
TEMP_CTRL_MAX_GROUP	USINT	最多的温区分组数
TEMP_CTRL_MAX_ALARM	USINT	最多的报警数

表 9-12 **gTempCtrl.Fix** 的变量说明

名称	类型	描述
Enable	BOOL	机器上是否配置该温区
Cooling	BOOL	此温区是否配备冷却系统
ProtectEna	BOOL	温区保护使能。与时间 tTempFreeze 一起使用，如果在设定时间内，PWM 100%全功率加热，温度无法上升一度，若选择温度保护，该温区加热将停止，报警加热异常；若不选，仅报警加热异常，不停止加热
SynchGroup	USINT	该温区所归属的组
tMinHeat	REAL	t_min_pulse（最小脉冲宽度的时间）
tPeriodHeat	REAL	t_period（加热周期）
tMinCool	REAL	t_min_pulse（最小脉冲宽度的时间）
tPeriodCool	REAL	t_period（冷却周期）
tTempFreeze	REAL	温度保护检测时间
ParTune	lcrtemp_pid_opt_typ	PID 参数结构
AT_MAX	REAL	最大温度。实际温度达到该温度时将停止加热，保护机器
tCheck	REAL	温区报警的滤波时间
ST_Tune	REAL	各温区的优化设定温度
ST_Tune_Same	REAL	所有温区的优化设定温度
SenComT	REAL	各温区的补偿温度

表 9-13 **gTempCtrl.Para** 的变量说明

名称	类型	描述
ST_PID	REAL	各温区的 PID 设定温度
AlaUpTol	REAL	各温区的上限误差温度
AlaDwnTol	REAL	各温区的下限误差温度
tPreHeating	REAL	各组温区的预热时间
ST_PreHeating	REAL	各组温区的预热温度

表 9-14 **gTempCtrl.Cmd** 的变量说明

名称	类型	描述
OnOff	BOOL	温区加热开关
TuneOnOff	BOOL	温区优化开关
PreOnOff	BOOL	温区预热开关
IsAlarmConfirm	BOOL	报警确认

表 9-15　gTempCtrl.GrpCmd 的变量说明

名称	类型	描述
OnOff	BOOL	温区组加热开关
TuneOnOff	BOOL	温区组优化开关
PreOnOff	BOOL	温区组预热报警

表 9-16　gTempCtrl.Status 的变量说明

名称	类型	描述
SensorBroken	BOOL	各温区的断偶状态
AlmLow	BOOL	各温区的低于下限状态
AlmHigh	BOOL	各温区的高于上限状
TempSwitchOff	BOOL	各温区的高于停止温度状态
TempFreeze	BOOL	各温区的温度保护状态
AlarmZone	USINT	各温区实际报警，用于各温区报警显示
AlarmTotal	BOOL	总报警，用于报警控件
Tuning	BOOL	各温区正在优化
TuningOK	BOOL	各温区优化成功
TuneStatus	UINT	各温区优化步骤
PreHeatingOK	BOOL	各温区预热 OK

表 9-17　gTempCtrl.IO 的变量说明

名称	类型	描述
y_heat	INT	各温区的 PID 控制器的加热输出
y_cool	INT	各温区的 PID 控制器的冷却输出
ActTemp	REAL	各温区的实际温度
do_H	BOOL	各温区的 PWM 之后的数字量加热输出
do_C	BOOL	各温区的 PWM 之后的数字量冷却输出
ao_H	INT	各温区的模拟量加热输出
ao_C	INT	各温区的模拟量冷却输出

9.9 轴控功能块

本章介绍的项目模板中并没有包含轴控功能块，如需要可以通过采用 9.3 节介绍的方法去添加。由于轴控功能块在很多机型中较为常见，所以本节将对该功能块进行专门介绍。

9.9.1 功能描述

该功能块为伺服轴控块，使用 PLCopen 实现实轴和虚轴的多轴控制。首先，通过采用 9.3 节介绍的方法添加好该功能块，然后修改 GlobalMultiAxis.var 中的常量值 MULTI_AXIS_NUM、MULTI_AXIS_NAME、MULTI_VAXIS_NUM 和 MULTI_VAXIS_NAME，如图 9-29 所示。最后，根据需要添加循环读取数据的代码，如图 9-30 所示。

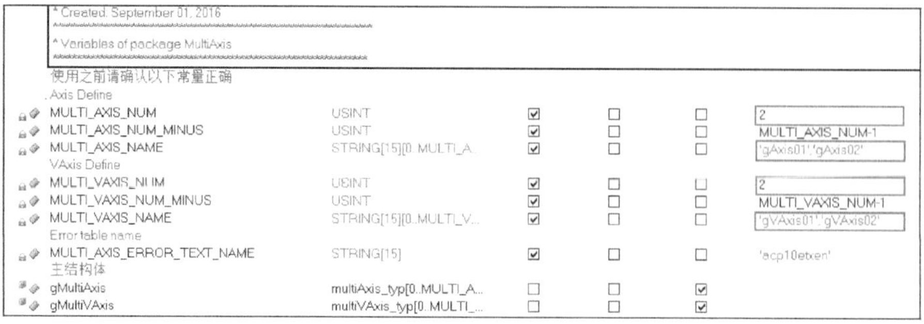

```
* Created: September 01, 2016
********************************************
* Variables of package MultiAxis
********************************************
使用之前请确认以下常量正确
Axis Define
MULTI_AXIS_NUM              USINT                    ☑ ☐ ☐  2
MULTI_AXIS_NUM_MINUS        USINT                    ☑ ☐ ☐  MULTI_AXIS_NUM-1
MULTI_AXIS_NAME             STRING[15][0..MULTI_A... ☑ ☐ ☐  'gAxis01','gAxis02'
VAxis Define
MULTI_VAXIS_NUM             USINT                    ☑ ☐ ☐  2
MULTI_VAXIS_NUM_MINUS       USINT                    ☑ ☐ ☐  MULTI_VAXIS_NUM-1
MULTI_VAXIS_NAME            STRING[15][0..MULTI_V... ☑ ☐ ☐  'gVAxis01','gVAxis02'
Error table name
MULTI_AXIS_ERROR_TEXT_NAME  STRING[15]               ☑ ☐ ☐  'acp10etxen'
主结构体
gMultiAxis                  multiAxis_typ[0..MULTI_A... ☐ ☐ ☑
gMultiVAxis                 multiVAxis_typ[0..MULTI_... ☐ ☐ ☑
```

图 9-29 修改 GlobalMultiAxis.var 中的常量值

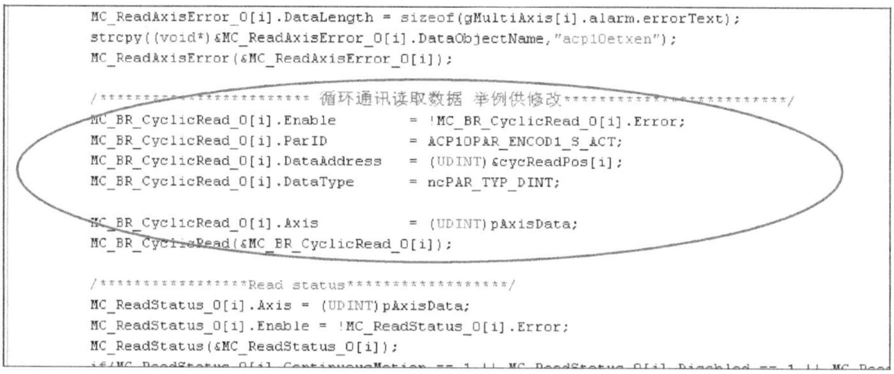

```
MC_ReadAxisError_0[i].DataLength = sizeof(gMultiAxis[i].alarm.errorText);
strcpy((void*)&MC_ReadAxisError_0[i].DataObjectName,"acp10etxen");
MC_ReadAxisError(&MC_ReadAxisError_0[i]);

/************************ 循环通讯读取数据 举例供修改************************/
MC_BR_CyclicRead_0[i].Enable        = !MC_BR_CyclicRead_0[i].Error;
MC_BR_CyclicRead_0[i].ParID         = ACP10PAR_ENCOD1_S_ACT;
MC_BR_CyclicRead_0[i].DataAddress   = (UDINT)&cycReadPos[i];
MC_BR_CyclicRead_0[i].DataType      = ncPAR_TYP_DINT;

MC_BR_CyclicRead_0[i].Axis          = (UDINT)pAxisData;
MC_BR_CyclicRead(&MC_BR_CyclicRead_0[i]);

/*****************Read status*****************/
MC_ReadStatus_0[i].Axis = (UDINT)pAxisData;
MC_ReadStatus_0[i].Enable = !MC_ReadStatus_0[i].Error;
MC_ReadStatus(&MC_ReadStatus_0[i]);
```

图 9-30 添加循环读取数据的代码

9.9.2 输入和输出

轴控功能块的实轴主控结构体如表 9-18 所示，其中 4 个结构体（轴控命令结构体、轴控参数结构体、轴状态结构体和轴报警结构体）的输入和输出变量说明如表 9-19～表 9-22 所示。虚轴控制结构体的类型和变量这里不做详细介绍，具体内容可参照实轴控制相关结构体的说明。

表 9-18 实轴主控结构体

主结构体名称	变量名	类型名	描述
multiAxis_typ	cmd	multiAxisCmd_typ	轴控命令结构体
	para	multiAxisPara_typ	轴控参数结构体
	status	multiAxisStatus_typ	轴状态结构体
	alarm	multiAxisAlarm_typ	轴报警结构体

表 9-19 multiAxisCmd_typ 结构体说明

In/Out	名称	类型	描述
In	ctrlOn	BOOL	执行 Switch On 命令
In	ctrlOff	BOOL	执行 Switch Off 命令
In	absMove	BOOL	绝对运动命令
In	relMove	BOOL	相对运动命令
In	posMove	BOOL	正向运动命令

（续）

In/Out	名称	类型	描述
In	negMove	BOOL	反向运动命令
In	home	BOOL	轴寻参命令
In	stop	BOOL	轴停止命令
In	triggerStop	BOOL	轴寻 trigger 命令
In	camStart	BOOL	进入 Automate 命令
In	errorAcknowledge	BOOL	错误确认命令

表 9-20　multiAxisPara_typ 结构体说明

In/Out	名称	类型	描述
In	velocity	DINT	运动速度 units/s
In	acceleration	DINT	运动加速度 units/s^2
In	deceleration	DINT	运动减速度 units/s^2
In	stopDeceleration	DINT	停止减速度 units/s^2
In	relPosition	DINT	相对运动位置 units
In	absPosition	DINT	绝对运动位置 units
In	homeMode	DINT	寻参模式
In	homePosition	DINT	寻参偏移值 units
In	homeSpeed	DINT	寻参速度 units/s
In	homeAcce	DINT	寻参加速度 units/s^2
In	trigStopOffset	DINT	triggerStop 偏移值

表 9-21　multiAxisStatus_typ 结构体说明

In/Out	名称	类型	描述
Out	actVelocity	DINT	实际速度
Out	actPosition	DINT	实际位置
Out	inPosition	USINT	运动完成标志
Out	homeReady	USINT	寻参完成标志
Out	ctrlReady	USINT	伺服 switch on 标志
Out	moveMode	UINT	运动状态
Out	triggerStopReady	USINT	triggerStop 完成标志
Out	Step	UINT	当前执行步
Out	errorStep	UINT	错误步

表 9-22　multiAxisAlarm_typ 结构体说明

In/Out	名称	类型	描述
Out	errorNumber	UINT	错误号
Out	errorText	STRING[79][0..3]	错误文本

第 10 章　基于 mapp 的项目模板

前面第 9 章介绍了基于标准化功能块的项目模板，该模板是基于贝加莱（中国）技术团队过去二十几年的项目经验开发而成，适用于之前有使用过标准化功能块经验的工程师。本章将介绍另一种模板，即基于 mapp 的项目模板，也称为 GAT（General Applicatioin Template）。该模板是基于贝加莱总部 mapp 功能块开发的，包含的功能很全面，相比于第 9 章介绍的基于标准化功能块的项目模板，进一步省去了工程师添加部分胶水程序（软件工程师的俚语，把标准功能块连接起来的代码叫胶水程序）的工作量，适用于不想从头搭程序架构、之前几乎没有自动化编程基础的工程师。

本章主要针对如何使用基于 mapp 的项目模板 GAT 及注意事项进行详细阐述。

10.1 mapp 技术简介

如今，智能手机已成为大多数人日常生活的标准设备，其中一个重要的原因是围绕智能手机建立的生态系统。智能手机基于使用框架功能的复杂应用程序，对于用户来说，这是透明的。当使用任何这些应用程序时，一切都在后台进行，用户可以获得良好的体验，而无须担心正在进行的技术细节。

贝加莱的愿景是在自动化软件行业复制这一概念。贝加莱希望创建一套模块化软件，自动使用系统功能，并自动交互信息以提供更完整的解决方案。这一愿景的答案就是 mapp 技术。

贝加莱的 mapp 技术提供了一套自动化软件组件，其中每个组件都针对行业中特定的常见用例。从标准配方管理到机器人技术，每个组件都可以在机械设备上独立使用，它们可以开箱即用，且具有很高的质量水平。工程师只需将组件拖拽到项目中即可开始使用，无须任何编码。

组件覆盖的范围很大，为大多数常见用例提供了解决方案，如轴控制、配方管理、报警管理、机器人技术等。系统中使用的所有组件都会自动交互信息，并为整体解决方案增加价值。例如，当使用的一个机器人组件出错故障时，报警组件会自动记录此信息并将其在组态画面的组件中进行可视化显示，所有这些都是自动发生的，无须创建任何代码。

mapp 技术建立在贝加莱标准自动化工程工具 AS 之上，可以像插件一样轻松安装在开发环境中。其可以任意扩展，技术工程师可以使用标准自动化编程语言轻松地与组件进行交互。流程任务和客户工艺任务可以与组件集成，以更快的方式创建强大的机器解决方案。

图 10-1 所示机器概述了 mapp 技术如何在机器的所有不同部分提供帮助。mapp 技术为机器的许多不同部分提供解决方案，如报警、组态画面、高级控制算法、运动控制、视觉系统和安全等。使用 mappCockpit，工程师还可以从基于 Web 的组态画面中的可视化组件来获取机器的状态，并对整台机器进行集中调试。

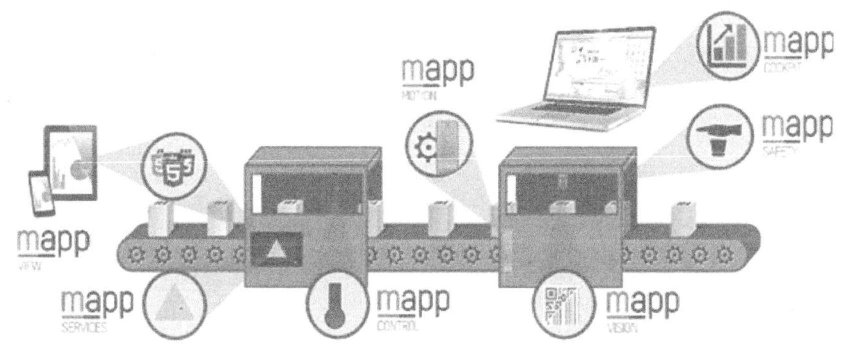

图 10-1　用 mapp 组件构建一台机器

使用 mapp 技术可以缩短在标准功能上的时间投入，使工程师能够专注于使机器在市场竞争中能脱颖而出的工艺部分的开发。此外，它还为机器的创新和优化提供了空间。使用 mapp 技术，通过模块化和智能化的软件实现更短的开发周期。

10.1.1　mapp Services

mapp Services 可用于为机器配置整个基础功能。它提供了不同的解决方案，如使用 mapp AlarmX 和 mapp Recipe 来处理机械设备的基础功能。mapp Services 的组件有助于更快地编程，在很短的时间内实现用户管理和机器选项管理等功能。

10.1.2　mapp View

mapp View 可用于设计强大的人机交互画面。它建立在 HTML5、CSS3 和 JavaScript 之上，人机交互画面设计师可以完全专注于功能与任务。人机交互画面中的页面建立在熟悉的 AS 环境中，所有 GUI 功能都封装在 Widget 的模块化部件中。这些 Widget 可以方便地拖拽到所需页面上的适当位置，然后进行配置。人机交互画面的内容和布局与机器逻辑完全分离，虽然两者都使用单一工具进行配置——AS，但这样复用性将大大提高，同时也显著减少了开发时间。

10.1.3　mapp Motion

mapp Motion 可用于配置驱动器和轴对象。它提供了一种全新的运动控制解决方案。该解决方案包括用于控制单轴运动（mapp Axis）、CNC 机器（mapp CNC）、机器人（mapp Robotics）和柔性输送系统（mapp Track）等的组件。凭借其对单个轴和轴组（如机器人或 CNC 机器）的端到端配置方法，贝加莱 mapp Motion 允许以一致的方式控制所有这些不同的轴对象。这意味着它们可以在单个自动化解决方案中自由组合。

10.1.4 mapp Cockpit

mapp Cockpit 可用于诊断和调试。该组件提供了一个现成的、基于 Web 的可视化应用程序，可以启用自动化组件的调试，只需将 mapp Cockpit 组件添加到项目中即可。它将自动在人机交互画面中开箱即用，无须任何额外的编程工作。

10.1.5 其他 mapp 组件

mapp 技术还提供包括 mapp Control、mapp Vision 和 mapp Safety 等组件，并且还将持续推出新的功能组件。

10.2 GAT 简介和适用对象

本节将对 GAT 的基本概念和适用对象进行简单介绍。

10.2.1 GAT 简介

GAT 是 General Application Template 的简称，即通用项目模版。这是一个基于 mapp 组件开发的开源项目，包含 AS 源程序与使用指南，用户可以在图 1-26 所示的“知识库 PC”中下载该模板。GAT 的主要目标是提供一个包含基本核心元素和框架的项目模版。GAT 使用者结合实际的项目需求，将 GAT 项目模版拓展成一个实际可用的 AS 项目。

GAT 提供了两个版本供使用者选择——标准版与纯净版。两者都包含基于 mapp Service 技术开发的核心功能模板、基于 mapp Motion 技术的轴控核心功能模板和基于 mapp View 技术开发的人机交互画面模板。标准版还额外提供了横切机项目例程，协助使用者了解如何将 GAT 扩展成实际项目。而纯净版仅提供核心功能，没有集成项目例程，协助使用者快速开始项目开发，无须进行与项目不相关部分的裁剪工作。

GAT 将来会发展出基于行业的模版 Industry Application Template(IAT)，IAT 会发展出基于某个机型的模版（Machine Application Template)。如图 10-2 所示，在功能上，GAT < IAT < MAT，后者比前者含有更多的特定功能，比如塑料行业都有温度控制，挤出机都有称重控制等。

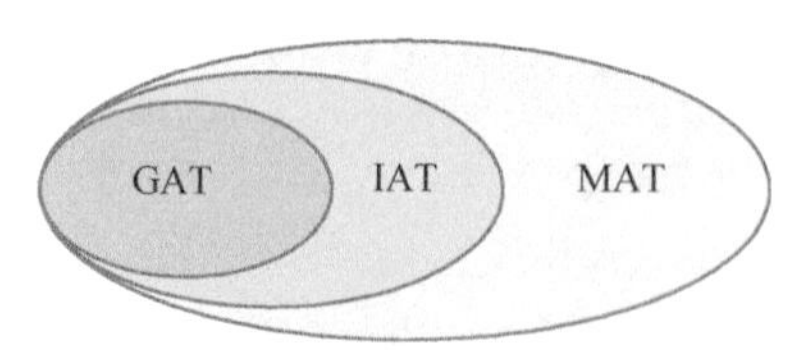

图 10-2 通用模板 GAT、行业模板 IAT 和机型模板 MAT 的关系

下面将介绍 GAT 包含的所有基本组件，这些基本组件是一个标准项目所需要的。GAT 还包含设备工艺和完整的 HMI 人机交互方案，同时可以作为编程规范的参考案例。

10.2.2 适用对象

GAT 设计了一个 AS 项目框架, 实现了最常见的功能。GAT 使用者可以在它基础上，扩展成一个常用模版或现实项目，不需要从 0 开始来设计项目软件。

GAT 适用于无参考模版的新项目，适合各领域应用。对使用者的要求如下

1）经过 AS 培训。

2）学习过 mapp Service 和 mapp View。

这两项要求都属于贝加莱标准培训课程，可通过邮件、电话、公众号等方式联系贝加莱官方进行了解。

10.2.3　术语与定义

GAT：一个按通用需求搭建的项目模版。它含有项目的基本元素，如监控、参数设置、配方、报警、趋势、报表、数据记录、审计追踪、诊断、系统设置、用户管理以及帮助等。

IAT：按某个特定行业（如塑料行业）的需求设计的项目模版。

MAT：按某个特定机型（如两板机）的需求设计的项目模版。

mapp：Modular Application 的简称，一般带有前缀 mappxxxx，后面的单词表示具体方案的类别，如 mappMotion，指运动控制方面的模块化方案。

工程环境（Engineering phase）：指编程环境，这一阶段可以没有设备。

运行环境（Runtime phase）：指程序在设备中运行，通常没有编程计算机的连接。

10.3　GAT 项目结构速览

在 AS 中打开 GAT 项目后，在 Logical View、Configuration View 和 Physical View 三个目录中分别显示的内容将在本节进行介绍。

10.3.1　Logical View 目录介绍

GAT 项目的 Logical View 中包含了所有代码相关的内容：功能库、全局或局部变量声明，以及人机交互画面的设计（GAT 使用基于网页的 mapp View 技术）等，如图 10-3 所示。

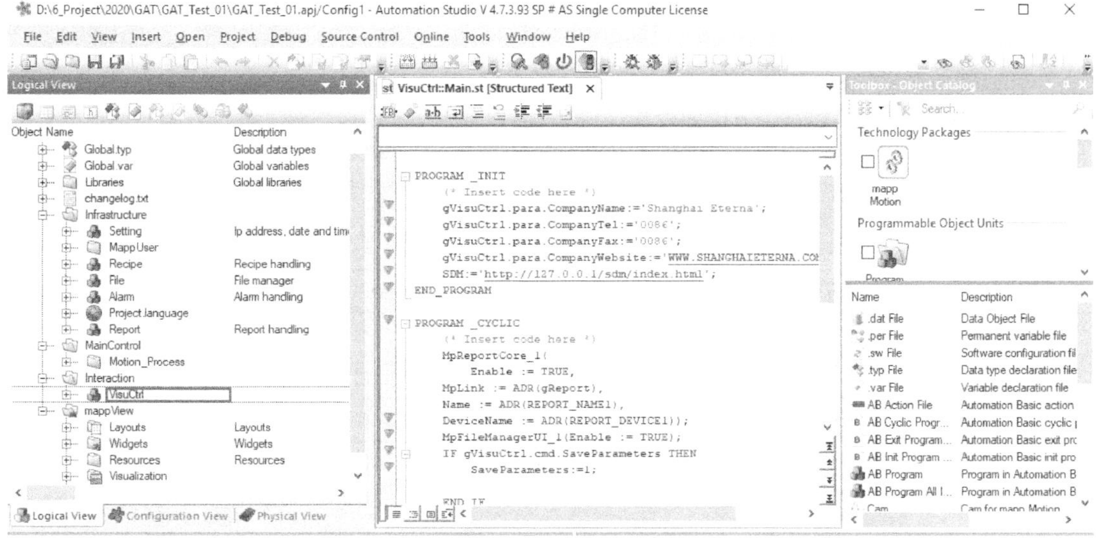

图 10-3　Logical View 目录

Logical View 的核心结构如表 10-1 所示。

表 10-1 Logical View 的核心结构

名称	说明
Library	函数库部分，项目所用到的函数库，包括标准 AS 库和自己设计的库
Infrastructure	项目基础部分，包括报警、配方、报表、文件管理和用户管理
Main Control	主控逻辑部分，所有设备工艺相关代码
Interaction	人机交互代码部分，即中台，该目录包含为了支持更好的人机交互体验而设计的代码
mappView	人机交互画面部分，即前端，该目录包含所有操作画面设计

10.3.2 Configuration View 目录介绍

GAT 项目的 Configuration View 中包含了所有与软件配置相关的功能，如图 10-4 所示。

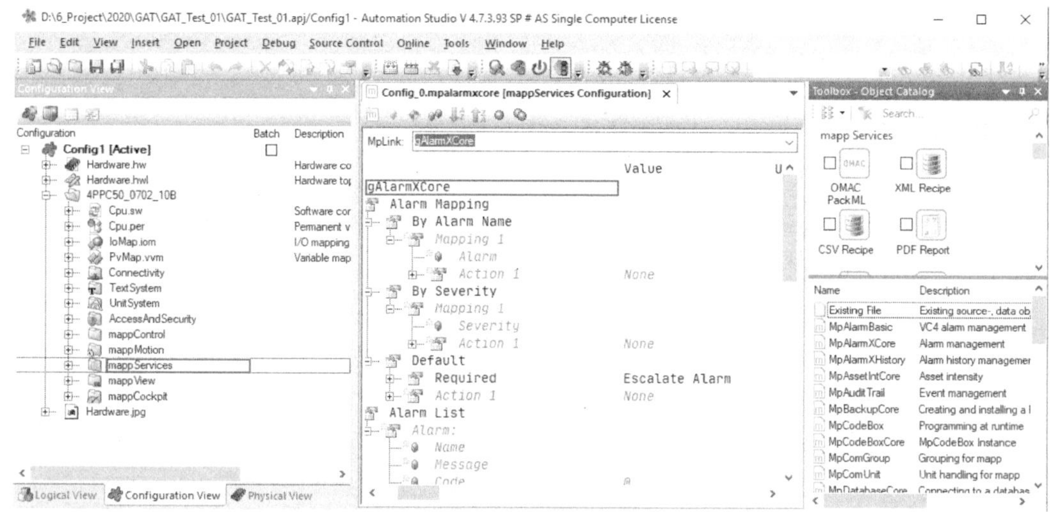

图 10-4 Configuration View 目录

Configuration View 的核心结构如表 10-2 所示。

表 10-2 Configuration View 核心结构

名称	说明
Connectivity	数据字典部分，HMI 是通过 OPC UA 和 PLC 通信的，该目录为其数据库，包含相关通信变量
AccessAndSecurity	用户管理和权限设置部分，包含用户名、密码设置、新建用户、角色分配等
mappMotion	运动控制的参数配置部分，该目录包含单轴参数和凸轮参数
mappService	项目的基础配置部分，该目录包含报警、报表、文件、配方等配置文件
mappView	人机交互界面配置部分，该目录包含人机交互界面的配置，如端口号、连接数等

10.3.3 Physical View 目录介绍

GAT 项目的 Physical View 中包含了所有与硬件配置相关的功能，如图 10-5 所示。硬件组态部分，应当根据项目的实际配置来组态，GAT 不对其进行限定。

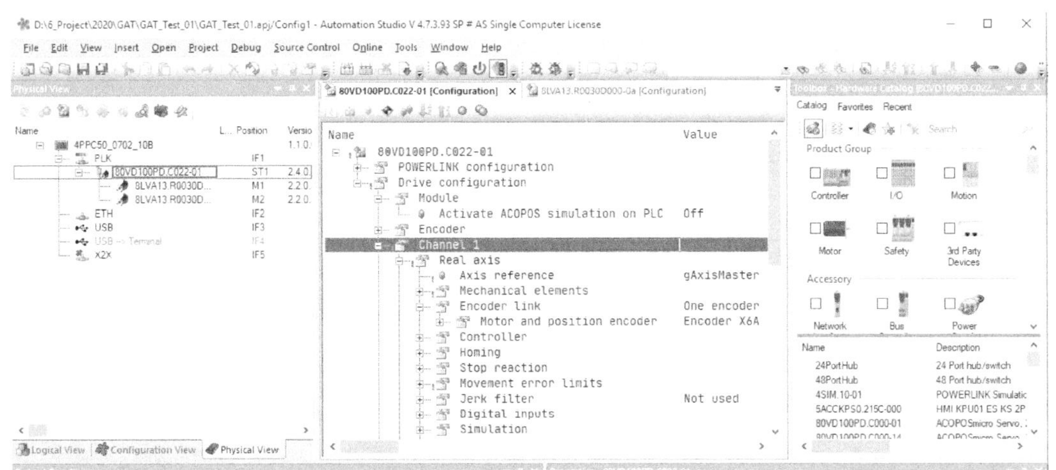

图 10-5　Physical View 目录

10.4 GAT 包含的功能与其 HMI 设计

GAT 提供了一个基于 mapp View 技术开发的人机交互画面模板，供 GAT 使用者参考。用户需要在浏览器地址栏输入 http://localhost:81/index.html?visuId=MyVisu，来打开人机交互画面，如图 10-6 所示。注意端口应和项目中设置一致，不一定是 81，画面 ID 也应和项目中设置一致，不一定是 MyVisu。

图 10-6　访问 GAT 画面地址

该画面模板包含的画面列表和对应功能说明如表 10-3 所示。屏幕启动后，用户能够根据操作权限级别自由地在页面之间切换。最开始是欢迎页面，单击“登录”按钮后，跳转到登录页面。在登录页面输入正确的用户名和密码，成功登录后，可切换到主页。然后，可以通过右边的导航按钮，切换到其他页面。有些页面在左上角有子页面导航按钮，如主页的“自动”和“手动”子页面。

表 10-3　画面列表和对应功能

画面名称	功能说明
欢迎页面	欢迎页面显示设备信息，比如公司名、地址、电话、网址等
登录页面	操作账号登录，需要输入正确的用户名和密码
主页面	“自动模式”子页面：设备启动、停止、设定速度等。 “手动模式”子页面：各单元手动操作，包括各轴启动、停止、速度设定、位置设定、移动，实时数据查看等。 “PID 控制”子页面：PID 参数整定和控制
设备参数页面	设备相关参数的设置和修改
配方参数页面	产品相关参数的修改、创建和删除
报警页面	实时报警、历史报警，查看和确认
趋势页面	特定数据的实时趋势、历史趋势浏览
报表页面	生成生产统计报表、删除报表

（续）

画面名称	功能说明
数据页面	记录特定数据并以 pdf 格式显示结果
审计追踪页面	实时记录并显示用户管理事件、报警事件和用户自定义事件等
诊断页面	提供一个贝加莱标准的 SDM 系统诊断工具
设置页面	系统设置： 语言设置（English/中文）。 日期和时间设置。 IP 地址、网关、子网掩码设置。 用户管理子页面： 创建/删除用户、角色，设定/修改密码
帮助页面	提供操作手册浏览

GAT 提供的是一套标准人机交互画面方案，它包含基本的画面，大多数页面可以直接在未来项目中使用或作为参考，只需少量修改。

10.4.1 欢迎页面

在欢迎页面中，GAT 使用者可以提前输入公司名称、地址、电话和网址等，在 AS 中的 Logical View 代码部分，给相应变量赋值即可。该画面没有需要 HMI 操作者在屏幕上输入或修改的部分，只有信息展示。该页包含的主要信息如图 10-7 所示，单击“Login/登录”按钮，将进入登录页面。

图 10-7 欢迎页面

10.4.2 登录页面

登录页面的作用是验证输入的用户名和密码是否正确，如图 10-8 所示。首次登录之前，需要 GAT 使用者在项目工程化时，在用户和操作权限配置文件中，添加或修改用户名和密码。每个操作用户分配一个角色，可分配的角色有：Admin（管理员）、Operator（操作员）和 Service（维护员）。每个角色要预先定义可以做的操作。在设置画面上也可以手动添加或修改用户名和密码。输入完预先定义好的用户名和密码之后，单击“Login”按钮完成登录；若单击右上角的“X”按钮，将返回到欢迎页面。

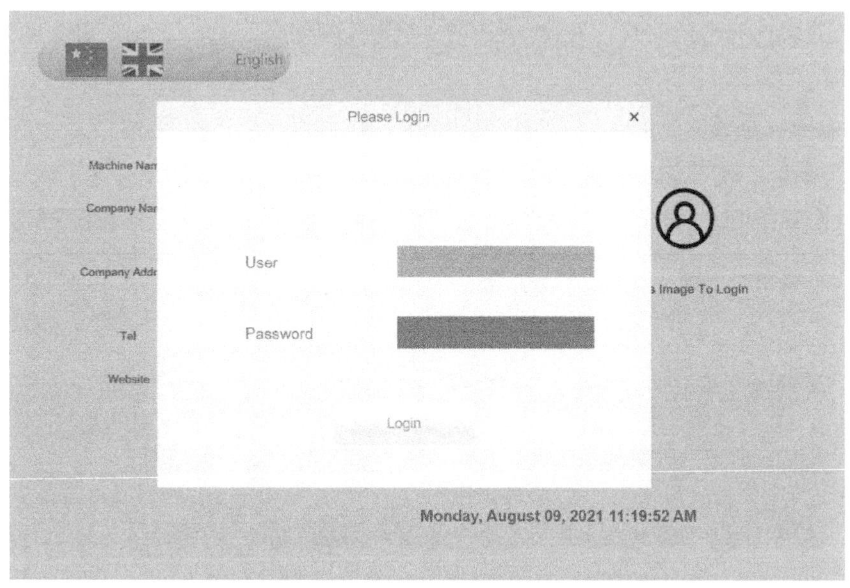

图 10-8　登录页面

10.4.3　主页面

主页面的核心目的是，给 GAT 使用者一台横切机设备的手动和自动模式以及 PID 控制的概览，如图 10-9 所示。使用者可以根据实际项目需求进行增减，也可增加辅助设备子页面。

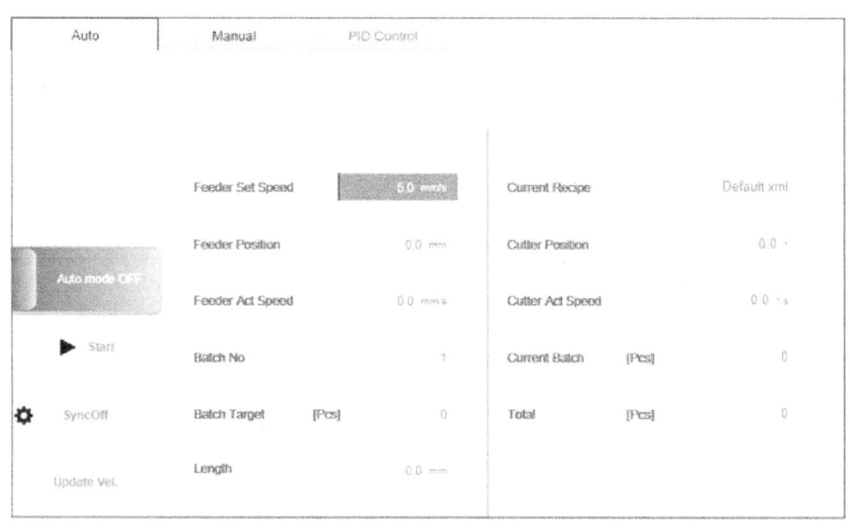

图 10-9　主页面（自动模式页面）

1．自动模式页面

在主页面，有自动/手动子页面，这些页面用来设定设备速度，或启动/停止设备。根据实际需要，可以在左上角部分，添加多个辅机操作页面切换的按钮。

自动控制此页面时，可以通过左侧的切换按钮打开自动模式。单击“Start”按钮，轴控系统将以设置好的速度开始运动，如图 10-9 所示。然后，同步按钮（SyncOn/SyncOff）可以激活用于横切机的凸轮曲线。在此页面可以看到各种状态参数，它们汇总了两个轴的状态以及整体的生产数据。

2. 手动模式页面

在手动模式页面，可以分别控制两个轴。对于每个轴，都有切换开关，用于启动/停止轴控制以及扭矩限制，如图 10-10 所示。使能轴控制后，可以使用基础轴控制功能。

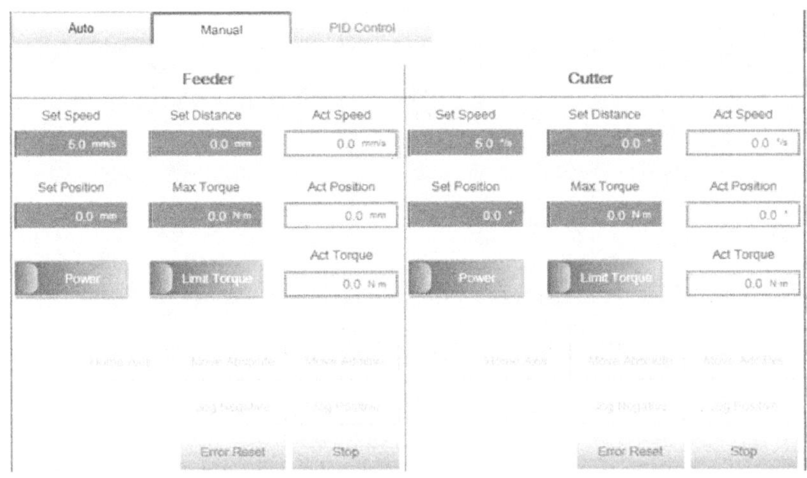

图 10-10 主页面（手动模式页面）

3. PID 控制页面

在主页面，有 PID 整定控制和参数显示设置页面，用户可以整定或设置 PID 控制参数，启动/停止 PID 控制器及启动/停止仿真对象。

在 PID 控制页面，提供了一种启动 PID 控制器的简单方法。PID 参数可以直接修改或使用自整定方式确定。当单击选择“Save & Apply”按钮时，输入的参数被应用到控制器并且将出现在“Actual Parameters”选项框下。该页面有切换开关可以用以启动/停止 PID 控制器以及模拟器，如图 10-11 所示

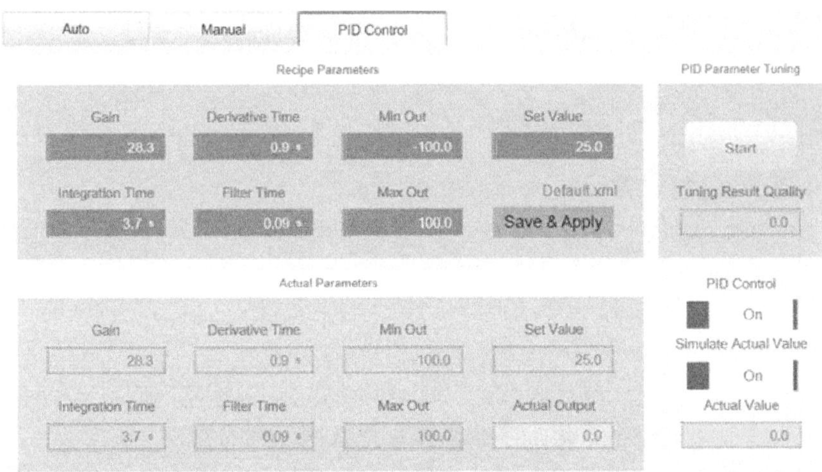

图 10-11 PID 控制页面

10.4.4　参数页面

参数页面主要是用来收集与设备、产品相关的参数，并保存在指定存储介质上，如图 10-12 所示。GAT 提供基本的操作功能，比如重要参数的快速浏览、参数的修改和保存等。使用者可以根据项目需求设计布局和内容。

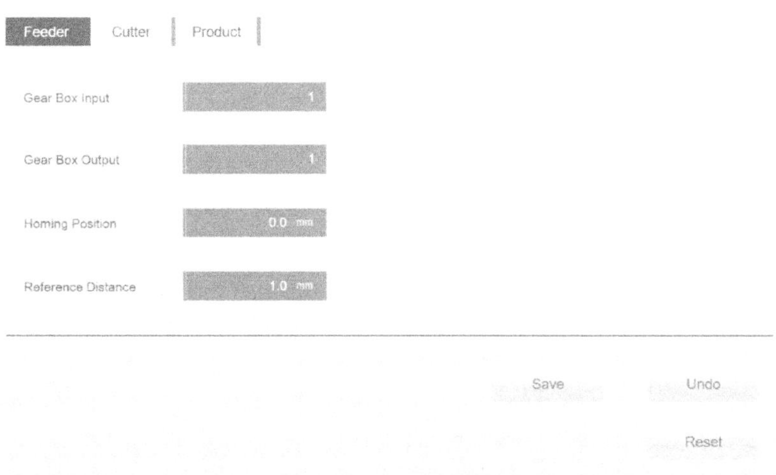

图 10-12　参数页面

10.4.5　配方页面

配方页面包含配方管理的相关功能，如图 10-13 所示，该页面用列表的形式显示现有的配方文件。用户可从列表中选择已有配方、根据需要下载并显示指定配方、编辑配方和删除配方，也可以创建新的配方或另存为一个新的配方。

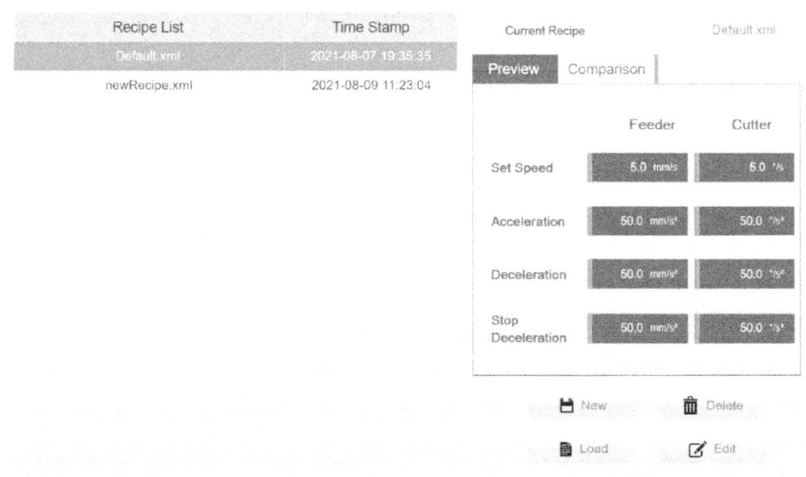

图 10-13　配方页面

另外，当用户在配方列表中选择某配方时，用户可以在页面右上部的列表中看到该配方内特定变量的预览情况。浏览操作不会影响正在使用的参数。配方数据的加载只有在用户按下“Load”按钮时才开始。

10.4.6　报警页面

报警系统收集设备运行过程中，系统组件产生的异常状态和故障。GAT 报警系统可处理设备各部分的实时报警和历史报警。

从机器使用角度来说，报警页面是任何项目都必需的。GAT 提供一个完整的报警功能页面，如图 10-14 所示。用户可以查看当前和历史报警，以及确认当前报警。但是报警的定义和引入，需要根据项目需求做一些设置与编程工作。

图 10-14　报警页面

10.4.7　趋势页面

在 GAT 中，趋势功能能让用户查看某些监控数据的连续变化趋势。趋势页面用来显示系统指定状态变量的变化过程，如图 10-15 所示，GAT 用户可以直接从页面预览信号。

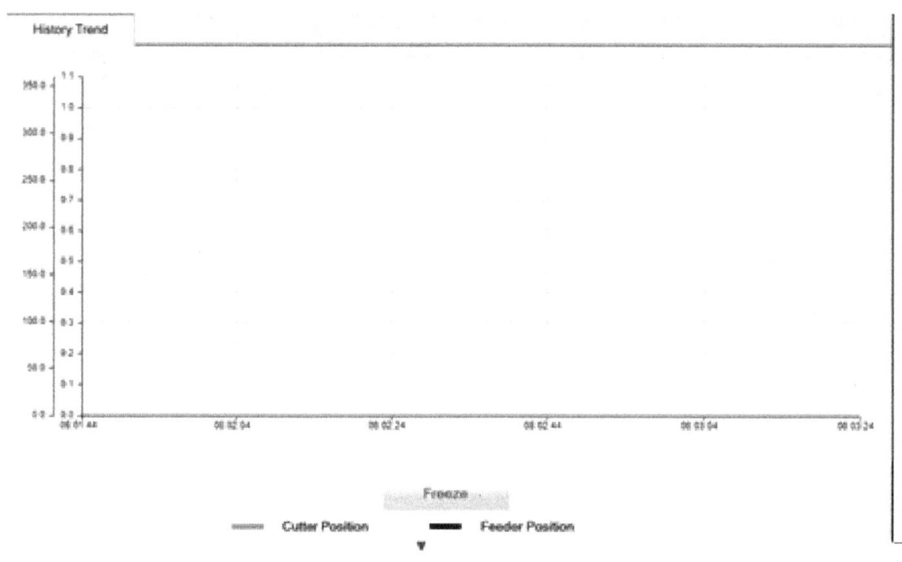

图 10-15　趋势页面

10.4.8 报表页面

在生产过程中，有时需要对生产过程中的关键数据进行记录并统计。GAT 采用报表组件来生成定制化的产品报表。

报表页面提供了报表生成和删除功能，如图 10-16 所示。用户可以创建新报表或删除现有报表，但是报表的样式和内容需要使用者根据项目需求，利用 MpReport 组件进行设计。

图 10-16 报表页面

10.4.9 数据页面

GAT 通过 mapp Data 功能块，为用户提供了已定义过程变量值的记录功能及以 CSV、PDF 格式对记录数据进行存储。

数据页面提供了运行数据记录功能，用户可以根据预先配置的数据记录点，记录实时运行数据并保存在指定的位置。数据页面还提供了读取和显示存储数据记录文件的功能，如图 10-17 所示。

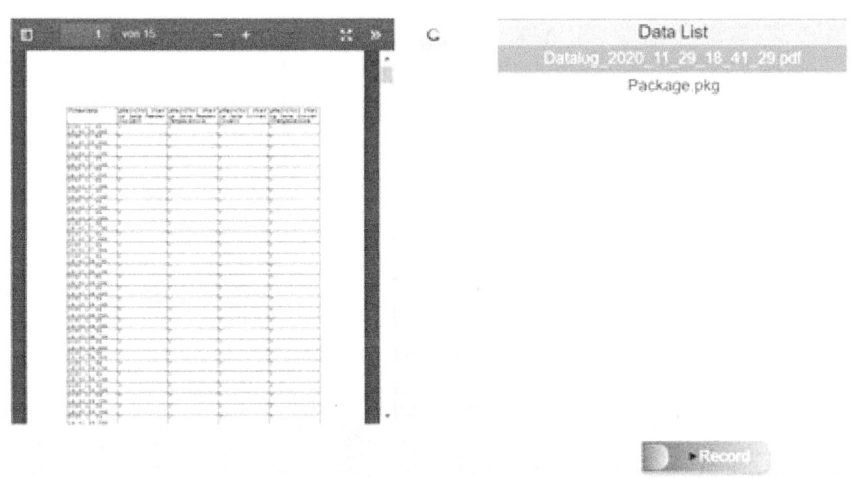

图 10-17 数据页面

10.4.10 审计追踪页面

GAT 采用 mapp Audit 组件来实现审计追踪功能。该审计追踪组件可以记录不同的事件并且所有事件都能以 PDF 格式进行储存。同时，GAT 作为通用功能范本，也为用户提供了用两种不同的语言进行输出查看审计文本的实例。

审计追踪页面提供了实时事件记录功能，可以用于记录并显示用户管理事件、报警事件和用户自定义事件等，如图 10-18 所示。

图 10-18 审计追踪页面

10.4.11 诊断页面

GAT 的画面模板集成了贝加莱标准的诊断工具 SDM，如图 10-19 所示。这是一个基于网页的系统诊断工具，可以全面查看系统软硬件状态，使用者可以根据项目需要，增加子页面。

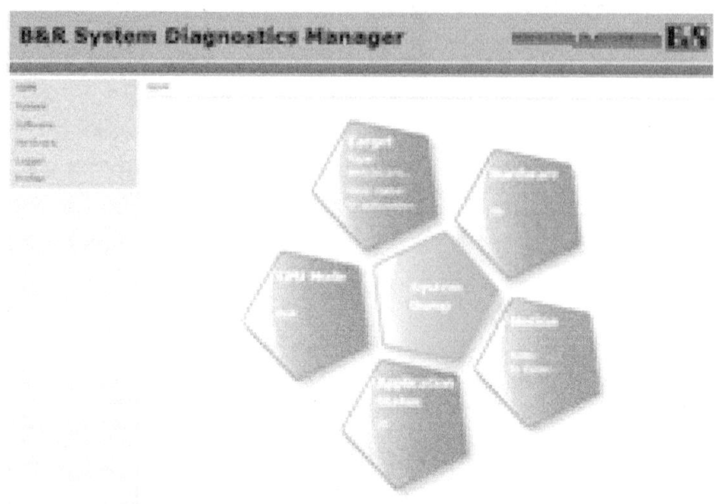

图 10-19 诊断页面

10.4.12 设置页面

设置页面是所有设备的必备页，但是内容会根据项目要求略有不同。GAT 提供语言选择、用户管理、日期和时间设置，以及 IP 地址设置，如图 10-20 所示，用户可根据项目需求增减相关内容。

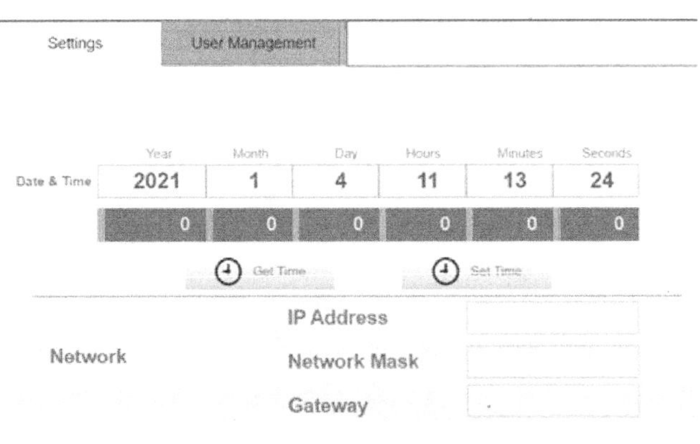

图 10-20 设置页面

GAT 把用户管理入口放在了设置页面。该用户管理页面可实现用户名的添加、删除、修改，以及权限分配，如图 10-21 所示。在操作界面提供用户和权限管理，有利于终端用户更便捷地管理设备和数据。

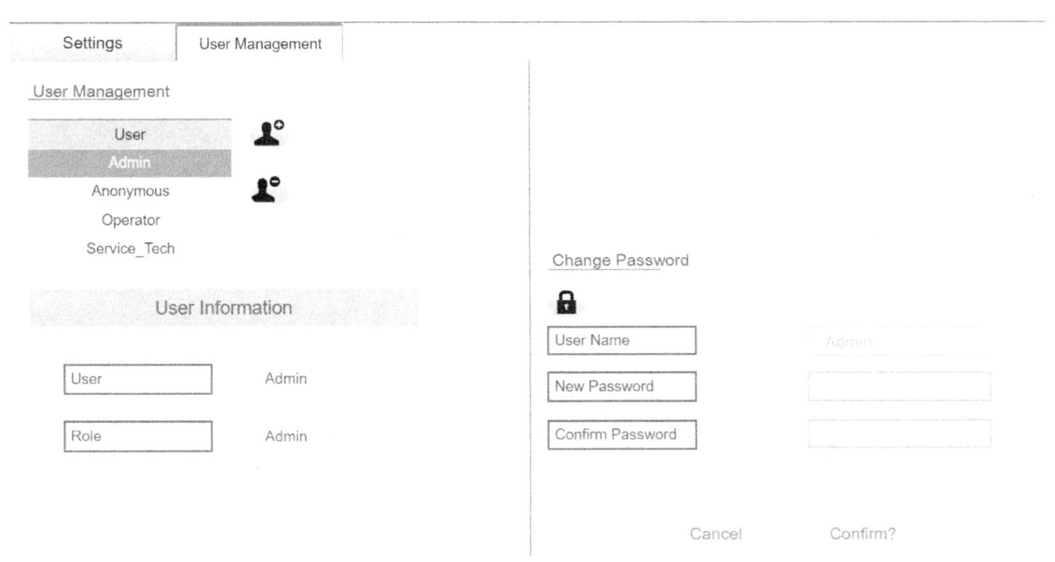

图 10-21 设置页面中的用户管理页面

10.4.13 帮助页

GAT 提供附带的操作手册，如图 10-22 所示。用户可以单击左上角的“User Manual（操作手册）”按钮，查看操作手册并获取详细的使用指引与帮助。

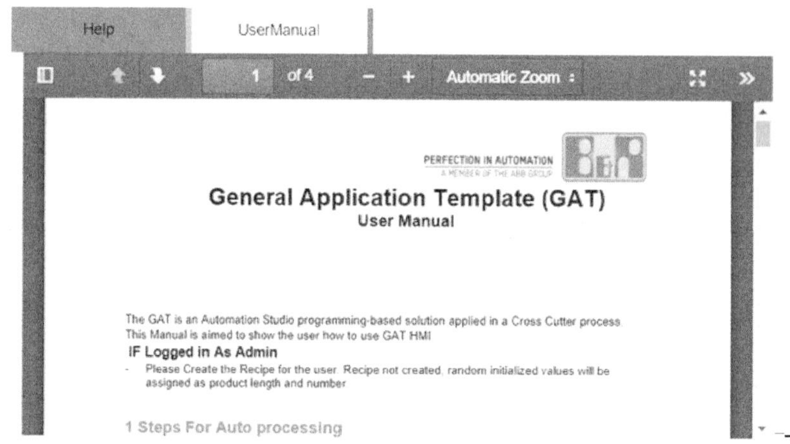

图 10-22 帮助页面

10.5 如何构建一个实际的项目

本节将指导用户怎么从 GAT 开始，去构建一个实际的项目。

10.5.1 mappView 硬件选型指南

GAT 的 HMI 选用的是 mappView 技术，mappView 技术对于客户端和服务器端的硬件选择有要求。本节将提供具体的硬件选型指南，参考该准则，用户可根据对 HMI 的应用预期，选取性能适合的硬件。

1. 选择客户端硬件的指南

表 10-4 给出了为使 mappView 稳定且快速运行的客户端硬件选择指导。表中列出的数字并非实际限制值，然而超过这些数字可能会导致性能降低，如页面切换时间延长或数据刷新延迟。

表 10-4 中第一列各概念说明如下。

1）页面数量：HMI 应用中建议的最多页数。

2）每页控件数量：可在页面放置的最大控件数量。

3）控件类型：指控件的复杂程度，具体如下。

- A 类控件：简单的控件，可以包含也可以不包含交互动作。
- B 类控件：具有中等交互或简单网络深度的控件。
- C 类控件：具有高级交互、Binding 或与大量数据连接的复杂控件。

4）事件：在一个事件绑定（Event Binding）中执行的最大操作数量。请注意，有些事件仅在容器被激活时执行，有些事件则始终执行，表中列出的数字是对应同时被执行的事件的总和。

5）页面风格：指通过调整控件的样式属性从而呈现的视觉外观的复杂性。

6）页面布局：指在 HMI 应用内每个页面使用的布局方式。每个页面使用不同的布局会降低性能。

7）静态布局：指每个页面使用相同的布局。

8）动态布局：指每个页面使用不同的布局。

表 10-4　客户端硬件选择指南

限定条件 \ 产品	T30	MP7140 MP7150	MP7151	T50	最低配置的 APC/PPC
页面数量	20	20	50	50	200
每页控件数量	50	50	100	100	300
控件类型	A	A	A, B	A, B	A, B, C
事件	20	20	50	50	500
页面风格	简易	简易	中等	中等	复杂
页面布局	静态	静态	静态	静态	动态
推荐服务器端硬件	X20CP1583	-	-	X20CP1583	APC

2. 选择服务器端硬件的指南

表 10-5 给出了为使 mappView 稳定且快速访问的服务器端硬件选择指导。在评估要选用的服务器端硬件时，还必须考虑程序本身的复杂度，以及报警系统、审计追踪等 mapp 技术的性能要求。

表 10-5 中第一列各概念如下。

1）HMI 应用数：指可以在 mappView 服务器端配置不同可视化对象（vis）的数量。

2）客户端连接数：指来自多个客户端的同步访问数。这些客户端可以同时访问 mappView 服务器以接收 HMI 应用。

表 10-5　服务器端硬件选择指南

限定条件 \ 产品	CPx583	CPx586	APC2100	APC900
HMI 应用数	1	1	3	5
客户端连接数	2	2	5	16
OPC UA 变量的采样频率-默认/ms	250	250	200	200
OPC UA 变量的采样频率-慢速/ms	3000	3000	2000	2000
OPC UA 变量的采样频率-快速/ms	250	250	100	100

10.5.2 MpUserX 组件

mapp UserX 用来实现用户管理。使用 AS 中的用户角色系统创建角色和用户（包括 OPC UA 合规性），然后使用 mapp UserX 管理角色和用户，包括访问权限、用户数据、密码定义（如字母、数字、大写/小写等）、登录/退出和连接到 HMI 应用程序。登录/退出的相关操作也能被审计功能所采集并显示在 HMI 中。GAT 还为用户提供了通过人机界面添加/删除用户的功能。

1. 配置部分

mapp UserX 的配置分为 mapp UserX 的基本配置和 mapp UserXLogin 配置两部分，如图 10-23 所示。

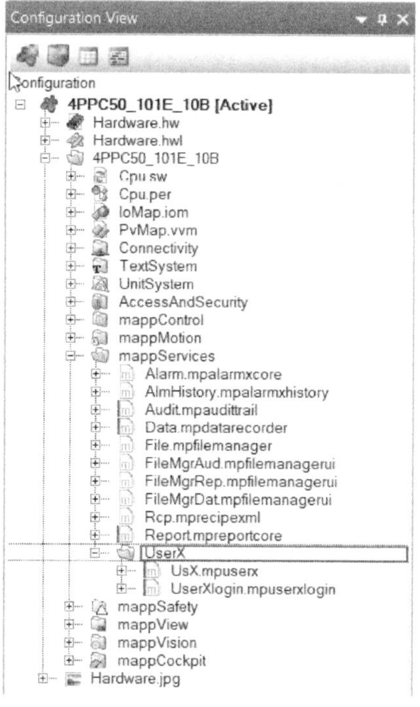

图 10-23　mappUserX 的配置

在 mapp UserX 配置文件中，用户预定义了相关的用户和角色，这些用户和角色将在登录后实现浏览 HMI 的差异化。从图 10-24 所示的角色列表中可以看到，角色级别可以根据应用修改，同时访问权限也可以更改，有多种选项（Full、View、Actuate、None）供选择。

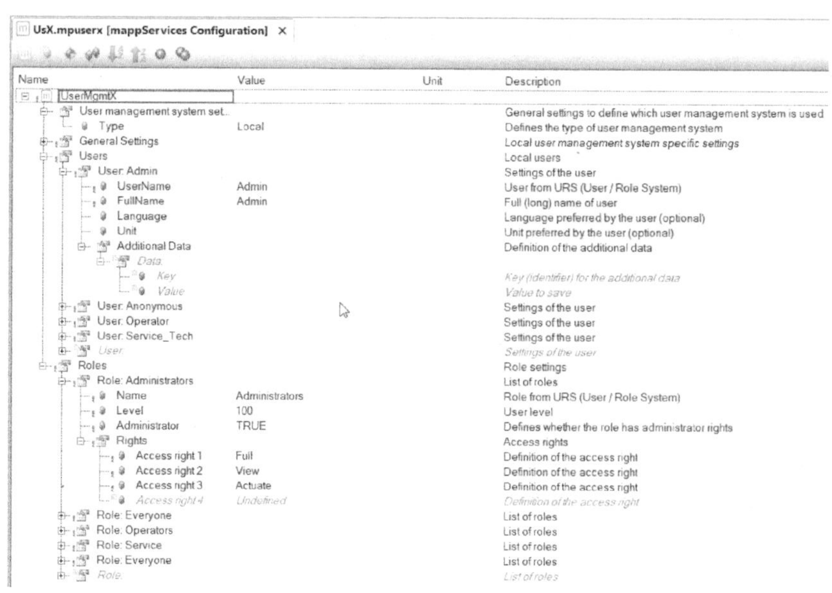

图 10-24　角色列表

在 mapp UserXLogin 配置文件中，用户可以激活登录后的自动注销功能，采用时间来控制。另外当用户激活报警系统后，一些与用户相关的报警发生时，会传输给 MpAlarmX

功能块，如图 10-25 所示，从而产生相应的警报。

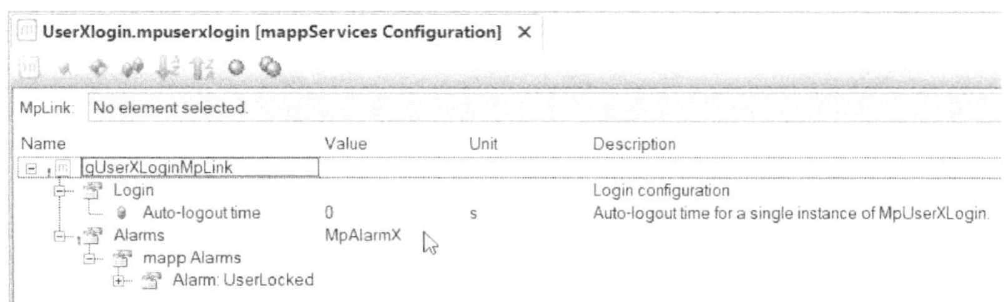

图 10-25　将报警传输给 MpAlarmX 功能块

2. 代码部分

mapp UserX 的编程包括以下几个部分。

1）登录功能块中用户名变量及密码变量，代码如下。

```
MpUserXLogin_0.MpLink        := ADR(gUserXLogin);
MpUserXLogin_0.Enable        := TRUE ;
MpUserXLogin_0.UserName      := ADR(UserXUIConnect.Login.UserName) ;
MpUserXLogin_0.Password      := ADR(UserXUIConnect.Login.Password) ;
```

2）通过 MpUserXLoginUI 函数块连接 userX 与 HMI，并引入 UserXUIConnect 结构的变量，代码如下。

```
MpUserXLoginUI_0.MpLink      := ADR(gUserXLogin);
MpUserXLoginUI_0.Enable      := TRUE ;
MpUserXLoginUI_0.UIConnect   := ADR(UserXUIConnect) ;
```

3. 修改默认用户

默认情况下，GAT 中配置了 4 个用户：Admin、Operator、Service_Tech 和 Anonymous。这些默认用户可以在 Configuration View→AccessAndSecurity→UserRoleSystem 下修改，如图 10-26 所示。

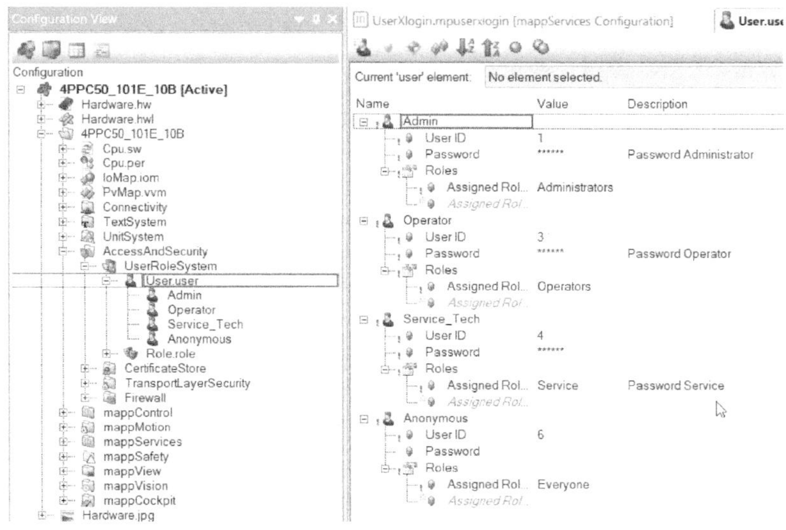

图 10-26　GAT 中配置的 4 个默认用户

10.5.3 MpRecipe 配方组件

使用每一个 mapp 组件，有两个主要步骤是必须要做的：第一是在项目 Configuration View 中新建配置；第二是在项目 Logical View 中添加程序代码。

1. 配置部分

如图 10-27 所示，从 ToolBox 中选择 MpRecipe 组件，添加到当前配置目录（mappServices）下，配方文件格式可以选择 XML 或 CSV。

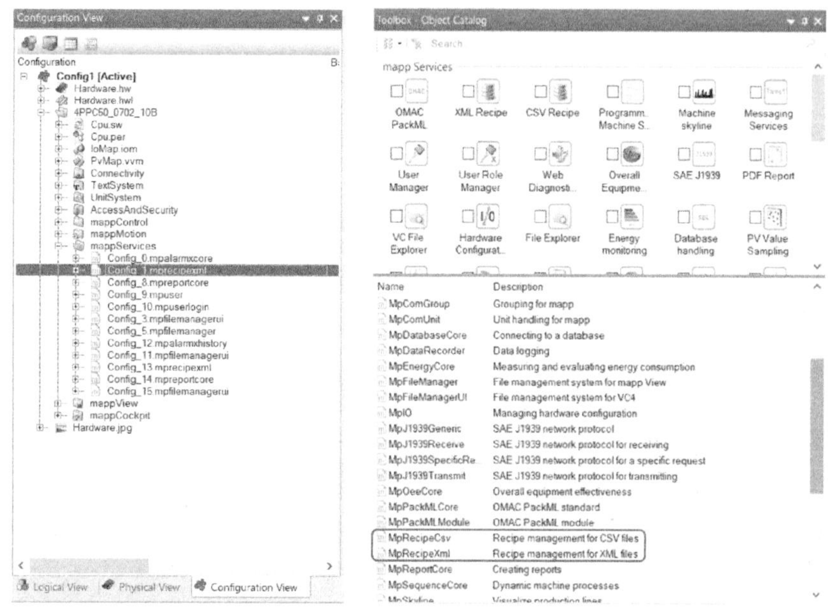

图 10-27 MpRecipe 配置

在配置时需要注意以下几点。

1）确保配方组件名字和在程序里使用的名字一样，比如 gRecipeXml。

2）激活要使用的报警类型，即 AlarmX。在配方组件使用过程中，所有激活的报警将被送到 MpAlarmX 组件，做进一步处理。

3）可根据项目需要，设置是否自动保存配方。该功能可以按设定的时间间隔将配方保存到预定义位置，如图 10-28 所示。

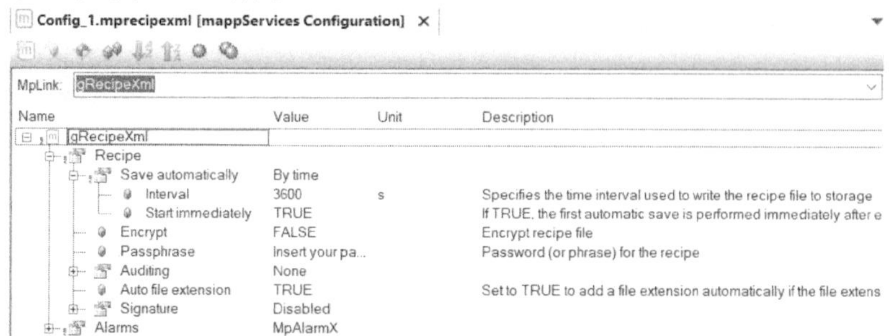

图 10-28 MpRecipeXml 配置（设置自动保存时间间隔）

4）配方保存的磁盘名和文件名需要在 PLC 配置文件的 File Device 目录下定义好，如

图 10-29 所示。

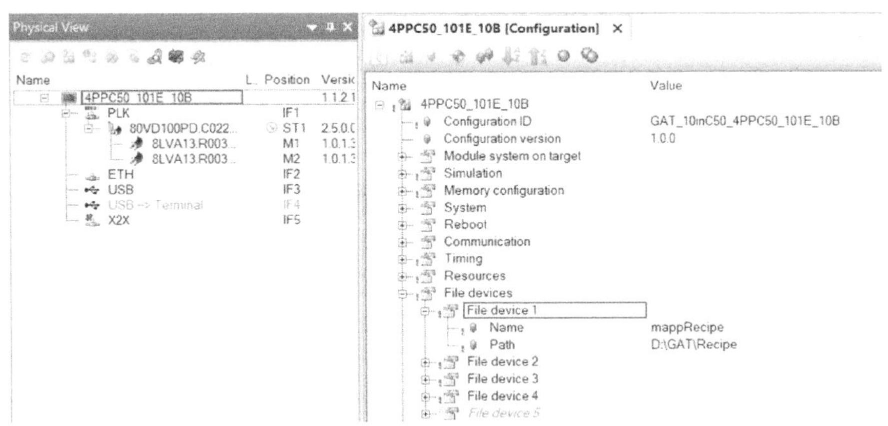

图 10-29　与 MpRecipeXml 相关的 PLC 配置（设置文件保存的磁盘名）

设备名和文件名也需要在硬件（PLC）文件系统的配置中新增并定义。

2. 代码部分

为正常使用 MpRecipe 配方组件，除 10.5.3.1 节介绍的配置之外，还需额外搭配相应的代码，主要涉及以下 3 部分代码。

（1）MpRecipeXml 功能块的调用

这是配方管理的主要功能块，结构体赋值用到的一些基本参数在图 10-28 和图 10-29 所示的配置文件里定义。其中最关键的是 MpLink 引脚，被赋值为 gRecipeXml 的地址。具体实现代码如下。

```
MpRecipeXml_0.MpLink          :=ADR(gRecipeXml); //和配置给定名字一样，可能多个
MpRecipeXml_0.Enable          :=TRUE;
MpRecipeXml_0.DeviceName      :=ADR('mappRec'); //赋值为实际配方目录
MpRecipeXml_0.FileName        :=ADR('Recipe'); //赋值为实际配方名字
```

（2）MpRecipeUI 功能块的调用

对于有上位机画面的项目，本部分的代码部分将配方配置文件和用户接口通过 MpRecipeUI 功能块连接起来，若项目不需要上位机画面，则本部分代码可以忽略。这里 UiConnect 引脚不能为空，一定要指定 MpRecipeUIConnect_typ 类型的变量 MpRecipeUIConnect。具体实现代码如下。

```
MpRecipeUI_0.MpLink           :=ADR(gRecipeXml); //和配置给定名字一样，可能多个
MpRecipeUI_0.Enable           :=TRUE;
MpRecipeUI_0.UIConnect        :=ADR(MpRecipeUIConnect); //配方 UI 接口变量，可定义多个
```

（3）MpRecipeRegPar 功能块调用

为确保任务变量的数据内容被保存到配方文件中，数据读取路径一定要正确。例如，一个 RecipMgt 任务下有一个局部变量 Ingredients，那么分配给 MpRecipeRegPar. PVName 的应该是 ADR（'RecipeMgt:Ingredients'）。如果 Ingredients 是全局变量，则应该是 ADR（'Ingredients'）。调用例句如下。

```
MpRecipeRegPar_0.MpLink      :=ADR(gRecipeXml);                   //可能多个
MpRecipeRegPar_0.Enable      :=TRUE;
  MpRecipeRegPar_0.PVName    :=ADR('RecipeMgt:Ingredients');      //根据实际情况修改
```

3. 在配方中添加新参数

（1）注册新参数

添加配方参数首先需要在配方中完成注册。建议将配方参数组合在一个数据结构中，以便可以一次性将所有新参数注册到 mappRecipe。

参数注册是通过 MpRecipeRegPar 功能块完成的，链接到组件 gRecipeXmlMpLink 的一个功能块即可。链接到 gRecipeXmlPreviewMpLink 功能块是可选项，用于添加人机交互画面的参数预览功能。

1）将新参数添加到配方参数的数据结构中。PID 任务数据结构定义窗口如图 10-30 所示。

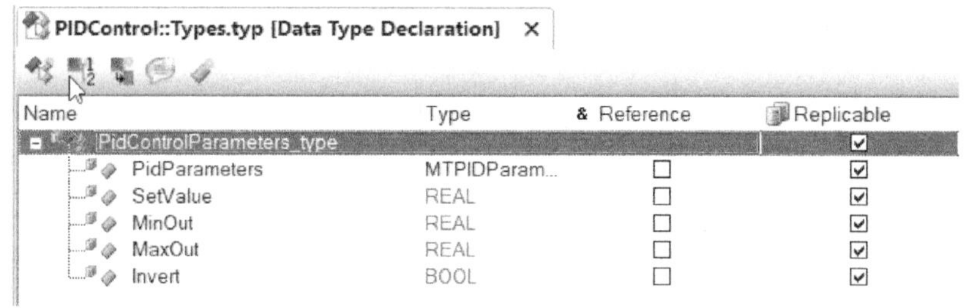

图 10-30　PID 任务数据结构定义窗口

2）添加配方数据结构和配方相关功能块到任务的变量定义中。PID 任务变量定义窗口如图 10-31 所示。

PIDControl::Variables.var [Variable Declaration]

Name	Type	Value	Description [1]
MTBasicsPID_0	MTBasicsPID		Pid control function block
MpRecipeRegPar_Pre	MpRecipeRegPar		Register parameters for preview function
MpRecipeRegPar_P	MpRecipeRegPar		Register parameters in the recipe
PidControlParameters	PidControlParameters_type		Pid parameters
rSimAddValue	REAL		Simulated add value
rOutValue	REAL		out value
rActValue	REAL		actual value
bSimulationActive	BOOL		simulation on/off
MTBasicsOscillationTuning_0	MTBasicsOscillationTuning		Oscillation tuning function block
rTuningQuality	REAL		Tuning quality in percent

图 10-31　PID 任务变量定义窗口

3）在初始化程序中注册配方参数。在 PID 任务的初始化程序注册配方参数如图 10-32 所示。

```
(* Register parameters to the recipe *)
MpRecipeRegPar_P.MpLink          := ADR(gRecipeXmlMpLink);
MpRecipeRegPar_P.Enable          := TRUE;
MpRecipeRegPar_P.PVName          := ADR('PIDControl:PidControlParameters');
MpRecipeRegPar_P.Category        := ADR('Product');
MpRecipeRegPar_Pre.MpLink        := ADR(gRecipeXmlPreviewMpLink);
MpRecipeRegPar_Pre.Enable        := TRUE;
MpRecipeRegPar_Pre.PVName        := ADR('PIDControl:PidControlParameters');
MpRecipeRegPar_Pre.Category      := ADR('Preview');
```

图 10-32　在 PID 任务的初始化程序注册配方参数

4）在初始化程序中激活功能块。在 PID 任务的初始化程序激活功能块如图 10-33 所示。

5）配方功能块也应在程序中循环调用。在 PID 任务的循环程序调用配方功能块如图 10-34 所示。

```
(* Activate recipe registration *)
WHILE NOT MpRecipeRegPar_P.Active DO
    MpRecipeRegPar_P();
END_WHILE;
WHILE NOT MpRecipeRegPar_Pre.Active DO
    MpRecipeRegPar_Pre();
END_WHILE;
```

图 10-33　在 PID 任务的初始化程序激活功能块

```
(* Call function blocks *)
MpRecipeRegPar_P();
MpRecipeRegPar_Pre();
```

图 10-34　在 PID 任务的循环程序调用配方功能块

（2）在人机交互画面注册新参数

1）新参数必须在项目的 Configuration View 中的 OpcUaMap.uad 配置中启用，入口如图 10-35 所示。

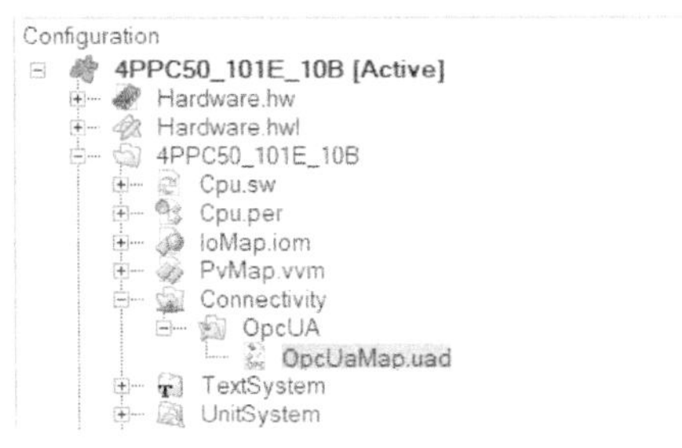

图 10-35　进入 OpcUaMap.uad 配置

2）双击打开 OpcUaMap.uad，找到需要启用的参数并右击，在弹出快捷菜单内选择 Enable Tag 命令，如图 10-36 所示。

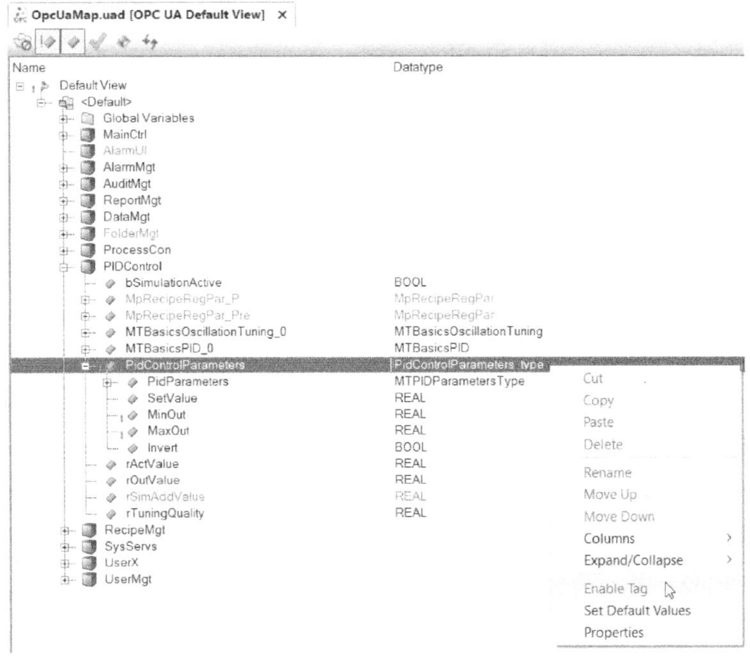

图 10-36　在 OpcUaMap.uad 配置中启用新参数

3）如果需要为新参数设置单位，可以先选择单个参数，然后通过工具箱来配置新参数的单位，如图 10-37 所示。

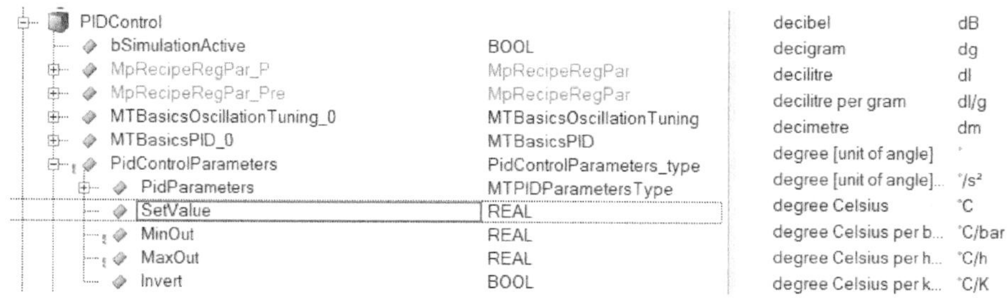

图 10-37　为新参数设置单位

4）最后将相关的标签显示和输入部件添加到配方页面和编辑/创建对话框，需要预览的参数添加到用于预览功能的输出部件，如图 10-38 所示。

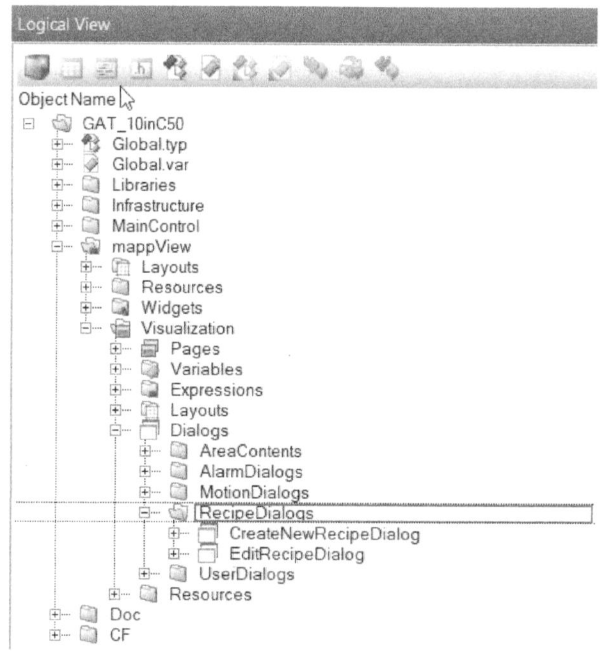

图 10-38　对话框入口

10.5.4　MpAlarmX 报警组件

1. 配置部分

如图 10-39 所示，从 ToolBox 中添加 MpAlarmXCore 到 Configuration View 的 mappServices 目录下，可选择 XML 格式或 CSV 格式。添加完后，对 MpAlarmX 的核心组件 gAlarmXCore 和历史报警 gAlarmXHistory 进行配置，如图 10-40 所示。

（1）如何配置一条新报警

新报警可以在项目的 Configuration View 中的 mappAlarmX 中配置，如图 10-41 所示。

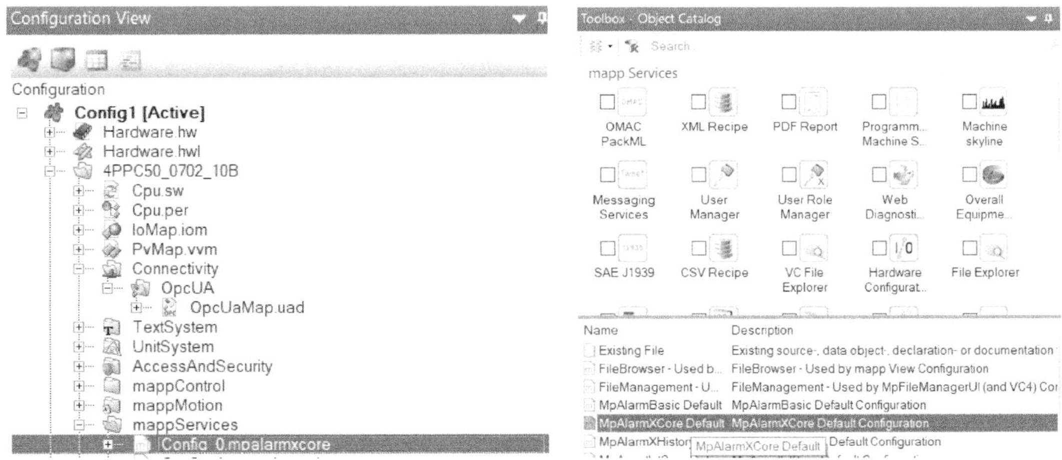

图 10-39　MpAlarmX 报警组件配置入口

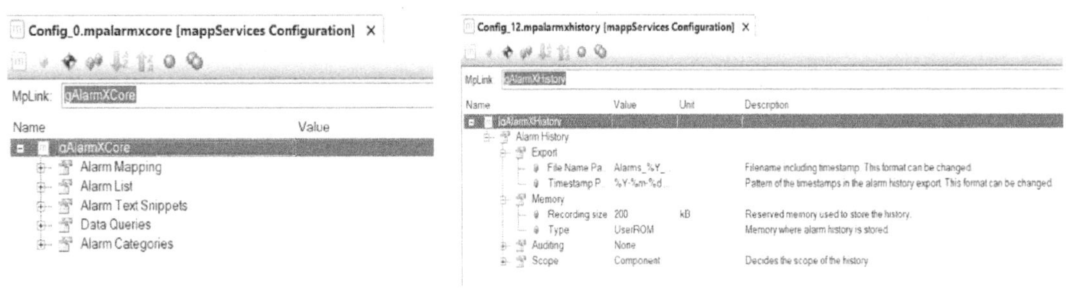

图 10-40　MpAlarmX 核心组件设置和历史报警配置

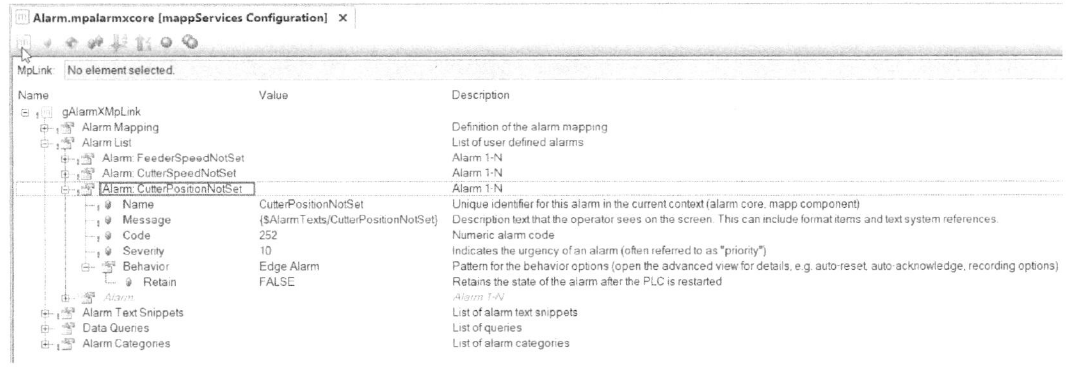

图 10-41　配置一条新报警

应设置以下属性。

1）名称：为报警命名。

2）消息：应遵循此文本模式 {$AlarmTexts/AlarmName}。

3）严重性：20 = 信息/Information；10 = 警告/Warning；1 = 错误/Error。

4）行为：报警处理方式分缺省方式和定制方式，定制方式可选择“边沿报警/Edge Alarm”或“持续报警/Persistent Alarm”

（2）如何实现用户自定义报警

对于用户定义的报警，可以在用户应用程序中使用功能 MpAlarmXSetAlarm（“边沿报警/Edge Alarm”和“持续报警/Persistent Alarm”）和 MpAlarmXResetAlarm（仅限“持续报警/Persistent Alarm”）来设置和重置报警。在“边沿报警/Edge Alarm”的情况下，报警会自动重置，因此 MpAlarmXReset 函数仅用于“持续报警/Persistent Alarm”，因为在被重置之前“持续报警/Persistent Alarm”始终保持激活状态。如图 10-42 所示。

```
IF (AxisControl[AXIS_IDX_CUTTER].Parameter.AxPar.Velocity = 0) AND AxisControl[AXIS_IDX_CUTTER].Command.MoveAdditive THEN
    MpAlarmXSet(gAlarmXMpLink, 'CutterSpeedNotSet');
    AxisControl[AXIS_IDX_CUTTER].Command.MoveAdditive                := FALSE;
END_IF
```

图 10-42　用户自定义报警

（3）如何添加报警文本

在 mappView→Resources→Texts→Infrastructure_Texts→AlarmTexts.tmx 中可以添加使用者本国语言的报警文本（见图 10-43）。

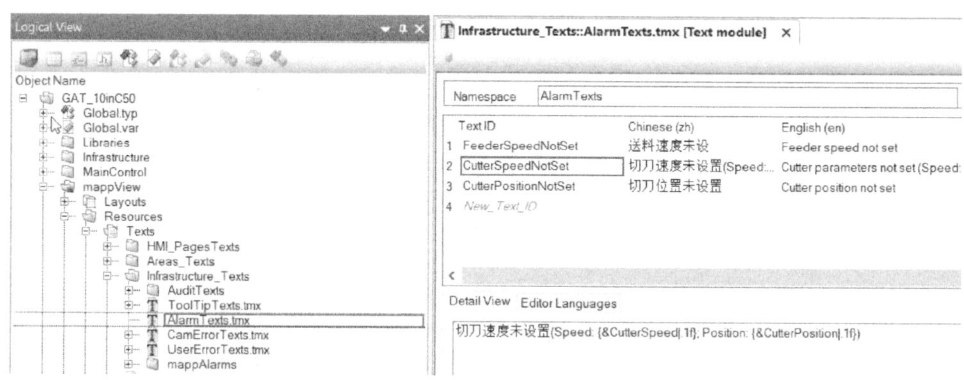

图 10-43　添加报警文本（依据使用者本国语言）

报警文本 的 ID 必须是唯一的，并根据 MpAlarmX 配置中设置的 ID 命名。为简单起见，通常使用警报名称，该名称必须是唯一的，也可作为警报文本的 ID。

2. 代码部分

为正常使用 MpAlarmX 报警组件，除 10.5.4.1 节介绍的配置之外，还需额外搭配相应的代码，主要涉及以下 3 部分代码。

（1）MpAlarmXCore 功能块的调用

这个功能块是处理报警的核心功能块。需要注意的是，每个 mapp 组件的 MpLink 引脚应被赋值为相应配置的名字地址，该名字必须和报警配置中的名字一致。如图 10-44 所示案例，代码和配置中的组件名字同为 gAlarmXCore。

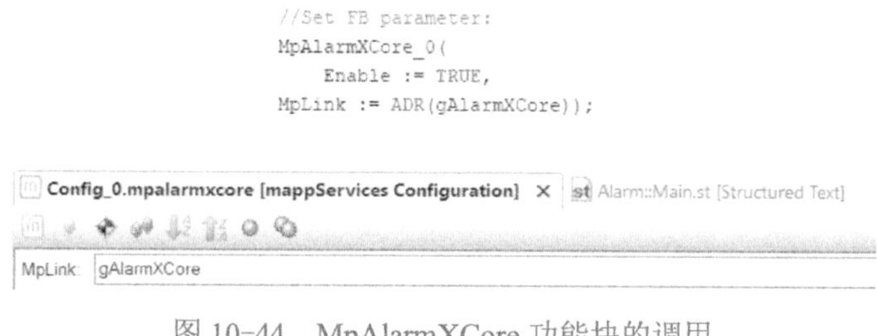

图 10-44　MpAlarmXCore 功能块的调用

（2）MpAlarmXListUI 功能块的调用

通过这个功能块，可以把报警内容和人机界面链接在一起，从而可以在人机界面上确认报警，或对报警做其他操作。若项目没有人机界面，则该部分代码可以忽略。具体实现代码如下。

```
MpAlarmXListUI_0(
    MpLink := ADR(gAlarmXCore),
    Enable := TRUE,
    UIConnect := ADR(MpAlarmXListUIConnect));   //注意名字和配置、变量表中的名字一致
```

（3）MpAlarmXHistory 历史报警功能块的调用

该功能块实现历史报警功能，具体实现代码如下。

```
MpAlarmXHistory_0(
    MpLink := ADR(gAlarmXHistory),
    Enable := TRUE,
    DeviceName := ADR('mappDir'));//注意和配置中名字，存放实际地址一样
```

MpAlarmXHistory 历史报警的相关配置如图 10-45 所示。

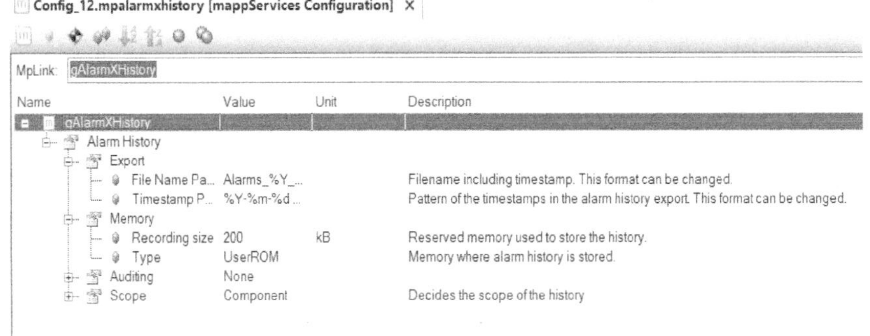

图 10-45 MpAlarmXHitory 历史报警的相关配置

10.5.5 MpFile 组件

1. 配置部分

这个组件是所有涉及文件操作功能的基础，比如报表、配方都需要这个组件协助。其配置页面如图 10-46 所示。

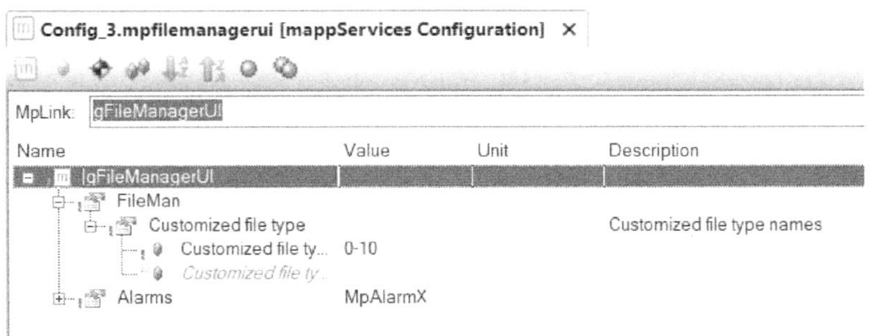

图 10-46 MpFile 配置页面

2. 代码部分

文件管理几乎是所有人机界面设计的必要功能，所需的代码部分如下。

```
MpFileManagerUI_0.MpLink:=ADR(gFileManagerUI);
MpFileManagerUI_0.Enable:=TRUE;
MpFileManagerUI_0.UIConnect:=ADR(MpFileManagerUIConnect);
```

10.5.6 MpData组件

MpData（mapp Data MpData 为 mapp Data 功能在具体项目中的自定义名称，书中其他类似）组件使用户可以记录已定义的过程变量（pv）的值。该数据存储在 PDF 或 CSV 格式文件中。

1. 配置部分

与其他 mapp Services 组件的操作一样，从 Toolbox 中添加 mapp Data 配置文件到 Configuration View 的 mapp Services 文件夹中，如图 10-47 所示，只需进行少量的修改。

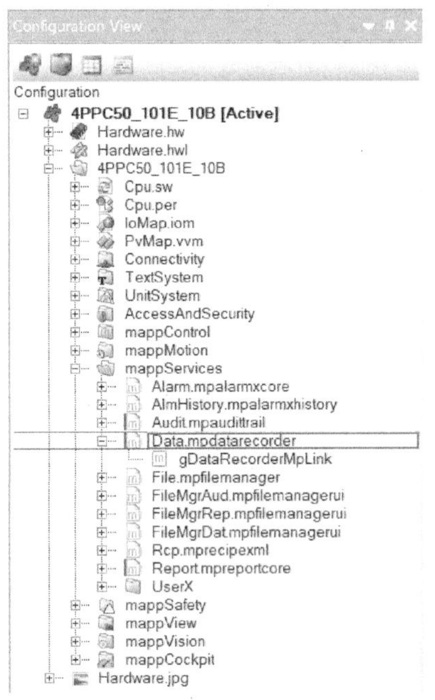

图 10-47 添加 mapp Data 配置文件到 Configuration View

mapp Data 导出的数据日志文件是 PDF 格式，日志文件格式也可以在 DataRecorder→Format 中更改为 CSV 格式，如图 10-48 所示。

2. 代码部分

代码部分需要添加 MpDataRecorder 功能块，应用中使用的代码如下。

```
MpDataRecorder_0.MpLink          := ADR(gDataRecorder);
MpDataRecorder_0.Enable          := TRUE ;
MpDataRecorder_0.DeviceName      := ADR('mappData');
MpDataRecorder_0.RecordMode      := mpDATA_RECORD_MODE_TIME_VALUE ;
```

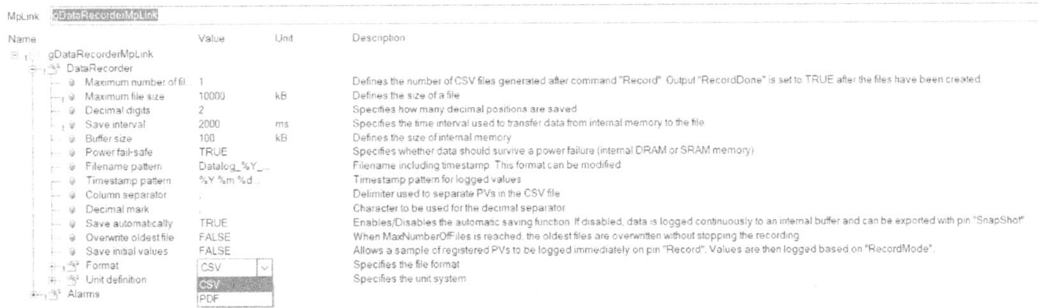

图 10-48　修改日志文件格式

除上面的代码部分，用户需要记录的特定数据（如结构数据中的成员）需要使用 MpDataRegPar 功能块来进行引用。

```
MpDataRegPar_0.MpLink        := ADR(gDataRecorder);
MpDataRegPar_0.Enable        := TRUE ;
MpDataRegPar_0.PVName        := ADR(' MainCtrl:MainCtrl.Status.Data');
```

3. 添加需要记录的过程变量

可以使用 MpDataRecorder 功能块注册过程变量以进行记录。建议将需要记录的过程变量组合在一个数据结构中，以便可以一次性将所有需要记录的过程变量注册到 mapp Data 中。注册过程变量是通过 MpDataRegPar 功能块完成的，数据记录是通过循环调用 MpDataRecorder 功能块完成的。

1）将过程变量添加到数据记录（Data）的数据结构中（以 MainCtrl 任务为例），如图 10-49 所示。

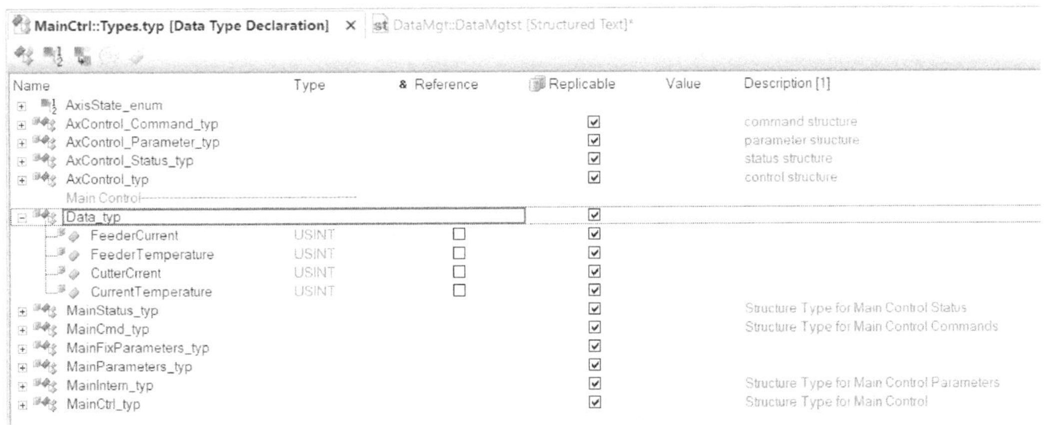

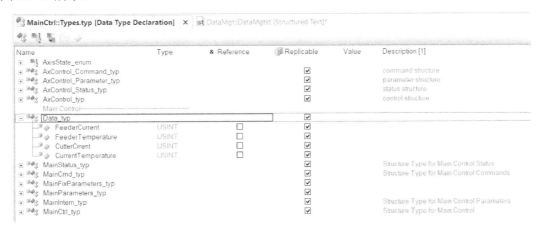

图 10-49　将过程变量添加到数据记录（Data）的数据结构中（以 MainCtrl 为例）

2）注册数据记录过程变量（以 DataMgt 任务为例），实现代码如图 10-50 所示。

```
MpDataRegPar_0.MpLink        := ADR(gDataRecorderMpLink);
MpDataRegPar_0.Enable        := TRUE ;
MpDataRegPar_0.PVName        := ADR('MainCtrl:MainCtrl.Status.Data');
```

图 10-50　注册数据记录过程变量（以 DataMgt 为例）

3）在程序中激活注册功能块（以 DataMgt 任务为例），实现代码如图 10-51 所示。

4）数据记录功能块也应在程序中循环调用（以 DataMgt 任务为例），实现代码如图 10-52 所示。

```
(* Active data registraton *)
MpDataRegPar_0();
```

图 10-51 在程序中激活注册功能块（以 DataMgt 为例）

```
(* Call function block *)
MpDataRecorder_0();
```

图 10-52 在程序中循环调用数据记录功能块（以 DataMgt 为例）

10.5.7 MpReport 报表组件

在实际生产中，通常需要生成各种报表，如展示一个阶段的生产质量或统计一段时间的生产数量等。本节将介绍如何使用 MpReport 报表组件来设计和生成各种报表。

MpReport 报表组件分为配置部分和代码部分。配置部分设计报表格式，内容由变量进行索引。代码部分通过调用 MpReport 功能块，将配置的报表格式和当前变量值合并，生成指定文件并保存在指定目录中。

1. 配置部分

同其他 mapp Service 组件一样，MpReport 在使用前也需要进行基本的配置，如图 10-53 所示。配置部分中的一个重要功能是设计报表的格式。

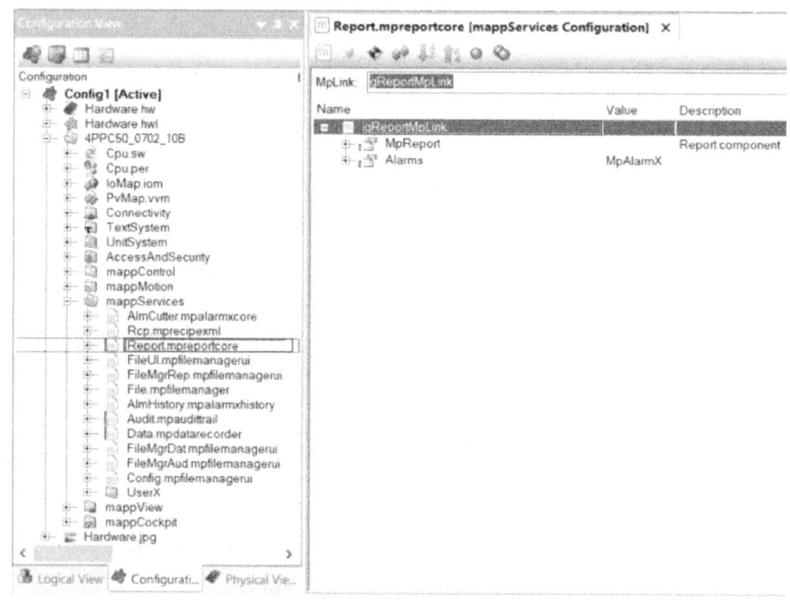

图 10-53 MpReport 配置

报表格式的种类繁多，应随不同项目需求灵活可调，所以 MpReport 组件提供了丰富的格式功能，使用户可以根据项目需要来设计报表格式。图 10-54 所示为报表格式设置总览，从上至下依次为：

- 通用设置：报表所用语言等。
- 页面布局：报表的页面布局，如 A4 纸大小、上下左右空白处大小等。
- 样式：报表所用文本、表格、线、图的式样。

- 每张表格的内容设计：一个报表可包含多张表格，每张表格的内容、编排均可不一样。
- 整个报表的内容设计：在 ContentTable 里指定上面每一张表格的名称。
- 报表文件定义：设置文件名。
- 报警：指定报表组件的报警发送给哪个报警组件。

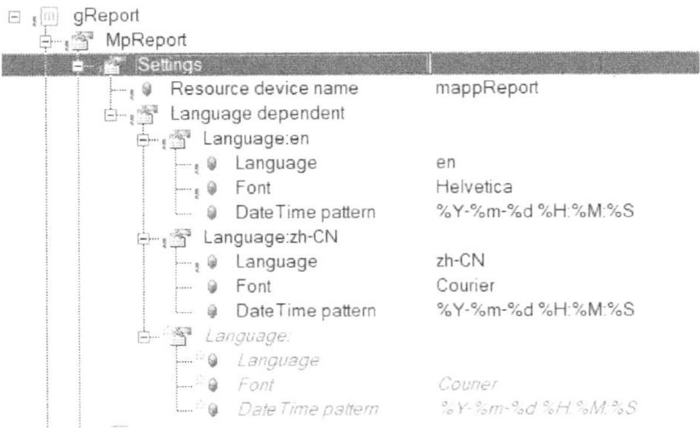

图 10-54　报表格式设置总览

报表格式设计步骤如下。

第一步，在图 10-55 所示的 Settings 页面可以进行报表相关的通用设置，包括报表使用的语言、字体、日期和时间格式等。如果需要的语言在下拉列表中找不到，可以在项目语言文件“Project.language”中添加（如图 10-56 所示）。在页面布局中，可以设计报表的尺寸，如长宽、页边距、使用哪个标准尺寸（如 A4、B5）等。

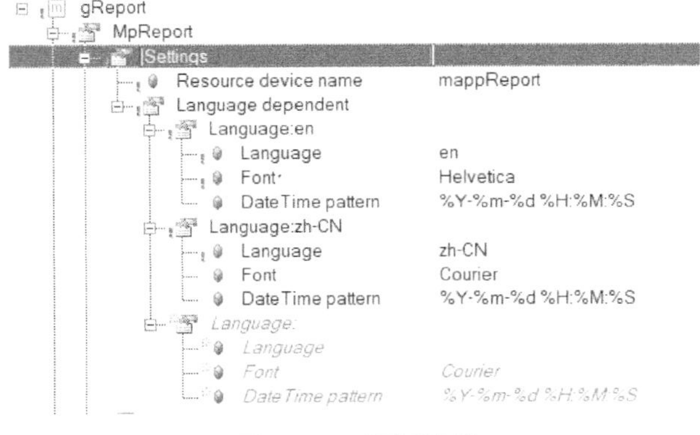

图 10-55　通用设置

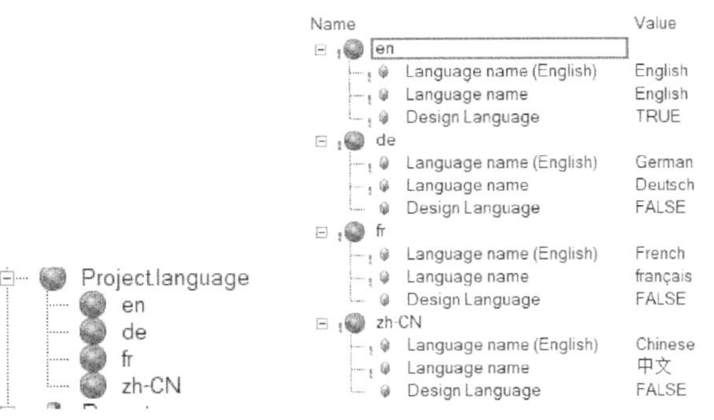

图 10-56　语言设置

第二步，关于报表中文字、线、表格样式的设计。MpReport 提供了 4 种样式设置，分别为文本样式、表格样式（指表格的边框宽度等，区别于第三步的表格设计）、分割线样式和图表样式。文本样式中，用户可自定义字体大小、是否加粗、字体颜色等，如图 10-57a 所示；表格样式中，用户可自定义表格边框粗细、颜色、填充等，如图 10-57b 所示；分割线样式中，用户可自定义分割线（即图 10-58 中报告抬头和内容之间的长横线）的粗细和颜色等，如图 10-57c 所示；图表样式中，用户可自定义饼图、柱状图等的颜色和粗细等，如图 10-57d 所示。

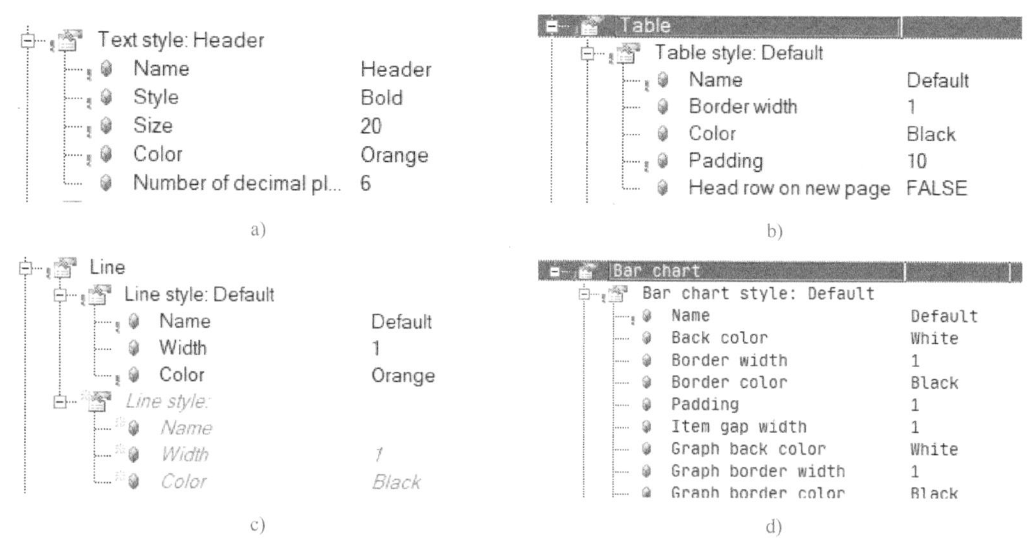

图 10-57 四种样式设置

a) 文本样式设置 b) 表格样式设置 c) 分割线样式设置 d) 图表样式设置

第三步，关于报表中表格设计，有些项目要求把一些统计数据存成表格形式，如图 10-58 所示。针对该需求，MpReport 组件提供了灵活的表格设置功能。图 10-59a 的这个数据表有 7 行。其中，以第 3 行为例，共有 3 列：第 1 列是文本；第 2 列是变量，即程序代码里面的变量，宽度可以根据客户喜好来设计；第 3 列也是一个变量，和第 2 列类似，如图 10-59b 所示。

Report of the Cross Cutter Machine

Time
2020-07-29 06:37:38

Data

RecipeName		
Index	Length [mm]	Nimber
1	0	0
2	0	0
3	0	0
4	0	0
5	0	0

图 10-58 报告呈现效果

第四步，关于整个报表的内容设计，可以在 Contents 页签下进行设置。例如在 ContentHeader 中可以设置整个报表的表头格式，按照从上到下的顺序依次为：抬头标题→分割线（橙色线）→文本（如时间）→日期（YYYY-MM-DD），呈现效果如图 10-58 所示。

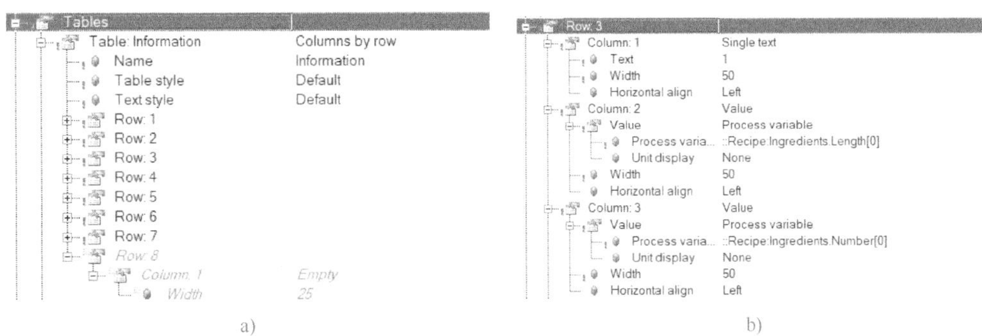

图 10-59　表格设计

此外，还需要定义报表的报警功能，将与之相关的报警信息送到 MpAlarmX 组件进行处理和管理，如图 10-60 所示。

图 10-60　报表报警功能

2．代码部分

这部分和其他 mapp 组件一样，需要有核心功能块（即 MpReportCore）来管理报表。具体代码如下。

```
MpReportCore_0(
                    Enable := TRUE,
                    MpLink := ADR(gReport),   //必须和配置部分定义的变量名字一致
                    Name := ADR(REPORT_NAME),
                    DeviceName := ADR(REPORT_DEVICE));
                    MpFileManagerUI_0(Enable := TRUE);
```

在画面上管理报表时，有更多的操作选项，比如生成和删除报表等。这些选项需要在 Logical View 中编写对应的逻辑代码。

（1）生成（报表）的代码

```
IF StartGenerate = TRUE THEN          //Generate process，变量 StartGenerate 可自由定义
          MpReportCore_0.Generate := TRUE;
          IF MpReportCore_0.CommandDone = TRUE THEN
               StartGenerate := FALSE;
               Refresh := TRUE;
               EnableGenerate := FALSE;
          END_IF
ELSE
          MpReportCore_0.Generate := FALSE;
END_IF
```

（2）删除（报表）的代码

```
IF DeleteReport = TRUE THEN                //Deleting process，DeleteReport 变量可重定义
          MpFileManagerUIConnect.File.Delete := TRUE;
```

```
            MpFileManagerUIConnect.MessageBox.Confirm := TRUE;
            DeleteReport := FALSE;
            Refresh := TRUE;
            EnableDelete := FALSE;
    END_IF
```

（3）刷新（报表）的代码：刷新当前所看报表的内容，以及正在显示的所有报表

```
    IF Refresh = TRUE THEN                    //Refresh process，Refresh 变量可重新定义
            TON_0(IN := TRUE, PT := T#2s);
                IF TON_0.Q = TRUE THEN
                        Refresh := FALSE;
                        TON_0(IN := FALSE, PT := T#2s);
                        MpFileManagerUIConnect.File.Refresh := TRUE;
            END_IF
    END_IF
```

10.5.8 MpAudit 组件

MpAudit（mapp Audit）可以记录不同的事件。这些事件可以来源于 HMI 应用程序、MpUserX 或用户定义的事件。用户可以定义事件存储的格式并存储在 PDF、XML 或 TXT 文件中。

1. 配置部分

与其他 mapp Services 组件的操作一样，从 Toolbox 中添加 mapp Audit 配置文件到 Configuration View 的 mappServices 目录中，如图 10-61 所示。

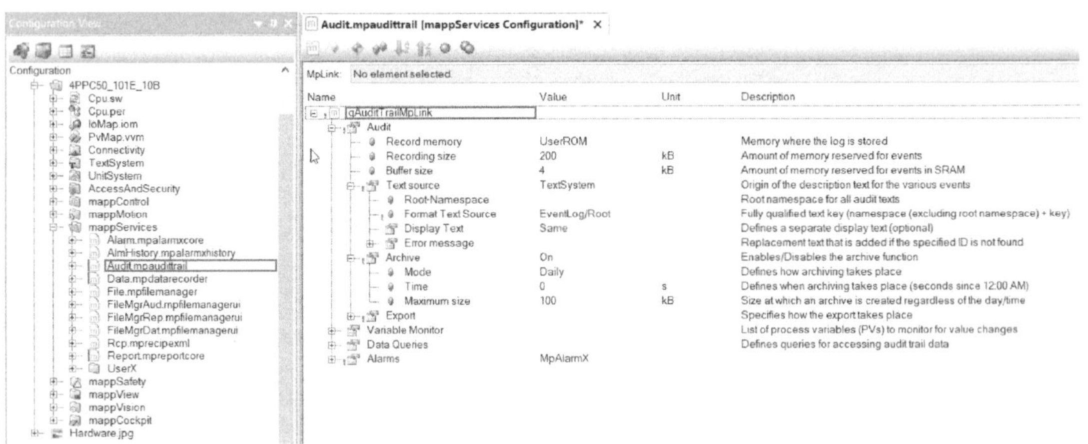

图 10-61　添加 mappAudit 配置文件到 Configuration View 中

用户需要注意的一个主要配置是定义文本源。因为文本源使用户能够为 HMI 显示多语言文本。文本源格式和文本源配置必须依照严格的格式。文本需要按照 MpAudit 库定义的特定格式添加到相应的 tmx 文件中，如图 10-62 所示。

可以在 AS 帮助中获取审计追踪的事件类型及其详细说明，如图 10-63 所示。

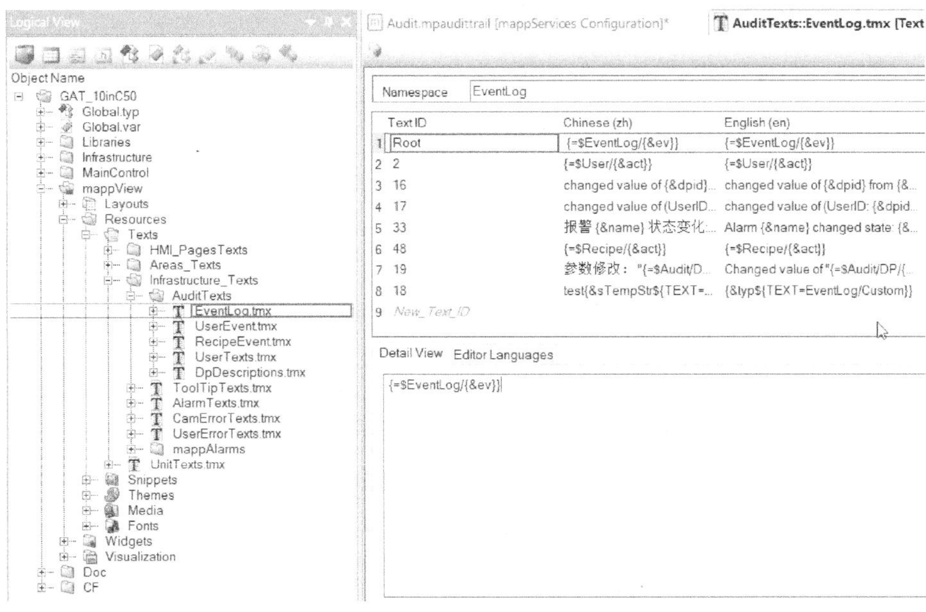

图 10-62　定义文本

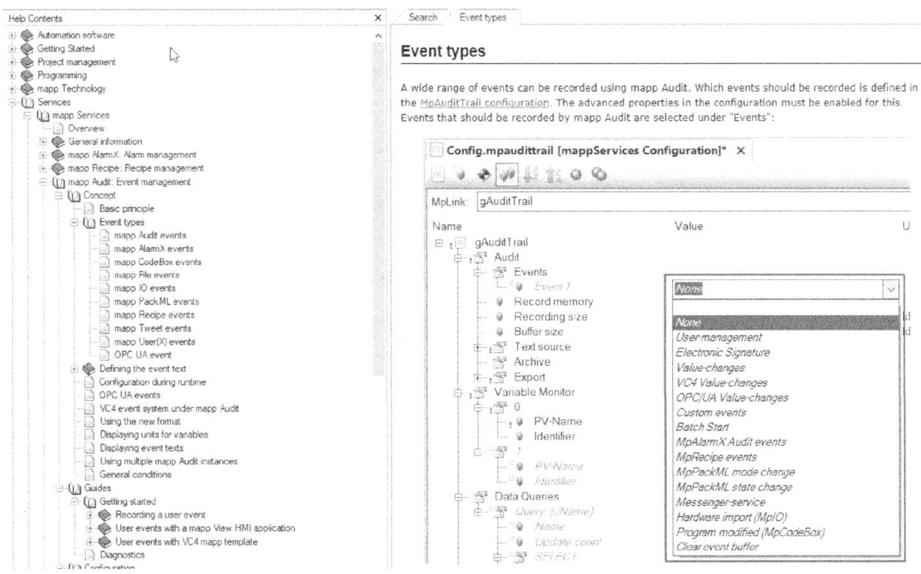

图 10-63　关于审计追踪的 AS 帮助

2．代码部分

代码部分需要添加 MpAuditTrail 功能块，它能实现用户想记录的机器事件的所有信息，代码如下。

```
MpAuditTrail_0.MpLink        := ADR(gMpLinkAuditTrail) ;
MpAuditTrail_0.Enable        := TRUE ;
MpAuditTrail_0.DeviceName    := ADR('mappAudit') ;
MpAuditTrail_0();
```

如果用户想在界面上显示 Audit 事件，则必须添加另一段代码，具体如下。

```
MpAuditTrail_0;
MpAuditTrailUI_0.Enable         := TRUE ;
MpAuditTrailUI_0.MpLink         := ADR(gMpLinkAuditTrail);
MpAuditTrailUI_0.UIConnect      := ADR(AuditUIConnect);
MpAuditTrailUI_0();
```

3. 添加审计追踪事件

（1）OPC UA 事件追踪

如果需要追踪 HMI 上输入控件的使用情况，可通过 OPC UA 事件来实现。需要在 OPC UA 映射中选择相关过程变量并将其“审计追踪事件”属性设置为“On”，如图 10-64 所示。

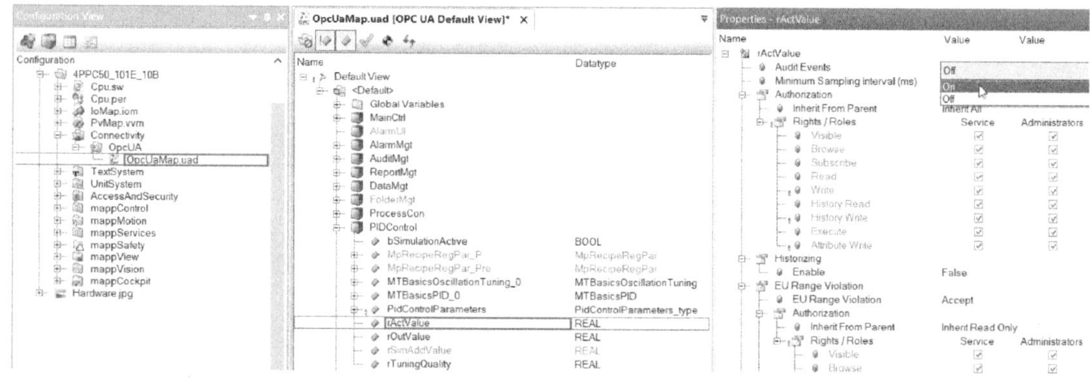

图 10-64　对 OPC UA 变量打开审计追踪属性

此外，对于审计追踪中需要记录的条目，应该在命名空间“Audit/DP”下配置相关参数的文本，需将过程变量的路径赋给文本 ID，如图 10-65 所示。

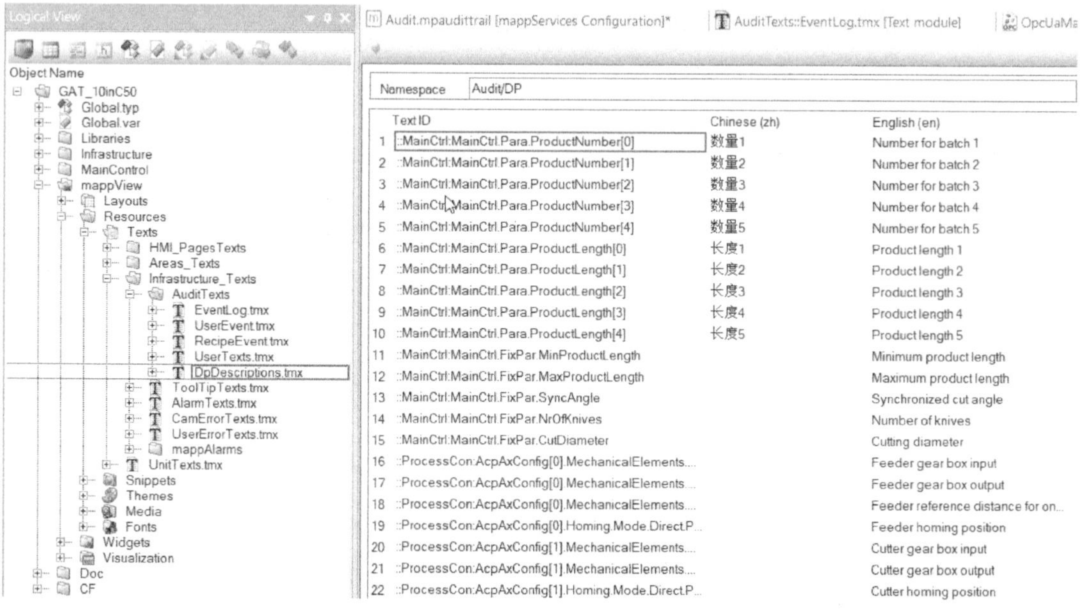

图 10-65　将过程变量的路径赋给文本 ID

（2）变量事件追踪

如果需要追踪过程变量的变化（变化可能来自 HMI 操作或程序代码），则可以在 Configuration View 的 MpAudit 中进行配置，如图 10-66 所示。

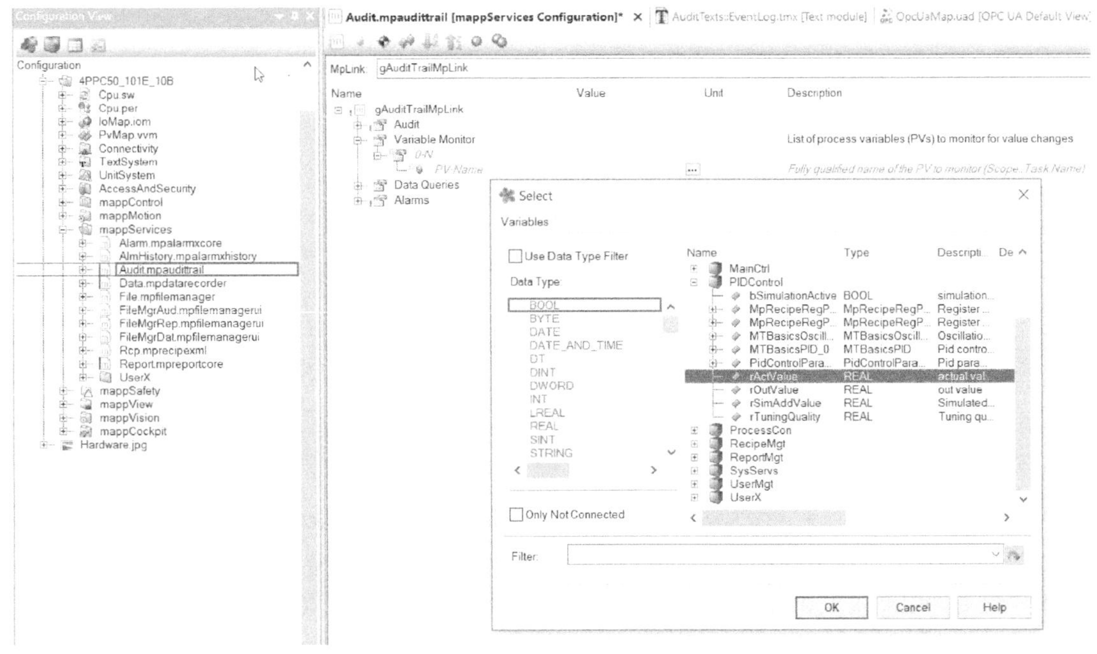

图 10-66　变量事件追踪

（3）用户自定义事件追踪

可以使用 MpAudit 库提供的自定义事件功能来实现对每个用户自定义事件的追踪，例如开始运动等，如图 10-67 所示。

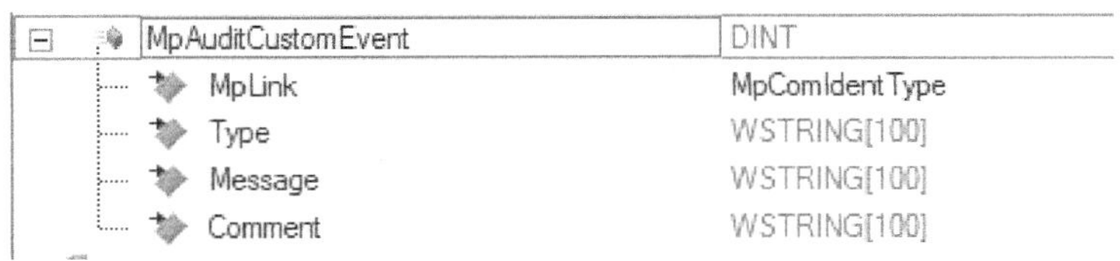

图 10-67　用户自定义事件追踪

10.5.9　MpMotion 组件

MpMotion 组件提供从单轴到多轴控制的所有轴控方案，如凸轮跟随、CNC 插补等。

1．配置部分

MpMotion 组件至少需要插入两个主要配置文件，分别为 Config_x.axis 和 Config_x.axisfeature，如图 10-68 所示。

在 Config_x.axis 文件中，需要定义运动范围的极限、单位和分辨率等，如图 10-69 所示。

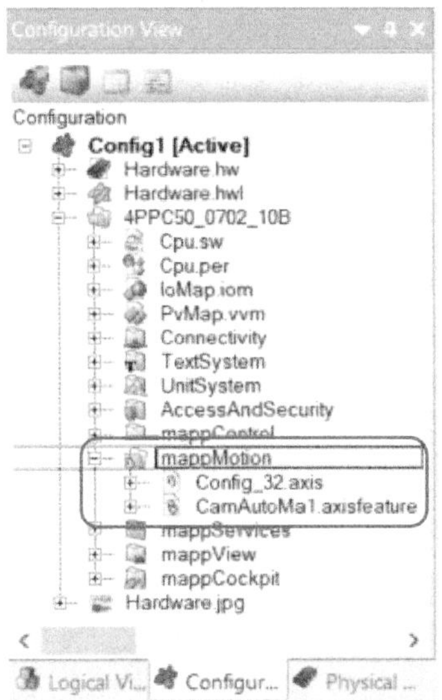

图 10-68　在 MpMotion 组件插入两个主要配置文件

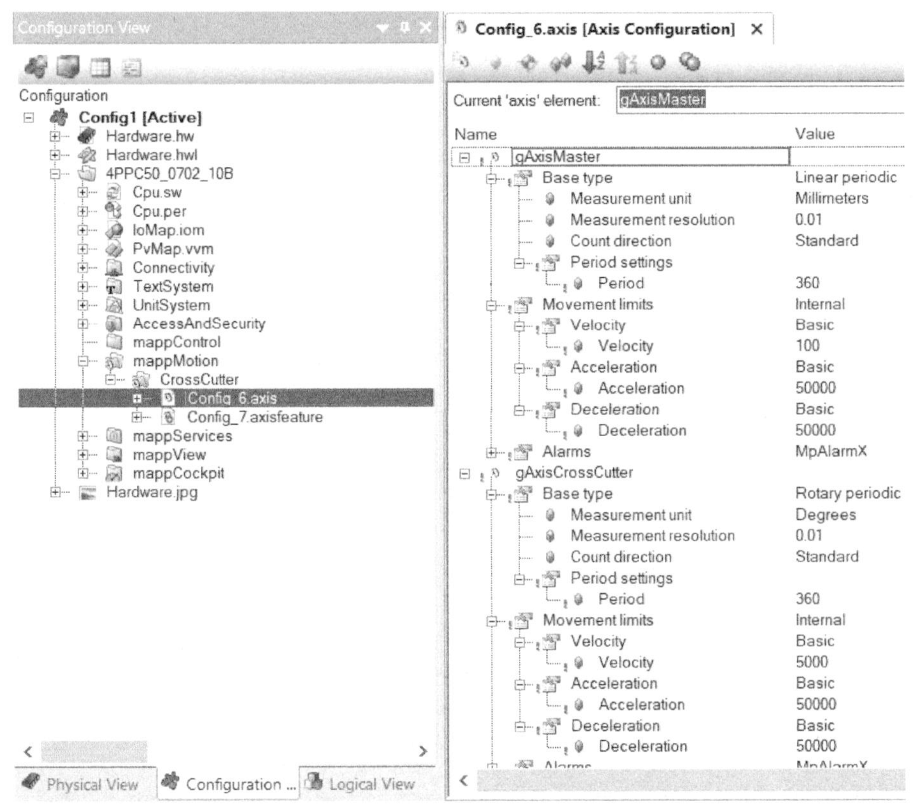

图 10-69　MpMotion 轴配置（Config_x.axis）

在 Config_x.axisfeature 文件中，需要定义和 CAM（凸轮）相关的运动参数，包括状态、事件、补偿方式，以及主从轴比例因子等，如图 10-70 所示。

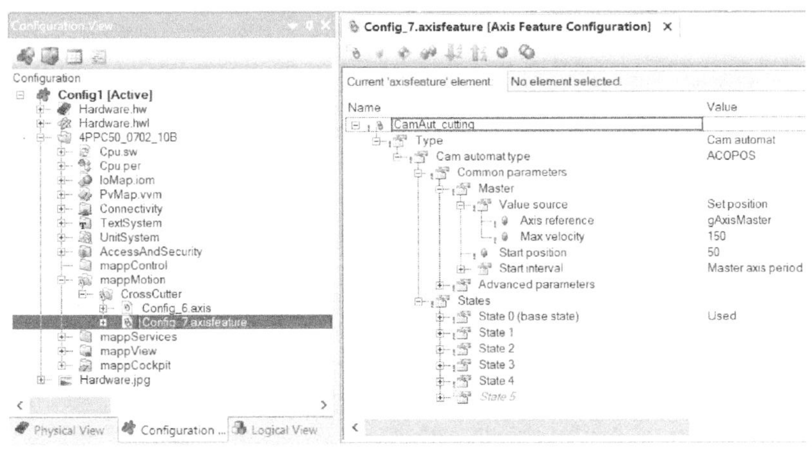

图 10-70　MpMotion 轴配置（Config_x.axisfeature）

2．代码部分

MpAxis 是 MpMotion 组件中最常用的功能块之一，不管是单轴项目还是多轴项目，都需要用它。举例如下，两个功能块都是 MpAxis 类型，MpAxisBasic_Master 对应主轴，MpAxisBasic_CrossCutter 对应从轴。两个功能块通过 MpLink 引脚使用前述轴配置参数，代码如下。

```
MpAxisBasic_Master.MpLink              := ADR(gAxisMaster); //必须和配置文件中名称一致
MpAxisBasic_Master.Enable              := TRUE;
MpAxisBasic_Master.Parameters          := ADR(MasterAxisParameters); //必须和配置文件中名称一致
MpAxisBasic_CrossCutter.MpLink         := ADR(gAxisCrossCutter); //必须和配置文件中名称一致
MpAxisBasic_CrossCutter.Enable         := TRUE;
MpAxisBasic_CrossCutter.Parameters     := ADR(SlaveAxisParameters); //必须和配置文件中名称一致
```

3．添加新的轴对象

可以在 Configuration View→mappMotion→AxCfg.axis 配置中添加新的轴对象，如图 10-71 所示。

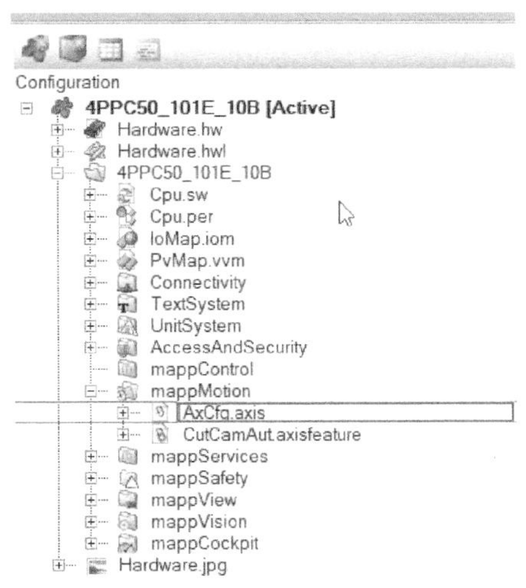

图 10-71　添加新的轴对象

最简单的方法是复制粘贴现有的轴对象，然后重命名（例如 gAxisSlave_1 改为 gAxisNew），并根据新的轴对象的机械特性修改参数列表，如图 10-72 所示。

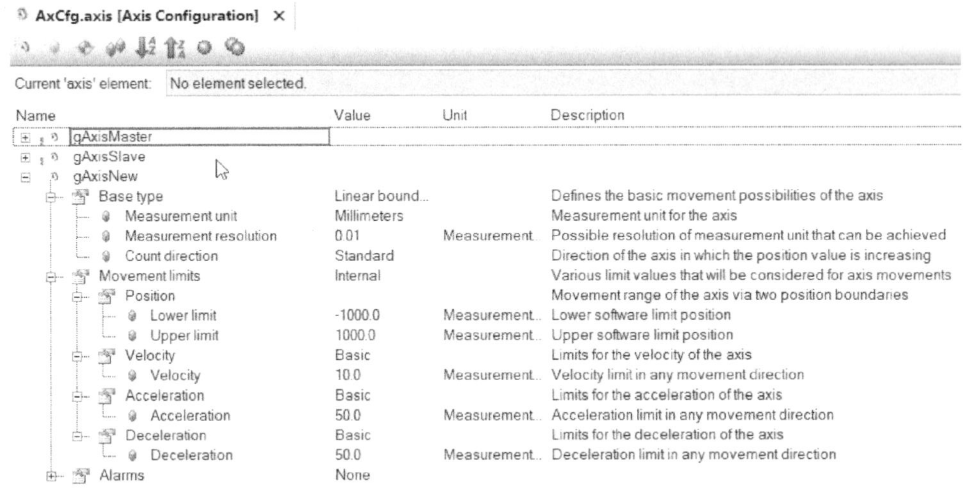

图 10-72　轴对象参数表

10.5.10　MpCockpit 组件

MpCockpit（mapp Cockpit）组件提供了诊断和调试功能，这些功能直接集成到了基于网页的 mappCockpit 人机交互画面中。将该自动化组件添加到项目中，会自动在人机交互画面中可用，且无须任何额外的编程工作。

用户需要在浏览器地址栏输入 http://localhost:8084/mappCockpit/app/index.html，来打开人机交互画面，mappCockpit 首页面如图 10-73 所示。

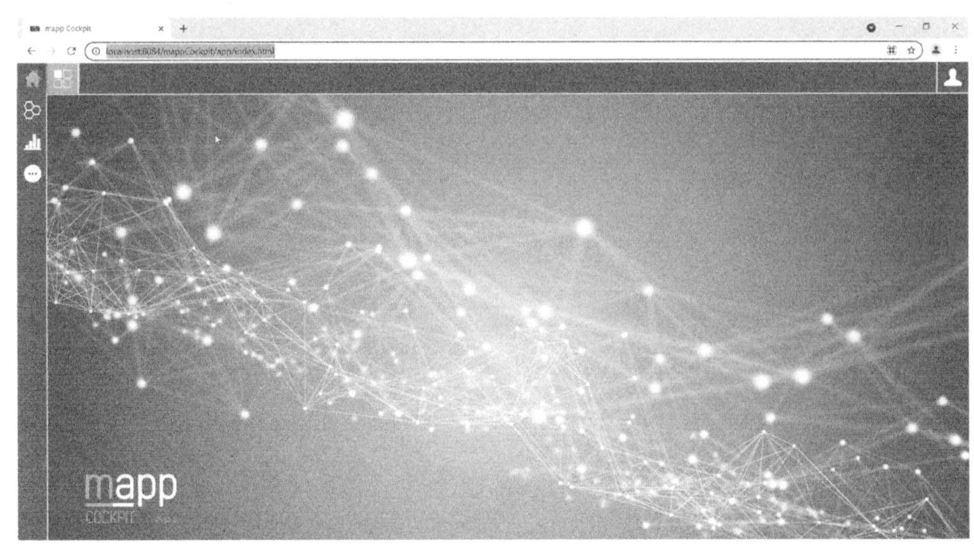

图 10-73　mappCockpit 首页面

1．在基于网页的 mapp Cockpit 人机交互画面应用程序中与 mapp 组件交互

为了在调试期间测试自动化组件，mapp Cockpit HMI 应用程序可以为这些组件执行命令。这里使用 10.5.9 节中配置的轴对象作为示例。

首先，使用 Common 按钮打开 Common View 画面，如图 10-74 所示。

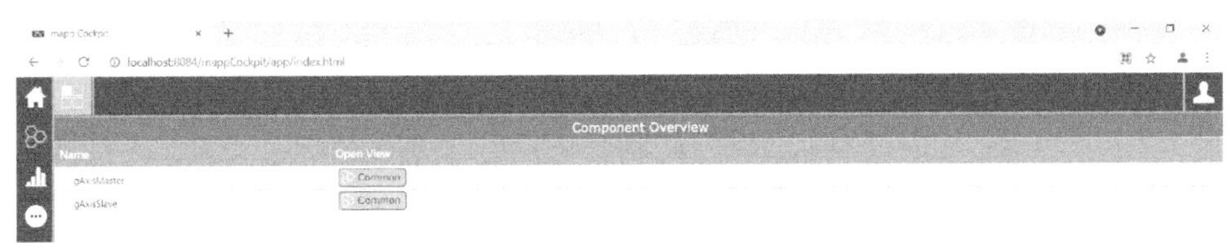

图 10-74 进入 Common View 画面

如图 10-75 所示，Common View 画面被分为几个区域，Command 区域包含的是允许执行组件的命令。可用命令可能因组件类型而异，例如，有不同的轴命令和轴组命令。Watch 区域包含组件相关变量的选择，这些变量的当前值与其单位和趋势一起显示。Configuration 区域提供了更改组件配置的一些信息。消息区域显示与这些组件相关的消息。

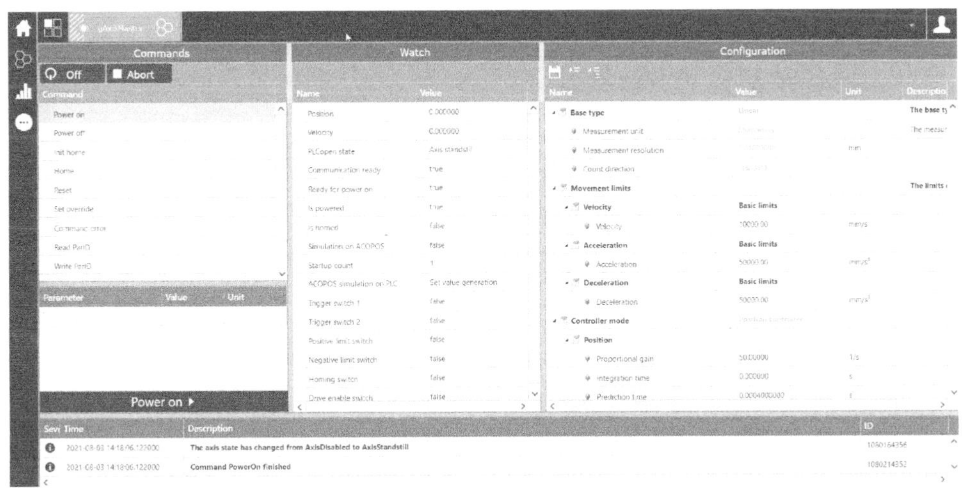

图 10-75 Common View 画面

2. 跟踪过程变量

Trace Overview 提供了轨迹跟踪及其视图的概览，并列出了所有可用的轨迹跟踪。相应轨迹跟踪可用视图可以打开每一个轨迹跟踪的视图选项，可以使用 Configuration 按钮进入轨迹跟踪的配置画面，如图 10-76 所示，使用 Analysis 按钮进入轨迹跟踪的分析画面。

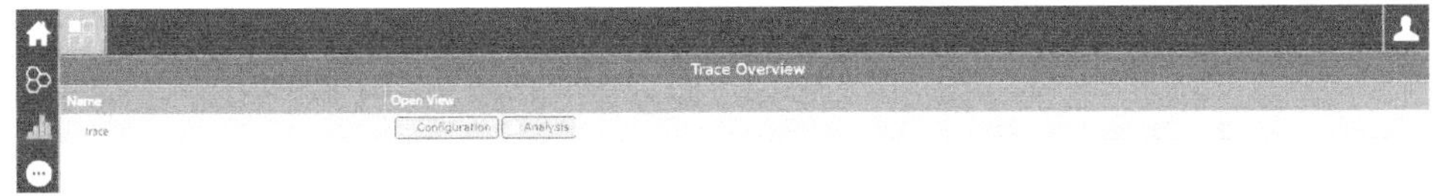

图 10-76 进入轨迹跟踪配置画面

轨迹跟踪控制区域提供相关的控制功能，如图 10-77 所示。Data points 区域可以在轨迹跟踪配置中添加、删除或编辑数据点。Timing 提供了编辑轨迹跟踪计时设置的功能。Trigger 可以在轨迹跟踪配置中添加、删除或编辑启动触发器。消息区域显示与轨迹跟踪相关的消息。

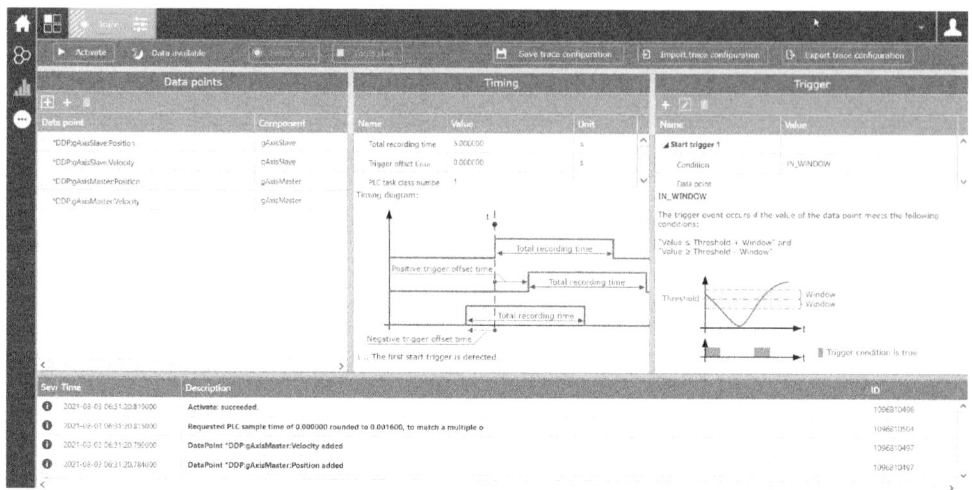

图 10-77　轨迹跟踪控制区域

10.5.11　如何添加其他 mapp 组件

GAT 是基于 mapp 开发的项目模板，调用了 mapp Service、mapp Motion 和 mapp View 三种 mapp 模块。对于 mapp Service 模块，GAT 使用了如 File/Report/Alarm 组件；对于 mapp Motion 模块，GAT 使用了如 Axis/Axis Feature/Cam Automat 组件。

（1）若用户实际项目中需要添加其他 mappService 组件，可以根据图 10-78 所示步骤进行

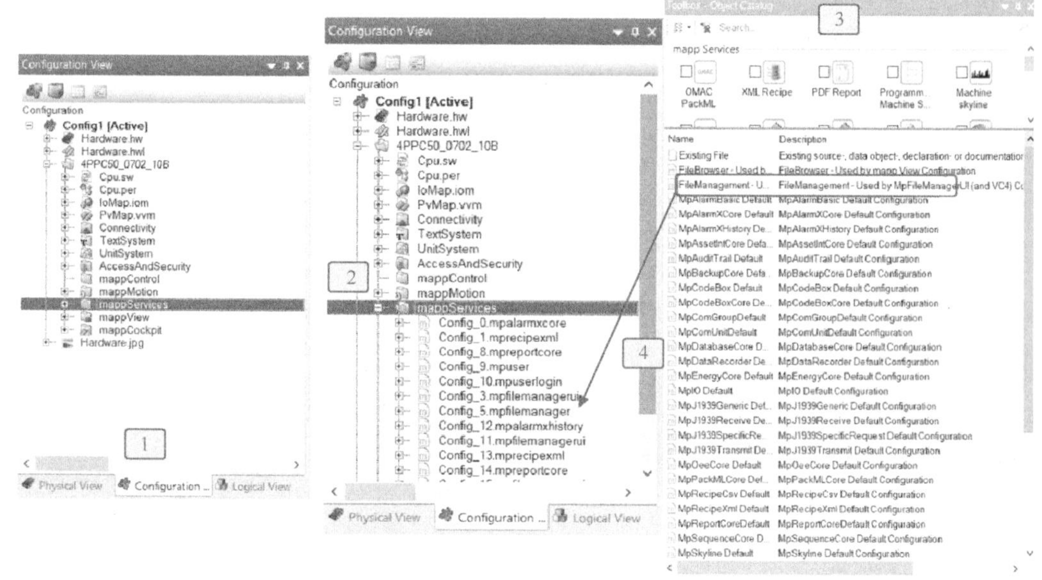

图 10-78　新建 mapp Service 组件配置

1）单击项目左下方的“Configuration View”属性页。

2）单击左边目录里面的“mappServices”目录。

3）选中“mappServices”目录时，在右边的“ToolBox”将显示所有可能的 mappService

组件，可通过滑动条进行浏览。

4）选择需要的 mappservice 组件，比如“FileManagement”，将其加入 Configuration View 中。

（2）若用户实际项目中需要添加其他 mapp Motion 组件，可以根据图 10-79 所示步骤进行

1）单击项目左边下面的“Configuration View”属性页。

2）单击“mappMotion”目录。

3）右边展示“ToolBox”可选组件。

4）滑动浏览组件并选择。

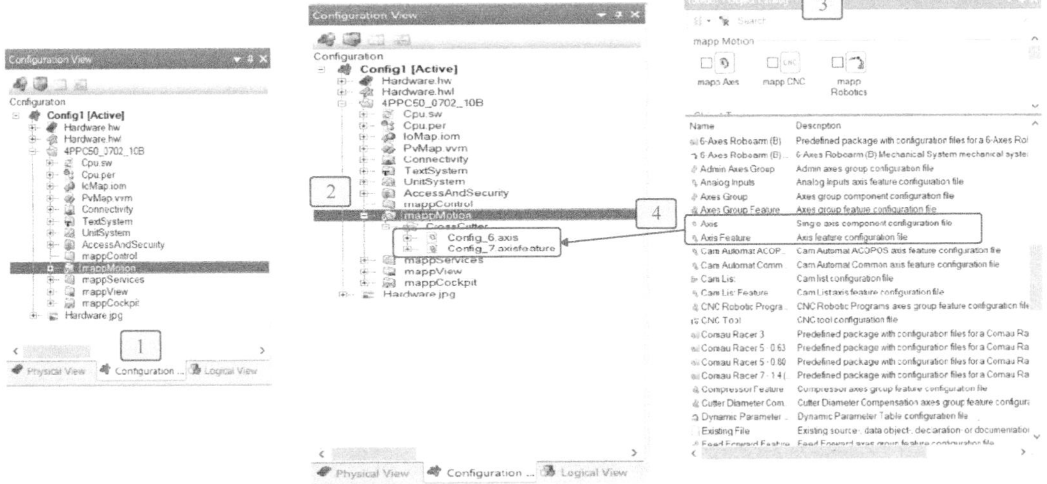

图 10-79　新建 mapp Motion 组件配置

第 11 章　仿真

在前几章中，分别介绍了在贝加莱 Automation Studio（AS）环境中进行软件开发所需要的编程基础、AS 常用操作说明、基础控制、运动控制、HMI、通信，以及项目模板等内容，软件开发结束之后，接下来就是仿真调试。仿真调试是贝加莱软件的特色功能，利用好这个功能可以有效地缩短项目时间，降低调试风险。本章将详细介绍如何在 AS 环境中进行仿真调试。

11.1 仿真的基本操作

在没有 PLC 实物的情况下，可以在仿真环境中，按照真实硬件创建配置。通过 PLC 仿真功能帮助工程师进行开发前期准备，实现以下测试任务。

1）可以编写逻辑程序，并进行部分测试（如果要验证全部逻辑程序，则还需要编写被控对象的逻辑程序进行配合）。

2）可以测试算法及库。

3）可以测试驱动动作。

4）可以测试界面。

5）对于开发周期比较长的项目，可以编写被控对象，那样就可以在没有 PLC 的情况下进行更多的测试。

11.1.1 如何仿真驱动

PLC 在仿真模式下时，驱动的仿真也会同时被打开，并不需要特别设置。编译好之后，需要传送程序。

11.1.2 如何仿真负载

仿真负载是个很有用的功能，其具体操作步骤如下。

1）双击对象轴，选择 complete 模式，如图 11-1 所示。

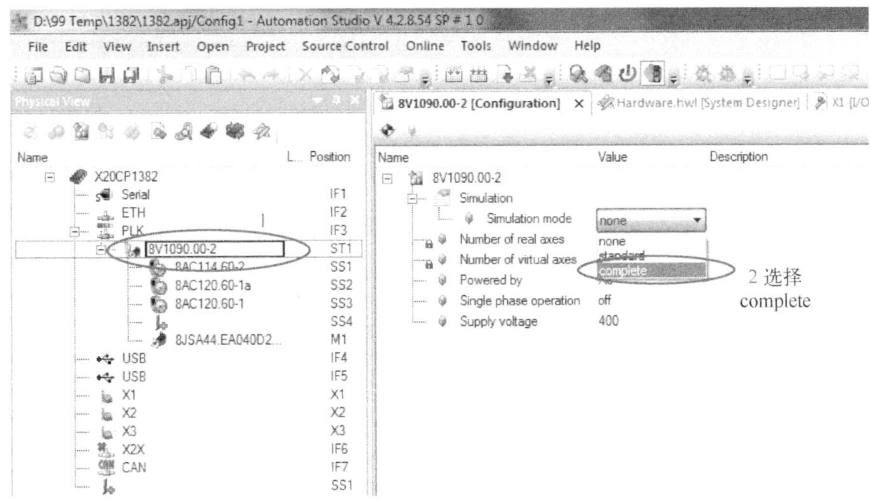

图 11-1　选择 complete 模式

2）设置负载模式及参数，如图 11-2 所示。其中，mass1 表示电机及负载连接刚性很强，可以看成一个整体；mass2 表示不能看成一个整体，此时需要输入连接刚性及阻尼。

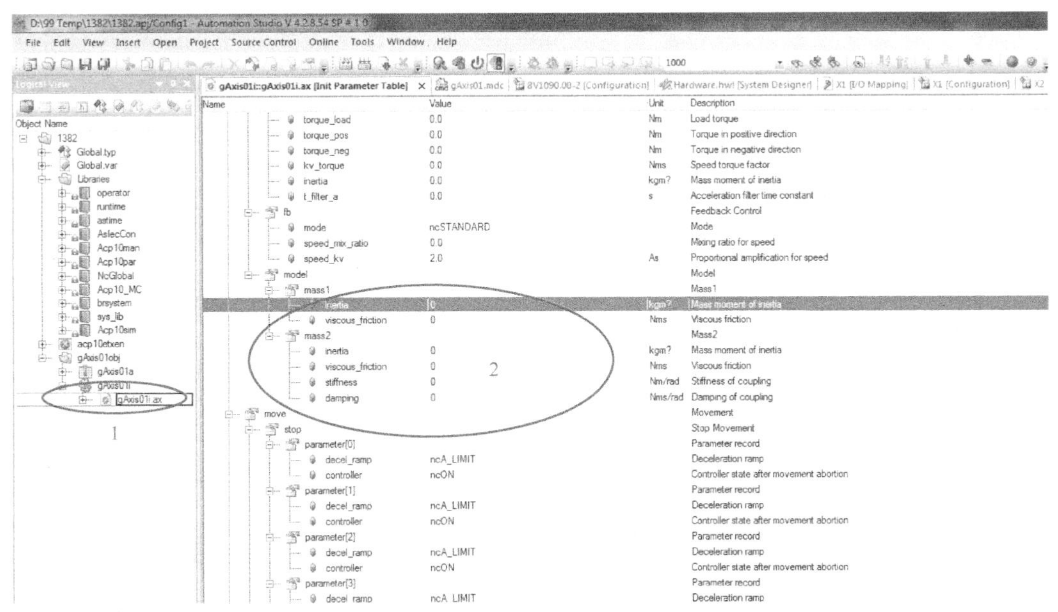

图 11-2　设置负载模式及参数

3）编译下载。

4）打开轴 Test 窗口测试，如图 11-3 所示。此时可以看到电机电流及跟踪误差，如图 11-4 所示。

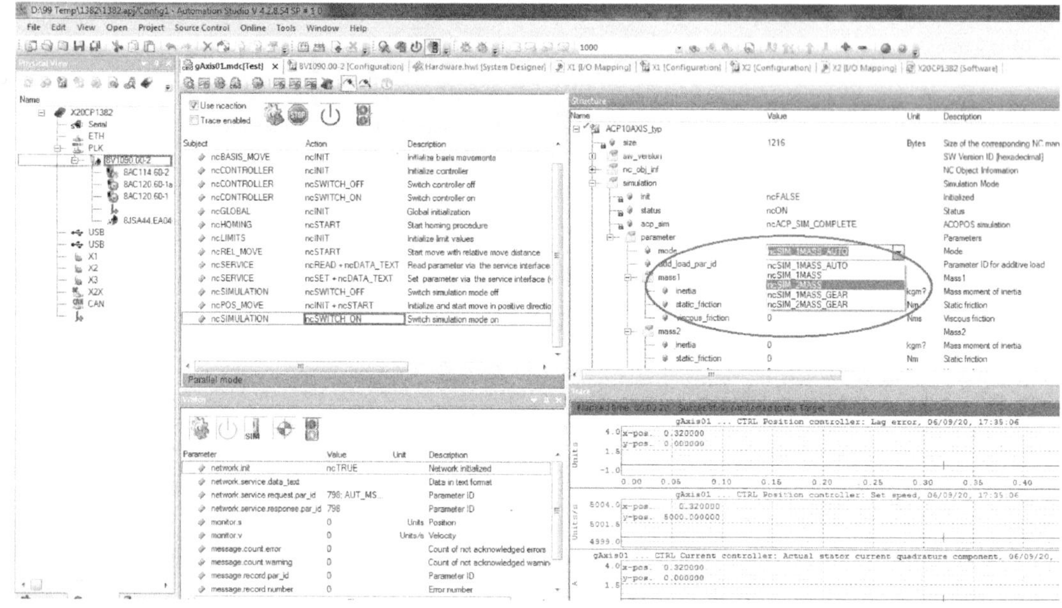

图 11-3　打开

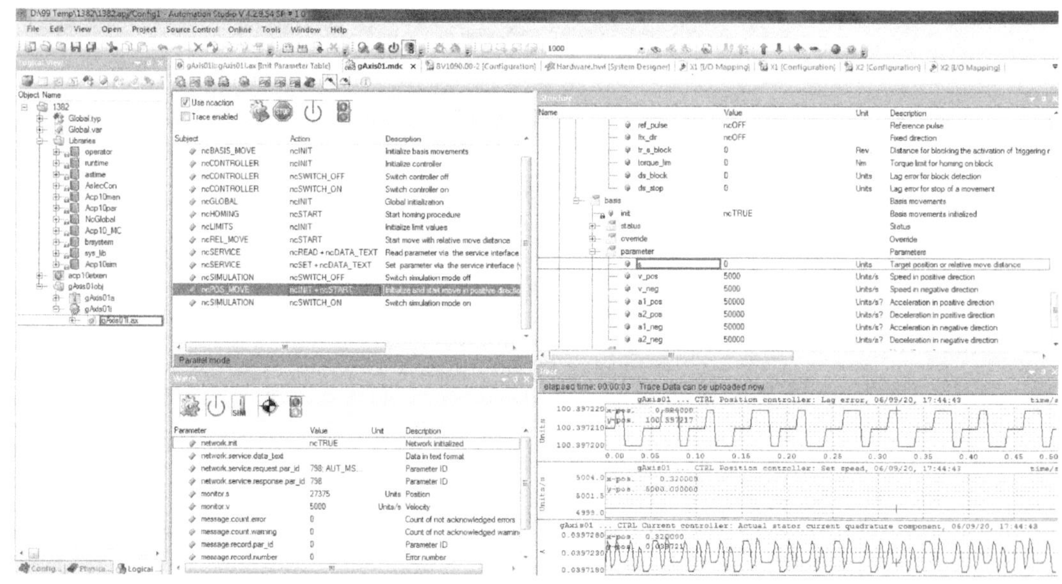

图 11-4　仿真运行结果

11.1.3　如何仿真温度

如果只是做粗略的温度仿真，可以使用两个 PT1 函数串联，PT1 函数可在 LoopContR 库中找到。如果做比较真实的温度仿真，可以使用 LoopContR 库中的 LCRSimModExt()函数，也可以使用 MTTemp 库中的 MTTempSimulationModel 函数，里面都包含加热及冷却的时间常数。

11.1.4　仿真器的时间比例功能

调节 time zoom（时间缩放）可以设置仿真器和现实时间的比例，对于一些响应比较缓慢的被控对象，例如温控，这种方式可以节省大量时间。具体操作步骤如图 11-5 所示。

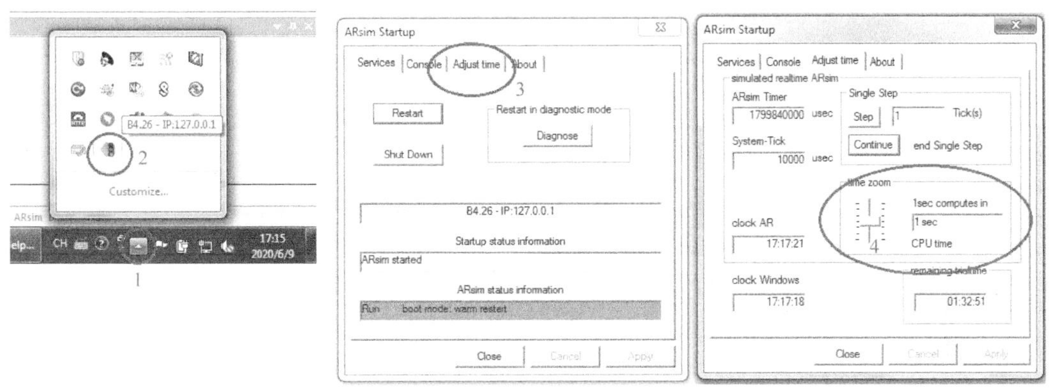

图 11-5　设置仿真器和现实时间的比例

11.1.5　仿真器出现问题如何解决

仿真器遇到问题无法连接时，可以尝试以下操作进行处理。

1）删除项目文件夹下的 Temp 文件夹，如图 11-6 所示。

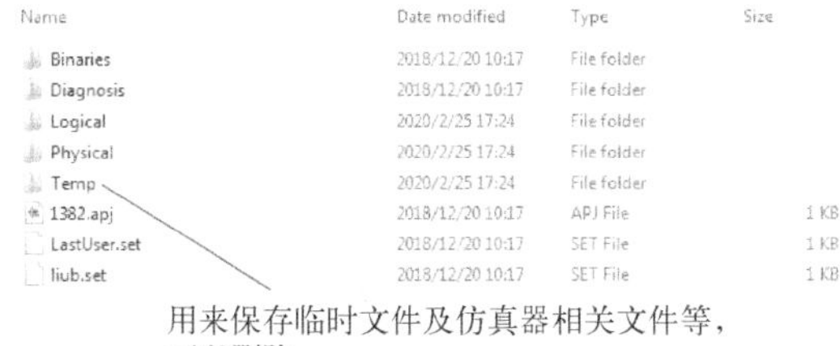

图 11-6　仿真器出现问题时可尝试删除 Temp

2）清理项目，如图 11-7 所示。

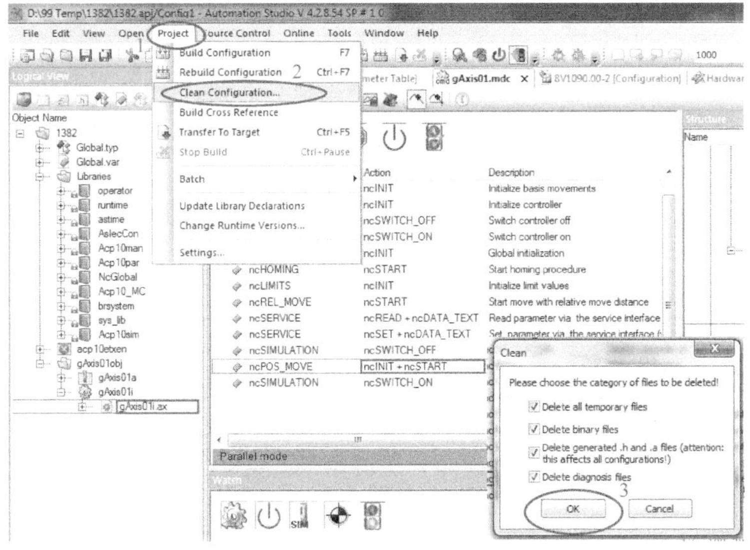

图 11-7　仿真器出现问题时可尝试清理项目

3）重新全编译。

11.2 仿真级别

在介绍仿真级别之前，首先给出两个定义：控制器和被控对象。控制器包括 HMI、PLC、I/O 和伺服驱动等，被控对象包括电动机、温度、气缸、阀门、按钮等，如图 11-8 所示。

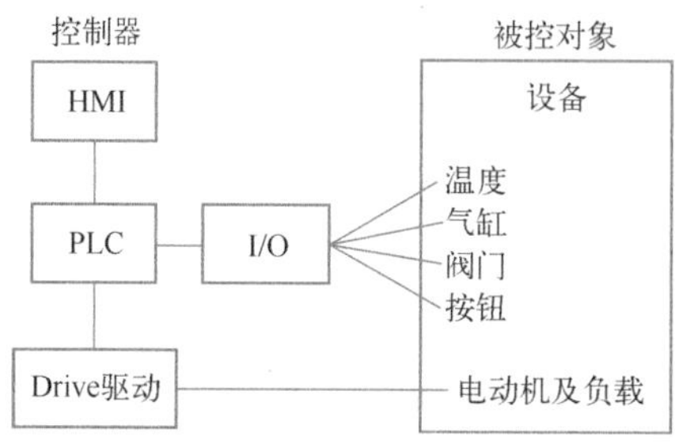

图 11-8 控制器和被控对象的划分

仿真级别可分为无被控对象的仿真、软件在环和硬件在环 3 个。无被控对象的仿真是指仅对控制器进行仿真，而不编写任何被控对象的代码；软件在环（Software in Loop，SiL）是指控制器和被控对象的代码均运行在 AS 中；硬件在环（HiL，Hardware in Loop）是指真实的控制器硬件加仿真被控对象的测试。用好这些仿真手段，可以让工程师尽可能在前期多测试出程序上的漏洞，让工程师在现场的调试时间变短，降低项目的风险。

11.2.1 简单项目/无批量项目

实际工作中经常会碰到这种情况：项目难度不是很大，调试时间通常较短，此时做详细的、带被控对象的仿真必要性不是很高，因此被控对象没有任何仿真程序。这种情况既不属于软件在环，也不属于硬件在环。

而对于界面、逻辑程序、运动控制，可以在 AS 中新建项目仿真，此时所有程序都运行在计算机中。界面可以通过 VNC 调试，逻辑程序部分可以通过 Watch（观察窗口）检查，运动控制部分可以通过 Watch 手动修改变量来测试。

综上，对于简单项目或无批量项目的仿真内容如表 11-1 所示。控制器全部运行在计算机上，被控对象没有任何代码。

表 11-1 对于简单或无批量项目的仿真内容

控制器/被控对象	测试手段
HMI 人机界面	通过 VNC，进行界面测试
PLC/(I/O)	通过修改 I/O，进行逻辑测试
驱动	通过 Watch 窗口手动修改变量，进行运动控制逻辑测试
温度	无
负载	
按钮	
…	

11.2.2　小批量项目

对于小批量项目（允许较长开发时间/局部难度较大的项目）的仿真内容如表 11-2 所示。这种情况下，可以对被控对象的局部编写仿真代码，具体仿真哪一部分取决于测试对象。例如温控比较难时，如果着重测试温度控制算法是否合适，那么就需要编写被控对象中的温度对象。如果温度被控对象写得比较准确，那么温度控制算法就测试得更充分；即使被控对象写得不够准确，也可以用来测试温度控制的代码逻辑是否正确、报警是否显示正确等。

这种情况可以划分为软件在环，因为已经写了被控对象的部分代码。被控对象的局部通过软件实现后，就可以针对这部分测试控制器和相关的代码，具体如下。

1）写被控对象外部 I/O 状态，来测试控制器开机逻辑。

2）写一些被控对象逻辑，来测试控制器的逻辑控制是否正确。

3）写准确的被控对象局部模型，来测试控制算法的控制效果。

表 11-2　对小批量项目的仿真内容

控制器/被控对象	测试或仿真手段
HMI 人机界面	通过 VNC，进行界面测试
PLC/IO	通过修改 I/O，进行逻辑测试
驱动	通过 Watch 窗口手动修改变量，进行运动控制逻辑测试
温度控制算法	通过与温度被控对象联调，进行控制算法测试
温度	简易仿真
负载	
按钮	
…	

如果只是仿真前两种情况，被控对象可以写得很简单。这里举两个例子，具体如下。

例 1 中被控对象是液压缸，其输入是流量（InputQ），输出是电子尺位置（OutputPosition），简单的实现方式代码如下。

```
创建一个仿真对象的任务：  SimuCylinder.c
//Input 部分
    InputQ = ***;
//计算部分
    OutputPosition = OutputPosition + InputQ*FactorK
//limit
    If（OutputPosition > 30000）OutputPosition = 30000;
    If（OutputPosition < -30000）OutputPosition = -30000;
//Output  部分
    *** = OutputPosition;
```

其中 FactorK 可以由程序设定，它是油缸面积的倒数，可以设一个比较小的数值，“***”表示从 Controller 获取的信号。

例 2 中被控对象是收放卷电动机，为了测试控制逻辑，编写了被控对象的一部分，图 11-9 所示为被控对象部分仿真 Trigger 信号的代码，实现了圈数累加。

被控对象部分仿真 Trigger 信号的代码如图 11-9 所示，界面通过 VNC 查看，I/O 可以通过图 11-10 所示的 Watch 窗口修改。这样在计算机中就可以测试与此相关的任务了，仿真部分写得越多，则可测部分也越多。

```
C Simulation::Main.c [Ansi C]  ×  Hardware.hwl [System Designer] | Winder::.pvm [Watch]
ProgramCyclic(void)
    RTInfo(&fRTInfo);
    cycT = fRTInfo.cycle_time/1000; /*ms*/

    regErrorFactor = 50;
    sideErrorFactor = 500;
}

void _CYCLIC ProgramCyclic(void)
{
    /*判断硬件是否仿真模式*/
    if(serialNumberCPU == 0)     gSimulation = 1;
    else                         gSimulation = 0;

    if(gRcpFix.nbPRU == 0)       return;
    /*****************************************************************/
    /************通用部分在此处理 非通用部分在各程序中处理************/
    /*****************************************************************/
    /*可见部分*/
    if(gSimulation == 1)     simulationInvisiable = 0;
    else                     simulationInvisiable = 1;

    /*nbImage and reg side error*/
    if(gSimulation == 1)
    {
        /*nbImages*/
        if(gActData.general.vSet >100000) nbImageContTime = (REAL)600000/gActData.general.vSet*1000;
        nbImageCont += cycT;
        if(nbImageCont > nbImageContTime)
        {
            nbImageCont = 0;
            for(pruIndex=0;pruIndex<gRcpFix.nbPRU;pruIndex++)
            {
                gActData.printUnit.regCtrl.nbImages[pruIndex]++;
            }
        }
```

图 11-9 被控对象部分仿真 Trigger 信号的代码

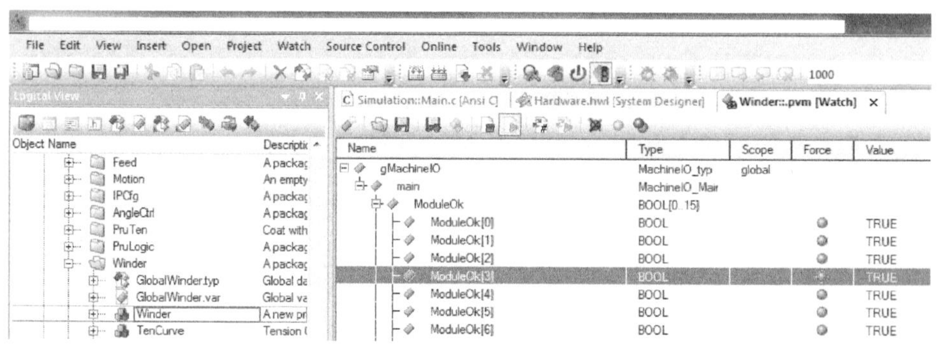

图 11-10 通过 Watch 窗口修改 I/O

11.2.3 大批量项目

对于大批量项目（允许较长开发时间/局部难度较大/设备昂贵的项目）的仿真内容如表 11-3 所示。由于设备批量大，任何小错误都可能造成批量问题。此时程序修改需要很小心，最好可以进行带被控对象的全面测试，或者为了提高控制效果，也需要写比较精准的被控对象模型。如开发注塑机时，会对所有输入/输出都进行仿真；开发港口机械时，由于单机价格很高，也会对所有输入输出都进行仿真。

这种带被控对象的全面测试通常需要做到硬件在环的程度，具体可以有以下两种实现方式。

1）控制器和被控对象均用实际硬件，两者通过硬接线连接。

2）也可以把控制器和被控对象都运行在一个硬件中，免除硬接线，也不需要 I/O。因为被控对象和控制器通过程序变量连接，测试成本低一些。

表 11-3 对大批量项目的仿真内容

控制器/被控对象	测试或仿真手段
HMI 人机界面	通过 VNC，进行界面测试
PLC/(I/O)	通过修改 I/O，进行逻辑测试
驱动	通过 Watch 窗口手动修改变量，进行运动控制逻辑测试
温度控制算法	通过与温度被控对象联调，进行控制算法测试
温度	详细仿真
负载	详细仿真
按钮	详细仿真
…	

11.3 与第三方软件仿真互联

高灵活性开发组件的互通互联是仿真的基石，同时也是贝加莱解决方案的优势。贝加莱的软件平台 AS 内置了一系列的软件工具，可以连接和控制所有贝加莱的软硬件产品。同时，也无缝对接了一些常用的外部仿真软件，如 MATLAB/Simulink、industrialPhysics 和 MAPLESim 等。

11.3.1 MATLAB/Simulink

MATLAB（MATrix LABoratory）是一种编程语言，该语言主要用于基于矩阵的数学计算。MATLAB 同名软件则提供了强大的数学运算及仿真平台。MATLAB 软件中的 Simulink 部分即仿真平台，如图 11-11 所示，包含了各种扩展功能的仿真工具箱。

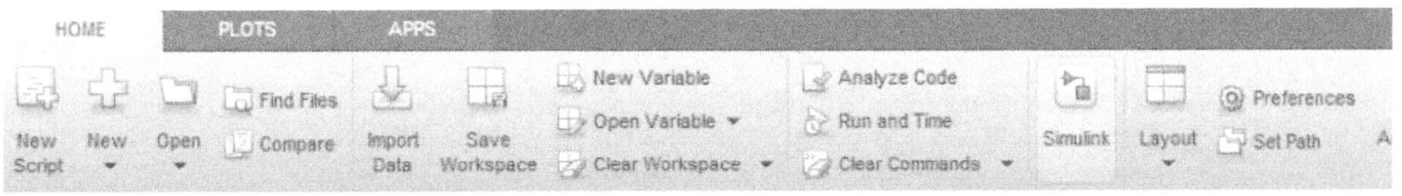

图 11-11 从 MATLAB 工具栏打开 Simulink

Simulink 是图形化编程的平台，为多领域仿真和通过 MATLAB 实现基于模型开发提供了基础，Simulink 开始页如图 11-12 所示。Simulink 支持系统级设计和仿真，并能够自动生成代码，以及对嵌入式系统进行连续测试和验证。此外，Simulink 中可以使用现有的和自定义的 MATLAB 算法，并且可以在 MATLAB 中分析和处理仿真结果。

Simulink 由工具箱系统组成，包括图形编辑器、自定义模块库和用于对动态系统进行建模和仿真的求解器。贝加莱的 AS 与 Simulink 的无缝互联，就是通过工具箱 AS Target for

Simulink 实现的。此工具箱是贝加莱与 MATLAB 官方合作开发的定制工具箱，其模块已添加到 Simulink 库中。如需更多 Simulink 信息，请参见 Simulink-Getting Started（https://mathworks.com/products/simulink.html）。

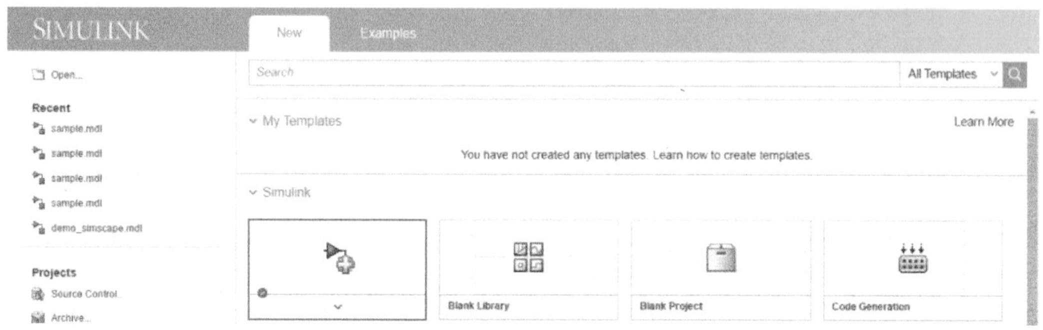

图 11-12　Simulink 开始页

AS Target for Simulink 是 MATLAB/Simulink 与 AS 之间的接口，安装 AS Target for Simulink 会将贝加莱库添加到 Simulink 库，如图 11-13 所示。它提供的模块可以连接到 AS 并无缝集成所生成的程序代码。AS Target for Simulink 支持创建变量、常量、一维和多维数组和结构，除了特定于贝加莱的模块之外，AS Target for Simulink 还支持 Simulink 的所有标准输入/输出模块。

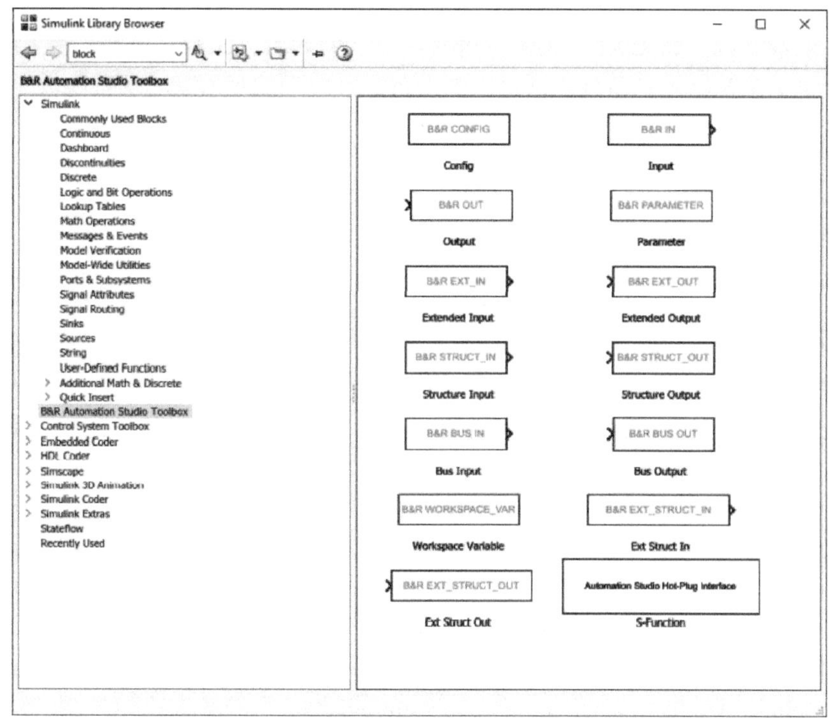

图 11-13　Simulink 工具箱与 AS Target for Simulink 库

AS Target for Simulink 模块适用于以下情况。

1）配置 AS 连接以及选择编程语言。

2）在 AS 中创建一个过程变量，该过程变量可以链接到输入或输出。

3）在 AS 中创建一个过程变量，以使内部参数在外部可见。

4）使在 MATLAB/Simulink 中创建的变量可以在 Simulink 模型中使用，并在 AS 项目中作为过程变量生成。

5）在 AS 中创建过程变量，以使 Simulink 变量适应硬件输入和输出。

6）允许在 Simulink 模型中使用现有 AS 结构体的单个数据类型，从指定的 typ 格式文件读取结构。

7）使得在 Simulink 模型中使用现有的整个 AS 结构体，从指定的 typ 格式文件读取结构。输入/输出模块代表了一个 Simulink 总线类型，*.typ 文件可以用来对总线信号的赋值进行初始化。

8）根据 Simulink 总线变量以及结体构类型的相应过程变量，在 AS 中生成相应结构的 typ 格式文件。

利用 AS Target for Simulink，从 MATLAB/Simulink 到 AS 的代码自动生成，只需以下 5 个步骤。

1）创建 Simulink 模型。

2）将贝加莱配置模块添加到 Simulink 模型。

3）创建一个 AS 项目。

4）配置用于 Simulink 的 AS Target 参数。

5）开始自动生成代码。

在 Simulink 中创建的模型会通过 Simulink Coder 或 Embedded Coder（可选）自动转换为 C/C++编程语言。用于 Simulink 的 AS Target 界面会自动调整并与 AS 集成，然后可以将项目下载到目标系统。最终，目标系统不仅可以与 AS 通信，而且还可以与 Simulink 中的模型通信，如图 11-14 所示。这样就可以将复杂的 Simulink 模型方便地传输到目标系统。

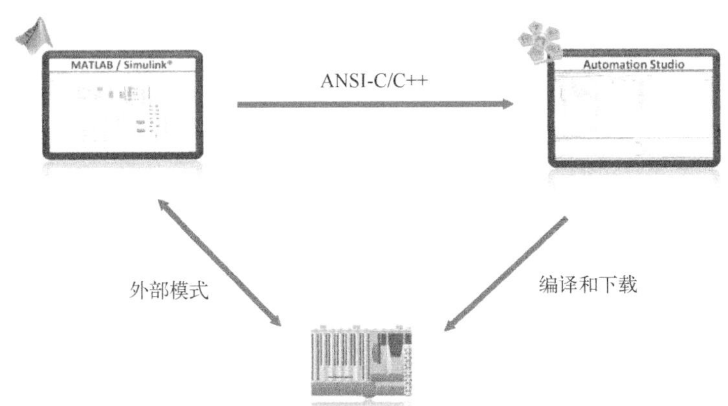

图 11-14 用于 Simulink 的 AS Target 的工作流程

综上，使用 AS Target for Simulink，可轻松转换现有 Simulink 模型，并确保将生成的程序代码无缝集成到现有的 AS 项目中，从而扩展了 AS 的仿真功能。

如需了解更多 AS Target for Simulink 的相关信息，请参阅 https://www.br-automation.com/en-gb/academy/classroom-training/training-modules/modeling-and-simulation/ TM293 - Automation Studio Target for Simulink。

11.3.2 industrialPhysics

industrialPhysics 是市场上主流的过程仿真软件之一。将 CAD 数据导入 industrialPhysics，即可创建设备的数字孪生模型，然后通过在 industrialPhysics 中创建通信任务，即可将现有的 AS 项目连接到该模型上。通过这种端到端的仿真实现，AS 无须任何硬件即可实现应用程序的配置和测试。

图 11-15 所示为 industrialPhysics 的用户界面，其中包含以下区域。

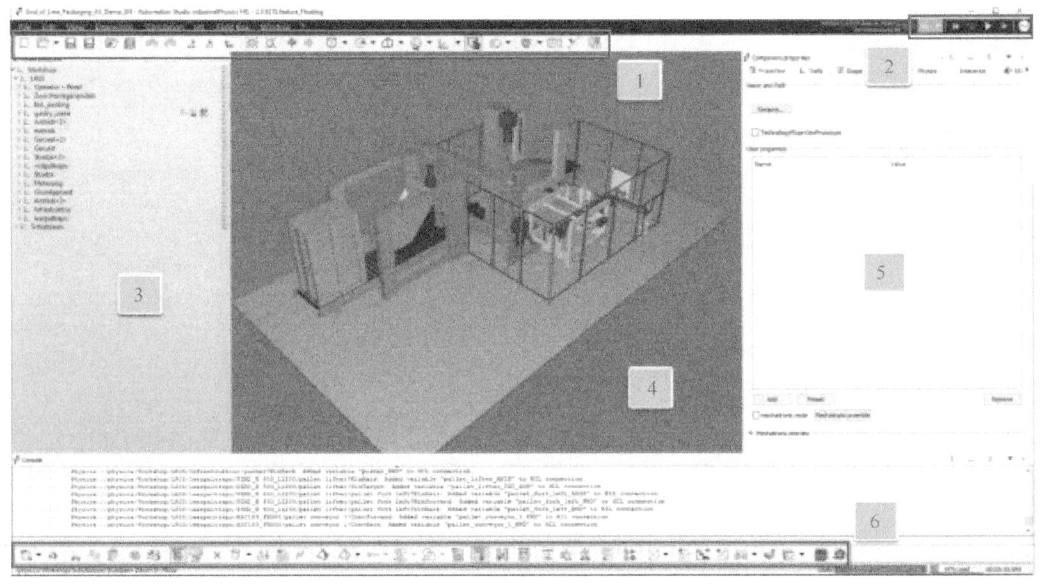

图 11-15 industrialPhysics 的用户界面

1）文件工具栏（File Toolbar）& 3D 工具栏（3D Toolbar）：在区域 1 左半部分的文件工具栏对文件进行创建、打开、保存、导入、导出等操作。在右侧的 3D 工具栏中，则可实现模型或组件放缩、视图编辑切换、照明阴影管理、距离及角度测量等操作。

2）仿真工具栏（Simulation Toolbar）：此工具栏包含操作仿真的启动、暂停、录制、播放等功能的按键。

3）组件树（Component Tree）：组件树中显示所导入文件包含的模型拆分得到的所有组件列表，以便后续的单独组件设置、关联变量等操作。

4）模型视图（Model View）：显示所导入设备的整体模型视图。启动仿真后，即可在此处观察设备的仿真运行动态效果。

5）属性窗口（Properties Window）：可以修改模型中所有组件属性，如关联变量、设置运动范围。

6）结构工具栏（Structure Toolbar）& 组件工具栏（Component Toolbar）：在区域 6 左半部分的结构工具栏中，可以进行元素的添加、复制、剪切等操作，以及对模型、轴、轨道等管理。在右侧的组件工具栏中可对各组件进行属性更改、碰撞检测等一系列操作。

AS 和 industrialPhysics 是通过在 industrialPhysics 中生成的通信任务连接的，可以通过 HiL 向导，即菜单选项 HiL→Start wizard 来完成。首先给连接定义一个唯一的名称，同时输入 PLC 的 IP 地址，如图 11-16 所示。对于 ARsim，IP 地址为 127.0.0.1，可以使用任何端口，文件夹将在指定的目录生成。

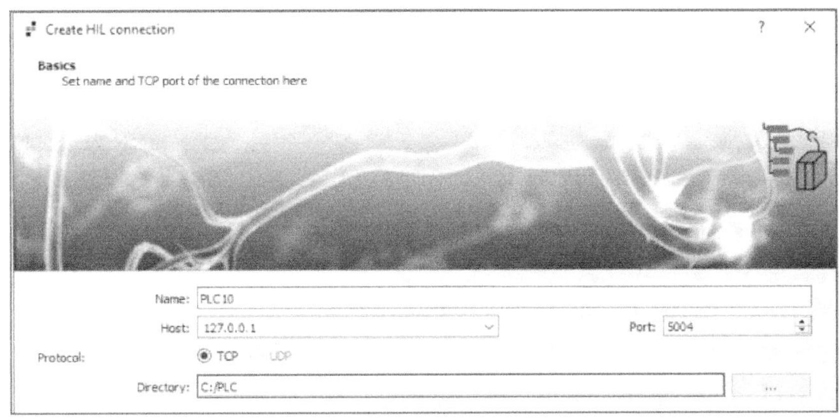

图 11-16 通过 HiL 向导连接 industrialPhysics 和 AS

之后，将 industrialPhysics 中生成的文件夹导入到 AS 中。在文件夹 Libraries 中创建文件夹 MNG，该文件夹包含一个任务和一个库，如图 11-17 所示。任务 MNG_Prg 应该在 10ms 的周期内执行，并且库必须添加到项目中。

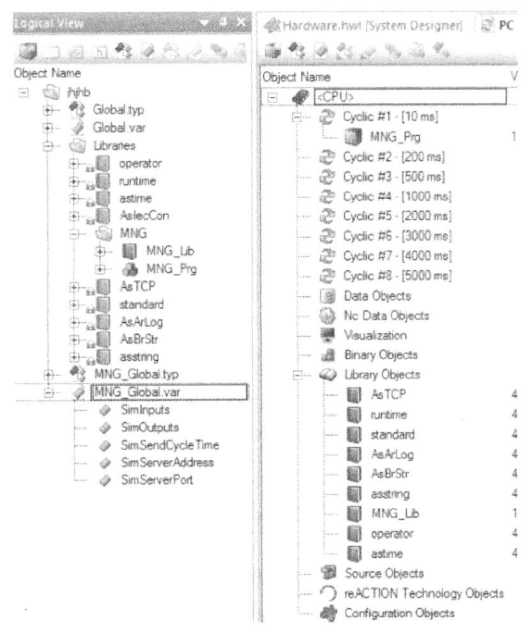

图 11-17 在 Automation Studio 中添加库

图 11-17 所示的全局结构体 SimInputs 和 SimOutputs 是通信变量。如果通信包在控制器中运行，可以在 industrialPhysics 的 ComTCPView 下（按〈Alt+Shift+T〉组合键或通过 HiL→ComTcpView 命令）查看节点状态，如图 11-18 所示。

综上，为了连接 AS 与 industrialPhysics，以使用 AS 控制 industrialPhysics 组件，需通过以下步骤。

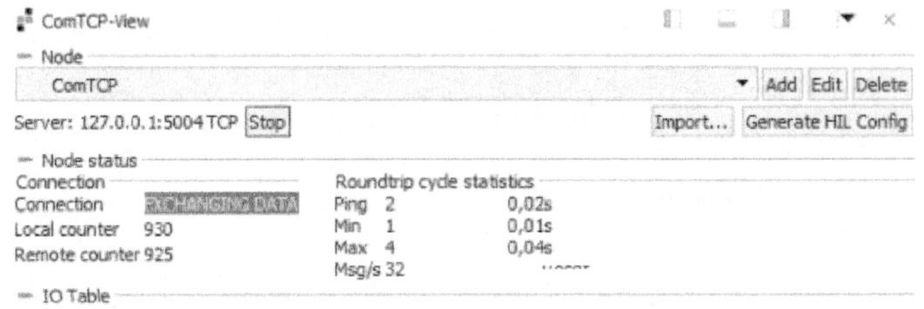

图 11-18　在 ComTcp-View 中查看节点状态

1）在 HiL→Start Wizard 下打开 HiL 向导。

2）选择目标平台为“BuR Automation Studio 4”。

3）配置“ComTCP”的基本设置。

4）选择所需的输入和输出。

5）创建通信包（Communication Package）。

6）在 AS Project 中导入创建的 ZIP 文件。

7）在 Project 中添加库文件 MNG（10ms 任务）。

设备仿真和虚拟调试是 industrialPhysics 基本的、也是重要的组成部分，它易于导入 CAD 数据，并与 AS 建立快捷连接，故可在数字孪生模型上高效地测试应用程序，为 AS 进行设备仿真提供了可能。如需了解更多信息，请参阅 https://www.br-automation.com/en-gb/academy/classroom-training/training-modules/modeling-and-simulation/ TM294 - Virtual commissioning with industrialPhysics。

11.3.3　MapleSim

MapleSim 也是主流的设备及器件仿真软件之一。在 MapleSim 中，位置、速度、力等物理量均可精确地建模计算。MapleSim 与贝加莱 Automation Studio 联合，更方便实现与硬件组件的联合仿真。MapleSim 适用于以下多种应用场景。

1）在安全环境中的过程优化：驱动选型、控制算法开发等。

2）原型机快速测试：快速生成不同的系统变量，如机械几何尺寸等。

3）判定系统负载限值：如最大过载时间。

4）预测性维护：运行数字孪生以发现早期故障或磨损。

5）简化跨领域交流：使用可视化效果，可以快速将系统建模效果清晰化。

如图 11-19 所示，在 MapleSim 中，无需输入公式即可通过模块搭建的方式进行建模。

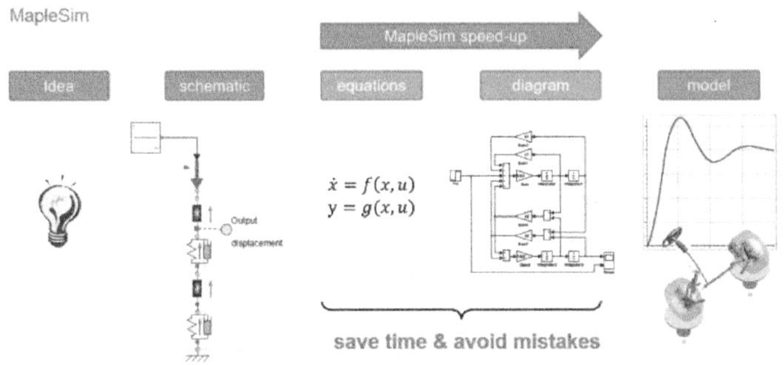

图 11-19　MapleSim 工作流程

如图 11-20 所示，MapleSim 包含以下主要功能块。

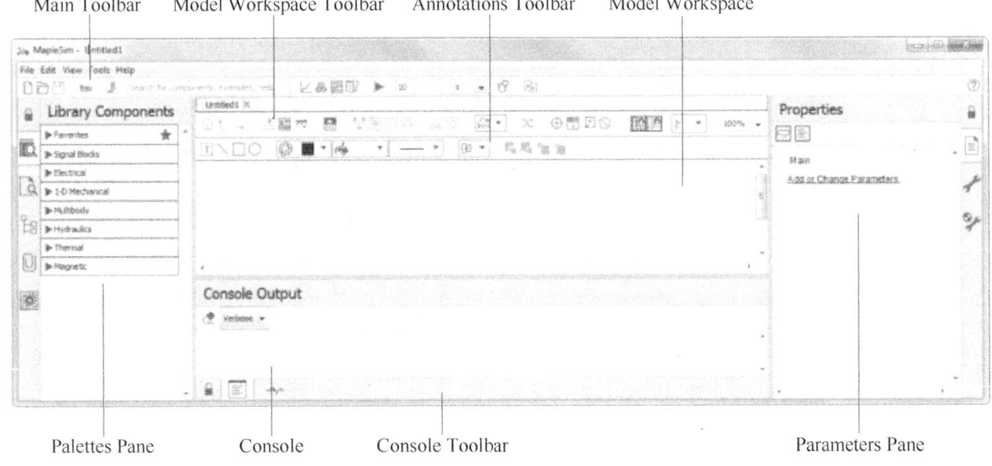

图 11-20 MapleSim 用户主界面

1）主工具栏（Main Toolbar）：包含运行仿真、结果可视化、搜索帮助等功能。

2）建模空间工具栏（Model Workspace Toolbar）：可分层浏览模型及其子系统，改变模型视图，浏览相应代码、组件，及加装传感器测点等。

3）注释工具栏（Annotations Toolbar）。

4）建模工作空间（Model Workspace）：以模块形式在此空间搭建模型。

5）用户面板（Palettes Pane）：包含多个可扩展菜单，用于建模及管理 MapleSim 项目。

6）控制台（Console）：展示仿真过程中的状态及建模调试过程中的诊断信息。

7）控制台工具栏（Console Toolbar）：选择信息类型。

8）参数面板（Parameters Pane）：包含模型组件属性信息的查看与更改、仿真选型设置、多体部件的可视化选项等功能。

为了在 AS 中使用 MapleSim 搭建的仿真模型，首先需要将 MapleSim 模型转换生成 FMU（Functional Mock-Up Unit，功能模型单元）库，步骤如下。

1）从模型中创建子系统。

2）安装并定义机械驱动。

3）指定求解器，如固定步长求解器，采样率 400μs。

4）将模型导出为 FMU 库。

其中需要使用贝加莱 Automation Studio FMU Generation 工具进行模型的导出，如图 11-21 所示。

在导出界面中，有一些参数的设置十分重要，具体如下。

1）求解器。推荐使用 RK4 求解器，并将 PLC 中执行该任务的周期时间输入到对应的参数框。

2）在可视化选项中，勾选导出模型的几何结构。

在生成 FMU 库后，需要在工具箱目录中载入 FMU 库，如图 11-22 所示，并将该任务分配到对应的周期（求解器中已设置参数）下。

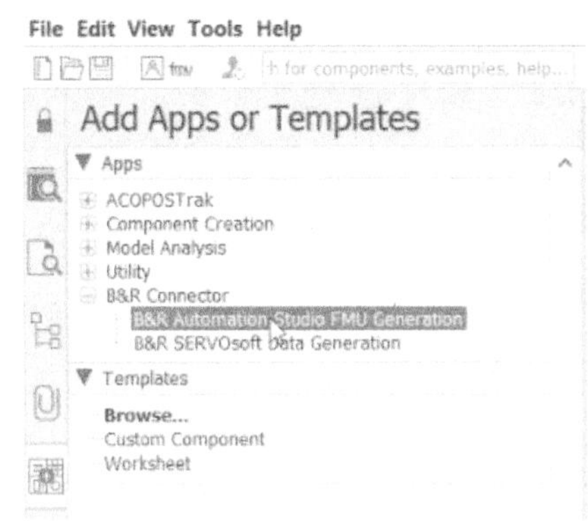

图 11-21 打开贝加莱 AS FMU Generation

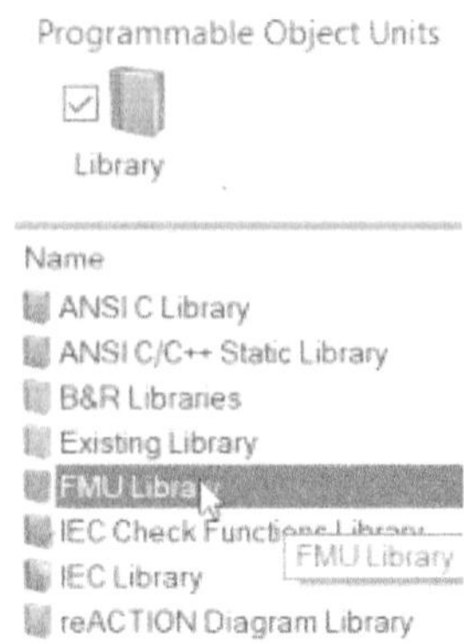

图 11-22 在 AS 中加载 FMU 库

现在，就可以在贝加莱的 Scene Viewer 中运行仿真模型了，双击 Physical View 视窗中的 Pendel.scn 文件即可打开模型，打开后的仿真界面如图 11-23 所示。

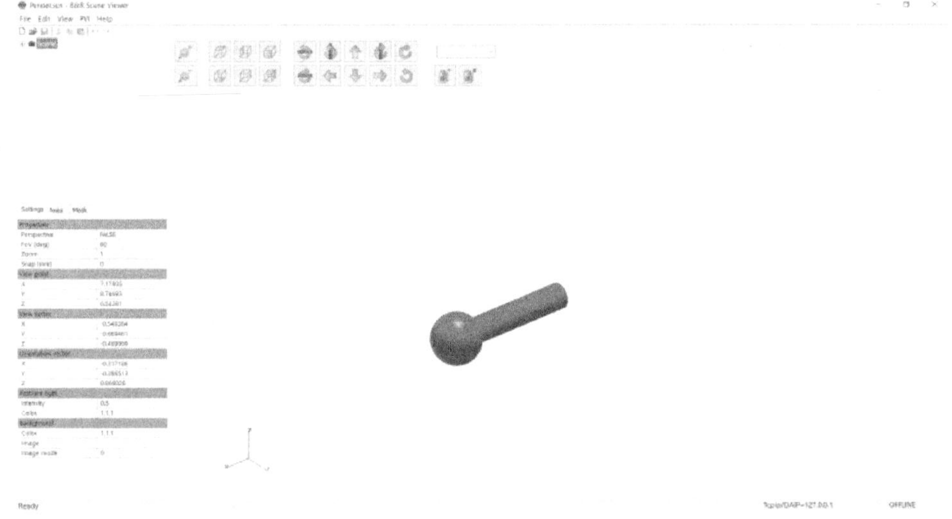

图 11-23 在贝加莱的 Scene Viewer 中运行仿真模型

MapleSim 作为强大的设备级仿真软件，可以迅速方便地对大型、复杂的系统进行建模。而 MapleSim 模型通过 FMU 工具箱转换后，即可导入到贝加莱 AS 软件中进行仿真，从而在贝加莱 Scene Viewer 中进行可视化及验证，由此完成整个仿真链条的实现。

如需了解更多信息，请参阅 https://www.br-automation.com/en-gb/academy/classroom-training/training-modules/modeling-and-simulation/ TM292 - MapleSim and Functional Mock-up Interface (FMI)。

附录

表 A-1 列举出 AS 中常用的 124 个库（共 11 个大类），及其相应的库说明。

表 A-1　AS 中常用的 124 个库

库的类别	库/功能块的名称	描述
IEC Check	IEC Check	该库实现了除法、模运算符、范围冲突、数组访问以及对内存位置执行的读/写操作的检查功能，用户可以使用动态变量来确定当被 0 除、超出范围错误或发生非法内存访问时会发生什么
IEC 61131-3	OPERATOR	该库提供了算术功能、比较功能、赋值和限制函数、位移位与逻辑函数、变量地址和大小函数
	STANDARD	该库提供了设置/重置和评估边缘、信号量处理、定时器功能块、计数器功能块、字符串处理函数
	AsIecCon	该库包含用于 IEC 61131-3 转换功能的功能接口
配置、获取系统信息，Runtime 操作系统相关	ArCert	该库提供了将证书和证书吊销列表（CRL）导入证书存储区以及从证书存储区导出和删除证书和 CRL 的功能块
	ArEco	该库用于将不需要永久运行的控制器（例如加热控制系统）可以切换到睡眠模式，以节省能源
	ArEthBond	该库用于读取一对绑定以太网设备（也称为 bond）的配置、状态和统计数据
	ArEventLog	该库用于收集其他错误信息，以便进一步处理。这使得用户能够更快地发现和纠正错误
	ArFirewall	该库包含用于配置防火墙的功能块
	ArIscEvent	该库提供用于处理事件的功能块。事件可用于同步自动化运行时和 GPO 对共享内存分区的访问（另请参见库 ARICSHM）
	ArIscShm	该库提供打开和关闭共享内存分区的功能块
	ArPnIm	该库包含用于读取和设置 PROFINET 标识、I&M 和资产数据的功能块。还包含支持用户创建资产数据的辅助功能块
	ArProject	该库提供用于读取项目信息和从项目安装包安装项目的功能块
	ArSrm	该库可用于读取和写入 SiteManager 参数。这样就可以根据应用程序调整 SiteManager（主）配置
	ArSsl	该库提供用于创建、编辑和删除 SSL 配置项的功能块，它还可以读取现有 SSL 配置的列表以及有关 SSL 配置的详细信息。此外，还提供了一个功能块来打开和关闭 SSL 对象。为了建立安全的 SSL 连接，需要 SSL 配置
	ArTextSys	该库提供用于访问使用 Automation Studio 文本系统创建的可本地化文本和语言的函数
	ArUnitConv	该库将值从一个单位转换为另一个单位
	ArUnitText	该库从文本系统中检索由单元 ID 和单元名称空间标识的单元特定文本。返回标准单位的符号、名称和说明
	ArUser	该库用于读取和写入系统中的用户和角色。有关用户和角色概念的详细信息，请参见用户角色系统部分
	AsARCfg	该库用于读取和写入自动化运行时的配置设置
	AsArLog	该库用于收集额外的错误信息，以便进一步处理。这使得用户能够更快地发现和纠正错误

（续）

库的类别	库/功能块的名称	描述
配置、获取系统信息，Runtime 操作系统相关	AsArProf	该库用于从应用程序操作 AR 探查器
	AsArSdm	该库提供用于访问系统诊断管理器（SDM）的功能块
	AsBrStr	该库包含用于内存和字符串处理的功能块
	AsBrWStr	该库允许实现 8 位字符串来代替 16 位 WC 字符串
	AsFifo	该库包含用于操作 FIFO 缓冲区的功能块和函数
	AsFltGen	该库包含使用平面流模式简化到 X2X 模块的数据传输的功能块
	AsGuard	该库允许部分软件受许可证保护，循环检查系统上的许可证寄存器（在运行时）。如果发生许可冲突，自动化运行时将根据配置的安全级别进行响应。此外，guardCheckLicense()函数块可用于在运行时检查许可证的有效性。其他功能包括操作时间计数器和在 B&R 加密狗上存储客户数据（最大 241 字节）
	AsHost	该库解析 IP 地址和域名
	AsHW	该库读取有关各目标系统的信息
	AsMem	该库用于管理位于大内存区域（内存分区）中的内存块
	AsPciStr	与 AsString 库一样，AsPciStr 库包含用于内存和字符串处理的函数。这个库的特殊之处在于：各个函数中的内存不能分块访问。相反，每次长时间访问后都会有短暂的暂停。当访问与其他资源共享同一总线（PCI）的内存时，这是必需的
	AsRed	该库为用户提供控制器冗余区域的状态信息和各种操作的可能性。可以查询两个冗余控制器的当前状态、触发冗余切换或应用程序同步
	AsSem	该库提供了使用信号量的函数
	AsTime	该库支持目标系统上的日期/时间功能
	AsUPS	该库包含用于与 UPS（不间断电源）通信的功能块
	AsWeigh	该库包括用于使用弦式传感器的模块（例如 AI261）
	AsWstr	该库允许为 16 位 WC（AsWStr）字符串实现 8 位字符串
	BRSystem	该库提供了许多系统功能，例如处理永久存储器、访问异常信息、切换周期时间监控开/关等
	Logging	该库提供了允许从应用程序使用探查器的必要函数
	Spooler	该库的功能是实现任何大小的数据和 B&R 模块都可以从主 CPU 传输到智能外围模块（以下称为 IP 模块），反之亦然。这样，在不限制 IP 模块的 DPR 数据区域的情况下，可以在 IP 模块和主 CPU 之间进行数据交换
	SYS_Lib	该库包含内存管理和系统操作以及特定于硬件的功能
运动控制 ACP10 版本	ACP10_MC	该库包含在 PLCopen-技术委员会 2-工作组“运动控制功能块 V1.1”和“运动控制功能块：第 2 部分-扩展 V0.99F”中指定的 ACOPOS 驱动器的运动功能块
通信	ArAutoId	该库扩展了 B&R OPC UA 客户端，以支持 AutoID 设备的操作
	ArCan	该库可用于发送和接收 CAN 消息。CAN 2.0A 协议（11 位 ID）和 CAN 2.0B 协议（29 位 ID）可以在一个接口上并行操作
	AsANSL	该库可以使用 ANSL（自动化网络服务链接）通信服务在客户端和服务器之间交换数据（过程变量）
	AsCANopen	该库提供了集成 CANopen 服务的函数
	AsEPL	该库使在用户任务中使用 POWERLINK V2 函数和连接第三方设备成为可能，而不需要额外的驱动程序
	AsETH	该库包含用来评估统计数据和以太网转换函数的功能块。
	AsEthIP	该库用于 CIP 以太网/IP 的通信驱动程序
	AsHart	该库用于将 HART 命令路由到 HART 调制解调器，并使现场 HART 设备的响应对用户可用
	AsHttp	该库提供了快速、轻松地设置 Web 服务以及请求 Web 资源（例如文件、Web 服务等）的功能块
	AsIcmp	该库的功能块实现 Ping 功能

（续）

库的类别	库/功能块的名称	描述
通信	AsKey	该库的功能块用于查询软件狗
	AsL2DP	该库的功能块用于操作 PROFIBUS DP 从站模块
	AsMbTCP	该库用于和一个可配置的 Modbus 设备通信
	AsMbTCPS	该库用于和一个可配置的 Modbus TCP 从站的内存区域进行读写操作
	AsNetX	该库包含用于 netX 模块的 I/O 访问的功能块
	AsNxXXXX	该库包含使用 netX 相关通信的功能块
	AsOpcUac	该库的功能块用于从 B&R PLC 系统上的 OPC UA 客户端与 B&R PLC 系统上的 OPC UA 服务器以及其他平台（如 Windows、Linux 等）上的 OPC UA 服务器交换过程数据
	AsOpcUas	该库的功能块用于调用 B&R PLC 系统上的 OPC UA 服务器
	AsPPP	该库的功能块用于启动和停止 PPP 的设备
	AsPROFIBUS	该库提供集成 PROFIBUS 服务的功能
	AsSLIP	该库的功能块用于启动和停止 SLIP 设备
	AsSmtp	该库包括的功能块用于通过 SMTP 服务器发送邮件
	AsSnmp	该库用于发送和接受 SNMP 包
	AsTCP	该库包含通过 TCP 交换数据（数据流）的功能块
	AsUDP	该库包含通过 UDP 交换数据（数据流）的功能块
	AsUSB	该库包含从应用程序访问 USB 设备的功能块
	DRV_mbus	该库用于 Modbus 通信，针对 Modbus 从站仅支持 RTU 模式
	DVFrame	该库用于串口（e.g. RS232, RS485）的自由口编程
	PROFIBUS	该库用于从 PROFIBUS 站读取数据或将数据发送到 PROFIBUS 站
	Powerlnk	该库用于管理 POWERLINK 接口
直接 I/O 访问	AsIOLink	该库的功能块允许用户在 I/O-Link 设备上执行特定的操作
	AsIOMMan	该库的功能块用于启用和禁用配置或映射模块（以下称为 CM 模块）的功能
	AsIOTime	该库用于根据 I/O 系统时间生成时间戳
	AsIOVib	该库的功能块用于允许访问振动分析模块的额外模块数据
	AsSGCIO	该库的功能块用于操作 SGC 控制器的 I/O
	IO_Lib	该库允许用户直接访问模块 I/O 点，检查 I/O 总线上模块的存在，禁用对 I/O 模块的访问，或者创建 I/O 总线上所有模块的列表
reAction 技术	AsRTcont	该库的功能块用于控制 reACTION I/O 模块
	AsIORTI	该库的功能块用于 reACTION 功能块的设计
多媒体	AsSound	该库用于以音频文件的形式播放声源，它还提供了调整音量的功能
map Service	map AlarmX	该库用于收集和管理 mapp 报警和用户报警。报警使用 Automation Studio 进行配置，在应用程序中进行管理，然后在 HMI 应用程序中显示或导出为文件
	map Recipe	该库提供了简单而高速的配方管理所需的所有功能。这包括读取和写入以及与 VC4 的连接。该组件与所有其他 mapp 组件兼容，因此充当集中配方管理系统，整合整个机器基础设施中的参数
	map Audit	该库用于记录不同的事件。这些事件可能来自 HMI 应用程序、MpUserX 或用户定义的。用户可以确定文件中事件存储的格式
	map Data	该库用于备份已定义过程变量（PV）的值。此数据存储在 CSV 文件中
	mapp UserX	该库用于用户管理。使用 Automation Studio 中的用户角色系统（包括 OPC UA compliance）创建角色和用户，然后使用 MpUserX 进行管理。这包括访问权限、用户数据、密码定义（字母、数字、大写/小写等）、登录/注销和连接 HMI 应用程序
	mapp IO	该库用于在运行时修改硬件配置

（续）

库的类别	库/功能块的名称	描述
map Service	mapp Report	该库用于创建可导出到数据存储设备的报告
	mapp Backup	该库用于可以将目标系统的备份文件存储在数据存储设备（如 USB 闪存驱动器）上，或安装现有备份程序。还可以使用 mapp Backup 安装更新程序
	mapp Database	该库用于建立与数据库的连接，可用于检索、更新和删除信息等
	mapp Skyline	该库与小部件 Skyline 结合使用。使用此组件，可以在 HMI 应用程序中直观地表示机器生产线
	mapp Sequence	该库提供了机器流程的管理功能
	mapp CodeBox	该库用于在运行时在机器上创建和执行程序。程序是使用 mapp View HMI 应用程序中的小部件创建的，该应用程序允许对梯形图进行编程
	mapp AssetInt	该库用于收集机器的统计数据，并可将其显示在表格中或通过 HMI 应用程序可视化
	mapp File	该库提供文件管理系统以及用于与 HMI 应用程序的连接，以显示文件
	mapp Tweet	该库是一个消息系统，可以以文本消息的形式发送和接收数据
	mapp J1939	该库遵循 SAE J1939 网络协议。SAE J1939 描述了商用车辆 CAN 总线系统上的通信，用于传输诊断数据（例如发动机转速、温度等）和控制信息
	mapp Energy	该库用于测量机器的能耗并评估结果数据
	mapp OEE	该库用于计算 OEE 值，OEE 代表总体设备效能。该值可用于测量工厂的损失和生产率。此 mapp 组件提供此度量以及有关系统的其他统计数据，然后将该数据导出或显示在 HMI 应用程序中
	mapp PackML	该库符合 OMAC PackML 标准的要求，以生成机器控制器的逻辑。该组件可用于管理各种 PackML 状态和模式，以及合并 VC4 HMI 应用程序
	mapp User	该库用于用户管理，用户被分成具有不同访问权限的组，可以使用用户名和密码登录
	mapp Com	该库属于 mapp 组件的核心，用于建立连接
运动控制 mappMotion	McAxis	该库为驱动器提供运动功能块
	McAcpAx	
	McAxGroup	该库提供的功能块用于执行三维多轴的协调运动
	McDS402Ax	该库提供的功能块只能由 DS402 轴使用
	McPathGen	该库包含 McAxGroup 的实现
	McPureVAx	纯虚拟轴是没有物理特性的轴。位置、速度和加速度值在控制器上使用设定点生成器（McProfGen）进行计算。 纯虚拟轴可以使用配置文件 PureVAx 集成到配置视图中的 Automation Studio 项目中。 可使用库 McAxis 中的 PLCopen 功能块对纯虚拟轴进行编程
	MpAxis	该库提供了 Motion 应用程序所需的所有标准功能
	MpCNC	CNC 应用库
	MpRobotics	机器人应用库
mapp Control	MTBasics	该库包含基本闭环控制块（如 PID, PT1, PWM 等）
	MTData	该库用于统计评估（如平均值、标准差等）
	MTFilter	该库用于信号滤波（如低通滤波器、高通滤波器、陷波滤波器等）
	MTIdentify	识别（TransferFcn）
	MTLinAlg	线性代数（矩阵运算）
	MTLookUp	查找表（1D 和 2D 特征图）
	MTProfile	轮廓生成（位置生成器）
	mapp Hydraulics	该库包含液压系统最佳控制的创新解决方案
	mapp Plastics	该库包含优化注塑机控制的创新解决方案
	mapp Temperture	该库包含用于优化温度过程闭环控制的创新机电解决方案
	mapp Web Handling	该库包含用于优化卷绕处理的机电解决方案